U0963131

图 1　梅里雪山

图 2　白马雪山

图 3　怒江第一湾

图 4　怒江峡谷

图 5　独龙江

图 6　哈尼田

图 7　胡蜂人工饲养室

图 8　胡蜂饲养箱

图 9　室外胡蜂饲养，胡蜂蜂箱放置

图 10　胡蜂饲养移巢

图 11　室内饲养，胡蜂生物学观察记录

图 12　箱内饲养的树栖胡蜂巢

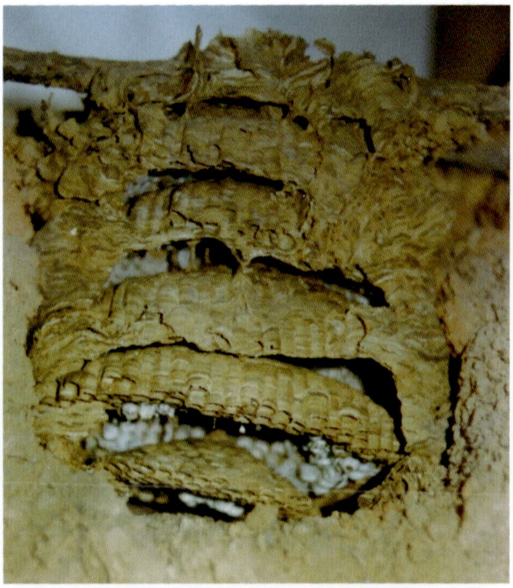

图 13　箱内饲养的土栖胡蜂巢

图 14　凹纹胡蜂的蜂盘

图 15　收集入纱笼内的越冬雌蜂

图 16　被天敌捻翅虫寄生的胡蜂

图 17　大蜂巢

图 18　热带雨林

图 19　1989～1999 年中日合作云南昆虫考察

图 20　2000～ 2006 年中、美、英联合
云南高黎贡山生物多样性考察

图 21　室内标本鉴定

图 22　卡片登记

图 23　数据录入、标本编号

图 24　标本数据录入

中国科学院昆明动物研究所
Kunming Institute of Zoology, Chinese Academy of Sciences

云南胡蜂志

WASPS FAUNA OF YUNNAN

膜翅目：胡蜂总科
Hymenoptera: Vespoidea

董大志　王云珍◎著
Dong Dazhi Wang Yunzhen

河南科学技术出版社
· 郑州 ·

内 容 提 要

本志记述云南胡蜂154种，其中包括1个新属，14个新种和3个新亚种，2个中国新记录种，分属于胡蜂总科7个科。主要内容有生活习性、经济意义、人工养殖、形态特征和分类等。每个种给出了形态特征描述和国内外分布。各个分类单元附有检索表，书后附有各个种的彩色照片。

本志可供昆虫学研究、教学工作者及有关生产部门人员使用。

图书在版编目（CIP）数据

云南胡蜂志／董大志，王云珍著．—郑州：河南科学技术出版社，2017.11
（2019.6重印）
ISBN 978-7-5349-8978-0

Ⅰ.①云…　Ⅱ.①董…　②王…　Ⅲ.①胡蜂科-昆虫志-云南　Ⅳ.①Q969.554.4

中国版本图书馆CIP数据核字（2017）第219878号

出版发行：河南科学技术出版社
地址：郑州市经五路66号　邮编：450002
电话：（0371）65737028
网址：www.hnstp.cn
策划编辑：杨秀芳
责任编辑：杨秀芳　申卫娟
责任校对：崔春娟
封面设计：张　伟
版式设计：栾亚平
责任印制：张　巍
印　　刷：河南新华印刷集团有限公司
经　　销：全国新华书店
幅面尺寸：185 mm×260 mm　印张：14.25　字数：384千字　彩插：2.25印张
版　　次：2017年11月第1版　2019年6月第2次印刷
定　　价：298.00元

如发现印、装质量问题，影响阅读，请与出版社联系并调换。

前　言

云南地跨寒、温、热三个气候带。境内山峦重叠、河谷山川切割，地形复杂多样，垂直高差大。最低海拔位于河口县的南溪河畔，为76.4m，最高海拔位于梅里雪山顶峰为6740m。素有动物王国之称。胡蜂资源十分丰富。对丰富的胡蜂物种进行研究，为进一步研究云南和邻近地区甚至整个东亚地区的动物地理区系、演化、地质地理变迁、地貌和气候演变关系等方面提供重要资料。本志中提供的资料，将为进一步研究和开发利用胡蜂这一资源，使其更好地为国民经济服务奠定基础。

胡蜂是一种益多害少的资源昆虫。具体可分为有益和有害两个方面。有害方面：对人畜等的伤害。一巢蜂少则几十、几百头，多则上千头，最多的达5000~8000头。它们一般不会主动攻击人畜，但当人畜接触或碰到巢穴后，就会倾巢出动，保护自己的巢穴，其结果往往会蜇伤人畜。被蜇伤者，多肿胀疼痛难忍，严重者会引起死亡。胡蜂是蜜蜂的天敌。一些个体较大的胡蜂常常飞到城市、村寨等附近和养蜂场内捕捉蜜蜂，被捕捉的蜜蜂大部分用来饲喂幼虫，一部分被咬断翅膀用来控制为胡蜂做工，具体是，建筑巢穴和搬运泥土等。胡蜂对林木、水果、蔬菜也有危害，它们常出没于森林、村寨、农田、果园、菜园间，取食植物嫩叶和咬坏果实等。被咬坏的果实等受病菌的感染，导致水果、蔬菜产量减少和影响林木的正常生长发育。有益方面：主要在生物防治和医药、食品等方面。胡蜂取食许多鳞翅目幼虫等害虫，可利用胡蜂进行生物防治，防治农作物、森林、果树、蔬菜等害虫。减少对环境的污染，确保作物、蔬菜、水果的正常生产。胡蜂成虫、幼虫、蛹、蜂巢均可入药，而且是一种高蛋白营养滋补食品。此外，胡蜂的幼虫、蛹还是一种很好的化妆品原料。

但现在有些山区村民为了赚钱，将整巢蜂用火烧或开水煮死胡蜂后取其蜂盘到市场上出售。收购者大肆鼓励这种滥捕、滥杀活动。由于这种毁灭性的捕杀等原因，导致这一资源越来越少，有些种类已接近濒危和灭绝状态，所以必须加以保护。

有的地方单位和个人，在胡蜂资源开发利用上，完全是一种掠夺式、毁灭式的盲目性活动。甚至在种类都还弄不清楚的情况下，盲目对胡蜂资源进行开发利用。所以弄清种类，进行资源合理开发利用是很重要的。

胡蜂的野外采集和室内饲养是一项非常恐怖和危险的工作，弄不好就会有生命危险。标本采集、移巢和饲养观察数据是笔者冒着生命危险获得的。在移巢和饲养中笔者曾被45mm长的黑尾胡蜂在同一个部位连续蜇刺，在死亡边缘上走过一遭。

本志记述云南胡蜂154种，其中包括1个新属，14个新种和3个新亚种，2个国内新记录种，分属于胡蜂总科7个科。云南胡蜂154种占中国种类200余种的77%。志中的图版均由笔者绘制和拍摄。此志内容丰富，是一部对生产、科研、科普、教学等方面都具有实用价值的工具书，也是第一次记述云南胡蜂的专著。

标本和文献资料是自20世纪70年代至今笔者长期收集和逐年积累起来的，大部分标本均为笔者采集，少部分标本为同事采集。标本保存在中国科学院昆明动物研究所。

本项研究工作自始至终是在中国科学院的指导下，在昆明动物研究所所领导施立明、季维智、张亚平、杨君兴、姚勇刚、沈华、王文、黄京飞、赖仞等和有关部门领导苏承业、邓紫云、朱建国、杨大同、杨岚、王应祥、杨晓君、赵其昆、曹军、毛炳宇、李朝达、甘运兴、赵万源、杨大荣、白彧、李维薇等的领导下，以及同事朱世模、周又生、沈发荣、龙勇成、梁醒财、张文霞、林苏、何远辉、杨跃雄、李学燕、张丽坤、李开琴等的帮助和鼓励下完成的。除此之外，在笔者区系分类研究最困难几乎不能坚持的时候，是我国已故著名昆虫分类学家周尧教授的"周尧昆虫分类学基金"给予支持和鼓励。随后又得到了中科院院区系分类项目的支持，才得以坚持下来。李铁生研究员的《中国经济昆虫志·膜翅目：胡蜂总科》一书，给了我们很大的帮助。中日合作中国西南部昆虫资源考察组日本京都、九州、神户等有关大学的岛洪、三枝丰平、中西明德、内藤亲彦等教授，大塚公雄、樱井一彦、八木刚等博士帮助采集标本。中、美、英联合云南高黎贡山生物多样性考察队，中国科学院昆明植物研究所的李恒、刀志灵研究员，李嵘、纪运恒博士；北京动物研究所的梁红斌研究员；湖南师范大学的颜亨梅教授，唐果博士；英国皇家植物园的大卫·朗和马克博士；美国加利福尼亚州科学院的大卫·卡凡诺、查尔斯、皮特、布鲁斯、周莉华、董林等博士一起进行探险考察，帮助采集标本及邀请笔者访问美国，使笔者有机会查看了加利福尼亚州科学院博物馆馆藏胡蜂和其他昆虫标本。应云南大理大学的赵昱、杨自忠教授，张成贵、巫秀梅、高鹏飞、何苗老师，李成功博士等的邀请前往大理大学做标本鉴定，并鉴定了大理大学馆藏所有膜翅目标本。除上述之外，在历年的野外考察采集工作中，得到了云南省所有自然保护区及各地、州、县、乡、镇等的支持和帮助。西北大学谭江丽教授赠送《致命的胡蜂》一书，在此一并致以衷心的感谢！

为加强对胡蜂的识别、保护和合理开发利用，笔者特编写本志。但由于笔者水平和能力有限，遗漏和谬误之处在所难免，请读者给予指正。

董大志

2016年11月于昆明

目　录

* 表示中国新记录种。

一、概　述

（一）研究历史及分类系统

1. 研究历史

胡蜂总科 Vespoidea 隶属膜翅目 Hymenoptera 细腰亚目 Clistogastra 的针尾部 Aculeata。

林奈（Linnaeus，1758）在《自然系统》第10版中曾记述过一些胡蜂的种类。然而，最早对胡蜂关注和进行分类的学者是萨休斯（Henri de Saussure，1852—1958），他称胡蜂为褶翅黄蜂类（Dipoptera），把胡蜂分成棒角蜂（Masariens）、蜾蠃（Eumeniens）、胡蜂（Vespiens）三大类群，自此之后，得到了少数人的支持，有 Borner（1919）提出是否可将褶翅黄蜂类归并为1个科，分3个以上亚科，或作为1个总科，分2个或3个科。Smith（1857）使用了分3个科的排列法，Dall Torre（1894，1904）、Bingham（1897）也采用了同样的方法。Ashmead（1902）将褶翅黄蜂类分为3个科，分10个或11个亚科，在胡蜂科中建立1个新狭腹胡蜂亚科（Ischnog-asterinae）。Bequaert（1918）和 Bradley（1922）将褶翅黄蜂类归并为1个总科，分10个或11个亚科，其中棒角蜂科2个或3个，蜾蠃科3个，胡蜂科4个，由蜾蠃科与胡蜂科中产生狭腹胡蜂亚科（Stenogasterinae）。Borner（1919）称褶翅黄蜂为胡蜂类，分2个科，即胡蜂科和棒角蜂科，各含2个亚科。胡蜂科含胡蜂亚科（Vespinae）、蜾蠃亚科（Eumeninae）；棒角蜂科含棒角蜂亚科（Masarinae）和青光蜂亚科（Celonitinae）。

在最近的文献中都采用了把胡蜂总科分几个科的方法，有 Imms（1925）、Essig（1942）、Bradley（1958）、Richards（1962）、Vecht（1959）、Brothers（1975）、李铁生（1985）等。

2. 分类系统与地位

胡蜂总科与蚁总科、泥蜂总科、蜜蜂总科相近，而与细蜂总科、瘿蜂总科、姬蜂总科及小蜂总科等稍远，与广腰亚目关系更为疏远，它们之间的关系见图1。

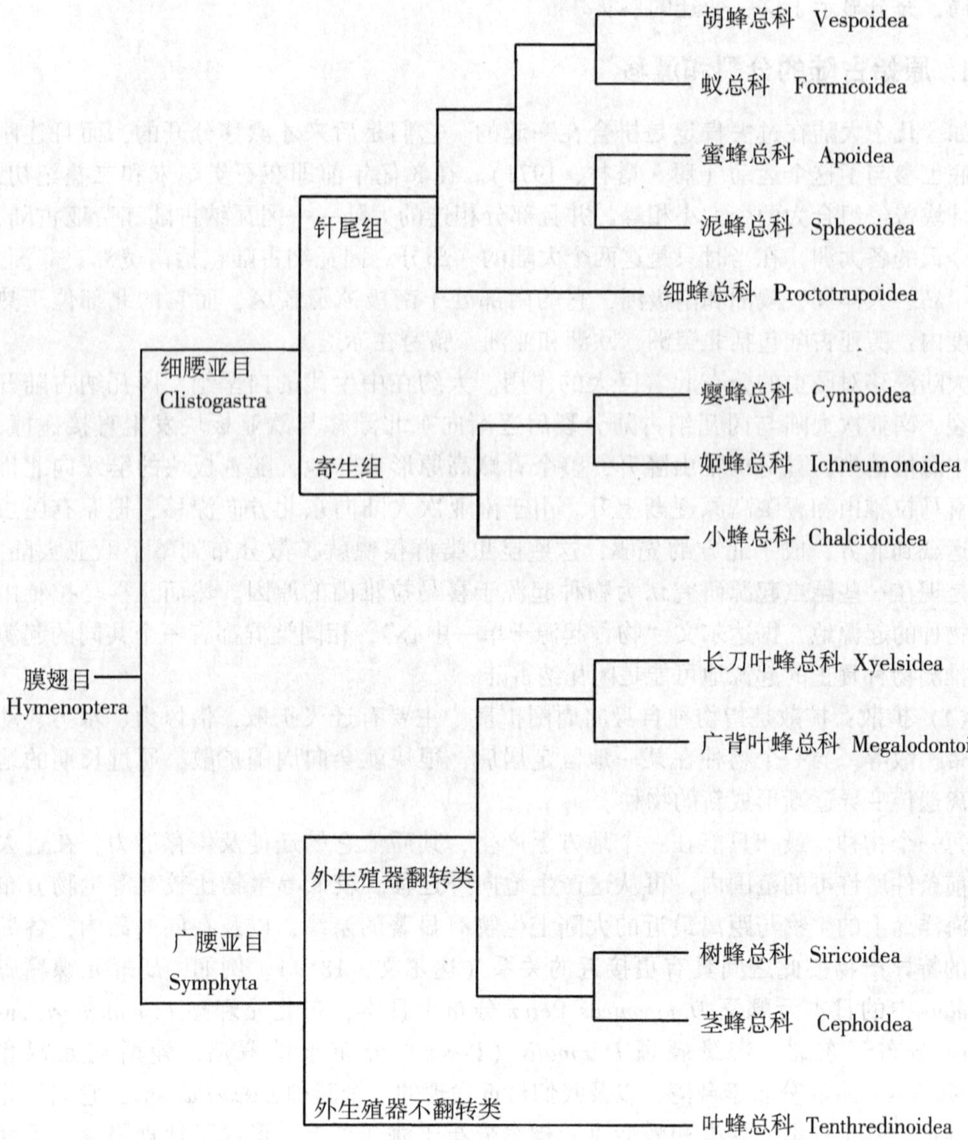

图 1　膜翅目的系统发育

（二）大陆漂移与云南胡蜂区系的起源及演替

地球上板块的分合和历经沧桑的变化对生物区系的起源及演替起着巨大作用。据板块观点，中生代晚期的白垩纪以来，地球上发生的原始古陆分裂与漂移和冰期的进退两大事件是影响昆虫区系起源和演替的主要原因。原始非洲古陆的分裂和印度板块漂移，使得地球上板块发生一系列的变迁，形成现今板块方位。胡蜂区系的形成和分布格局，充分显示了这一变迁的事实。

1. 原始古陆的分裂和漂移

如今几个大陆在过去肯定是拼合在一起的，它们是后来才漂移分开的，而且连刚性海底也参与了这个运动（唐·塔林，1971）。在3亿年前即在石炭纪末和二叠纪初，整个陆块曾经组合为两个大小相等，并且部分相连的大陆——冈瓦纳古陆和劳亚古陆，而且今天的各大洲，在当时只是这两个大陆的一部分。冈瓦纳古陆包括南美洲、非洲、印度半岛、大洋洲、澳洲和南极洲，它的南部处于南极冰覆盖区，而它的北部位于热带纬度内；劳亚古陆包括北美洲、欧洲和亚洲，骑跨在赤道上。

大陆漂移对昆虫的分布起着巨大的作用。大约在中生代的白垩纪，冈瓦纳古陆开始分裂，南亚次大陆与冈瓦纳古陆分裂后逐渐向东北漂移与欧亚板块发生直接碰撞，古地中海槽消失，喜马拉雅山隆升，整个青藏高原形成陆地，随着板块的继续向北推进，喜马拉雅山和青藏高原逐渐上升。由于南亚次大陆向东北方向漂移，把原有昆虫类群运载到北方，成了北方的先驱，这些昆虫类群很快就扩散分布到整个欧亚大陆。这就是现在一些昆虫起源研究认为物种起源于喜马拉雅山的原因。然而，喜马拉雅山不是物种的起源地，据达尔文"物种起源于单一中心"，相同类群都有一个共同的起源地，推测物种真正的起源地可能是冈瓦纳古陆。

(1) 扩散： 扩散是指物种自身向周围扩散。主要有迁飞扩散，借风力、水力、动物携带扩散等。当一个物种在某一地区定居后，很快就会向周围扩散，通过长期的地理隔离遗传变异逐渐形成新的物种。

每一个物种，最初只能在一个地方上产生，其后依它的迁徙及生存能力，在过去和目前条件所许可的范围内，再从这产生地向外迁移。较低等生物比较高等生物分布广。海洋岛上的生物与距离最近的大陆上生物有显著的亲缘，以及在同一岛内，各岛所有的特异产物彼此之间具有更接近的关系（达尔文，1859）。例如，胡蜂元蜾蠃属 *Discoelius* 中的日本元蜾蠃 *D. japonicus* Perez 分布于日本，东北元蜾蠃 *D. manchuri* Yasumatsu 分布于东北，带缘蜾蠃 *D. zonalis*（Perex）分布于俄罗斯，爱斯克元蜾蠃 *D. esakii* Yasumatsu 分布于台湾，以及我们最近发现的一个新种 *Discoelius* sp.，它们彼此相隔甚远，其中日本元蜾蠃和爱斯克元蜾蠃分布于海洋岛上，形成了地理隔离，无疑它们的祖先最初是在一个地方产生，是通过地理隔离遗传变异后形成新的物种，所以可以假设物种的扩散似乎是以中心分布方式成连环形向周围扩散，这种扩散的方式在时间和空间上是既连续而又间断发生的，见图2。

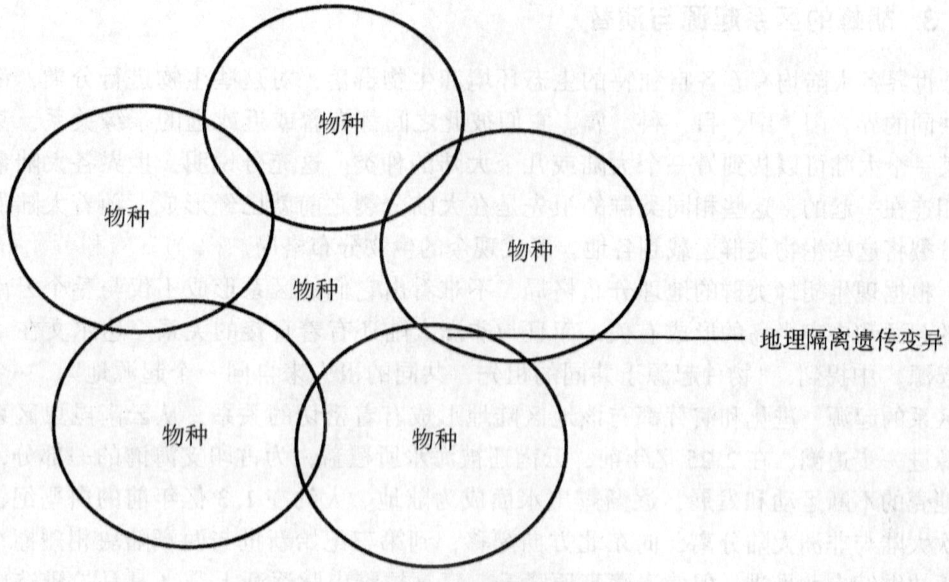

图2 物种扩散分布方式

（2）适应：生物的适应是指生物的形态结构和生理机能与它所生存的一定环境条件相适合的现象，这样在漫长的进化和演化过程中，通过有利性状的不断保留，且产生了巨大的创造性作用，形成了生物界的多样性和适应现象。所谓“适者生存，不适者淘汰”，所以生物的适应是长期自然选择的结果。

2. 冰期的进退

自上新世的喜马拉雅造山运动，青藏高原隆起后，进入更新世，地球上曾出现过几次大的冰期和间冰期。随着冰期的来临和间冰期的进退，地球上的生物曾经历过长期和严酷的生存竞争过程。大量的资料证明，冰期在南、北两半球都发生过，第四纪曾出现过多次冰期，当北半球受到冰期的严寒时，而南半球比较温暖，反之南半球发生冰期时，北半球则转成温暖，如此出现冰期和间冰期的交替。当北半球气温转暖时，南半球相继进入严酷的冰期，于是南温带生物受冰期的驱赶，侵入赤道低地，先前曾在高山上的北方生物，将向山下迁移而与南方生物混合，当气温转暖时，南方生物复归原处，有时少数生物留在山上，那些从山上移下来的北温带生物，也有一部分与南方生物一同移向南方。在北温带及中间热带区域的高山上，有少数相同的物种，其原因就在于此。在不同地理条件下，这些留在高山上或相反半球的物种，在长期内必然与许多新的物种竞争，因此，这些物种最容易产生变异，形成变种或代表种。这就是现在动物地理区划上似可分，但又难分的主要原因，例如，现今东洋区与古北区生物分界线确定较困难。只有这样才可以从原理上解决许多特异的物种，会散布在同样而远隔的地域内，而所有的属别，却不能在中间热带区域内发现。所以冰期和间冰期的交替是导致南北生物混合和渗入的重要原因。

3. 胡蜂的区系起源与演替

世界各大陆均有着各自独特的生态环境和生物群落，对这些生物进行分类，都有着共同的界、门、纲、目、科、属。它们彼此之间都有着或近或远的亲缘关系，甚至在某一个大陆可以找到另一个大陆或几个大陆的种类。这充分说明，世界各大陆最早是相连在一起的，这些相同类群的祖先是在大陆分裂之前就已经形成，随着大陆的解体分裂将这些生物类群运载到各地，形成现今的生物分布格局。

根据现生胡蜂类群的地理分布格局，不难看出它们的区系形成不仅与整个云南昆虫的起源和中南半岛的形成有关，而且与非洲大陆还有着直接的关系。达尔文在《物种起源》中提到，“物种起源于共同的祖先，共同的祖先来自同一个起源地”。一个昆虫区系的起源、进化和演替都与该地区陆地形成有着密切的关系，从云南昆虫区系的起源进一步追溯，在2.25亿年前，云南还被海水所覆盖，为古印支海湾的一部分，随着地壳的不断运动和发展，逐渐露出水面成为陆地。大约在1.3亿年前的白垩纪，印度次大陆与非洲大陆分离，向东北方向漂移，到第三纪始新世与西藏陆块相碰撞，随着板块继续向北推进，促使青藏高原隆升，喜马拉雅山脉逐渐上升（喜马拉雅造山运动）；由于造山运动的碰撞和挤压，崖层大规模褶皱、断裂、拉张、抬升，随着地壳的抬升，河流的侵蚀和搬运等作用，形成高山峡谷、丘陵和盆地相间的地形综合体。那么这两个板块之间必然要有一缝合线，这一缝合线又在哪里呢？据笔者的观点，现今的澜沧江就是印度板块与欧亚板块的缝合线。

特别是青藏高原的抬升，使东亚大气环流受阻，造成云南气候环流因子。受错综复杂环境和气候影响的物种，历经残酷的生存竞争、自然选择、进化适应等，形成现今这一构造复杂的昆虫区系。从云南的昆虫区系来看，含有南方和北方两种成分。都是来源于西部，分两支进入云南，其中最大的一支来自喜马拉雅山，从西藏扩散，一部分进入云南，一部分经华中、华南、华东，并向东部地区扩散至日本、朝鲜；另一支自西部向东经印度、缅甸进入云南扩散分布，止于中南半岛。就胡蜂的种类看，南方种是从印度、缅甸进入，一部分属热带种类，多分布于低海拔的热带雨林内，但不是所有的热带雨林都有分布，如西藏的热带雨林目前还未见有这些类群分布的报道。如狭腹胡蜂科 Stenogastridae、长腹胡蜂科 Zethidae 等类群。而北方种却分布在海拔2 600m以上，来自喜马拉雅山。

从现生胡蜂类群分析，它们的祖先共同起源于冈瓦纳古陆，一些胡蜂类群，例如常见黄胡蜂 *Vespula vulgaris*（L.）、北方黄胡蜂 *V. rufa* L. 等分布于非洲北部，但北美洲、欧洲、亚洲也有分布；它们随着板块的漂移，一部分被运载扩散分布在欧亚和美洲大陆，一部分仍然留在非洲大陆上。另一些胡蜂类群如凹纹胡蜂 *Vespa auraria* Smith、大金箍胡蜂 *V.*（*Tropica*）*leefmansi* Van der Vecht、小金箍胡蜂 *V. Tropica haematodes* Bequaert、平唇原胡蜂 *Provespa barthelemyi*（Buysson）、红腰铃腹胡蜂 *Ropalidia*（*Anthreneida*）*speciosa*（Saussure）、双色铃腹胡蜂 *R.*（*Paraicaria*）*bicolorata bicolorata* Gribodo、印度侧异腹胡蜂 *Parapolybia indica indica*（Saussure）、黄裙马蜂 *Polistes sagittarius* Saussure、黑锈蜾蠃 *Pareumenes*（*Pareumenes*）*curvatus* Saussure、大华丽蜾蠃 *Delta petiolata*

(Fabricius)、棕腹喙蜾蠃 *Rhynchium mellyi* Saussure 等，它们的祖先可能是起源于非洲的东部，随着板块运动，向东部扩散逐渐演化成为现在的胡蜂类群。此外，还有一些胡蜂类群如狭腹胡蜂科 Stenogastridae 的所有属种，目前世界已知它们的分布范围是位于东洋区的东南亚和巴布亚新几内亚，奇怪的是：距离巴布亚新几内亚较近的澳大利亚迄今未见有该类群的分布报道，分布区域较为狭窄，这些胡蜂类群无疑是在冈瓦纳古陆分裂之后才发展起来的，随着大陆的漂移，狭腹胡蜂的祖先类群分布扩散演化为各地方的特有类群。对这些物种的具体形成时间和演化过程，还有待进一步研究。

4. 讨论

（1）地球上发生原始古陆的分裂与漂移和冰期的进退两大事件是影响昆虫区系的起源和演替的主要原因，欧亚大陆所有生物类群的祖先都来自冈瓦纳古陆。冰期不能导致所有生物绝灭。

（2）生物的扩散是以连环形的方式向周围扩散的。通过长时期的地理隔离逐渐形成新的物种。现在物种是种与种之间相互竞争、环境适应与自然选择的结果。

（3）分布于中国南部、印度、缅甸和中南半岛的特有类群，是在冈瓦纳古陆分裂之后才发展起来的。它们的祖先最早是分布在原始古陆东部较狭窄的区域。

（三）胡蜂属 *Vespa* Linnaeus 的系统发育

胡蜂属已知23种（Archer，1989；Matsaura and Yamane，1990），其分布中心在印度、澳洲地区至北纬62°以南的全北区，黄边胡蜂 *V. crabro*（Linnaeus）引入美国，在北美洲东部定居。国内胡经甫（1941）报道中国胡蜂属 14 种和 9 个变种，李铁生（1985）报道 17 种，其中 10 个亚种，石达恺（1992）报道台湾胡蜂 7 种，董大志（1992）报道云南胡蜂 16 种，2001 年又增加 1 个新种。据不完全统计，中国胡蜂属约有 20 个已知种。自 Du Buysson（1905）出版专著以来，该属一直没有进行过更多的研究，最近的研究多限于志书的编写方面，有 Spradbery，1937；Vecht，1957；Guiglia，1972；李铁生，1985 等。从专著和志书对胡蜂系统分类上看，各学者之间的意见很不一致，有的强调栖同，有的以社会性为主，有的以外部形态特征颜色为主，导致胡蜂的系统分类很混乱。此外，还有平唇原胡蜂 *Provespa barthelemyi* 与矛腹胡蜂 *Vespa doryl-loides* 是否是同一种，金环胡蜂 *V. mandarinia*（Smith）是否是大胡蜂 *V. magnifica*（Smith）的变种等问题。为此，我们运用分支系统学对胡蜂属的系统发育进行研究，了解胡蜂属的系统发育关系，试图解决上述问题。

1. 材料和方法

标本材料均从野外考察采集获得，室内以形态解剖、测量、分类鉴定、性状时序分析、计算、数据处理等为主要内容。采用外类群分析法，根据始端和终端（祖征或离征）的原则，将范围扩展到类群外进行性状时序分析。采用 MacClade version 3.03

（MADDISON，1992）软件程序进行处理分析。选用12个特征，以“0”标记祖征，以“1，2，3，…”标记不同离征，建立胡蜂属系统发育关系，见表1，图3。

表1 支序分析特征代码

种类	特征											
	1	2	3	4	5	6	7	8	9	10	11	12
基胡蜂	1	0	0	0	0	2	0	1	0	0	1	0
凹纹胡蜂	1	1	0	1	1	2	0	1	0	0	0	0
黄边胡蜂	1	1	0	1	1	2	0	1	0	0	?	?
墨胸胡蜂	1	0	1	1	1	2	0	1	0	0	0	0
寿胡蜂	1	0	1	1	1	2	0	1	0	0	0	0
三齿胡蜂	0	0	0	0	2	0	0	0	0	2	2	1
黑三齿胡蜂	0	0	0	0	2	0	0	1	0	2	0	0
马关胡蜂	0	0	1	0	2	0	0	1	0	2	0	0
河口胡蜂	0	0	1	0	3	1	0	1	0	2	0	1
褐胡蜂	0	0	1	0	0	0	0	0	0	1	2	0
大胡蜂	1	0	0	0	0	2	0	1	0	0	1	0
金环胡蜂	1	0	0	0	0	2	0	1	0	0	1	0
变胡蜂	0	0	2	0	0	1	0	0	0	0	?	?
黑尾胡蜂	0	0	0	0	0	0	0	0	0	2	2	1
黄腰胡蜂	0	0	1	0	0	0	0	0	0	2	2	1
大金箍胡蜂	0	0	2	0	0	0	0	0	0	2	?	?
小金箍胡蜂	0	0	1	2	0	1	0	0	0	2	?	?
黑盾胡蜂	0	0	0	0	0	0	0	0	0	1	2	0
Out group	0	0	0	0	0	0	0	0	0	0	0	0

注：

特征意义：

1. 体长：18~24 mm［0］，25~35 mm［1］，35~45 mm［2］。
2. 头部：淡棕色［0］，棕色［1］，深棕色［2］。
3. OOD：IOD：4~4.5倍［0］，0.7~1.7倍［1］，0.3~0.5倍［2］。
4. OCD：OOD：0.1~0.2倍［0］，0.3~4.5倍［1］，4.5~6倍［2］。
5. 唇基：端部截形［0］，凹陷［1］，宽凹陷有粗中端齿［2］，窄凹陷有短中端齿［3］。
6. 前胸背板：前缘截形［0］，前缘中央稍隆起［1］，强隆起［2］。
7. 中胸背板：棕色［0］，黑色［1］，黑色有棕色斑［2］。
8. 小盾片：棕色［0］，深棕色［1］，黑色［2］。
9. 后足第1跗节与第2跗节比：3.0~3.2倍［0］，3.2~3.5倍［1］，2.5~2.8倍［2］。
10. 并胸腹节：棕色［0］，深棕色［1］，黑色［2］。
11. 第1腹节长与宽比：0.3~0.4倍［0］，0.5~1.6倍［1］，1.5~2.1倍［2］。
12. 第2腹节长与宽比：0.5~0.6倍［0］，0.6~0.7倍［1］，1.2~1.4倍［2］。

附：OOD（=后单眼间距），IOD（=单眼与复眼间距），OCD（=单眼至后头距）。

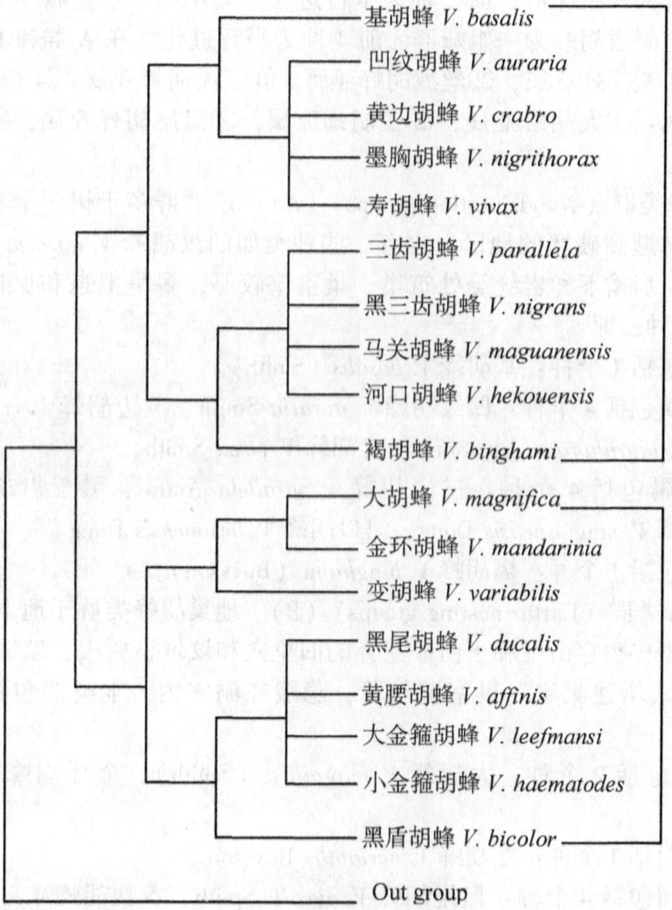

图 3　胡蜂的系统发育关系

2. 系统发育研究结果

(1) 胡蜂属系统发育：通过研究，大多数合意树是 178 树，长 23，稳定指数为 0.83，保留指数 0.83，在第 1 位，长 28，稳定指数 0.68，保留指数 0.76，在第 2 位。第 3 位假想树，长 46，稳定指数 0.70，保留指数 0.78（图 3）。根据结果，把胡蜂分为 2 个类群：即树巢胡蜂类（Wood-nesting groups），简称 A 群；地巢胡蜂类（Earth-nesting groups），简称 B 群。A 群和 B 群为两大姐妹群。它们的相互关系从高级到低级系统排列是：基胡蜂 *V. basalis*，凹纹胡蜂 *V. auraria*，黄边胡蜂 *V. crabro*，墨胸胡蜂 *V. nigrithorax*，寿胡蜂 *V. vivax*，三齿胡蜂 *V. parallela*，黑三齿胡蜂 *V. nigrans*，马关胡蜂 *V. maguanensis*，河口胡蜂 *V. hekouensis*，褐胡蜂 *V. binghami*，大胡蜂 *V. magnifica*，金环胡蜂 *V. mandarinia*，变胡蜂 *V. variabilis*，黑尾胡蜂 *V. ducalis*，黄腰胡蜂 *V. affinis*，大金箍胡蜂 *V. leefmansi*，小金箍胡蜂 *V. haematodes*，黑盾胡蜂 *V. bicolor*。其中基胡蜂与凹纹胡蜂、黄边胡蜂、墨胸胡蜂、寿胡蜂为一姐妹群，后 4 种呈平行进化。三齿胡蜂、黑三齿胡蜂、马关胡蜂、河口胡蜂与褐胡蜂为一姐妹群，前 4 种为平行进化。大胡蜂、金环胡蜂与变胡蜂为一姐妹群，前 2 种为平行进化。黑尾胡蜂、黄腰胡蜂、大金箍胡蜂、小金箍胡蜂与黑盾胡蜂为一姐妹群，前 4 种为平行进化。在 A 群和 B 群中，A 群分为 4 个亚属：①基胡蜂亚属，②丝绒胡蜂亚属，③三齿胡蜂亚属，④褐胡蜂亚属；B 群也分为 4 个亚属：①大胡蜂亚属，②变胡蜂亚属，③黑尾胡蜂亚属，④黑盾胡蜂亚属。具体如下：

Ⅰ. 树巢胡蜂类群（Wood-nesting groups）（A） 该类群多于树干上和中空的树洞穴内筑巢，但森林遭到破坏的地区，也有一些种类如凹纹胡蜂 *V. auraria* Smith 等，于高大的建筑物上、房檐下和岩缝等处筑巢。巢室壁较厚，多呈拟态和保护色，本类群包括 4 个亚属 10 种，即：

基胡蜂亚属包括 1 个种：基胡蜂 *V. basalis*（Smith）。

丝绒胡蜂亚属包括 4 个种：凹纹胡蜂 *V. auraria* Smith、黄边胡蜂 *V. crabro*（Linnaeus）、墨胸胡蜂 *V. nigrithorax*（Buysson）、寿胡蜂 *V. vivax* Smith。

三齿胡蜂亚属包括 4 个种：三齿胡蜂 *V. parallela* Andre、黑三齿胡蜂 *V. nigrans* Buysson、马关胡蜂 *V. maguanensis* Dong、河口胡蜂 *V. hekouensis* Dong。

褐胡蜂亚属包括 1 个种：褐胡蜂 *V. binghami*（Buysson）。

Ⅱ. 地巢胡蜂类群（Earth-nesting groups）（B） 地巢胡蜂类群于地下土洞内筑巢，巢室多建筑在小型兽类穿山甲和土白蚁遗弃的旧巢穴和坟堆、树根、墙缝、崖洞等处，借以挖土扩大洞穴增建巢室。巢室壁较薄，隐藏在洞穴内，本类群包括 4 个亚群 8 种，即：

大胡蜂亚属包括 2 个种：大胡蜂 *V. magnifica*（Smith）、金环胡蜂 *V. mandarinia*（Smith）。

变胡蜂亚属包括 1 个种：变胡蜂 *V. variabilis* Buysson。

黑尾胡蜂亚属包括 4 个种：黑尾胡蜂 *V. ducalis* Smith、黄腰胡蜂 *V. affinis*（Linnaeus）、大金箍胡蜂 *V. leefmansi* Van der Vecht、小金箍胡蜂 *V. haematodes*（Bequaert）。

黑盾胡蜂亚属包括 1 个种：黑盾胡蜂 *V. bicolor* Fabricius。

它们之间的关系可归纳为：

{[基胡蜂+（凹纹胡蜂+黄边胡蜂+墨胸胡蜂+寿胡蜂）]+[（三齿胡蜂+黑三齿胡蜂+马关胡蜂+河口胡蜂）+褐胡蜂]}+{[（大胡蜂+金环胡蜂）+变胡蜂]+[（黑尾胡蜂+黄腰胡蜂+大金箍胡蜂+小金箍胡蜂）+黑盾胡蜂]}。

平唇原胡蜂 *Provespa barthelemyi* 与矛腹胡蜂 *Vespa dorylloides* 是同物异名，研究结果与 Buysson（1904）、李铁生（1985）相同：平唇原胡蜂应是一个单独的属，即平唇原胡蜂属 *Provespa*，根据单眼大小、复眼间距和第一腹节的比例等，判断它们是胡蜂属的祖先。

（2）大胡蜂与金环胡蜂：研究结果表明，大胡蜂与金环胡蜂的关系较为密切，但两者是两个不同的种。

（四）胡蜂的益害关系

胡蜂的研究工作开展较早，很多种类早在 19 世纪即被定名。有些种类的生物学习性、种类的简单描述以及利用，据文字可考记载要比国外早 1 000 多年。其中有些资料即使在科学发达的今天，也仍不失其科学价值。例如，早在春秋战国时期的《诗经》和《尔雅》中就有“螟蛉有子，蜾蠃负之”的记述。虽然当时的说法是错误的，后人已经给予更正，但可以说明，我国胡蜂的研究工作早在西周时期就已经开始了，以后在汉代、晋代、宋代、元代、明代都有记载。20 世纪 70 年代，在河南、湖北、湖南、浙江、安徽各地已在 667hm^2 以上农田开展利用胡蜂生物防治农业害虫。

胡蜂是一种很有利用价值，益多害少的昆虫。其具体表现在有益和有害两个方面：

1. 有害方面

（1）对人畜的伤害：胡蜂除蜾蠃外，一般群居巢上，一群蜂少则几十至几百头，多则上千头，最多的达 5 000~8 000 头，当人畜接触或碰到巢穴后，就会引起胡蜂群起而攻之，蜇伤人畜。严重者会引起死亡。

（2）对蜜蜂饲养的危害：胡蜂是蜜蜂的天敌。一些个体较大的胡蜂常常飞到城市、村寨、住宅附近和养蜂场内捕捉蜜蜂，被捕捉的蜜蜂大部分用来饲喂幼虫，一部分是用来控制做工。

（3）对农作物和森林的危害：胡蜂常出没于森林、村寨、农田、果园、菜园间，取食植物嫩叶和咬坏果实等，被咬坏的果实等受病菌的感染，导致果树、蔬菜产量减少和影响林木的正常生长发育。

2. 有益方面

目前人们对胡蜂的利用主要在生物防治、医药和食品等方面。

（1）生物防治：可利用胡蜂防治许多农作物、森林、果树害虫。生物防治已知胡蜂可捕食的农林害虫有棉铃虫 *Heliothis armigera* Habner 、大造桥虫 *Ascotis selenaria* (Schiffermuller et Denis)、棉卷叶螟 *Sylepta deogata* Fabricius、二化螟 *Chilo luteellus* (Motschulsky)、三化螟 *Tryporyza incertulis* (Walker)、玉米螟 *Ostrinia mubilalis* (Hubner)、稻纵卷叶螟 *Cnaphalocrocis medinalis* Guenee 、豆荚螟 *Maruca lestulalis* Garadja、黏虫 *Leucania separata* Walker、白薯天蛾 *Herse convolvuli* (Linnaeus)、豆天蛾 *Clanis bilineata tsingtauic* Mell、菜粉蝶 *Artogeia* (*Pieris*) *rapae* Linnaeus 、稻苞虫 *Parnara guttata* Bremer et Grey 等多种鳞翅目幼虫。据湖南省石门县报道，1978 年利用胡蜂防治棉铃虫，即每 667m^2 棉田使用农药成本由过去的 15 元降低至 3 元，施药日期由 150d 减少到 40d，易市乡的 1 334hm^2 棉田用药由 195kg 减少到 51kg，节省开支 12. 76 万元，所以利用胡蜂消灭农业害虫成绩是显著的。

（2）医药：我国明代医药学家李时珍《本草纲目》中早有记载：“蜂子气味甘平，微寒，无毒。主治：风头，除蛊毒，补虚羸伤中，久服令人好颜色，不老，轻身益气，治心腹痛，面目黄，大小儿五虫从口中吐出者。主丹毒，风疹，腹内留热，利大小便涩，去浮血，下乳汁，妇人带下病，大风疠疾。蜂子古人以充馔品，养用诸蜂子，盖赤足阳明。太阴之药也。”胡蜂成虫、幼虫、蛹及蜂巢均可入药，可内服、外敷治疗各种毒虫咬伤及各种疔毒肿疮和妇科等症。胡蜂毒主要成分是组胺、5-羟色胺、乙酰胆碱、胡蜂激酞、磷脂酶 A、磷脂酶 B、透明质酸酶等。据有关报道，胡蜂毒有抗辐射及治疗关节炎、抗癌等作用，具有高科技开发潜力，一旦攻破其价值不可估量。

（3）食品：在唐代，蜂子就已成为民间馈赠或出售的一种上好食品，公元 877 年刘恂的《岭表录异》，已有记载，刘曾宣（今安徽宣城）、歙（歙县）间，见彼中人好食蜂儿，状如蚕蛹而莹白，大蜂筑巢于山林间，大如巨钟，其中不知几百层，村人采用草衣蔽身，以悍毒蜇，复以烟火逼散蜂母，然后攀缘崖树，断其根，一房蜂儿五斗或一石者，三分中一翅足具矣。即入盐炒之，曝干，以小纸襄贮之，寄入京洛，以为方物。”据王云珍等（1988）报道，胡蜂体内含有 18 种氨基酸，其中 8 种人体必需氨基酸，胡蜂体内就含有 7 种，而且含量特别高。如凹纹胡蜂 *Vespa auraria* Smith 氨基酸含量占 45%（其中人体必需氨基酸占氨基酸总含量的 10%），与冬虫夏草氨基酸含量为 22.7%相比，其氨基酸的含量为全虫草的两倍。总之，胡蜂氨基酸的含量，特别是外源必需氨基酸含量较高，可作为滋补及营养食品，还可以为中药使用。此外，胡蜂幼虫、蛹还是一种很好的化妆品原料。所以说对胡蜂资源的开发利用具有较广阔的应用前景和经济价值。

（五）凹纹胡蜂与黑尾胡蜂的生物学

董大志、王云珍（1989）对凹纹胡蜂与黑尾胡蜂的生物学观察研究结果如下。

1. 世代发生时间

两种胡蜂在室内温度 14~25℃，相对湿度 43%~89%条件下完成一代发育所需时间平均为 45.53d，最短 33d，最长 53d。在云南全年可发生 3 代。

两种胡蜂各世代虫态发育历期长短因气温、食物、季节而异。气温高发育快，气温低发育慢；春秋两季均在 40d 以上，夏季平均为 39.3d，最短 33d，最长 49d（表 2、表 3）。

表 2 胡蜂年生活史

世代 \ 月	1	2	3	4	5	6	7	8	9	10	11	12
旬	上中下	上中下	上中下	上中下	上中下	上中下	上中下	上中下	上中下	上中下	上中下	上中下
越冬成虫	▲▲▲	▲▲▲	×××	×××	×××							
第一代				○	○○○							
						+++						
						⊙⊙⊙						
							××××					
第二代							○○○					
								+++				
								⊙⊙⊙				
								×	××			
第三代									○○○			
										+++		
										⊙⊙⊙		
											×××	▲▲▲▲

注：▲表示越冬成虫；○表示卵；+表示幼虫；⊙表示蛹；× 表示成虫。

表 3　两种胡蜂各世代发育情况

世代数	起讫日期 月/旬	温度（℃）	相对湿度（℃）	卵期（d）	幼虫期（d）	蛹期（d）	完成世代（d）
第一代	4/下~7/中下	16.01（14~24）	64.87（43~88）	13（12~14）	15.8（15~17）	19.3（18~20）	48.1（40~50）
第二代	7/中~9/中	19.12（14~25）	80.72（64~89）	10.9（9~13）	12.4（10~14）	16（12~18）	39.3（33~49）
第三代	8/上中~11/中下	14.41（7~20）	84.21（73~88）	13.9（12~15）	16.2（15~20）	19.1（15~20）	49.2（40~53）

注：表中括号内数字系幅度范围。

2. 寿命

交配过的雌蜂寿命平均在一年以上，饲养中的工蜂寿命平均为93d，最长142d，最短16d，雄蜂平均寿命为41.5d，最长60d，最短4d，不给食则平均8d，最长9d，最短2d。

3. 温度、湿度

两种胡蜂对温湿度都极为敏感。发育起点温度为10.89℃，最适温度在15~25℃，相对湿度为55%~75%。8~10℃时活动减慢，5~7℃时蜂群抱团越冬，阴天和雨天在气温适宜时也同样活动。

4. 筑巢

在自然条件下凹纹胡蜂每年有两次筑巢习性。第一次于开春后不久由单个越冬蜂王在土洞、树洞、墙缝或其他隐蔽场所筑一暂时巢，繁殖第一代工蜂后代，尔后，成群迁到树上或建筑物上由后代工蜂筑终生巢，直到秋季越冬雌蜂出现为止。交配后的雌蜂寻找隐蔽场所越冬，第二年再开始新的循环。黑尾胡蜂每年营巢一次，终生在土里营巢生活，直到越冬蜂王出现为止。

5. 种群数量变化

胡蜂一年内的种群数量变化与温度和季节的变化有密切关系。第一代蜂数量较少，20~200头，随着季节的变化和温度上升，第二、三代数量增加很快，10月以后逐渐下降，当第三代越冬雌蜂出现时又突然下降，一直持续到翌年1月止。凹纹胡蜂与黑尾胡蜂3种巢穴中的数量增减变化情况见表4，图4。

表4 3巢蜂的数量增减变化情况

蜂数 名称 \ 日期（日/月）	15/5	15/6	15/7	15/8	15/9	15/10	15/11	15/12	15/1
凹纹胡蜂 a	1	1	100	610	1 620	2 000	1 460	250	0
凹纹胡蜂 b	1	1	200	1 200	1 900	2 800	2 200	480	0
黑尾胡蜂 c	1	1	25	450	1 400	2 100	1 700	280	0

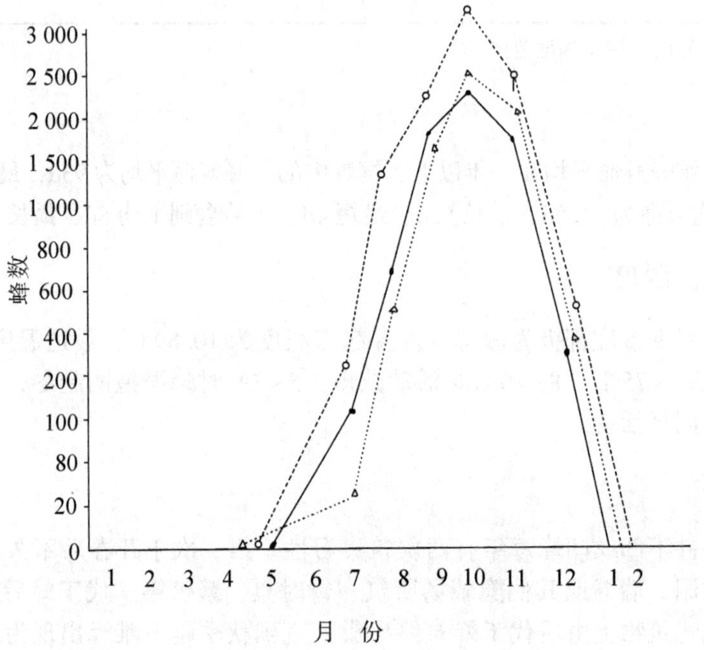

图4 凹纹胡蜂 *Vespa* (*Velutina*) *auraria* Smith **与黑尾胡蜂** *V.* (*Tropica*) *ducalis* Smith **种群数量与季节变化的关系**

●—凹纹胡蜂 a ○—凹纹胡蜂 b △—黑尾胡蜂 c

6. 环境

胡蜂在自然界主要生活于村寨、农田、山地、河沟、森林、果园等场所。因这类场所食源、气候等均适于胡蜂生长繁殖。并分别在背风向阳山坡的灌丛、次生林和隐蔽的土洞中营巢。在森林遭到破坏的地区，树上营巢的凹纹胡蜂会迁到建筑物上筑巢。

7. 食物与食量

胡蜂嗜食黏虫、蝗虫、家蝇、蜻蜓、蟋蟀和膜翅目、鳞翅目中的多种幼虫，不取食金龟子、天牛、蝽象、蜚蠊。此外，胡蜂在饥饿情况下，有取食同巢死尸现象。胡蜂所食多数为农作物害虫，是害虫的天敌，在生产上可以利用。凹纹胡蜂对不同食物的取食量见表5。

表5　凹纹胡蜂对不同食物的取食量

食物名称	日供虫数量（头）	饲喂天数（d）	取食量（头）		
			取食数	剩余数	平均
黏虫	30	3	30	0	10（8~12）
家蝇	75	4	54	21	13.5（9~17）
蝗虫	20	2	20	0	10（6~14）
蚱蜢	20	2	20	0	10（8~12）
蜘蛛	45	3	39	6	15（10~16）
螟蛾（幼虫）	43	3	43	0	14.3（11~17）
蜻蜓	30	3	30	0	10（8~13）
蜜蜂	33	2	32	1	16（6~17）
菜青虫	30	3	30	0	10（14~16）
地老虎（幼虫）	5	1	5	0	5
蟋蟀	52	4	52	0	13（9~17）
白眉灯蛾（幼虫）	60	4	0	60	0

续表

食物名称	日供虫数量（头）	饲喂天数（d）	取食量（头）		
			取食数	剩余数	平均
松叶蜂（幼虫）	60	3	0	60	0
金龟子	54	3	0	54	0
蜚蠊	30	2	0	30	0
天牛	7	3	0	7	0
蚜虫	50	5	0	50	0
蟀象	18	3	0	18	0
猪肝	10g	2	0.2	0	0.1
牛肉	10g	2	0.2	0	0.1
胡蜂（幼虫）	10	3	0	10	0
青蛙	20g	2	0.4	0	0.2

注：表中括号内数字系幅度范围。

8. 行为

（1）进出巢情况：凹纹胡蜂每天清晨6时开始活动，上午8：00~12：00、下午4：00~8：00活动最盛；晚8：00归巢。而黑尾胡蜂每天7：00开始活动，晚8：00~9：00时归巢，活动高峰期是在中午12时以后。两种胡蜂进出巢数见表6。

（2）社会性分工：胡蜂社会性分工较严格。蜂王专司产卵和指挥整个家族，雄蜂专司交配。工蜂中也有分工，分别担任筑巢、取运材料、取食、材料加工、搬运泥土、清洁、守卫等任务。筑巢工蜂夜间也不休息，全部不停地扩建巢层，只是不出外搬运材料。

表6 两种胡蜂进出巢数

种名	观察天数	观察时间（min）	上午		中午		下午	
			出巢数	进巢数	出巢数	进巢数	出巢数	进巢数
凹纹胡蜂	11	1	22.1 （17~23）	19.6 （16~22）	14.5 （12~17）	13.6 （11~23）	21.87 （18~24）	19.97 （18.4~23）
黑尾胡蜂	8	1	3 （1~5）	2.2 （1~4）	10.1 （6.5~13）	8.3 （6~12）	6.3 （5~8）	4.3 （3~5）

注：表中括号内数字系幅度范围。

（3）光：胡蜂具有趋光性、向上性。除昼伏夜出的褐胡蜂外，阳光充足时最为活跃。夜间若灯光离巢较近，也常有群蜂扑灯现象。

9. 天敌

胡蜂天敌除鸟、兽等外，还有捻翅目蜂扇科和双翅目寄蝇科等寄生性天敌昆虫。

（六）种类与分布

1. 种类

胡蜂属膜翅目（Hymenoptera）胡蜂总科（Vespoidea），发生于第三纪的中新世，是一种益多害少的资源昆虫。世界已知5 000余种。仅蜾蠃科已知种就达2 000余种。估计世界胡蜂有12 000~15 000种。中国胡蜂据胡经甫（1941）报道145种，其中包括38个变种。李铁生（1985）报道约150种。石达恺（1992）报道台湾胡蜂28种。董大志（1992）报道云南胡蜂122种。据不完全统计中国胡蜂有200余个已知种。

几乎世界各大洲均有胡蜂分布，但有些类群仅限定分布在一定的区域范围内。如狭腹胡蜂科Stenogastridae，目前已知它们的分布范围仅限定在东洋区的东南亚和巴布亚新几内亚。胡蜂科中的胡蜂属 *Vespa*、黄胡蜂属 *Vespula*、原胡蜂属 *Provespa* 和蜾蠃科Eumenidae中的部分类群，其分布中心在印度澳洲区至北纬62°以南的全北区。1种黄边胡蜂 *Vespa crabro* 引入美国，在北美洲东部定居。

2. 云南胡蜂的垂直分布

云南高原是经第三、第四纪强烈造山运动抬升以后形成的。高原位于东经97°39′~106°12′，北纬21°9′~29°15′，总面积39.4万km^2。北回归线横贯云南，属低纬度地带内陆地区。高原北抵四川，东临贵州、广西，与华南台地连接，西北紧倚西藏，处青藏高原东南面，喜马拉雅山脉东部；西与缅甸接壤，紧接南亚次大陆；南与老挝、越南相毗邻，属热带、亚热带高原季风气候。地形北高南低，自西北向西南倾斜，怒江、金沙江、澜沧江横贯南北，两岸切割形成高山峡谷地形。最低海拔为76.4m，位于滇南河口境内与南溪河交汇处，最高海拔为终年积雪的梅里雪山主峰——卡格博峰达6 740m。地形、地貌及气候、植被错综复杂。

怒江、澜沧江、元江水系从北向南分别注入印度洋和太平洋，导致云南受东南和西南季风的影响，因而使云南形成寒、温、热三个气候带。但由于地理、气候、海拔的限制，在同一个水平地带，昆虫种类、区系组成结构有着明显的差别。在不同海拔高度，由于热、水、土等条件不同，就会有不同的生态系统，另外，昆虫的区系组成结构还与纬度有着密切的关系。纬度越偏北，差异就越大。所以研究云南昆虫的垂直分布和区系成分对了解云南昆虫在不同条件下的活动规律、进化、演替及资源开发等具有重要的意义。如果把云南看为一个整体，根据云南的自然特点，我们将该地区划分为5个垂直分布带，见图5。

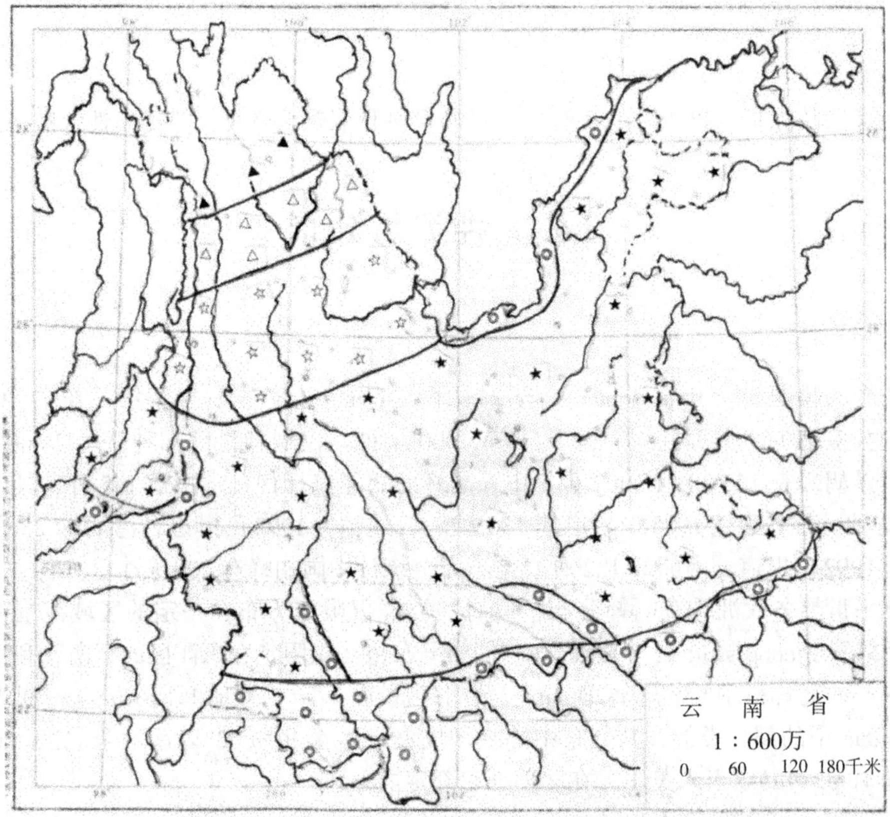

图5　云南胡蜂总科的分布和5个自然垂直分布带

◎河谷热带雨林季雨林带Ⅰ；★山地亚热带常绿落叶阔叶林带Ⅱ；☆低山亚热带常绿阔叶林带Ⅲ；△中山温暖混交林带Ⅳ；▲亚高山针叶林带Ⅴ

Ⅰ. 河谷热带雨林季雨林带　本带区在几条主要河谷两岸，多受季风的影响，气候燥热，海拔76.4~1 400m，属河谷冲积和洪积冲积地带。全年无霜，年平均气温20~25℃，最冷月平均气温12~25℃，年平均降水量1 200~1 800mm，年平均相对湿度83%左右。包括河口、元江、金沙江、澜沧江、怒江等河谷地区。植被有拟野桐、刺茄、霸王鞭、金合欢、杧果、酸角、番石榴、香蕉、凤凰木、小青树、攀枝花。农作物有双季稻、甘蔗和棉花等。

由于该带气候温和、环境复杂、生境类型多样，因此分布的胡蜂大部分为东洋区的热带类群。如有密侧狭腹胡蜂和伪长腹胡蜂等。本带共采到胡蜂16属，占总属的51.6%。

Ⅱ. 山地亚热带常绿落叶阔叶林带　本带受燥热季风影响不大，属亚热带气候，海拔1 400~1 900m。年平均气温14℃以下，最冷月平均气温一般在0~5℃，全年降水量700~1 500mm。包括所有由断层形成的大小山间平坝、溪流、湖泊和部分山区。植被有思茅松、小果、栲类、灌丛等。

该带胡蜂十分丰富，为典型的东洋区种类。如黄盾华丽蜾蠃、凹纹胡蜂、大胡蜂

等。本带共采到胡蜂 19 属，占总属的 61.3%。

Ⅲ. 低山亚热带常绿阔叶林带　本带区海拔为 1 900~2 300m，最冷月平均气温 0℃ 以上，最热月平均气温不足 22℃。年平均降水量 690mm。包括滇中以上和滇西北部分地区。植被以常绿阔叶林为主，有木兰科、樟科、五加皮、滇黄栎、滇白栎、小叶青冈、木莲等。林下有灌丛、蕨类、苔藓等和多种草本植物。

该带胡蜂大部分为东洋区种类，如显蜾蠃、基蜾蠃、基胡蜂、三齿胡蜂等。本带共采到胡蜂 7 属，占总属的 22.6%。

Ⅳ. 中山温暖混交林带　海拔 2 300~2 700m。年平均气温 10℃ 以下，日平均气温 10℃ 以上，年平均降水量 838mm。包括滇西北的部分地区。植被以针叶林和混交林为主，有高山松、高山栎、铁杉、大杜鹃、竹类、苔藓等。地带潮润，受季风影响不大。

本带胡蜂东洋区种类逐渐减少，有棕腹喙蜾蠃、台湾马蜂、澳门马蜂等。本带共采到胡蜂 6 属，占总属的 19.4%。

Ⅴ. 亚高山针叶林带　海拔 2 700~3 900m。本带受季风影响大，雨水充裕，年平均气温 2℃ 以下，最热月平均气温 10℃，最冷月平均气温 -6~8℃，极端最低气温 -28~-17℃，年降水量 700mm 左右，包括滇西北大部分高海拔地区。植被多为铁杉林，还有滇铁杉、苔藓和数种杜鹃。

该带胡蜂大量减少，出现古北区种类如柞蚕马蜂、朝鲜黄胡蜂等。本带共采到胡蜂 4 属，占总属的 12.9%。

在海拔 3 900m 以上目前尚未采到胡蜂标本，还有待进一步研究。

3. 云南胡蜂的区系分析

研究任何一个现生动物区域，无论物种如何繁杂多变，追根溯源，必然涉及区系的起源历史和演化过程。云南昆虫区系起源及演替，与云南高原的抬升、形成有着密切的关系。在大陆漂移和分合的过程中，自中生代燕山运动至新生代的上新世和更新世开始，云南高原伴随青藏高原大规模的构造抬升以后经历了漫长、复杂、深刻的解体变化过程。特别是青藏高原的隆升，使东亚大气环流受阻，造成云南气候环流因子。受错综复杂环境和气候影响的物种，经历了严酷的生存竞争、自然选择、进化、适应等，形成了现今这一构造复杂的昆虫区系。

从云南胡蜂总科的区系看，在地理区划上应属于东洋区。主要由热带种、亚热带种、古北种和跨区种组成。

(1) 热带种：系指适应生存于热带雨林和季雨林的胡蜂种类，在地理位置上仍属东洋区。这一种类仅限分布于一定的狭窄地域，计 20 种，占总数的 16.4%。

(2) 亚热带种：指广泛分布在亚热带区域内，在垂直分布中可以跨越两个或两个以上垂直带的胡蜂种类。计 86 种，约占总数的 70.5%。

(3) 古北种：指主要分布于古北区，但在云南也有分布的胡蜂种类，共计 9 种，占总数的 7.4%。

(4) 跨区种：指可跨越东洋区、古北区，在其他大动物地理区有分布的种类。计 7 种，占总数的 5.7%。其中非洲区 2 种，占总数的 1.6%，澳洲区 1 种，占总数的

0.8%，新北区 3 种，占 2.5%，新热带区 1 种，占 0.8%。各垂直带胡蜂区系地理成分见表 7。

另外，还有凹纹胡蜂等的分布从第Ⅱ带跨越到第Ⅴ带，说明它们适应各种环境条件及利用食物的能力较强，这是由它们较宽的生态可塑性所决定的。因这部分种类在区系地理上仍属东洋区，所以未列出。

表 7　云南胡蜂总科种类及其区系地理成分

分布垂直带 \ 百分率 \ 区系		东洋区		古北区	跨区				合计
		热带	亚热带		非洲区	澳洲区	新北区	新热带区	
Ⅰ	种数	20	10					1	31
	占本带总数的%	64.5%	32.3%					3.2%	100
Ⅱ	种数	3	66			1			70
	占本带总数的%	4.3%	94.3%			1.4%			100
Ⅲ	种数		17	2	1				20
	占本带总数的%		85%	10%	5%				100
Ⅳ	种数		6	3	1		1		11
	占本带总数的%		54.5%	27.3%	9.1%		9.1%		100
Ⅴ	种数		2	5			2		9
	占本带总数的%		22.2%	55.6%			22.2%		100
全省	种数	20	86	9	2	1	3	1	122
	占本带总数的%	16.4%	70.5%	7.4%	1.6%	0.8%	2.5%	0.8%	100

从表 7 可见，云南胡蜂总科以东洋成分占绝对优势，计 106 种，占总数的 86.9%。

（七）胡蜂巢穴的寻找方法

胡蜂巢穴多建筑在较隐蔽或人难以到达之处，所以给寻找和移巢都会带来很大的困难，为较快地找到蜂巢，这里介绍两种方法：

（1）直接寻巢：于开春到野外寻找，地点为向阳背风山坡、村寨、农田附近的土洞、树洞、灌丛等处，用棍棒敲打或摇动树干，当发现有蜂飞出，趁势寻找可得到巢穴。

（2）蜂标寻巢：方法是，用一根长约 1m 的竹棍，顶端破开呈夹子状，夹入诱饵如蝗虫、蚱蜢、蜘蛛、青蛙等。到山坡和农田周围，当发现有蜂飞翔时，立即将竹棍伸出，蜂很快就找到竹棍上的诱饵，这时不要惊动它，轻轻把竹棍插在地上，让蜂自由取食，取食完毕后，蜂会在诱饵周围呈螺旋形飞翔几圈后飞走，这是蜂释放激素标记食物点的行为，如有此行为，证明蜂还会再次飞回取食。这时便把拴有鸡毛、纸条或其他可标记物的麻丝做成活扣制成蜂标耐心等待蜂第二次飞回取食。把第二次飞来取食之蜂拴入蜂标仍让其取食。取食完后就会很快飞走，此时工作人员就可以分散观察，借助蜂标观察到蜂在何处降落，进而发现蜂巢所在位置，而得到蜂巢。同时在放蜂标时还可以用蜂来回飞行的时间来确定蜂巢离放蜂标处之间的距离。如蜂第二次飞回很快，说明蜂巢离放蜂标处较近，反之亦然。根据经验，带标蜂飞得越高，蜂巢越近；带标蜂飞得越低，蜂巢越远。有时第一次观察失败，还可以进行第二次观察。蜂再次带标返回取食，证明蜂巢在树上，带标蜂返回标被截断，证明蜂巢在土里。用此种方法寻找巢穴，既经济又省力，效果最佳，能很快而准确地找到蜂巢。

（八）凹纹胡蜂与黑尾胡蜂蛋白氨基酸分析研究

为弄清胡蜂蛋白氨基酸（特别是人体必需氨基酸）的组成，探索利用胡蜂作食品，笔者对凹纹胡蜂 *Vespa*（*Velutin*）*auraria* Smith 与黑尾胡蜂 *Vespa*（*Tropica*）*ducalis* Smith 成虫、幼虫、蛹、巢室、巢壳的氨基酸成分和含量进行了分析，结果报道如下。

1. 材料与方法

胡蜂系从云南文山移巢运回，在室内饲养一段时间取出幼虫、成虫、巢室、巢壳进行分析。样品在 80℃烘干 4h，研磨均匀，精确称样 10mg，置于消化管内加 4mL 分析纯盐酸（6mol/L），抽真空，充氮封管，在 110℃烘箱中消化 20h 后进行抽酸，定容至 1mL。上样量为 20μL 于瑞典 LKB-4400 型氨基酸自动分析仪测定，由联机 LKB-2220 型积分记录仪自动打印出结果。

2. 结果及讨论

分析结果表明，胡蜂体内含有 18 种氨基酸。虽然两种胡蜂在幼虫、蛹、成虫、巢室、巢壳的氨基酸含量上略有差异，但都比较高，见表 8。

（1）由表 8 可见，凹纹胡蜂幼虫、成虫的氨基酸含量比黑尾胡蜂的氨基酸含量高，而蛹的氨基酸含量则比黑尾胡蜂低。两种胡蜂相对生长期虫体氨基酸含量与冬虫夏草蝠蛾幼虫的氨基酸含量（46. 17%）相近，比蝇蛹氨基酸含量 16%～17%（Calvert 等，1969；Teotia 等，1969）高 3～4 倍。其中膳食蛋白来源的 8 种氨基酸，胡蜂虫体中就含有 7 种，而且含量较高，为凹纹胡蜂干物质的 20%～36%及氨基酸总含量的 40%；黑尾胡蜂稍低，占干物质的 15%～31%及氨基酸总含量的 36%，表明两种胡蜂虫体均可作为营养价值较高的膳食蛋白质食品。

（2）由表 8 可见两种胡蜂巢室及巢壳含氨基酸较高，特别是凹纹胡蜂巢室的氨基酸含量为 45%（其中必需氨基酸占氨基酸总含量的 10%），与冬虫夏草氨基酸含量 22. 7%相比，氨基酸含量为全虫草的 2 倍，具有较高的营养价值，并为探讨蜂巢的医学用途提供了一定的科学根据。

表 8　两种胡蜂氨基酸相对含量比较 *

氨基酸＼胡蜂	凹纹胡蜂					黑尾胡蜂				
	幼虫	蛹	成虫	巢室	巢壳	幼虫	蛹	成虫	巢室	巢壳
ASP 天门冬氨酸	4.53	3.89	5.97	4.49	0.74	4.32	5.49	5.32	1.01	0.44
THR 苏氨酸	2.12	2.27	6.94	1.96	0.38	1.94	3.10	3.09	0.59	0.13
SER 丝氨酸	3.15	2.65	5.48	6.23	1.09	2.05	3.58	3.44	2.37	0.51
GIU 谷氨酸	5.94	5.53	11.38	5.28	0.98	5.70	8.13	7.51	1.76	0.48
PRO 脯氨酸	2.89	3.86	6.85	1.82	0.83	2.79	5.20	5.12	1.46	0.15
GLY 甘氨酸	3.90	5.75	7.75	2.82	0.75	3.70	6.54	7.00	2.44	0.63
ALA 丙氨酸	3.54	5.71	8.55	8.59	1.00	3.34	6.64	7.55	2.37	0.52
AAL 缬氨酸	3.38	4.38	5.36	1.73	0.56	3.24	4.30	4.95	0.81	0.23
MET 蛋氨酸	1.35	0.71	0.95	0.22	0.09	0.53	0.62	0.78	0.02	/
ILE 异亮氨酸	2.94	3.48	4.45	1.65	0.30	2.32	4.39	4.04	0.41	0.78
LEU 亮氨酸	3.65	5.50	7.18	3.32	0.58	3.51	5.95	6.58	0.71	0.61
TYR 酪氨酸	3.60	3.76	2.93	0.69	0.25	2.29	4.14	3.17	0.24	0.37
PHE 苯丙氨酸	1.98	2.00	2.94	0.54	0.26	1.78	3.35	2.30	0.21	0.43
HIS 组氨酸	1.53	0.84	0.73	0.22	0.14	0.53	1.65	0.98	0.05	0.05
LYS 赖氨酸	1.39	1.75	5.77	1.06	0.36	1.36	3.54	1.76	0.18	0.07
NH_3 氨	1.40	0.82	0.99	0.57	0.37	0.49	1.27	0.85	0.32	0.30
ARG 精氨酸	3.14	3.52	3.91	3.85	0.21	3.04	3.53	3.38	0.47	0.11
CYS 胱氨酸	/	/	/	/	/	/	/	/	/	/
TRP 色氨酸	/	/	/	/	/	/	/	/	/	/
总和	50.43	56.42	88.13	45.04	8.89	42.93	71.42	67.82	15.42	5.84

* 为 mg/100mg 干物质氨基酸含量。

总之，胡蜂全体氨基酸含量高，特别是外源必需氨基酸含量较高，可作为滋补及营养食品，还可以作为中药之用，这种资源值得开发利用。

（九）中国南部狭腹胡蜂的生物学与地理分布

狭腹胡蜂是胡蜂中较原始的社会性类群。成虫体细长，足弱，腹部第 1 节呈细柄状，端部或多或少膨胀呈水银球状，长于各节之和。本科已知 7 属，近 70 种（Akre，1982），国内已知 4 属，10 种。

1. 生物学

(1) 生境与巢室：狭腹胡蜂主要分布于海拔 70～1 200m 的热带和亚热带区域。栖息和筑巢分野外和住宅两类不同环境类群。①野外环境类群，蜂巢多建筑在沿马路、河沟边缘的土坎和岩床下背风、向阳、避雨场所。系巢材料为裸露干枯的细树根和其他草本植物枝叶。②住宅环境类群，多建筑在茅草房和傣家竹楼下光亮、透风、无烟场所。系巢材料是麦草秆、竹篾丝及其他悬挂物。巢室通常呈条状和壶状，较精致，由相似的蜂室组成。形状和结构常因类群不同而异。如真狭腹胡蜂属 *Eustenogaster* Van der Vecht（14～17）巢室外有圆形的封壳，封壳表面常有一些不同的突起和附属物结构。侧狭腹胡蜂属 *Parischnogaster* Schulthess（1～12）野外环境类群巢室裸露，表面有许多齿状突起或无；住宅环境类群巢室光滑，裸露，具有各种不同的花纹，形状各异。平狭腹胡蜂 *Liostenogaster* van der Vecht 巢室裸露，呈列状、壳状或单个排列。匙角狭腹胡蜂 *Cochlischnogaster* Dong（18～20）巢室用土建成，裸露，呈柄状排列，巢室上方或多或少有一些灯罩形结构。不同类群狭腹胡蜂蜂巢见图 6。

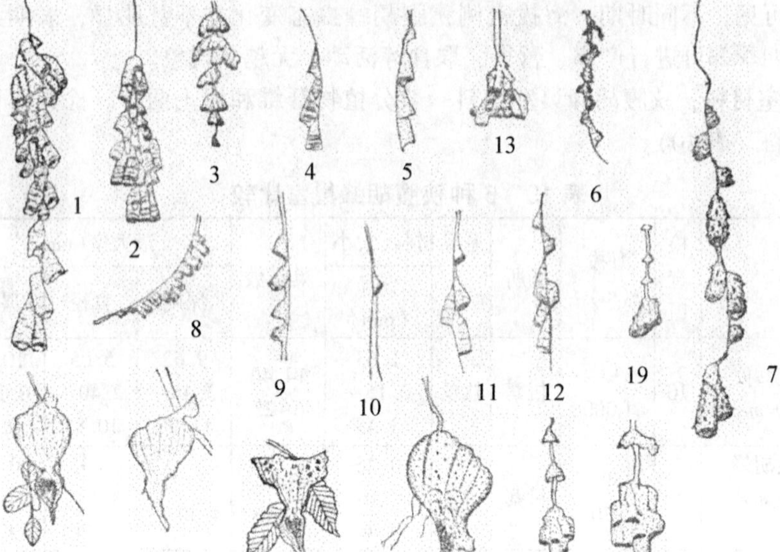

图 6　各种狭腹胡蜂巢室形状

1、2、3. 密侧狭腹胡蜂 *Parischnogaster mellyi*；4、5. 黑额侧狭腹胡蜂 *Parischnogaster nigrifrons*；6、7. 黑侧狭腹胡蜂 *Parischnogaster nigricans*；8、9、10. 杰柯侧狭腹胡蜂 *Parischnogaster jacobsoni*；11、12、13. 齿侧狭腹胡蜂 *Parischnogaster serrei*；14、15. 光真狭腹胡蜂 *Eustenogaster micans*；16. 异真狭腹胡蜂 *Eustenogaster eximia*；17. 丽真狭腹胡蜂 *Eustenogaster scitula*；18、19、20. 大渡岗匙角狭腹胡蜂 *Cochlischnogaster dadugangensis*

(2) 蜂巢密度：为进一步了解狭腹胡蜂蜂巢密度和不同时期各虫态的变化情况，我们选择分布较广、种群数量较多的密侧狭腹胡蜂类群，分别在不同时期、地点、海拔进行抽样调查。调查点设在西双版纳景洪曼东老650m和五家寨1 000m海拔高度的茅屋和傣家竹楼住户。住户面积平均为86.8m^2，最大100m^2，最小30m^2。调查结果：共查20户，计165巢，平均每户8.25巢，最高16巢，最低2巢，各虫态都有。不同时期、海拔密侧狭腹胡蜂调查情况见表9。

表9 不同时期、海拔密侧狭腹胡蜂调查情况

地点	日期（月/日）	海拔高度（m）	调查户	面积（m^2）	蜂巢数	巢室		虫态				
						总数	空室数	卵（粒）	幼虫	蛹（头）	成虫 ♀（头）	成虫 ♂（头）
景洪曼东老	10/26	650	10	90 90~100	7.2 2~13	10.5 6.5~12.3	4.2 1~12.2	1.13 0~3.25	4.63 2~7.1	0.88 0~1.5	1.6 1~2.4	0.53 0~0.8
景洪五家寨	12/4	1 000	10	75.6 30~100	9.3 3~16	10.1 3.8~16.3	3.6 1.6~10.7	0.7 0.13~2.3	4.6 1.3~10	1.2 0~2.8	2.3 0.4~2.8	0.3 0~0.8

注：表中带“~”数系幅度范围。

由表9可见，不同时期、海拔密侧狭腹胡蜂虫态变化并不甚明显，表明该蜂在热带地区一年四季都可进行产卵、营巢、取食等活动，无越冬现象。

(3) 巢室材料：狭腹胡蜂巢室材料一般分植物纤维和泥土两种。检查不同种狭腹胡蜂巢室材料（表10）。

表10 6种狭腹胡蜂巢室比较

种类	检查组	海拔（m）	场所	系巢材料、大小		巢室数	最大室（mm）			巢室材料
					直径（mm）		深度	直径	厚度	
密侧狭腹胡蜂 *Parischnogaster mellyi*	10	530~ 1 000	村寨	竹丝	1.63 0.15~ 3.45	14.40 6~25	9.62 3.45~ 11.90	5.05 2.40~ 10.85	10.50 0.10~ 0.15	植物纤维
杰柯侧狭腹胡蜂 *Parischnogaster jacobsoni*	5	350~ 870	村寨	竹丝	0.26 0.10~ 0.40	5.20 2~13	7.02 4.40~5	3.32 3.10~ 3.76	0.11 0.10~ 0.15	植物纤维
黑侧狭腹胡蜂 *Parischnogaster nigricans*	5	1 000~ 1 250	土坎	树根	0.61 0.60~ 0.75	10.20 3~16	7.27 0.30~ 9.61	3.36 3.35~ 3.70	0.09 0.06~ 0.10	植物纤维
光真狭腹胡蜂 *Eustenogaster micans*	2	1 000~ 1 250	土坎	树根	0.89 0.80~ 0.97	19.5 19~20	5.5 4.70~ 5.50	4.53 4.50~ 4.56	1.1 1~1.20	植物纤维
异真狭腹胡蜂 *Eustenogaster eximia*	2	1 000	土坎	树根	0.91 0.85~ 0.97	21 20~22	5.80 4.40~ 5.80	4.50 4.35~ 4.64	1.23 1.20~ 1.25	植物纤维
大渡岗匙角狭腹胡蜂 *Cochlischnogaster dadugangensis*	10	1 250	土坎	树根	0.40 0.30~ 0.50	9.30 2~24	16.16 10.36~ 20.32	3.2 0.27~ 3.70	1.51 0.15~ 3.45	泥土

结果，各种狭腹胡蜂由于海拔、栖息环境和筑巢材料不同，种类亦不同。就是材料相同，由于胡蜂种类不同，巢室大小、深度、室壁厚度等也有差别。由此可见，狭腹胡蜂巢室材料与巢室在分类鉴定上也具有一定意义。

(4) 食物：狭腹胡蜂成虫主要以花蜜、细小蜘蛛、蝇类、蠓类成虫为食和饲喂幼虫。

(5) 行为：

a. 巢室建筑：最初由单个狭腹胡蜂雌蜂（创始雌蜂），选择环境和细悬挂物如竹篾丝、细树根、麦草秆等，在适当位置，建筑1~2个开口而较浅的小室，产入卵（图7），卵孵化后，创始雌蜂同时担当起增建巢室和饲喂幼虫的责任。巢室随着幼虫不断增长而增建，幼虫初时横卧于巢室底部（图7），当进入预蛹期时才呈弯曲下垂悬挂，直到化蛹，成虫羽化。化蛹时由成虫用与巢室同样材料逐渐将巢室顶封盖。成虫自行咬开顶盖羽化而出。所有这些与其他胡蜂类的卵、幼虫均呈垂直向下悬挂，直到预蛹吐丝封盖截然不同。当第一批后代羽化后与创始雌蜂一起共同担负起取材筑巢、增加巢室、饲喂幼虫的任务，直到发展成一个小的家族后，再开始新的循环。

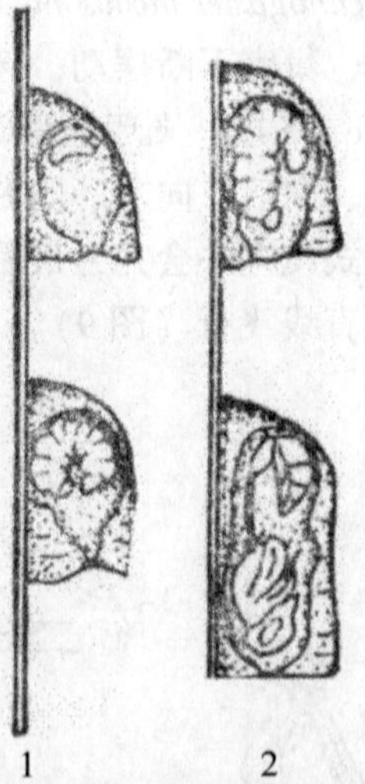

图7　密侧狭腹胡蜂从卵至蛹在巢室内的变化过程

1. 卵、幼虫；2. 预蛹、蛹

b. 产卵：据观察，密侧狭腹胡蜂的产卵行为与Sakagami和Yamane（1990）记述相同。分检查巢室、分泌腺体物质、产卵、分泌腺体物质四个阶段。这一行为也与其他胡蜂类直接将卵产入巢室不同。四个阶段是：①雌蜂在产卵前首先对巢室逐个进行检查，发现空室便停下来休息，做产卵准备。②休息毕，足紧抓巢室口侧，腹部微弯，不断扭动。见有团状腺体胶状物质分泌而出。由第1和以后腹节弯曲呈钩状送至口部，然后用上颚将这些物质送入巢室底部铺开。可反复进行多次。③腺体物质铺毕，才开始产卵，产出的卵，也以同样方式送入口部，再用上颚把卵放在胶状物质上面。④接着再重复第二阶段动作，再分泌腺体物质，把腺体物质覆盖在卵的上面，产卵才算完成。整个过程需要20~40min。每室只产一粒卵。

c. 活动：由于狭腹胡蜂分布环境属热带气候，全年无霜，气候温和。因此，该蜂一年四季均可进行筑巢、产卵、取食和搬运材料活动。除海拔1 000m以上分布的少数类群外，没有越冬现象。活动最盛期是在4~6月。成虫一般在阳光比较充足的条件下活动最为剧烈。阴天和雨天都静止在巢室上不动。晴天中午12：00开始活动至下午4：00~5：00归巢不动。

一般情况下狭腹胡蜂都呈静止状态停留在巢室上不动，仅偶尔上下移动位置，但很快又恢复静止状态。除此之外，该蜂在离巢和归巢时巢上都会产生一次轰动，但都是短时的，约20s后又静止下来。如遇偷袭者，这种轰动将会持续下去，直到偷袭者飞走后才又恢复到原来状态。

d. 适应：住宅生活类群如密侧狭腹胡蜂 *Parischnogaster mellyi* 与杰柯侧狭腹胡蜂

Parischnogaster jacobsoni 巢室建筑在傣家竹楼下的细竹篾丝上，尽管楼上有人来回行走，震动，巢室不断摆动，甚至偏离45°时，也未见有任何不安的现象，仍能正常活动。

e. 飞翔：飞翔呈盘旋式，很像蜻蜓的动作，时缓、时速，时而向上、向下，时而向前、向后，向左、向右。观察到密侧狭腹胡蜂在取材归巢当快接近巢室时，总是呈盘旋式飞翔一会儿，最后飞落巢上（图8）。离巢时，先是后退盘旋飞翔一会儿，再转头呈直线飞行（图9）。

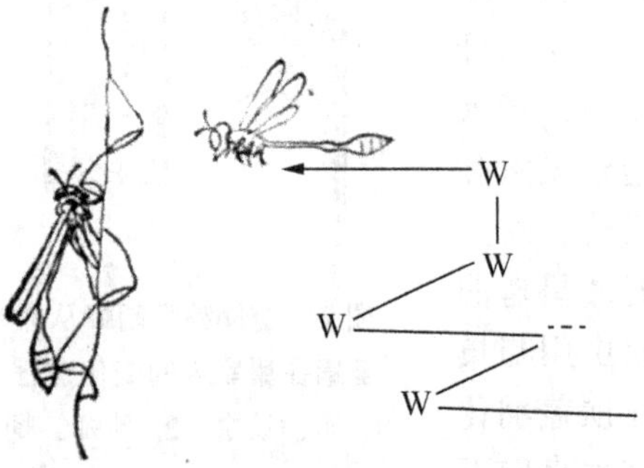

图8 密侧狭腹胡蜂归巢时的飞翔行为

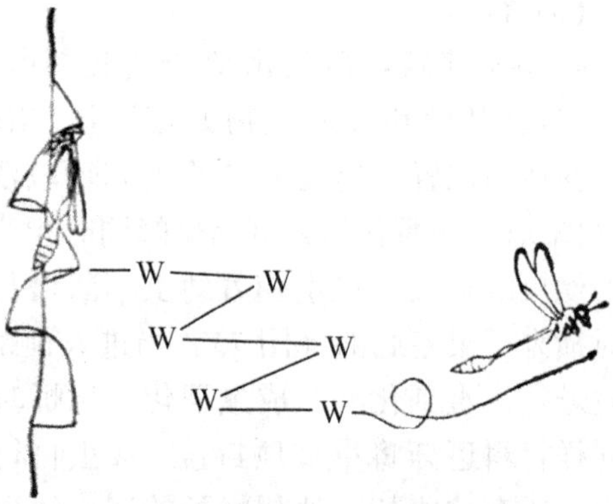

图9 密侧狭腹胡蜂离巢时的飞翔行为
W. =Wheeling 示盘旋

f. 偷袭：观察中发现，同种狭腹胡蜂不同巢之间常有互相偷袭卵、幼虫和蛹的行为。其结果往往要进行一场激烈的争斗。这种争斗的胜败取决于家族个体数量的多少、旺盛与否。获胜者，取食对方卵、幼虫、蛹或带回自己巢内；斗败者多弃巢而逃。许多空巢室就是由于偷袭或被其他天敌攻击的缘故。

（6）拟态：狭腹胡蜂拟态主要表现在巢室的建筑结构上。分伪装和模仿两种类型。伪装如光真狭腹胡蜂 *Eustenogaster micans* 与异真狭腹胡蜂 *E. eximia*，巢室封壳表面常有一些耳状或齿状附属物结构。有的像牛头，有的像枯叶或凋谢的花朵，形状各异。模仿如侧狭腹胡蜂属，野外环境类群，常在土坎下干枯的细树根上筑巢，材料多用与周围树根相似的植物纤维。巢呈条状，有的巢室上有一些呈锯齿状结构，看上去与枯树根相似。住宅环境类群，巢室建筑在房屋下，巢室光滑，颜色较暗，与房舍下悬吊的浮尘相似。大渡岗匙角狭腹胡蜂 *Cochlischnogaster dadugangensis* 用土筑巢，巢室上方常有一些节状呈灯罩形的结构，这些与土坎下树根悬带呈串状土块相似。所有这些都是狭腹胡蜂在长期自然选择过程中所表现出与它们周围环境相类似以避免天敌侵袭的拟态现象。

（7）天敌：狭腹胡蜂天敌除人类对自然环境的破坏外，已观察到有鸟类、黑尾胡蜂、马蜂、蛛蜂和蜘蛛等。

2. 地理分布

（1）世界分布范围：狭腹胡蜂已知主要分布于东洋区的东南亚和巴布亚新几内亚。东部从巴布亚新几内亚至菲律宾。南部除澳大利亚外，自澳大利亚北部诸岛至雅加达。

西从苏门答腊岛跨斯里兰卡至印度。北部止于中国南部的广东、广西、贵州、云南等地。

（2）国内分布范围：东自广东、广西至云南河口。南部包括整个西双版纳所属地带。西抵孟连、澜沧。北部据报道，分布于贵州东北部的江口地带，但我们还没有得到标本。据初步推断，很可能是由广西境内深入或因地理变迁所致，这方面还有待进一步研究。中国南部狭腹胡蜂的地理分布见表11。

表11　中国南部狭腹胡蜂的地理分布

分布 种类	广东	海南	广西			贵州	云南									
	海康县	白沙县	合浦县	防城县	宁明县	江口县	马关县	河口县	金平县	江城县	勐腊县	景洪县	普洱县	澜沧县	孟连县	勐海县
1. 丽真狭腹胡蜂 *Eustenogaster scitula*	+		+	+	+	+	+				+		+			
2. 光真狭腹胡蜂 *Eustenogaster micans*												+		+		+
3. 异真狭腹胡蜂 *Eustenogaster eximia*																+
4. 杰平狭腹胡蜂 *Liostengaster nitidipennis*											+	+				
5. 密侧狭腹胡蜂 *Parischnogaster mellyi*																
6. 黑侧狭腹胡蜂 *Parischnogaster nigricans*		+?					+	+	+	+	+	+	+	+	+	+
7. 黑额侧狭腹胡蜂 *Parischnogaster nigrifrons*											+	+	+			+
8. 杰柯侧狭腹胡蜂 *Parischnogaster jacobsoni*								+			+	+				
9. 齿侧狭腹胡蜂 *Parischnogaster serrei*												+				
10. 大渡岗匙角狭腹胡蜂 *Cochlischnogaster dadugangensis*												+				

从10个种的分布情况看，云南是狭腹胡蜂分布最为丰富的地区。从东经90°15′~104°98′至北纬20°06′~22°55′几乎都有分布。其中西双版纳是狭腹胡蜂分布的主要地区。

（十）外部形态

胡蜂为全变态昆虫，有卵、幼虫、蛹、成虫四个发育阶段，分别如下：

1. 成虫

成虫的背面观如图 10 所示。

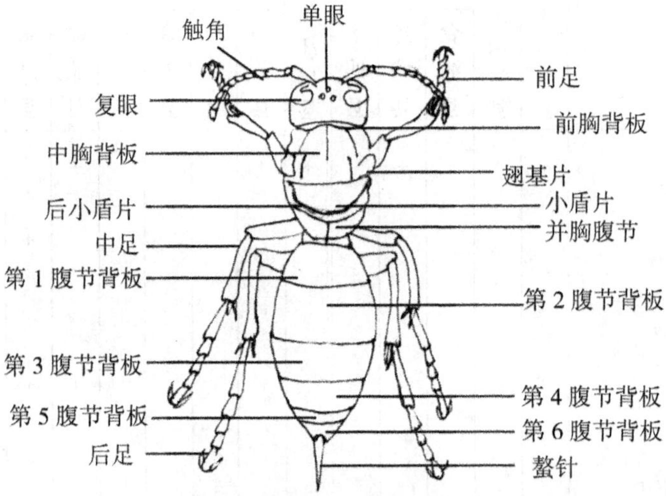

图 10 胡蜂背面观

(1) 头部： 由头颅、触角和口器部分组成。头颅为一几丁质化的硬骨骼组成的颅壳，正面观近似三角形，前后扁平。1 对大型复眼位于头颅两侧，复眼中部凹陷呈肾形，复眼下部为近似三角形或盾形骨片称唇基，唇基端缘呈突出或平截，常布有刻点、斑纹或短毛。唇基的上方为额部，中间由口上沟分开，常隆起或布有刻点和短毛。额下部中央，唇基之上常可见一明显的额沟，呈纵脊状隆起，有时上部呈叉状。唇基上方，额沟两侧，各有一圆形的触角窝，窝中生有 1 对支角突，支角突上生有触角，触角由柄节、梗节、鞭节三部分组成。雄性蜾蠃触角末端鞭节常呈沟状。额上部，两复眼顶部之间为头顶，头顶中央有 3 个排列成三角形的单眼，前单眼稍大，后单眼横形并列；两后单眼间距称单眼间距（OOD），后侧单眼与复眼间距称单眼复眼间距（IOD），单眼至后头缘间距称单眼后头间距（OCD）。复眼后缘两侧为颊部。唇基的下部为口器部分，最上部为一舌状上唇，有口盖作用，左右有 1 对上颚，上颚粗壮，坚硬，端部有端齿。有 1 对下颚，基部为轴节，上为茎节，端部为下颚须，下颚须 7 节，茎节内侧为生有毛和刺的内颚叶和外颚叶。上唇之下为前颏，末端有 1 对下唇须。中央为有舌的作用的中唇舌，两侧有 1 对侧唇舌（图 11）。

(2) 胸部： 胸部分前胸、中胸和后胸三节，每节生有一对足，分别为前、中、后足。中胸和后胸上各生有一对翅，称前、后翅（图 12、图 13）。

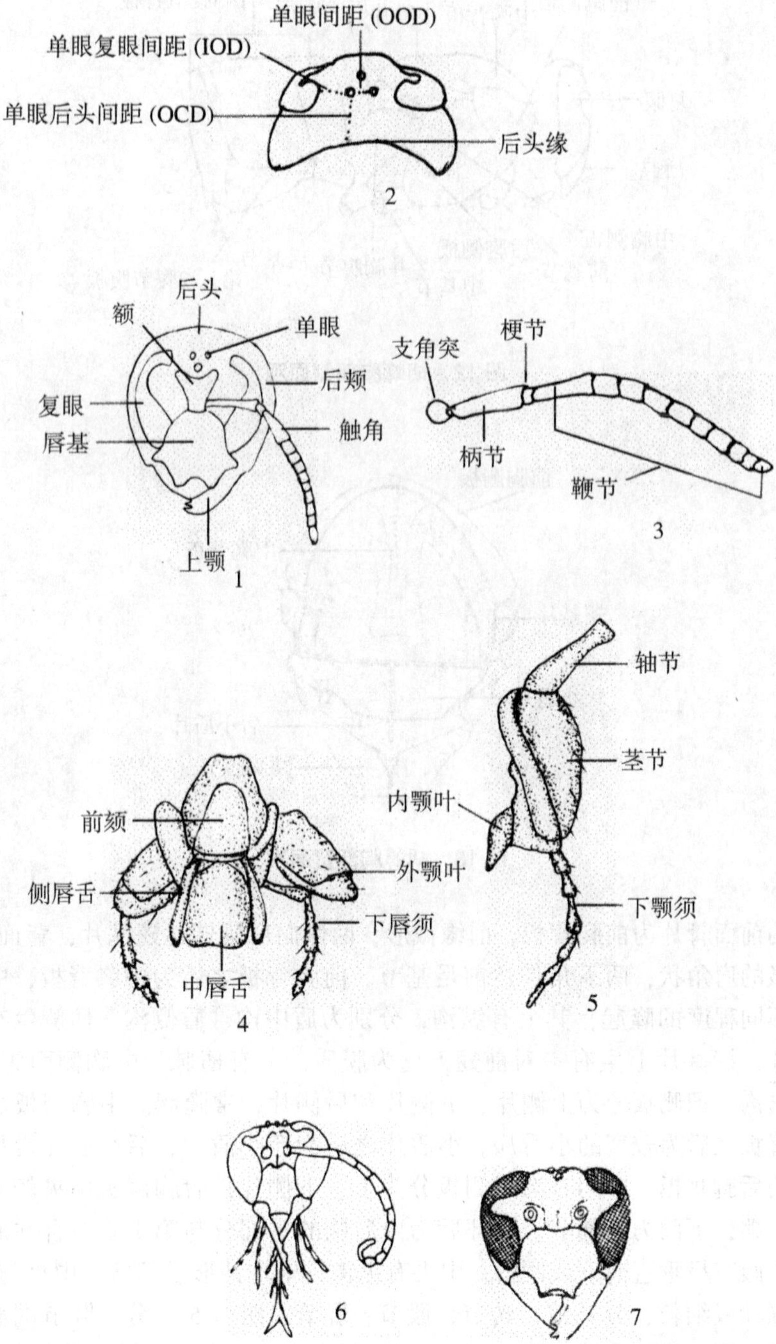

图 11　头部

1. 胡蜂头部正面观；2. 胡蜂头部背面观；3. 触角；6. 蜾蠃头部正面观；
7. 黄胡蜂头部正面观；4、5. 胡蜂的口器部分

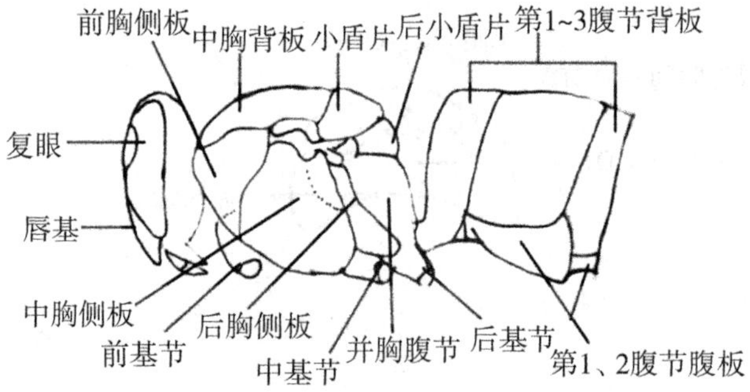

图 12　胡蜂胸部侧面观

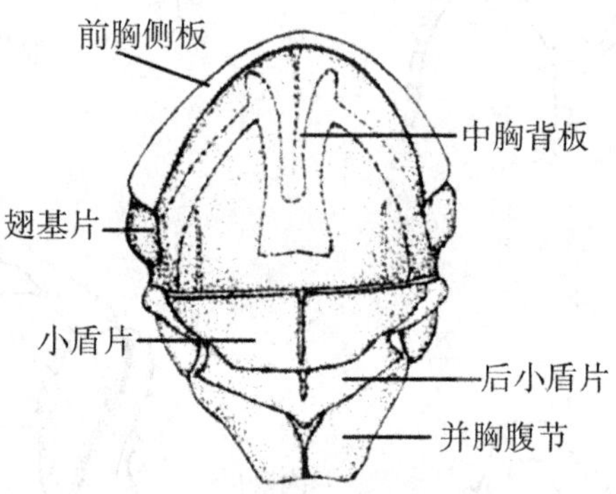

图 13　胡蜂胸部背面观

胸部的前面骨片为前胸背板，前缘截形，两侧向后延伸达翅基片，背面观近弧形，有时呈明显的肩角状，两下角伸达前足基节。前胸背板之后为中胸背板，中胸背板较发达，有不同程度的隆起，其上有纵沟，分别为盾中沟、盾侧沟，两侧生有一对近圆形的翅基片，翅基片上生有一对前翅，翅为膜质，上有翅脉。中胸侧面为中胸侧板，中央有一横沟，把侧板分为上侧片、下侧片和后侧片，常隆起。中胸侧板之下为中基节。中胸背板之后为较宽的小盾片。小盾片之后为后小盾片，后小盾片常呈带状。下面为较窄的后胸侧板，中间有沟把侧板分为上、下侧片，后胸侧板中央较光滑，两侧生有一对后翅，下面为后基节。胸部后为由后胸的一部分与第 1 腹节合并而成的并胸腹节，并胸腹节呈垂直向下或倾斜，中央有纵沟，末端钝形或角状，中央与腹部相连。足 3 对，强壮或细长，分基节、转节、股节、胫节、跗节 5 部分，胫节端部有距。跗节又分 5 节，第 1 跗节最长，第 2、3、4 跗节较短，末端有一对爪，爪有齿，爪间有爪垫（图 14）。

前翅发达，后翅较小，翅脉特化。透明，浅褐色至黑褐色，前缘色略深。后翅前缘有 1 列翅沟，飞翔时与前翅前缘相连，静止时呈纵折覆于体背两侧。

前翅最前缘为前缘脉（C），脉端部有一深色的翅痣（St），前缘脉之下为亚前缘脉

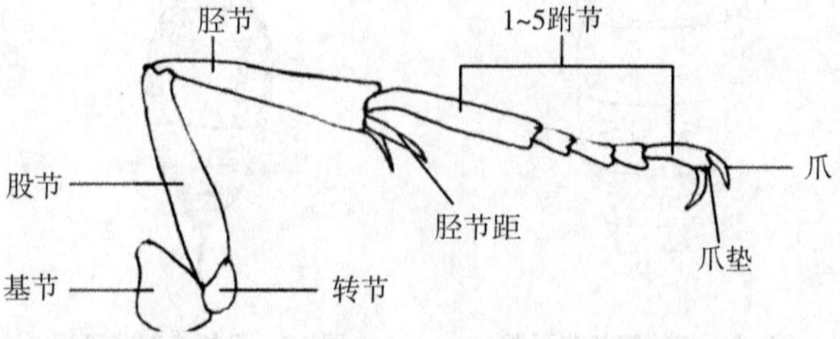

图 14 后足

（SC），亚前缘脉与一条倾斜脉基脉（B）相接，翅痣下为径脉（R），依次以下为肘脉（Cu），径脉与肘脉之间相连的 3 条横脉称肘横脉（R-m），分第 1、2、3、4 肘横脉（Cu-m）。以下为中脉（M），肘脉基部与中脉相连的 1 条小横脉为横亚基脉（Sb-m），端部 2 条横脉为回中横脉（M-m）。最下部为臀脉（A）。后翅也依次为前缘脉（PC）、亚前缘脉（PSC）、径脉（PR）、基脉（PB）、肘脉（PC）、肘横脉（PC-m）、中脉（PM）和臀脉（PA）。

翅上有由翅脉包围形成的不同大小的室称翅室。前翅有前缘室、基室、径室、肘室（第 1、2、3、4）、亚基室（第 1、2）、中室（第 1、2、3）、端室、臀室。后翅依次为后前缘室、后基室、后径室、后亚基室、后中室、后端室、后臀室。后翅前缘端部处有一列小翅钩（图 15）。

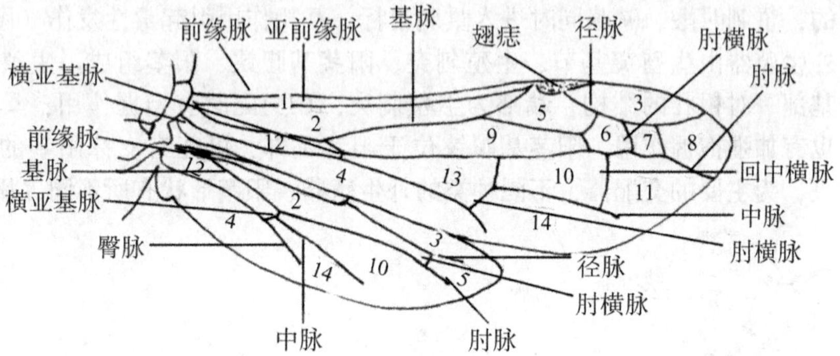

图 15 胡蜂前、后翅

1. 前缘室；2. 基室；3. 径室；4. 臀室；5，6，7，8. 第 1~4 肘室；
9、10、11. 第 1~3 中室；12. 亚基室；13、14. 第 1，2 中盘室

（3）腹部：圆锥形或披针形。雌蜂 6 节，雄蜂 7 节。第 1 节基部与并胸腹节相连，呈截状或坡状，多数种第 1 节收缩呈柄状。背板半圆筒形，腹板扁平，背板近中部两侧常可见一对侧瘤。腹部第 2 节背、腹板中部最宽。雌蜂 3~5 节、雄蜂 3~6 节向端部逐渐变窄，常可以伸缩。腹部末端节近三角形，着生有外生殖器。外生殖器雌、雄各异，雌蜂外生殖器为一根可伸缩的螯针（图 16~图 18）。

图 16　胡蜂腹部背面观

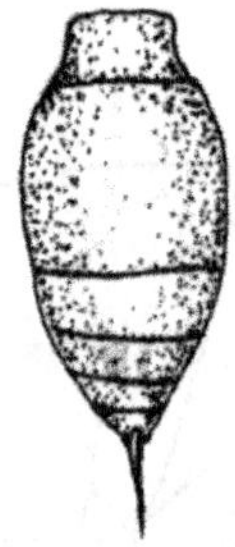

图 17　马蜂腹部背面观

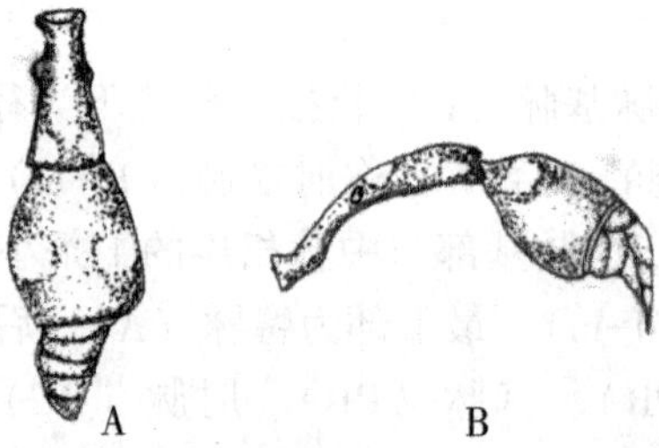

图 18　蜾蠃腹部侧面观

A. 蜾蠃腹部背面观；B. 蜾蠃腹部侧面观

雌蜂的螯针由坚硬的产卵管形成，端部尖细，向基部逐渐变粗如针状，当蜇刺人、畜或其他动物时可排出毒液。产卵管基部与腹腔内的毒囊由导管相通，毒囊上通有分泌酸性液的酸腺，毒囊端部由一根导管与碱腺一起通入螯针。无蜇刺目标时，酸、碱腺是分开的，蜇刺时酸、碱腺同时进入蜇刺目标，互相作用引起毒性发作（图 19）。

雄蜂外生殖器由生殖突基节、生殖刺突、阳茎基腹铗、阳茎组成。生殖突基节为外生殖器基部一对粗壮的结构，端部为生殖刺突，在交配时有抱握作用，具有许多粗壮硬毛，也有加强抱握作用。阳茎基腹铗位于阳茎基部，可能有支撑阳茎的作用。阳茎位于中央，为主要的交配器，不同种类的外生殖器、阳茎形状有所不同（图 20）。

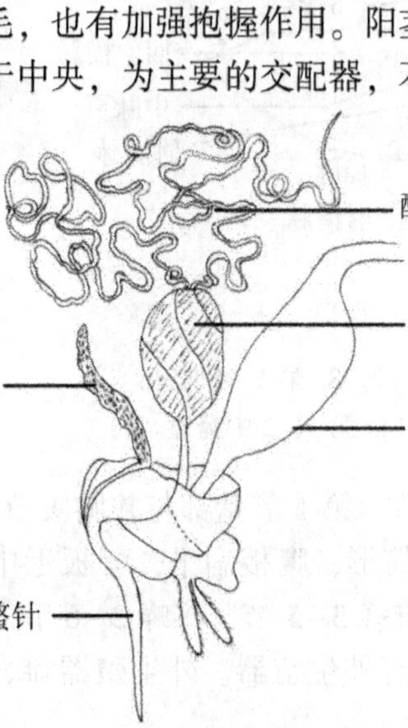

图 19　雌蜂的毒腺和外生殖器（♀）

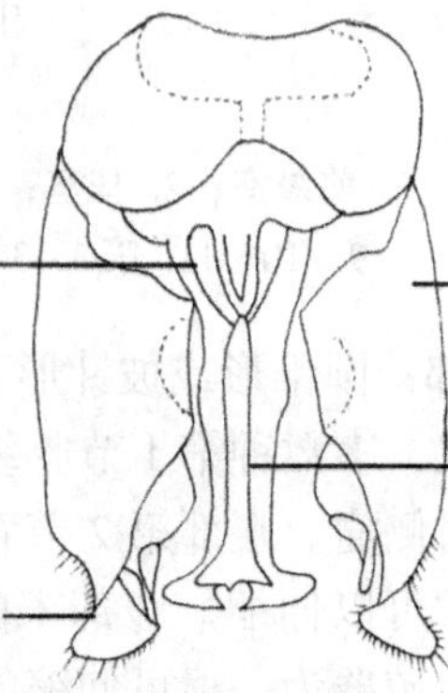

图 20　雄蜂的外生殖器（♂）

2. 卵

卵呈椭圆形，乳白色，光滑、发亮，卵外层有薄膜，内充满液体，基部有一丝质柄把卵固着在巢室壁上，直到卵孵化为幼虫、化蛹为成虫，都是由丝质柄固着悬吊在巢室上。这就是为什么我们常看到胡蜂幼虫虽然在巢室上是倒吊着的，但就是不会落下来的原因。卵为散产，一室一粒，每一粒卵只能孵化出一头幼虫（图 21）。

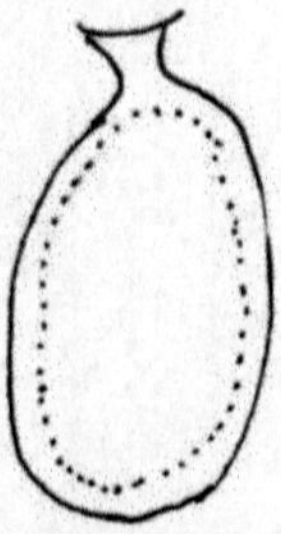

图 21　卵

3. 幼虫

幼虫梭形，乳白色，腹端由丝质柄固着倒吊于巢室内。幼虫由成虫工蜂饲喂，当幼虫接食完毕就会分泌一种白色分泌物供工蜂取食，这就是食物互惠现象。老熟幼虫吐丝结茧将巢室顶封闭，于巢室中化蛹（图 22）。

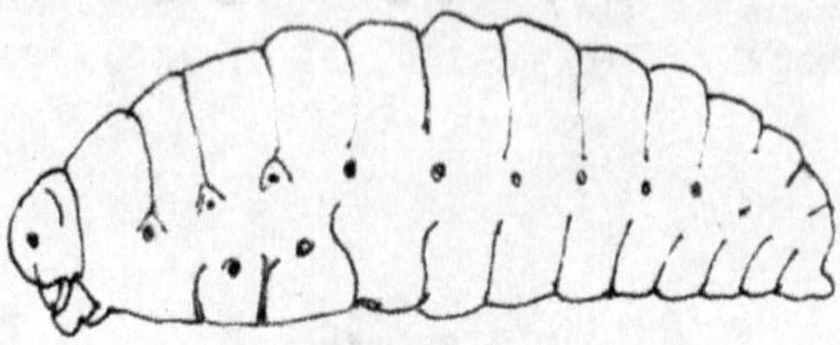

图 22　幼虫

4. 蛹

蛹为离蛹，乳白色至黄白色，分预蛹和蛹期两个阶段。预蛹为老熟幼虫的后期吐丝结茧后到一段时期，不食、不动，直到进入蛹期。蛹期是发展变化最大的时期，在蛹期各种成虫的结构，如身体分头、胸、腹三部，触角、足、翅等显现出来。蛹期黄白色，随着老熟程度逐渐加深显现出成虫斑纹、颜色等。最后化为成虫咬开封盖羽化出来（图 23）。

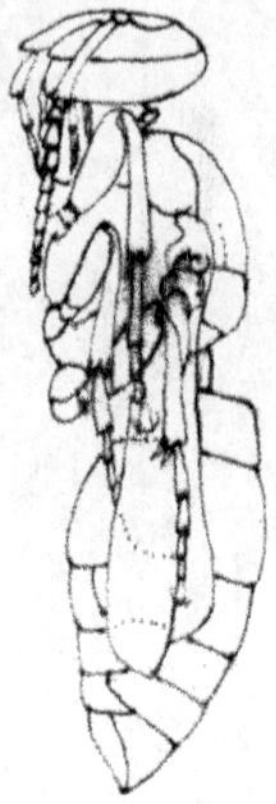

图 23　蛹

二、分 类

胡蜂可分为独居性、社会性和亚社会性 3 种类群。独居性类群，平时营自由生活，当产卵时才双双筑巢繁殖后代，如蜾蠃等。亚社会性类群，虽然或多或少成群居在同一个巢上，但无明显社会性分工，如狭腹胡蜂等。社会性类群，营社会性生活。有不同的社会性分工，每巢蜂由蜂王、雄蜂和工蜂组成。蜂王专司产卵和指挥整个家族的活动。雄蜂专司交配。工蜂中也有不同的分工，分别有担任筑巢、搬运材料、取食，材料加工、搬运泥土、清洁、守卫等角色。其生活习性复杂，如胡蜂等。这些都是胡蜂在长期自然选择过程中，种群不断繁衍、昌盛的结果。因此对胡蜂的分类无论是在理论上还是在应用上都具有较重要的价值和意义。

科检索表

1. 中足胫节有 2 个顶端距 …………………………………………………………… 6
   中足胫节有 1 个顶端距 …………………………………………………………… 2
2. 上颚短宽，端部截形，有齿，在唇基下方彼此重叠或交叉；跗节爪二分裂或有齿；独居胡蜂类 ……………………………………………… 长腹胡蜂科 Zethidae
   上颚刀状，端部不呈截形，内缘具齿，彼此交叉或向前伸；跗节爪简单，无齿；真正的社会性胡蜂 …………………………………………………………… 3
3. 唇基端缘截形，边缘多少有凹痕；第 1 腹节前方垂直截形；后翅无臀叶 …… 胡蜂科 Vespidae
   唇基顶端尖，少数圆或直；第 1 腹节前方非截形；后翅有臀叶 ……………………… 4
4. 腹部第 2 节铃形，背、腹板完全或大部分愈合，远宽于第 1 腹节 …… 铃腹胡蜂科 Ropaliidae
   腹部第 2 节不呈铃形，背、腹板不愈合 ……………………………………………… 5
5. 腹部第 1 节柄状，端部较基部稍宽，雌触角 11 节或 12 节，雄 12 节或 13 节 ………………
   …………………………………………………………………… 异腹胡蜂科 Polybiidae
   腹部第 1 节不呈柄状，向端部逐渐加宽；雌触角 12 节，雄 13 节 …………… 马蜂科 Polistidae
6. 唇基伸出，端部尖；亚社会性类群 ……………………………… 狭腹胡蜂科 Stenogastridae
   唇基端部凹陷或叉状；独居胡蜂类群 …………………………………… 蜾蠃科 Eumenidae

（一）长腹胡蜂科 Zethidae

1. 长腹胡蜂属 *Zethus* Fabricius

Fabricius：1804. Syst. Piez. 1804. 282 n. 51.

成虫上颚短宽，唇基顶端截形，中足胫节有 1 个或 2 个距。独居胡蜂类。

(1) 伪长腹胡蜂 *Zethus dolosus* Bingham 1897 **（彩图版 Ⅰ.1）**

Bingham：1897. The Pauna to British India，Hymenoptera 1. 333.

雌蜂：体小型，黑色，斑纹棕色。头部黑色，唇基与上颚中部黄色。触角鞭节暗棕色。胸部全呈黑色。翅深棕色，前翅前缘色略深。足棕黑色，跗节稍淡。腹部全呈黑色。

头部：横宽、刻点皱、发亮、毛稀，较胸部翅基片处宽。两触角窝之间稍隆起，触角 12 节，亚棒状，端鞭节呈圆锥形；第 1 鞭节长是宽的 2 倍。唇基凸起，宽大于长，具稀刻点和密白色长毛；上颚端部倾斜，端齿大，短。

胸部：椭圆形，前胸背板前缘截形；中胸背板稍凸，盾纵沟清楚，具稀刻点和茸毛。小盾片稍平，具粗刻点和棕色茸毛。后小盾片横带状，具粗刻点和棕色茸毛。并胸腹节后部倾斜，中央具明显凹陷，具粗刻点和棕色茸毛。足细短，爪具齿。前翅狭，稍长，第1肘室等于第2、3肘室之和。

腹部：矛形，第1腹节背板明显呈柄状，基部和顶端细，中部稍平，长是宽的3.6倍。第2腹节基部强收缩，向端部突然加宽，长是宽的1.3倍，具刻点和密短毛；其余腹节背板均光滑，毛稀。

体长：18~19mm。

雄蜂：与雌蜂相似，触角端鞭节呈钩状，腹部7节。

分布：云南、广东；缅甸。

（二）胡蜂科 Vespidae

属检索表

1. 体粗壮，大型；头部背面观呈梯形……………………………………胡蜂属 *Vespa* Linnaeus
   体小至中等大型；头部背面观呈弧形 ……………………………………………………………… 2
2. 体中等大型；两复眼间距较近，单眼大而突出；腹部第1节背板强收缩 …………………………………………………………………………………… 原胡蜂属 *Provespa* Ashmead
   体小型，两复眼间距较远，单眼小而平；腹部第1节背板稍收缩 ……………………………… 3
3. 前胸背板两侧无脊，眼颚距无 ………………………………………… 黄胡蜂属 *Vespula* Tomson
   前胸背板两侧有脊，眼颚距长……………………………长黄胡蜂属 *Dolichovespula* Rohw

2. 胡蜂属 *Vespa* Linnaeus

Linnaeus：1758，Syst. Nat. ed 10，I，P. 343.

体大型，头部后缘凹陷，两触角之间呈三角形隆起，背面观呈梯形，颊通常发达，远离复眼后缘。单眼大，呈三角形排列。触角丝状，雄蜂的触角往往较雌蜂长。唇基宽，正方形，末端截形，中央稍凹陷，上颚较宽，末端具4个粗齿。胸部近方形，有时呈球形；并胸腹节向下垂直。足粗壮，稍短，爪简单，无齿。翅长，前翅径室长，第1肘室窄长，第2肘室向径室处收缩，接收2条回脉，第3肘室倾斜近方形。腹部圆柱形，顶端突然收缩变尖，第1腹节宽，基部截形。多呈棕色、黑色、黄色。

根据系统发育（图5）研究结果，将胡蜂分为树巢胡蜂类（Wood-nesting groups）（A）群和地巢胡蜂类（Earth-nesting groups）（B）群。A群分4个亚属：基胡蜂亚属 *Basalis*，丝绒胡蜂亚属 *Velutina*，三齿胡蜂亚属 *Analis*，褐胡蜂亚属 *Bingham*。B群也分4个亚属：大胡蜂亚属 *Magnifica*，变胡蜂亚属 *Variabilis*，黑尾胡蜂亚属 *Tropica*，黑盾胡蜂亚属 *Bicolor*。

亚属检索表

1. 腹部第 2~6 节黑色……………………………………基胡蜂亚属 *Basalis*（Smith）
   腹部第 2~6 节黑色，有黄色横带 ……………………………………………………………… 2
2. 胸部布丝绒毛……………………………………丝绒胡蜂亚属 *Velutina*（Smith）
   胸部布粗硬毛 …………………………………………………………………………………… 3
3. 唇基端缘中央有 1 齿状突 ……………………………… 三齿胡蜂亚属 *Analis*（Andre）
   唇基端缘中央无齿状突 ………………………………………………………………………… 4
4. 体全呈棕色 …………………………………………… 褐胡蜂亚属 *Binghami*（Buysson）
   体二色以上 ……………………………………………………………………………………… 5
5. 胸部全呈黑色 ………………………………………… 大胡蜂亚属 *Magnifica*（Smith）
   胸部黑色，有斑纹 ……………………………………………………………………………… 6
6. 中胸背板有棕色斑纹 ……………………………… 变胡蜂亚属 *Variabilis*（Buysson）
   中胸背板无棕色斑纹 …………………………………………………………………………… 7
7. 腹部第 2 节背板呈棕色、黄色 …………………… 黑尾胡蜂亚属 *Tropica*（Smith）
   腹部第 2~6 节背板均呈黄色 ……………………… 黑盾胡蜂亚属 *Bicolor*（Smith）

基胡蜂亚属 *Basalis*（Smith）

本亚属特征：第 2~6 腹节均呈黑色。

（2）基胡蜂 *Vespa*（*Basalis*）*basalis*（Smith）1852（**彩图版Ⅰ.2**）

Smith：1852，Trans. Ent. Soc. Lond. 2：46.

雌蜂：体中等大型，黑色，其上有棕色斑。头部两触角窝之间隆起处、唇基、后颊、后头暗棕色。单眼区黑色，单眼棕色。触角柄节、梗节棕色，鞭节锈色，上颚暗棕色，端齿黑色。胸部黑色，前胸背板、翅基片、小盾片、后小盾片和中胸侧板上部 1 斑棕色。翅呈棕色，前翅前缘色略深。所有的足棕色。腹部第 1 节黑色或黑褐色，但端部边缘具 1 窄棕色横带，第 2~6 节腹节背板均呈黑色，所有的腹板黑色。

头部：横宽、光滑、刻点细、毛密，较胸部翅基片处稍窄。两触角之间呈三角形隆起，额沟可见。单眼区稍凹陷，单眼呈三角形排列，OOD 是 IOD 的 0.36 倍，OCD 是 OOD 的 4.4 倍。触角丝状，向端部逐渐收缩，第 1 鞭节是第 2 鞭节长的 0.6 倍。唇基宽大于长，端部两侧各具 1 圆形齿状突，具细密刻点和短茸毛。上颚粗壮，端齿尖。

胸部：前胸背板前缘中部稍隆起，光滑，覆密短毛。中胸背板隆起，中央纵隆线明显，端部两侧各具 1 纵沟，光滑，覆密长毛，小盾片平直，中央具 1 纵沟，光滑，两侧覆密长毛。后小盾片向下垂直，横带状，端部中央突出，光滑，基半部和两侧覆密长毛。后胸侧板凹陷，光滑、毛稀。翅透明，第 3 肘室近方形，第 2 肘室与第 3 肘室宽度近相等。足细长，所有足股节基部稍膨胀，前足股节内弯，爪简单，无齿。

腹部：第 1 腹节背板基部截形，长是宽的 0.4 倍，第 2 腹节背板长是宽的 0.6 倍，光滑，覆密长毛。第 3~6 腹节背板均光滑，覆细密短毛。第 2~6 节腹板均光滑，具细密刻点和短毛。

体长：20~28mm。

雄蜂：近似雌蜂。并胸腹节下部两侧各具1个棕色斑。第1腹节基部棕色。腹部7节。

分布：云南各地、四川、湖南、浙江、福建、台湾；尼泊尔，印度，泰国，缅甸，越南，斯里兰卡，印度尼西亚。

丝绒胡蜂亚属 *Velutina*（Smith）

本亚属特征：腹部或胸部具凹形黄色横带，胸部布丝状绒毛。

种检索表

1. 第2腹节有宽黄色横带 …… 2
   第2腹节有窄黄色横带 …… 3
2. 小盾片黄色；中胸背板近端部有1棕色"U"形斑纹 …… 凹纹胡蜂 *Vespa*（*Velutina*）*auraria* Smith
   小盾片黑色；中胸背板仅基部有棕色斑 …… 黄边胡蜂 *Vespa*（*Velutina*）*crabro*（Linnaeus）
3. 胸部全呈黑色；腹部第5~6节黄色 …… 墨胸胡蜂 *Vespa*（*Velutina*）*nigrithorax*（Buysson）
   胸部有棕色斑纹；腹部第5~6节黑色 …… 寿胡蜂 *Vespa*（*Velutina*）*vivax* Smith

（3）凹纹胡蜂 *Vespa*（*Velutina*）*auraria* Smith 1852（**彩图版Ⅰ.3**）

Smith：1852，Trans. Ent. Soc. Lond. 2 Ser. 2：46.

雌蜂：体中等大型，黑色，其上有许多黄斑。头部唇基、额、头顶、颊部棕色。上颚棕色，端齿黑色。触角柄节、梗节、鞭节腹面棕色，背面黑褐色。前胸背板棕色，两下角黑色。中胸背板黑色，由基部至端缘具1中央凹入的棕色斑。小盾片棕色，后小盾片、并胸腹节，中、后胸侧板全呈黑色。翅基片褐色，外侧边缘棕色。翅呈棕色，前翅前缘色略深。所有的足基节、转节黑色，但端部稍呈棕色。前足股节基部黑色，端部呈棕色，胫节棕色，外侧中部有1黑色斑，跗节呈淡棕色；中足股节、胫节黑色，端部外侧棕色，跗节淡棕色；后足股节、胫节黑色，端部棕色，跗节淡棕色。腹部第1节背板黑棕色，端部边缘有1窄棕色带。第2腹节背板黑褐色，端部边缘有1宽棕色带。第3节背板基半部黑褐色，端部具1边缘凹陷的棕色横带。第4节背板棕色，基部有1三角形黑斑。第5、6节背板完全为棕色。第1腹板黑色。第2~5腹板基部黑色，端缘各具1宽黄色横带，第6腹板完全为黑色。

头部：横宽、光滑、毛稀，较胸部翅基片处窄。两触角窝之间呈三角形隆起，额沟可见，具细浅刻点和长毛。唇基凸起，端缘稍凹入，两侧各具1齿状突，具细浅刻点和稀长毛。3个单眼呈三角形排列。OOD是IOD的0.4倍，OCD是OOD的3倍。触角丝状，向端部均匀变细。上颚粗壮，下部具3个端齿，中部刃状，上部具1小齿。

胸部：前胸背板领状，前缘凸起，两肩角突出明显，具细密刻点和稀短毛。中胸背板拱起，中央有1细纵隆线，具细密刻点和密长毛。小盾片拱起，近方形，中央有1明显纵沟，具细密刻点和密长毛。后小盾片矩形，垂直向下，具细密刻点和密长毛。并胸腹节向后倾斜，中央纵沟明显，具细密刻点和长毛。中胸侧板稍凸，具细密刻点和长毛。后胸侧板光滑，无刻点，具密长毛。翅透明，第3肘室近长方形，第1肘室较第3肘室稍窄。足细长，所有足股节基部2/3膨胀，端部收缩，后足第1跗节是第2跗节长的3.4倍。

腹部：圆筒形，细长。第1腹节基部近截形，长是宽的0.4倍，第2腹节背板长是宽的0.6倍，具细密刻点和稀短毛。

体长：15~25mm。

雄蜂：体较雌蜂小，腹部7节，除外生殖器外，其余描述与雌蜂相同。

分布：云南各地、四川、西藏；越南，印度。

（4）黄边胡蜂 *Vespa*（*Velutina*）*crabro*（Linnaeus）1758（**彩图版Ⅰ.4**）

Linnaeus：1758，Syst. Nat. ed. 10. 572.

雌蜂：体中等大型，黑色，斑纹黄色至棕黄色。头部橘黄色，仅头顶色略深。复眼、上颚端部、单眼区黑色。触角背面黑色，腹面铁锈色。胸部黑色，前胸背板两侧棕红色，余均黑褐色。中胸背板全呈黑色，有时中央有1不明显棕红色带。小盾片棕黄色。翅棕色，前翅前缘色略深。所有的足基节、转节、腿节、胫节黑色，跗节棕黄色。腹部黑色，第1腹节背板端缘黄色，腹板黑色。第2腹节背板基部暗棕色，中部黑色，端缘黄色。腹板中央黑色，两侧和端缘黄色。第3~5腹节背、腹板基部黑色，端缘黄色。第6节背、腹板均呈黄色。

头部：横宽、光滑、发亮，毛稀，较胸部翅基片处稍窄。两触角窝之间呈三角形平面隆起，端部与唇基相接，中央凹陷。额、头顶、后颊具细浅刻点和棕色毛。单眼区稍凹陷，单眼呈三角形排列，OOD是IOD的0.3倍，OCD是OOD的5倍。触角丝状，向端部均匀收缩。唇基稍凸起，端部中央稍凹陷，两侧各具1齿状突，具稀浅刻点和棕色短毛。上颚粗壮，具浅刻点和棕色短毛，末端具3个端齿，中部刃状，上部具1小齿。

胸部：前胸背板前缘中央稍突出，两肩角明显，具细浅刻点和密棕色短毛。中胸背板稍隆起，中央具1细隆线，具细浅刻点和密棕色毛。小盾片矩形，向下方倾斜，中央具1纵沟，具细浅刻点和棕色毛。后小盾片向下垂直，横带状，端部中央略突出，密布浅刻点和棕色毛。并胸腹节向下垂直，中央纵沟明显，光滑，具稀浅刻点和密棕色毛。中胸侧板稍凸起，具细浅刻点和棕色毛。后胸侧板较窄，光滑，具稀浅刻点和密棕色毛。翅透明，前翅第3肘室近方形，第2肘室与第3肘室近等宽。足细长，后足第1跗节是第2跗节长的3.6倍。爪光滑，无齿。

腹部：光滑、发亮，具稀浅刻点和密棕色毛。第1腹节背板长是宽的0.4倍，第2腹节背板长是宽的0.6倍。各腹板均光滑，稀布浅刻点和棕色短毛。

体长：18~24mm。

雄蜂：与雌蜂相似。腹部7节。

分布：云南（广南、麻栗坡、马关）、黑龙江、辽宁、河北、陕西、山东、浙江、江西、四川、甘肃、河南、江苏、山西、福建；日本，欧洲。

（5）墨胸胡蜂 *Vespa*（*Velutina*）*nigrithorax*（Buysson）1904（**彩图版Ⅰ.5**）

Buysson：1904，Ann. Soc. Ent. France 73：553.

雌蜂：体小至中等大型，黑色，有棕色和黄色斑纹。头部两触角之间隆起处、唇基、上颚除端齿外和颊棕红色。上颚端齿黑色。单眼区黑色。触角背面褐色，腹面锈色。胸部均呈黑色，有时前胸背板后缘黄色。腹部第1~3腹节背板均呈黑色，仅端部边缘具1棕色窄边，有时第3节较宽或完全为黄色。第4节背板沿端部边缘有1中央凹陷的棕色宽带，第5、6节背板均为棕色。第1节腹板黑色，第2、3节腹板黑色，沿端部边缘具1中央凹陷的宽棕色横带。第4~6节腹板均呈棕色。

头部：横宽、光滑，较胸部翅基片处稍窄。两触角窝之间隆起，额沟明显。额与头顶具细浅刻点和密黑色毛，后颊窄，具细浅刻点和密黑色毛。单眼呈三角形排列，OOD与IOD近相等，OCD是OOD的2.5倍。触角丝状，向端部均匀收缩。唇基凸起，端部稍凹陷，两侧各具1圆形齿状突。具粗浅刻点和稀短毛。上颚短粗，末端具3个端齿，中部刃状，上部具1小齿。

胸部：前胸背板中央极窄，向前凸出，两肩角明显。具细密刻点和黑色长毛。中胸背板稍凸起，中纵隆线清楚可见。具细密刻点和较长黑色毛。小盾片稍凸起，中央具1纵沟，具细浅刻点和长毛。后小盾片向下垂直，横带状，中央具1浅纵沟，几乎无刻点，覆较长黑色茸毛。并胸腹节向下垂直，背部平直，中央具1纵沟，几乎无刻点，覆较长的黑色茸毛。中胸侧板凸起，具细浅刻点和黑色长毛。后胸侧板窄，光滑、毛稀。翅透明，前翅第3肘室近方形，第2肘室较第3肘室稍窄。足细长，各足爪光滑，无齿。

腹部：光滑、发亮，具细密刻点和棕色短毛。第1腹节背板长是宽的0.4倍，第2腹节背板长是宽的0.4倍。所有的腹板均光滑，毛稀。

体长：18~25mm。

雄蜂：与雌蜂相似。腹部7节。

分布：云南（广南、砚山、丘北、大理）、江苏、浙江、湖南、湖北、江西、福建、广东、广西、四川、贵州、西藏；印度，印度尼西亚。

（6）寿胡蜂 *Vespa*（*Velutina*）*vivax* Smith 1871（**彩图版Ⅰ.6**）

Smith：1871，Tr. Z. S. Vll：190.

雌蜂：体中等大型，黑色，斑纹棕色或黄色。头部两触角窝之间隆起处、两复眼凹陷处和内眶边缘、后颊、后头黄色。上颚黄色。端齿黑色。触角棕红色。胸部黑。前胸背板棕色，中央具1淡棕色纵带，有时两侧和后部各具4个棕色斑。小盾片棕色，中央纵沟边缘黑色。后小盾片、并胸腹节、翅基片、中胸侧板上部的1个斑，均为棕色。翅呈棕色，前翅前缘色略深。前、中、后足均呈棕色，仅基节、股节背面约2/3处黑色。第1腹节前截面基部和中央及两侧黑色，余均呈棕黄色，腹板棕色，第2腹节背板黑色，端部边缘黄色，腹板黑色，端部边缘呈黄色。第3腹节背、腹板黄色，仅基部黑色。第4~6腹节背板均呈黑色，腹板褐色。

头部：横宽、光滑、毛密，较胸部翅基片处稍窄。两触角窝之间隆起，额沟浅。额、头顶及后颊均具细密刻点和密棕色毛。单眼区凹陷，单眼呈三角形排列，OOD是IOD的0.3倍，OCD是OOD的4.8倍。触角丝状，向端部均匀收缩。唇基强度凸起，两侧截形，端缘中央稍凹陷，两侧各具1圆形齿状突，具细浅刻点和稀棕色短毛。上颚粗壮，刻点稀，末端具 3 个端齿，上部刃状，无齿。

胸部：前胸背板中央窄，突出，两肩角明显，具细密刻点和密棕色长毛。中胸背板凸起，中央纵隆线清楚，具细密刻点和密棕色长毛。小盾片稍凸起，矩形，中央具宽浅纵沟，具细密刻点和密棕色长毛。后小盾片垂直向下，横带状，端部中央稍突出，具稀浅刻点和密棕色长毛。并胸腹节向下垂直，中央具 1 宽浅纵沟，具细密刻点和密棕色长毛。中胸侧板稍凸起，具细浅刻点和密棕色长毛。后胸侧板窄，具稀浅刻点和密棕色长毛。翅透明，前翅第 3 肘室近方形，第 2 肘室与第 3 肘室宽度近相等。足细长，后足第 1 跗节是第 2 跗节长的 3.5 倍，爪光滑，无齿。

腹部：光滑、发亮，具稀浅刻点和密棕色短毛。第 1 腹节背板长是宽的 0.4 倍，第 2 腹节背板长是宽的 0.6 倍。第 1~6 节腹板均光滑，刻点浅，毛稀。

体长：20~25mm。

雄蜂：近似于雌蜂，腹部 7 节。

分布：云南（金平、云龙、丽江、德钦、中甸）、四川；印度。

三齿胡蜂亚属 *Analis* Andre

本亚属特征：唇基端缘中央有 1 中齿。

种检索表

1. 唇基端缘中央齿较短，尖 …………………………………………………………………… 2
   唇基端缘中央齿较长，粗钝 ……………………………………………………………… 3
2. 第 2 腹节有宽黄色横带，小盾片黄色 ………………………………………………………
   ………………………………………………………… 三齿胡蜂 *Vespa*（*Analis*）*parallela* Andre
   第 2 腹节有窄黄色横带，小盾片黑色 ………………………………………………………
   ………………………………………………… 黑三齿胡蜂 *Vespa*（*Analis*）*nigrans* Buysson
3. 第 2 腹节基部两侧各具 1 齿状褐红色斑 ……………………………………………………
   ……………………………………………… 马关胡蜂 *Vespa*（*Analis*）*maguanensis* Dong
   第 2 腹节基部两侧各具 1 黄色带状横斑 ……………………………………………………
   ……………………………………………… 河口胡蜂 *Vespa*（*Analis*）*hekouensis* Dong

（7）三齿胡蜂 *Vespa*（*Analis*）*parallela* Andre 1884（**彩图版Ⅱ.7**）

Andre：1884，Bull. Soc. Ent. France（6）Ⅳ：82. 884.

雌蜂：体中等至大型，黑色，具棕黄色斑纹。头部，除单眼区黑色外，其余完全为棕黄色，触角支角突、柄节棕色，鞭节背面黑色，腹面略呈锈色。唇基橙黄色。上颚棕色，端齿黑色。前胸背板棕色，两下角黑色。中胸背板黑色，基部中央两侧各具 1 窄而短的棕色纵带。小盾片、后小盾片棕色，边缘黑色。并胸腹节有时全呈黑色，有时于中央两侧各具 1 棕色斑，基部两侧各具 1 棕色斑。中胸侧板黑色，有时后缘具 1 棕色带状斑。翅棕色，前翅前缘色略深。所有足基节黑色，仅外缘具 1 棕色带。前足转节黑色，仅端部边缘呈棕色，股节近端部 2/3 为棕色，余均黑色。胫节棕色，跗节呈暗棕色。中、后足转节黑色，但外侧有棕色纵带，股节背面棕色，腹面黑色，胫节与跗节均呈棕色。第 1 腹节背面、截面棕色，基部黑色，端部边缘具 1 窄黄色横带，其余背板黑色。第 2 腹节背板深棕色，近基部两侧各具 1 黄色带状横斑。第 3~5 腹节背板深棕色，端部边缘黄色。所有腹板深棕色，仅端部边缘两侧角为橙黄色。

头部：横宽、光滑、毛稀，约与胸部翅基片处等宽。两触角窝之间呈三角形隆起，额沟明显。单眼区凹陷。额和头顶具稀浅刻点和棕色长毛。单眼呈三角形排列，OOD 是 IOD 的 0.36 倍，OCD 是 OOD 的 6.3 倍。触角丝状，向端部逐渐变细。唇基宽大于长，稍隆起，密布刻点，基部中央凹陷，端部边缘两侧各具 1 钝齿状突，中央宽凹陷，中部具 1 小型齿状突起。上颚粗壮，稀布刻点，末端具 3 个端齿，中部刃状，上部具 1 小齿。

胸部：前胸背板前缘中部向前凸起，两肩角明显，具细浅刻点和棕色长毛。中胸背板凸起，中纵隆线明显，具细浅刻点和暗棕色较长毛。小盾片矩形，圆凸起，中央具 1 浅纵沟，具细浅刻点和暗棕色较长毛。后小盾片向下垂直，端部中央呈角状突出，横带状，具细浅刻点和暗棕色毛。并胸腹节向下垂直，中央纵沟明显，具细浅刻点和暗棕色较长毛。中胸侧板拱起，具细浅刻点和暗棕色较长毛。后胸侧板较窄，具稀浅刻点和短毛。翅透明，第 3 肘室近方形，第 2 肘室与第 3 肘室宽度近相等。足强健，爪简单，无齿。

腹部：光滑、发亮，具细浅刻点和棕色短毛。第 1 腹节背板长是宽的 0.5 倍，第 2 腹节长是宽的 0.7 倍。所有腹板光滑，具细浅刻点和棕色长毛。

体长：24~26mm。

雄蜂：与雌蜂相似，腹部 7 节。

分布：云南各地、江苏、浙江、湖南、江西、广东、贵州；尼泊尔，马来西亚。

(8) 黑三齿胡蜂 *Vespa* (*Analis*) *nigrans* Buysson 1903 (**彩图版Ⅱ.8**)

Buysson：1903，Bull. soc. Ent. France p. 175.

雌蜂：体中到大型，黑色。头部除复眼外，完全呈橙黄色。触角支角突、柄节背面棕色，腹面橙黄色。梗节、鞭节背面黑色，腹面橙黄色。前胸背板深棕色，基部截面橙黄色。中胸背板深棕色，中央具棕色纵带。小盾片、后小盾片棕色，边缘黑色。并胸腹节深棕色，有时两侧各具 1 橙黄色斑。中胸侧板下侧黑色，余均暗棕色。翅呈棕色，前翅前缘色略深。所有足棕色，基节、转节基部，中和后足股节、胫节基部、跗节黑色。第 1 腹节基部 1/3 处棕色，余均暗棕色。第 3~5 节背板深棕色，端部边缘橙色。第 6 节背板完全为橙黄色，第 1~5 节腹板呈暗褐色，端部边缘与第 6 节腹板橙色。

头部：横宽、光滑、发亮、毛稀，较胸部翅基片处稍宽。两触角之间呈三角形隆起，额沟不甚明显，额部密布浅刻点和棕色毛。触角丝状，逐渐向端部收缩。单眼区强凹陷，单眼呈三角形排列，OOD 是 IOD 的 4 倍，OCD 是 OOD 的 6 倍。唇基强度凸起，端缘凹陷，两侧具 2 钝齿状突，具粗刻点和棕色短毛。上颚粗壮，密布刻点，末端具 3 个端齿，中部刃状，上部具 1 小齿。

胸部：前胸背板前缘向前突出，密布刻点和棕色毛，中纵隆线细，两侧各具 1 细隆线。小盾片矩形，稍隆起，中央具 1 浅纵沟，具细密刻点和棕色毛。并胸腹节垂直向下，横带状，具细密刻点和棕色毛。中胸侧板拱起，密布细浅刻点和棕色毛。后胸侧板凹入，光滑、毛稀。翅透明，前翅第3肘室近方形，第2肘室与第3肘室近等宽。足粗壮，爪无齿，爪垫明显。

腹部：光滑、发亮，密布细浅刻点和短毛。第1腹节背板长是宽的0.5倍，第2腹节背板长是宽的0.6倍。

体长：25~35mm。

雄蜂：近似于雌蜂，腹部7节，体稍小。

分布：云南（昆明、大关、丘北、广南、盈江、兰坪、施甸）；印度锡金。

(9) 马关胡蜂 *Vespa* (*Analis*) *maguanensis* Dong 2001 (**彩图版Ⅱ.9**)

董大志：2001，西南农业大学学报.23（1）：82-83.

雌蜂：体大型，黑色。头部褐黄色，单眼区和复眼黑色。上颚褐黄色，端齿黑色。触角除鞭节腹面锈色外，其余完全为褐色。胸部黑色，前胸背板上部褐黄色，下部黑色。小盾片暗褐黄色。足黑色，前足股节外侧、胫节、跗节褐黄色。中、后足黑色，跗节褐黄色。翅呈棕色，前翅前缘和基部色略深。腹部黑色，第1腹节背板基部一半红褐色，第2腹节背板基部两侧各具1红褐色大齿状斑。第6节背板完全为褐黄色。

头部：横宽、光滑、毛稀，约与胸部翅基片处等宽。两触角窝之间呈三角形隆起，额沟明显。额、头顶、后颊均具细密刻点和棕色短毛。眼颚距是上颚基部宽的0.3倍。后颊较复眼横径稍窄。复眼大，内缘1/3处凹陷，单眼呈三角形排列，OOD是IOD的0.5倍，OCD是OOD的4倍。触角丝状，向端部逐渐变细。唇基凸起，长与宽近相等，端部中央宽凹陷，中央具1粗钝的端齿，两侧各具1个宽的端齿，具粗而稀的刻点和棕色短毛。上颚粗壮，末端具4个粗的端齿，上端齿短，宽。

胸部：前胸背板基部截形，两侧强凸起，两肩角明显，具粗刻点和短毛。中胸背板稍凸起，中央具1伸达背板基部的中纵脊。具粗刻点和棕色长毛。小盾片凸起，中央具1纵沟，具稀浅刻点和棕色毛。后小盾片垂直向下，近三角形，光滑，具细浅刻点和棕色短毛。并胸腹节垂直向下，中央具1纵沟，覆细密刻点和棕色长毛。中胸侧板凸起，光滑，具细浅刻点和稀棕色长毛。后胸侧板凹陷，光滑，具细浅刻点和棕色长毛。翅透明，前翅第3肘室窄，近方形，第2肘室与第3肘室近等宽。足粗壮，后足第1跗节是第2跗节长的2.5倍。各足爪均光滑，无齿。

腹部：光滑、毛稀。第1腹节背板基部截形，长是宽的0.5倍。第2腹节背板较宽，长是宽的1.8倍。整个腹板均光滑、毛稀。

体长：36mm。

雄蜂：与雌蜂相似，但体长26~28mm，触角13节。唇基端部中央浅凹陷，无齿。前胸背板基部黄色，端部褐黄色。中胸背板前缘具2条红褐色短纵带。小盾片、后小盾片、并胸腹节端部两侧各1个斑，中胸侧板上部1个斑，后胸侧板1个黄色斑。外生殖器：阳茎侧扁，近端部两侧强度膨胀呈瘤状，阳茎基腹铗末端分叉，内叉近中部具1指状突。

分布：云南（马关）。

(10) 河口胡蜂 *Vespa* (*Analis*) *hekouensis* Dong 2003 (**彩图版Ⅱ.10**)

董大志：2003，西南农业大学学报，25（5）：404-408.

雌蜂：体中到大型，黑色，有棕色斑纹。头部黄色，单眼区黑色。单眼淡棕色。触角除柄节腹面黄色外，其余各节均呈褐色。唇基褐黄色，端部边缘褐色。上颚褐黄色，端齿黑色。胸部黑色，前胸背板前缘、小盾片、后小盾片基部褐黄色，翅基片褐色，翅呈棕色，前翅前缘色略深。所有足基节、转节黑色。前足股节基部内侧黑色，端部和外侧棕色，胫节外侧黄色，内侧和跗节深棕色；中足股节、胫节黑色，跗节深棕色；后足股节端部内侧棕色，基部与内侧及胫节黑色，跗节深棕色。第1腹节背板棕色，近端部有1窄褐色横带，腹板基部黑色，端部棕色。第2腹节背、腹板棕色，近端部有1宽褐色横带，第3~6节背、腹板完全呈黑色。

头部：横宽、光滑、发亮、毛稀，约与胸部翅基片处等宽。眼颚距是上颚基部宽的0.25倍。脸宽是头宽的0.5倍。后颊较复眼横径窄。两触角窝之间呈三角形隆起，额沟明显。额与头顶具稀浅刻点和短毛。单眼区凹陷，单眼呈三角形排列，OOD是IOD的0.4倍，OCD是OOD的6倍。触角12节，柄节较第1鞭节稍长，是第1鞭节长的1.5倍；第1鞭节是第2鞭节长的2.1倍。唇基凸起宽大于长，端部中央窄凹陷，两侧各具1粗齿，中央具1粗短齿，具粗皱刻点和短毛。上颚粗壮，末端具3个粗端齿，中部刃状，最上有1浅齿刻，具纵皱条纹和短毛。

胸部：前胸背板基部两侧呈斜截形，中央向前突出，两肩角不明显，端部两侧具密皱刻点和短毛。小盾片矩形，隆起，中央具1明显纵沟，具稀皱刻点和粗鬃状硬毛。后小盾片三角形，端部向下倾斜，近垂直，中央呈角状突出，具密皱刻点和短毛。并胸腹节向下垂直，中央具1纵沟，具密皱刻点和短毛。中胸侧板稍隆起，具密皱刻点和短毛。翅基片隆起具皱刻点和稀短毛。翅透明，第3肘室窄，近方形，倾斜，第1肘室与第2、3、4肘室近等长。足粗壮，后足第1跗节基部腹面凹陷，是第2跗节长的3.5倍。爪简单。

腹部：圆柱形，第1腹节背板基部截形，约与第2腹节等宽，长是宽的0.6倍；第2腹节背板稍宽，宽是长的1.6倍；所有腹节均光滑，覆短毛。

体长：32mm。触角长8mm，前翅长23.5mm。

雄蜂：不详。

分布：云南（河口）。

褐胡蜂亚属 *Binghami* Buysson

本亚属特征：本亚属体完全呈棕色。

（11）褐胡蜂 *Vespa*（*Binghami*）*binghami*（Buysson）1904（彩图版Ⅱ.11）

Buysson：1904，Ann. Soc. Ent. France p. 523.

雌蜂：体大型，褐色至淡棕色。头部两触角之间隆起处淡棕色。头顶棕色至棕黄色。唇基黄棕色。触角柄节腹面浅棕色，鞭节锈色。端齿黑。胸部均呈棕色。翅呈棕色，前翅前缘色略深，所有足均呈棕色。腹部第1~6节背板均呈棕色。第2~5节腹板棕色，中央两侧各具1深棕色圆斑，第6节腹板棕色。

头部：横宽、光滑、毛稀，较胸部翅基片处稍窄。两触角窝之间呈三角形隆起，额沟明显。单眼呈三角形排列，OOD是IOD的1.7倍，OCD是OOD的4.5倍。头顶、额光滑，具浅刻点和稀长毛。触角丝状，向端部逐渐收缩，唇基稍凸起，基部中央凹陷，端部呈2齿状突，具稀刻点和粗硬毛。上颚粗壮，端部具3个粗端齿，中部刃状，上部具1粗齿，具浅刻点和短毛。

胸部：前胸背板前缘呈棱状隆起，基部倾斜，两肩角明显。中胸背板稍凸起，端部中央具1宽凹陷，中隆线不甚明显，具细密刻点和稀短毛。小盾片矩形，稍呈圆形隆起，中央具1浅纵沟，光滑刻点细密，毛稀。后小盾片向下垂直，横带状，端部中央明显突出，光滑、毛稀、刻点细。并胸腹节向后倾斜，背面稍平，中央具1浅纵沟，其上有细密刻点和密绒毛。中胸侧板稍隆起，光滑、毛稀。后胸侧板窄，下侧片近三角形，具稀浅刻点和长毛。翅透明，第3肘室近方形，第2肘室较第3肘室稍窄。足粗壮，各足爪无齿。

腹部：光滑、发亮，具细密刻点和短毛。第1腹节基部截形，稍窄，长是宽的2.1倍。第2腹节背板较宽，长是宽的0.6倍。第3~6节背板向端部均匀收缩，末端三角形。第2~6节腹板光滑，具细密刻点和稀长毛。

体长：28~40mm。

雄蜂：与雌蜂相似，腹部7节。

分布：云南各地、四川。

大胡蜂亚属 *Magnifica* Smith

本亚属特征：体大型，体长20~50mm。

种检索表

腹部有窄黄色横带，第1腹节基部黑色；小盾片黑色 ……………………………………… 大胡蜂 *Vespa* (*Magnifica*) *magnifica* (Smith)

腹部有宽黄色横带，第1腹节基部棕色；小盾片棕色 ……………………………………… 金环胡蜂 *Vespa* (*Magnifica*) *mandarinia* (Smith)

(12) 大胡蜂 *Vespa* (*Magnifica*) *magnifica* (Smith) 1852 (彩图版Ⅱ.12)

Smith：1852，Trans. Ent. Soc. Lond. (2) Ⅱ：2. p.45.

雌蜂：体大型，黑色。头部完全呈棕色，触角柄节、梗节和鞭节2/3处褐黄色，其余完全为褐色。端齿黑色。胸部棕黑色，有时中胸背板中央两侧各具1短棕色纵带。翅呈棕色，仅前缘和基部色略深。所有足基节、股节黑色，胫节、跗节淡棕色。第1~5腹节背板深棕色，端缘各具1窄棕色横带，第6腹节背板完全呈棕色，第1~5节腹板深棕色，仅端缘色稍淡，第6腹板完全呈棕色。

头部：横宽、光滑、毛稀，较胸部翅基片处窄，两触角窝之间呈三角形隆起，额沟明显。单眼区凹入，单眼呈三角形排列，OOD是IOD的0.4倍，OCD是OOD的3.2倍。唇基隆起，端缘中央凹入，两侧呈齿状突出。具粗刻点和稀短毛。触角丝状，向端部均匀收缩，上颚粗壮下部具3个端齿，中部刃状，上部具1粗齿。

胸部：前胸背板向基部倾斜，两肩角突出呈脊状，光滑，具细浅刻点和短毛。中胸背板稍凸起，中央具浅纵沟，两侧至翅基片处各具1短纵沟，刻点细密，覆中等密短毛。小盾片凸起，方形，中央具 1 浅纵沟，光滑，具细浅刻点和短毛。后小盾片垂直向下，具细密刻点和绒毛。并胸腹节向后倾斜，基部中央凹陷，纵沟明显，具细密刻点和密长毛。后胸侧板平滑，具细密刻点和短毛。翅透明，第 3 肘室方形，第 2 肘室与第 3 肘室宽度近相等。足粗壮，股节、胫节膨胀，后足第 1 跗节是第 2 跗节长的 2.8 倍。

腹部：圆筒形，第 1 腹节基部截形，长是宽的 4.8 倍，第 2 腹节较第 1 腹节稍长，长是宽的 1/2，具细密刻点和密短毛。

体长：25~45mm，最长可达 50mm。

雄蜂：体稍小，腹部 7 节，除外生殖器外，其余描述与雌蜂相同。

分布：云南各地（数量稀少）、四川、西藏、台湾；印度，缅甸，印度尼西亚。

(13) 金环胡蜂 *Vespa* (*Magnifica*) *mandarinia* (Smith) 1852 (**彩图版Ⅲ.13**)

Smith：1852，Trans. Ent. Soc. Lond. (2) Ⅱ：2 p. 45.

雌蜂：体大型，黄色，斑纹黑色。头部除复眼、上颚端齿为黑色外，其余均呈棕黄色。触角柄节、第 1~3 鞭节外侧棕红色，其余完全呈黑色。前胸背板、翅基片、小盾片两侧各 1 斑，中胸侧板上部 1 个棕黄色斑。翅呈棕色，前翅前缘色略深。前、中、后足均呈棕色，基节、转节、股节黑色。腹部橙黄色，第 1 腹节背板近中部具 1 黑色横带，腹板黑色。第 2 腹节背板近端部具 1 窄而中部凹陷呈波状的黑色横带，腹板中央大部分黑色，两侧和端缘橙黄色。第 3~5 节背、腹板基部黑色，端缘橙黄色。第 6 节背、腹板均呈橙黄色。

头部：横宽、光滑、发亮、毛稀，较胸部翅基片处窄。两触角窝之间呈三角形隆起，隆起面略平，额沟明显。额、头顶、后颊均具稀浅刻点和棕色毛。单眼区稍凹陷，单眼呈三角形排列，OOD 是 IOD 的 0.5 倍，OCD 是 OOD 的 2.8 倍。触角丝状，向端部均匀收缩。唇基强度凸起，宽大于长，端部两侧截形，中央稍凹陷，两侧呈齿状突出，具粗刻点和稀短毛。上颚粗壮，三角形，末端具 3 个钝的端齿，中部刃状，上部具 1 短齿，具稀浅刻点和短毛。

胸部：前胸背板前缘中央隆起，两肩角明显，具稀浅刻点和棕色毛。中胸背板稍凸起，中央具 1 细纵隆线，具细浅刻点和棕色毛。小盾片矩形，稍隆起，光滑，覆棕色稀毛。后小盾片向下垂直，五边形，端部中央略突出，稀布棕色毛。并胸腹节向下垂直，中央具 1 纵沟，光滑，具细浅刻点和棕色毛。中胸侧板不凸起，光滑，具细浅刻点和棕色毛。翅透明，前翅第 3 肘室近方形，第 2 肘室约与第 3 肘室等宽。足粗壮，后足第 1 跗节是第 2 跗节长的 2.5 倍，爪光滑，无齿。

腹部：光滑、发亮，具稀浅刻点和棕色短毛。第 1 腹节背板长是宽的 0.7 倍，第 2 腹节背板长是宽的 0.5 倍。所有的腹板均光滑、具稀浅刻点和棕色毛。

体长：30~40mm。

雄蜂：与雌蜂相似。体稍小，腹部 7 节。

分布：云南（大关、德钦）、辽宁、江苏、浙江、湖南、四川、江西、福建、台湾、广西、湖北；日本，法国。

变胡蜂亚属 *Variabilis* Buysson

本亚属中胸背板黑色，有时有棕色短纵带，第 2~4 腹节有宽棕色横带。

(14) 变胡蜂 *Vespa*（*Variabilis*）*variabilis* Buysson 1904（**彩图版Ⅲ.14**）

Buysson：1904，Ann. Soc. Ent. Fr. 73：522.

雄蜂：体中等大型，黑色，具棕色或黄色斑。头部除复眼、上颚端齿为黑色外，其余均为棕红色。触角棕红色。胸部黑色，前胸背板、中胸背板端部 1 近方形斑，翅基片、小盾片、后小盾片、并胸腹节近端部两侧各 1 斑，中胸侧板上部 1 个斑，均为棕红色。腹部黑色，第 1 腹节背板暗褐色，仅端部边缘有 1 窄黄色横带，腹板暗棕色。第 2~4 节背板均为暗褐色，端部边缘各具 1 窄棕色横带。第 5 节背板暗褐色，端部边缘具 1 宽棕色横带。第 6 节背板均呈棕色。第 2~5 节腹板暗褐色，端部边缘各具 1 窄棕色横带，第 6 节腹板完全为棕色。

头部：横宽、光滑、发亮、毛稀，较胸部翅基片处稍窄。两触角窝之间呈三角形隆起，额沟明显，额沟处稍凹陷。额、头顶、后颊具浅刻点和棕色短毛。单眼区稍凹陷，单眼呈三角形排列，OOD 是 IOD 的 1.7 倍，OCD 是 OOD 的 3.2 倍。触角丝状，向端部逐渐收缩。唇基稍凸起，端部中央稍凹陷，两侧各具 1 齿状突，宽大于长，密布浅刻点和棕色短毛。上颚粗壮，末端具 3 个端齿，中部刃状，上部具 1 小齿。

胸部：前胸背板前缘截状，两肩角明显，具细浅刻点和棕色短毛，中胸背板稍凸起，中央纵脊明显，具细浅刻点和棕色短毛。小盾片矩形，不凸起，中央具 1 浅纵沟，光滑，具棕色短毛。后小盾片垂直向下，端部中央突出，光滑，覆棕色短毛。并胸腹节向下垂直，中央具 1 明显纵沟，光滑，覆棕色短毛。中胸侧板稍凸起，具细浅刻点和棕色短毛。后胸侧板窄，光滑，覆棕色短毛。翅透明，前翅第 3 肘室宽，近方形，第 2 肘室较第 3 肘室稍窄。足强健，爪光滑，无齿。

腹部：光滑、发亮，覆棕色短毛。第 1 腹节背板长是宽的 0.6 倍，第 2 腹节背板长是宽的 0.7 倍。所有的腹板均光滑，具细浅刻点和棕色短毛。

体长：34~35mm。

雌蜂：近似于雄蜂。腹部 6 节。

分布：云南（富宁、麻栗坡、景洪）、浙江、福建；印度，印度尼西亚。

黑尾胡蜂亚属 *Tropica* Smith

本亚属第 2 腹节有宽黄色横带或完全呈黄色，第 4~6 腹节完全呈黑色，该特征可与其他亚属区别开来。

种检索表

1. 腹部第 1 节背板棕色或黄色 …………………………………………………… 2
   腹部第 1 节背板黑色 ………………………………………………………… 3
2. 唇基橘黄色；腹部第 1、2 节棕黄色；中部有 1 褐色横带 ……………………………
   ……………………………………………… 黑尾胡蜂 *Vespa*（*Tropica*）*ducalis* Smith

唇基棕色；腹部第 1、2 节全呈黄色；有时基部或多或少黑色 ……………………………………………………………………………………… 黄腰胡蜂 *Vespa*（*Tropica*）*affinis*（Linnaeus）

3. 体大型，粗壮；小盾片黑色；腹部第 2 节具宽黄色横带 ……………………………………………………………………………… 大金箍胡蜂 *Vespat*（*Tropica*）*leefmansi* Van der Vecht

体小型，细长；小盾片黄色；腹部第 2 节具窄黄色横带 ………………………………………………………………………………… 小金箍胡蜂 *Vespa*（*Tropica*）*haematodes* Bequaert

（15）黑尾胡蜂 *Vespa*（*Tropica*）*ducalis* Smith　1852（**彩图版Ⅲ**.15）

Smith：1852，Trans. Ent. Soc. new. Ser. Ⅱ：39.

雌蜂：体中到大型。头部除单眼区，上颚端齿黑色外，其余完全呈橘黄色。触角棕色。胸部黑色。前胸背板棕色，两下角黑色。中胸背板黑色，有的标本背板中央两侧各具 1 短棕色带。小盾片、后小盾片黄色。并胸腹节黑色，但有的标本后半部黄色。翅呈棕色，前翅前缘和基部色略深，翅基片黑色，边缘淡棕色。前足基节、转节、股节近基部 3/4 处黑色，其余完全为棕色。中、后足基节、转节、股节和胫节下面黑色，余均棕色。腹部第 1、2 节背、腹板黄色，中部或多或少有 1 褐色横带，有的标本基半部褐色，端半部黄色。第 3~6 节背、腹板完全为黑色。

头部：横宽、光滑、刻点密、毛稀，较胸部翅基片处窄。两触角窝之间呈三角形隆起，额沟明显可见。单眼区凹陷，单眼呈三角形排列，OOD 是 IOD 的 0.5 倍，OCD 是 OOD 的 6 倍。唇基凸起，端缘中央凹陷，两侧呈齿状突出。触角丝状，向端部逐渐收缩。上颚粗壮，端齿钝。

胸部：前胸背板前缘向基部倾斜，具细密刻点和短毛。中胸背板稍拱起，中央具 1 短纵沟，具细密刻点和短毛。小盾片拱起，中央具 1 浅纵沟，具细密刻点和稀长毛。后小盾片横带状，垂直向下，端部中央突出，具细密刻点和密长毛。并胸腹节向后倾斜，中央纵沟明显，具细密刻点和密长毛。中胸侧板稍凸起，具细密刻点和密长毛。后胸侧板窄，刻点稀，覆短毛。翅透明，前翅第 3 肘室方形，第 2 肘室较第 3 肘室窄。足强健，所有足股节侧扁，内弯，后足第 1 跗节是第 2 跗节长的 2.8 倍。

腹部：圆筒形，第 1 腹节基部截形，长是宽的 1.6 倍。第 2 腹节长是宽的 1.4 倍，具细密刻点和稀短毛。

雄蜂：与雌蜂相似，各足基节外侧棕色，胸部棕色斑稍多，腹部 7 节。

体长：24~45mm。

分布：云南各地、黑龙江、辽宁、河北、湖北、湖南、浙江、江西、福建、台湾、广东、广西、四川、贵州；印度，尼泊尔，日本，法国。

（16）黄腰胡蜂 *Vespa*（*Tropica*）*affinis*（Linnaeus）1764（**彩图版Ⅲ**.16）

Linnaeus：1764，Mus. Ludov. Ulric. P. 417.

雌蜂：体中等大型，头部除两复眼凹陷处棕红色外，其余完全为黑色。复眼灰褐色。触角背面黑色，腹面锈色，端鞭节顶端锈色。胸部黑色。翅基片棕色。翅呈棕色，前翅基部 1/2 呈深棕色，端部色较浅。前、中、后足黑色，胫节端部和跗节棕色。第 1 腹节背板基半部浅棕色，端半部黄色，或完全为黄色。第 2 腹节背板完全为黄色。第 1 腹节腹板棕色。第 2 腹节腹板基部中央褐色，其余黄色。

头部：横宽、粗糙、刻点密、毛稀，较胸部翅基片处稍窄。两触角窝之间隆起，额沟浅，不明显。后头隆起。具粗刻点和棕色短毛。后颊窄。额、后颊均具粗刻点和棕色短毛。单眼区凹陷，单眼呈三角形排列，OOD 是 IOD 的 0.5 倍，OCD 是 OOD 的 3.4 倍。触角丝状，向端部逐渐收缩。唇基稍凸起，近端部中央倾斜，端缘中部稍凹陷，两侧各具 1 圆形齿状突，具粗刻点和棕色短毛。上颚粗壮，末端具 4 个端齿，最上 1 齿短、宽，远离其他 3 齿，具粗刻点和棕色短毛。

胸部：前胸背板前缘中央稍隆起，两肩角明显，具细密刻点和棕色短毛。小盾片稍凸起，中央具 1 浅纵沟，具细密刻点和棕色短毛。后小盾片垂直向下，中央具 1 纵沟，具细密刻点和棕色长毛。中胸侧板不隆起，具细密刻点和棕色短毛。后胸侧板窄，具细密刻点和棕色短毛。翅透明，第 3 肘室近方形，第 2 肘室较第 3 肘室窄。足强健，爪光滑，无齿。

腹部：光滑、发亮，具稀浅刻点和棕色短毛。第 1、2 腹节背板长与宽近相等。第 1~6 节腹板均具稀浅刻点和褐色短毛。

体长：20~23mm。

雄蜂：近似于雌蜂。体稍小，有时头部有棕红色斑。腹部 7 节。

分布：云南（富宁、景洪、勐腊、潞西）、浙江、安徽、广东、广西、福建、台湾；日本，印度，越南，缅甸，菲律宾，印度尼西亚。

(17) 大金箍胡蜂 *Vespa* (*Tropica*) *leefmansi* Van der Vecht 1957 **(彩图版Ⅲ.17)**

Van der Vecht：1957，Zool. Vecht. 34：19.

雌蜂：体大型，黑色。头部完全为黑色。复眼灰褐色。触角除端部棕色外，其余完全为黑色。翅基部 2/3 处深棕色，端部 1/3 处色稍淡。前、中、后足黑色，仅跗节腹面锈色。腹部黑色，第 2 腹节背板完全为黄色。所有的腹板黑色，仅第 2 腹板基部两侧至端部黄色。

头部：横宽、光滑，较胸部翅基片处窄。两触角窝之间整个隆起，额沟明显，额部具细刻点和黑色长毛。单眼区稍凹陷，单眼呈三角形排列，OOD 是 IOD 的 0.7 倍，OCD 是 OOD 的 2.5 倍。触角丝状，向端部逐渐变细。唇基凸起，基部中央略凹陷，端部两侧呈齿状突出，具稀浅刻点和棕色长毛。上颚粗壮，端部宽，具稀浅刻点和短毛，末端具 3 个端齿，中部刃状，上部具 1 小齿。

胸部：前胸背板中部极窄，前缘截形，两肩角明显，具细密刻点和黑色短毛。中胸背板不凸起，背面平直，中纵隆线明显，具细浅刻点和棕色长毛。小盾片矩形，两侧向下延伸，背面稍平，中央纵沟明显，具细浅刻点和棕色长毛。后小盾片垂直向下，横带状，端部中央略突出，具细浅刻点和黑色长毛。并胸腹节垂直向下，中央具 1 浅纵沟，密布细浅刻点和棕色较长毛。中胸侧板凸起，具细密刻点和较长黑棕色毛。后胸侧板稍凹陷，近三角形，具细浅刻点和黑棕色长毛。翅透明，前翅第 3 肘室近方形，第 2 肘室与第 3 肘室等宽。足强健，爪光滑，无齿。

腹部：光滑、发亮，具细浅刻点和黑棕色短毛。第 1、2 腹节背板长与宽近相等。第 1~6 腹板均光滑，具极稀的刻点和黑棕色长毛。

体长：22~32mm。

雄蜂：近似于雌蜂。腹部 7 节。

分布：云南（景洪、勐腊、勐海、思茅、元江、南涧、保山、腾冲）；越南，印度尼西亚。

（18）小金箍胡蜂 *Vespa*（*Tropica*）*haematodes* Bequaert 1936（**彩图版Ⅲ.18**）

Bequaert：1936. Treubia 15：38.

雌蜂：体黑色，有棕色斑纹。额、头顶、颊部棕色。单眼棕色。触角支角突、柄节、梗节、鞭节呈暗棕色，但鞭节腹面锈色。唇基棕色，端部边缘淡黑色。上颚棕色。前胸背板上部稍呈棕色，下部黑色。中胸背板黑色。小盾片棕色，后小盾片黑色。中、后胸侧板、并胸腹节黑色。翅呈棕色，前翅前缘基半部色明显加深。前、中、后足基节、转节、股节黑色；胫节、跗节暗棕色。第1腹节背板黑色，稍带棕色；第2腹节背板黄色，基部稍呈棕色；第3~6节背板均呈黑色。

头部：横宽、光滑，具细密刻点和较长棕色毛，较胸部翅基片处稍窄。两触角窝之间隆起，额沟可见。单眼呈三角形排列，OOD是IOD的0.9倍，OCD是OOD的2.8倍。触角丝状，向端部逐渐变细。唇基稍凸起，基部中央凹陷，两侧呈角状突出，具细密刻点和棕色毛。上颚粗壮，端部具4个钝齿，基部具1短齿。

胸部：前胸背板前缘中央稍隆起，较窄，两肩角明显，具浅刻点和较长棕色毛。中胸背板稍隆起，中央纵隆线明显，具细密刻点和较长棕色毛。小盾片稍隆起，矩形，刻点稀浅，具较长棕色毛。后小盾片横带状，向下垂直，端部中央略突出，密布刻点和较长棕色毛。并胸腹节向下垂直，中央具1浅纵沟，具细密刻点和棕色毛。翅透明，前翅前缘基半部色较深。前翅第3肘室近方形，第2肘室与第3肘室近等宽。足强健，后足第1跗节是第2跗节长的1/4，各足爪无齿，爪垫明显。

腹部：圆筒形，细窄，向端部逐渐收缩，第1腹节基部稍窄，长是宽的1.8倍，第2腹节较长，长是宽的1.2倍。覆稀浅刻点和短毛，腹板平，具稀浅刻点和棕色毛。

体长23~26mm。

雄蜂：近似于雌蜂，腹部7节。

分布：云南（元江、思茅、景谷、景洪、勐海、双江、潞西、瑞丽、盈江）、广东、广西、福建；印度，缅甸，印度尼西亚。

黑盾胡蜂亚属 *Bicolor* Fabricius

本亚属特征：体黄色，中胸盾片全呈黑色。

（19）黑盾胡蜂 *Vespa*（*Bicolor*）*bicolor* Fabricius 1787（**彩图版Ⅳ.19**）

Fabricius：1787, Mant. Insect I：288.

雌蜂：体黑色，有黄色斑纹。额、头顶均呈黑色，颊部于复眼凹陷处呈鲜黄色。单眼棕色。触角支角突黑色，柄节、梗节背面黑色，腹面淡黄色，鞭节背面黑色，腹面锈色，端部几节均呈锈色。唇基、上颚鲜黄色，端齿黑色。前胸背板黄色。中胸背板完全呈黑色。小盾片、后小盾片黄色，中央具1黑色纵斑，骨片间相接缝黑色。中、后胸侧板完全呈黄色，缝黑色，并胸腹节黄色，近小盾片中部与纵沟形呈1“Y”形黑色纹。翅呈棕色，翅基片黄色，外缘棕色，前翅前缘色略深。前、中、后足黄色，胫节、跗节棕色。各足爪端半部与爪垫黑色。第1腹节背、腹板全呈黄色，基部黑色，

第 2 腹节背板黄色，基部具 1 黑色窄线，腹板黄色，第 3~5 节背板均呈黄色，中部两侧各有 1 略呈棕色斑，腹板黄色，第 6 节背、腹板完全呈黄色。

头部：横宽、光滑，具细浅刻点和棕色长毛，较胸部翅基片处稍窄。两触角窝之间隆起，额沟不明显。单眼呈三角形排列，OOD 是 IOD 的 0.5 倍，OCD 是 OOD 的 3.3 倍。触角丝状，向端部逐渐变细。唇基稍凸起，基部中央凹陷，两侧呈角状突出，具细密刻点和棕色短毛。上颚粗壮，端部具 3 个端齿，中部刃状，基部具 1 短齿。

胸部：前胸背板前缘中央呈圆形隆起，较窄，两肩角明显，具浅刻点和较长棕色毛。中胸背板稍隆起，中央纵隆线明显，具细密刻点和较长棕色毛。小盾片稍隆起，矩形，中央具纵沟，刻点稀浅，具较长棕色毛。后小盾片五边形，向下垂直，端部中央呈角状突出，密布刻点和较长棕色毛。并胸腹节向下垂直，中央具 1 浅纵沟，具稀浅刻点和棕色长毛。翅透明，前翅前缘色略深，前翅第 3 肘室近方形，倾斜，第 2 肘室与第 3 肘室近等宽。足强健，后足第 1 跗节是第 2 跗节长的 3.1 倍，各足爪无齿，爪垫明显。

腹部：圆筒形，细窄，向端部逐渐收缩，第 1 腹节基部稍窄，长是宽的 3.4 倍，第 2 腹节较长，长是宽的 1.9 倍。覆稀浅刻点和短毛，腹板平，具稀浅刻点和棕色毛。

体长：20~23mm。

雄蜂：近似于雌蜂，腹部 7 节。

分布：云南（昆明、蒙自、屏边、马关、勐腊、勐海、保山、腾冲、潞西、兰坪、维西、中甸、德钦、丽江、宁蒗）、河北、陕西、浙江、福建、广东、广西、四川、西藏；印度，越南，法国。

3. 原胡蜂属 *Provespa* Ashmead

Ashmead：1903，Ent. News Philad. XIV：182.

本属特征：单眼较大，突出，两复眼顶部之间的距离较近。

（20）平唇原胡蜂 *Provespa barthelemyi*（Buysson）1904 **（彩图版Ⅳ.20）**

Buysson：1904，Ann. Soc. Ent. France 73：618.

雌蜂：体棕黄色。复眼近黑褐色，单眼棕色。头顶暗褐色。额暗褐色，两触角之间隆起处淡棕色。触角支角突褐色，柄节褐色，梗节、鞭节腹面褐色，背面色稍暗。唇基棕色，边缘黑色。上颚棕色，端部边缘黑色。胸部棕色。翅呈棕色，前翅前缘色稍深。所有的足棕色，仅跗节色稍深。腹部棕色，有时色稍深。

头部：横宽、光滑，覆棕色长毛，约与胸部翅基片处等宽。复眼大而突出，两复眼顶部之间的距离较近。单眼大而突出，前单眼区稍凹陷，OOD 是 IOD 的 0.5 倍，OCD 是 OOD 的 3.5 倍。额部两触角之间呈三角形隆起，额沟浅。触角丝状，向端部逐渐变细。唇基稍隆起，两侧近平直，端部中央凹陷，较基部宽，两侧各具 1 齿状突，覆棕色长毛。上颚稍粗壮，端部具 3 个端齿，上部刃状，最上有 1 小齿。

胸部：前胸背板前缘截形，窄，两肩角不明显，光滑，覆棕色长毛。中胸背板隆起，圆形，中央纵隆线明显，覆棕色长毛。小盾片矩形，两侧向下弯曲，覆棕色长毛。后小盾片五边形，向下垂直，近基部中央具 1 横凹陷，光滑，覆棕色长毛。并胸腹节向下垂直，具明显纵沟，光滑，覆棕色长毛。中、后胸侧板光滑，覆棕色长毛。翅透明，翅基片光滑，覆棕色毛。足强健，爪光滑无齿，爪垫明显。

腹部：矛形，光滑，覆棕色长毛。第 1 腹节基部细，近梯形，前截面近三角形，长是宽的 3.5 倍。腹板三角形。第 2 腹节较宽大，长是宽的 1.8 倍，光滑，覆棕色长毛。

体长：17~18mm。

雄蜂：与雌蜂相似，腹部 7 节。体长 19~20mm。

分布：云南（富宁、西畴、屏边、马关、河口、勐腊、景洪、勐海、临沧、双江、耿马、保山、腾冲、潞西、瑞丽、陇川、梁河、大理、丽江、泸水、永胜、兰坪、维西）；老挝，不丹，缅甸。

4. 黄胡蜂属 *Vespula* Thomson

Thomson：1869，Opusc. Entom. Pt. I，79.

本属特征：体中型，黑色，具黄色斑纹。两触角之间呈弧形隆起。眼颚距相距较近。

种检索表

1. 唇基黄色 …… 2
   唇基黄色或黑色，有斑纹 …… 9
2. 触角第 1 鞭节是第 2 鞭节长的 1.6~1.7 倍 …… 3
   触角第 1 鞭节是第 2 鞭节长的 2~3 倍 …… 4
3. 触角第 1 鞭节是第 2 鞭节长的 1.6 倍；后小盾片黑色；后足第 1 跗节是第 2 跗节长的 4.3 倍；第 1 腹节棕色，基部黑色；体长 13~15mm …… 川黄胡蜂 *Vespula graham* Archer
   触角第 1 鞭节是第 2 鞭节长的 1.7 倍；后小盾片前缘两侧各有 1 黄色横斑；后足第 1 跗节是第 2 跗节长的 2.8 倍；腹部第 1 节黑色；体长 14~17mm …… 环黄胡蜂 *Vespula rufa* Archer
4. 触角第 1 鞭节是第 2 鞭节长的 2.0~2.1 倍 …… 5
   触角第 1 鞭节是第 2 鞭节长的 2.2~3 倍 …… 7
5. 第 2 腹节黑色，端部边缘各具 1 锯齿状黄色横带；体长 12~14mm …… 细黄胡蜂 *Vespula flaviceps flaviceps* (Smith)
   第 2 腹节黑色，端部边缘黄色横带不呈锯齿状；体长 13~18mm …… 6
6. 体长 18mm，后足第 1 跗节是第 2 跗节长的 3.1 倍 …… 额斑黄胡蜂 *Vespula maculifrons* (Buysson)
   体长 18mm，后足第 1 跗节是第 2 跗节长的 3.4 倍 …… 云龙黄胡蜂 *Vespula vulgaris yunlongensis* (Dong)
7. 触角第 1 鞭节是第 2 鞭节长的 3 倍；小盾片、后小盾片黑色；后足第 1 跗节是第 2 跗节长的 3.3 倍；第 2 腹节全呈黑色；体长 22mm …… 贡山黄胡蜂 *Vespula structor gongshanensis* (Dong)
   触角第 1 鞭节是第 2 鞭节长的 2.2~2.6 倍 …… 8
8. 触角第 1 鞭节是第 2 鞭节长的 2.2 倍；后足第 1 跗节是第 2 跗节长的 2.4 倍；第 1 腹节前截面

黑色，端部边缘有窄黄色横带；体长 14~15mm …… 澳黄胡蜂 *Vespula austriaca*（Panzer）

触角第 1 鞭节是第 2 鞭节长的 2.6 倍，后足第 1 跗节是第 2 跗节长的 3 倍，第 1 腹节黑色，前缘两侧有黄白色横斑，体长 12~13mm ……… 施黄胡蜂 *Vespularufa schrenckii*（Radoszkonwski）

9. 触角第 1 鞭节是第 2 鞭节长的 0.1~1.6 倍 …………………………………………………… 10

触角第 1 鞭节是第 2 鞭节长的 1.8~2.7 倍 …………………………………………………… 11

10. 触角第 1 鞭节是第 2 鞭节长的 0.1~1.4 倍 …………………………………………………… 12

触角第 1 鞭节是第 2 鞭节长的 1.5~1.6 倍 …………………………………………………… 13

11. 触角第 1 鞭节是第 2 鞭节长的 0.1 倍；唇基黑色，两侧有弧形黄斑；后足第 1 跗节是第 2 跗节长的 2.8 倍；第 2 腹节黑色，端缘及两侧黄色；体长 14mm ……………………………………………………………………………………………… 多毛黄胡蜂 *Vespula hirsute* Lee

触角第 1 鞭节是第 2 鞭节长的 1.4 倍；唇基黄色，中央有 3 个黑色斑；后足第 1 跗节是第 2 跗节长的 2.5 倍；第 2 腹节黑色，基部中央有 1 三角形黑斑；体长 14~17mm ……………………………………………………………………………… 德国黄胡蜂 *Vespula germanica*（Fabricius）

12. 触角第 1 鞭节是第 2 鞭节长的 1.5 倍；唇基黄色，有模糊棕色斑；第 2~5 腹节黄色，基部中央各具 1 凸出呈峰状的黑色横带；体长 14~16mm ……………………………………………………………………………… 北方黄胡蜂 *Vespula rufa rufa*（Linnaeus）

触角第 1 鞭节是第 2 鞭节长的 1.6 倍；唇基黄色，中央有 1 "T" 形黄斑；第 2~5 腹节黄色，端缘各具有 3 个凹陷黄色横斑；体长 13~16mm ……………………………………………………………………………… 常见黄胡蜂 *Vespula vulgaris*（Linnaeus）

13. 触角第 1 鞭节是第 2 鞭节长的 2.7 倍；唇基黄色，有时有模糊棕色斑；后足第 1 跗节是第 2 跗节长的 2.6 倍；第 1~5 腹节棕色，端部边缘各具 1 黄色横带，体长 17mm ……………………………………………………………………………… 台湾黄胡蜂 *Vespula minuta arisana*（Sonan）

不如上述 ……………………………………………………………………………………………… 14

14. 触角第 1 鞭节是第 2 鞭节长的 1.8~2 倍 …………………………………………………… 15

触角第 1 鞭节是第 2 鞭节长的 2.2~2.3 倍 …………………………………………………… 16

15. 触角第 1 鞭节是第 2 鞭节长的 1.8 倍；唇基黄色，基部中央有 1 个淡棕褐色圆斑；后足第 1 跗节是第 2 跗节长的 5.8 倍；第 2 腹节棕色，基部具 1 中央向后突出的黑色横带；体长 15mm ……………………………………………………………………… 怒江黄胡蜂 *Vespula orbata nujiangensis*（Dong）

16. 触角第 1 鞭节是第 2 鞭节长的 2.1 倍；唇基黄色，近端部中央具 3 个暗斑；后足第 1 跗节是第 2 跗节长的 3.2 倍；第 2 腹节棕色，基部有 1 大三角形黑斑；体长 17mm ……………………………………………………………………… 玉龙黄胡蜂 *Vespula rufa yulongensis*（Dong）

触角第 1 鞭节是第 2 鞭节长的 2.3 倍；唇基黄色，有时中央有棕色斑；后足第 1 跗节是第 2 跗节长的 2.2 倍；腹部第 1 节黑色，端部边缘具 1 窄黄色横带；体长 14~16mm ……………………………………………………………… 朝鲜黄胡蜂 *Vespula koreensis koreensis*（Radoszkowski）

（21）细黄胡蜂 *Vespula flaviceps flaviceps*（Smith）1870 **（彩图版Ⅳ.21）**

Smith：1870，Trans. Zool. Soc. Lond. 7 Ser 3：174，191.

雌蜂：体中等大型，黑色，斑纹黄色至棕黄色。头部两触角之间隆起处 1 梯形斑、两复眼凹陷处、后颊黄色。头顶部黑色。单眼棕色。触角黑色，柄节、梗节腹面棕黄色。唇基黄色，边缘黑色。上颚黄色，端齿棕色。胸部黑色，前胸背板端缘两侧各有 1 窄带、小盾片两侧各 1 黑色斑，后小盾片、并胸腹节黑色。中胸侧板前缘中部 1 点状斑黄色。翅呈浅棕色，前翅前缘色略深。前足基节、转节全呈黑色，股节背面黑色、腹面黄色，胫节、跗节黄色；中足基节黑色，前缘有 1 黄色斑，转节黑色，股节基部 1/3 黑色，其余黄色，胫节、跗节黄色；后足基节黑色，外侧具 1 黄斑，转节黑色，股节基部一半黑色，有时仅基部 1/3 为黑色，胫节、跗节均呈黄色。第 1 腹节前截面黑色，背部前缘各具 1 黄色窄横斑。第 2~5 节背、腹板黑色，端部边缘各具 1 齿状黄横带。第 6 节背、腹板全呈黄色。

头部：横宽、光滑、毛密，约与胸部翅基片处等宽。两触角窝之间隆起，额沟明显。额、头顶、后颊均具细密刻点和棕色长毛。单眼呈三角形排列，OOD 是 IOD 的 0.4 倍，OCD 是 OOD 的 0.5 倍。触角丝状，第 1 鞭节是第 2 鞭节长的 2 倍。唇基不隆起，宽大于长，端部两侧稍凹入，中央具浅凹陷，两侧略呈齿状突起，具稀浅刻点和密棕色毛。上颚粗壮，末端具 3 个端齿，中部刃状，上部具 1 小齿，具稀疏刻点和短毛。

胸部：前胸背板前缘略突出，两肩角圆形，具细密刻点和棕色长毛。中胸背板稍凸起，中央具纵隆线，具细浅刻点和黑色长毛。小盾片稍凸起，矩形，中央具浅纵沟，具细浅刻点和黑色长毛。后小盾片向下垂直，中央具纵沟，具稀浅刻点和密黑色长毛。并胸腹节向下垂直，中央具纵沟，具稀浅刻点和密黑色长毛。后胸侧板窄，具稀浅刻点和密黑色长毛。翅透明，前翅第 3 肘室宽，近方形，第 2 肘室较第 3 肘室稍窄或近等宽。足细长，后足第 1 跗节是第 2 跗节长的 3.1 倍。各足爪光滑，无齿。

腹部：光滑、发亮，具稀浅刻点和密棕色短毛。第 1 腹节背板梯形，基部截形，长是宽的 0.3 倍，第 2 腹节背板长，稍宽，长是宽的 0.5 倍。各节腹板均光滑，具稀浅刻点和棕色长毛。

体长：12~14mm。

雄蜂：与雌蜂相似。腹部 7 节。

分布：云南（昆明、禄劝、南华、云龙、丽江、宁蒗、永胜、兰坪、维西、中甸、德钦）。

(22) 额斑黄胡蜂 *Vespula maculifrons* (Buysson) 1926 **(彩图版Ⅳ.22)**

Rohwer: 1926, Proc. Ent. Soc. Washington 28: 93-94.

雌蜂：体中等大型，黑色，斑纹黄色。头部两触角窝之间隆起处有 1 蝶形斑、两复眼凹陷处及内眶、后颊黄色。头顶黑色。单眼棕色。触角背面褐色，腹面锈色。唇基全呈黄色。上颚黄色，端齿黑色。胸部黑色，前胸背板邻中胸背板处黑色。小盾片前缘两侧、后小盾片前缘、并胸腹节两侧各 1 个斑，中胸侧板上部边缘 1 个斑黄色。翅呈棕色，前翅前缘色略深。足黄色，基节后缘、转节、前足股节背面、中足股节基部 2/3 处、后足股节几乎为黑色。第 1 腹节前截面及基部背面均呈黑色，端部边缘具 1 窄橙黄色横带。腹板整个黑色。第 2~5 腹节背、腹板黑色，两侧稍凹陷呈波状。第 6 节背板完全为橙色。第 2~5 节腹板黑色，端部边缘各具 1 黄色横带，第 6 节腹板完全呈黄色。

头部：横宽、光滑、毛密，较胸部翅基片处宽。两触角窝之间呈三角形隆起，额沟无。额、头顶、后颊均具细浅刻点和棕色长毛。单眼呈三角形排列，OOD 是 IOD 的

0.2 倍，OCD 是 OOD 的 0.3 倍。触角丝状，第 1 鞭节是第 2 鞭节长的 2.1 倍。唇基稍隆起，宽略大于长，端部两侧稍凹入，中央稍凹陷，两侧呈齿状突，具细浅刻点和棕色毛。上颚短粗，末端具 3 个端齿，上部具 1 小齿，光滑，刻点稀，基部覆淡棕色长毛。

胸部：前胸背板前缘中部稍突出，两肩角圆，具细密刻点和棕色密长毛。中胸背板隆起，中央纵隆线明显，具细密刻点和棕色长毛。小盾片矩形，中央具纵沟，具稀浅刻点和棕色长毛。后小盾片垂直向下，近五边形，光滑，覆棕色长毛。并胸腹节垂直向下，中央具纵沟，光滑，覆棕色长毛。中胸侧板隆起，具细刻点和棕色密长毛。后胸侧板窄，光滑，覆棕色长毛。翅透明，前翅第 3 肘室宽，近方形，第 2 肘室较第 3 肘室稍窄。足细长，后足第 1 跗节是第 2 跗节长的 3.1 倍。各足爪光滑，无齿。

腹部：光滑、稍暗，具细密刻点和淡棕色短毛。第 1 腹节背板基部截形，长是宽的 0.4 倍，第 2 腹节背板长，长是宽的 0.6 倍。各腹节均光滑，覆淡棕色短毛。

体长：13mm。

雄蜂：近似于雌蜂，腹部 7 节。

分布：云南（砚山、龙陵、禄劝）、河北、江苏；美国。

(23) 澳黄胡蜂 *Vespula austriaca* (Panzer) 1799 (**彩图版Ⅳ.23**)

Panzer：1799, Faun. Insect. German. VI, P. 63.

雌蜂：体中等大型，黑色，斑纹黄色。头部两触角窝之间隆起处 1 梯形斑、眼眶内缘下侧边缘、后颊黄色。头顶黑色。单眼棕色。触角黑色，仅柄节内缘上侧黄色。唇基黄色。上颚基半部黑色，端半部黄色。端齿深棕色。胸部黑色，前胸背板端部边缘两侧各 1 窄带；小盾片基部两侧各 1 斑、中胸侧板上部 1 个黄色斑。翅呈棕色，前翅前缘色略深。足黄色，基节、转节、股节基部黑色。腹部黑色，第 1 腹节背板前缘两侧各 1 棕黄色斑，端部边缘黄色。第 2 腹节背板端部边缘黄色，两侧各具 1 棕色斑，腹板端缘黄色，余均棕色。第 3~6 节背、腹板端部边缘黄色。

头部：横宽、光滑、毛密，较胸部翅基片处稍窄。两触角窝之间稍隆起，额沟可见。额、头顶、后颊均具细浅刻点和黑色密长毛。单眼呈三角形排列，OOD 是 IOD 的 0.3 倍，OCD 是 OOD 的 0.5 倍。触角丝状，第 1 鞭节是第 2 鞭节长的 2.2 倍。唇基凸起，宽大于长，端部两侧稍凹入，中央稍凹陷，两侧略呈角状，具细浅刻点和黑色毛。上颚强壮，末端具 3 个端齿，中部刃状，上部具 1 小齿，具稀浅刻点和黑色长毛。

胸部：前胸背板前缘中部稍突出，具细浅刻点和黑色长毛。中胸背板稍凸起，中央纵隆线清楚可见，近端部两侧各具 1 深凹痕，具细浅刻点和黑色长毛。小盾片矩形，中央具 1 浅纵沟，具细浅刻点和黑色长毛。后小盾片垂直向下，近三角形，具稀浅刻点和黑色长毛。并胸腹节垂直向下，中央具 1 纵沟，两侧和背面圆弧形，具细浅刻点和黑色长毛。中胸侧板稍突起，具细浅刻点和黑色长毛。翅透明，前翅第 3 肘室稍宽，近方形，第 2 肘室较第 3 肘室稍窄。足细长，后足第 1 跗节是第 2 跗节长的 2.4 倍。各足爪光滑，无齿。

腹部：光滑，发亮，具稀浅刻点和棕色短毛。第 1 腹节稍窄。梯形，长是宽的 0.3 倍，第 2 腹节稍宽，长是宽的 0.6 倍，各腹板均光滑，具稀浅刻点和棕色短毛。

体长：14~15mm。

雄蜂：与雌蜂相似。腹部7节。

分布：云南（中甸）、河北；澳洲。

（24）施黄胡蜂 *Vespula rufa schrenckii*（Radoszkowski）1861（**彩图版Ⅳ.24**）

Radoszkowski：1861，Horae. Soc. Ent. Rossicae 1：84.

雌蜂：体小至中等大型，黑色，斑纹黄色。头部两触角窝之间隆起处1梯形斑、两复眼内侧凹陷下缘1窄斑、后颊上部紧邻复眼各1窄斑，黄色。头顶黑色。单眼棕色。触角均呈黑色。唇基、上颚除端齿外，黄白色。上颚端齿黑色。胸部黑色，前胸背板端缘两侧各1窄带、小盾片前缘两侧各1横斑、后小盾片基部两侧各1斑、中胸侧板前缘中央1斑，黄白色。并胸腹节黑色。翅基片中央棕色，外缘黄色。翅呈浅棕色，前翅前缘色略深。所有足的基节、转节均为黑色，股节端部黄色，胫节外侧黄白色，内侧棕色，跗节棕色，余均黑色。腹部黑色，第1腹节背板背面前缘两侧各1横斑黄白色，端部边缘1窄横带黄色，腹板暗棕色。第2~6节背板端部边缘各1窄横带，黄色。第2~5节腹板端部两侧各1横斑，黄色。第6节腹板暗棕色。

头部：横宽、光滑、毛密，约与胸部翅基片处等宽。两触角窝之间隆起，额沟明显。额、头顶、后颊均具细浅刻点和黑色长毛。单眼呈三角形排列，OOD是IOD的0.3倍，OCD是OOD的0.8倍。触角丝状，第1鞭节是第2鞭节长的2.6倍。唇基稍隆起，宽大于高，端部两侧稍凹入，中央凹陷浅，两侧各具1短齿突，具稀浅刻点和黑色长毛。上颚粗壮，末端具3个端齿，中部刃状，上部具1小齿。

胸部：前胸背板前缘和两肩角稍呈圆形，具细密刻点和黑色长毛。中胸背板稍凸起，中央纵隆线明显可见，具细密刻点和黑色长毛。小盾片矩形，中央具1浅纵沟，具细浅刻点和黑色长毛。后小盾片向下方倾斜，端部中央呈角状突出，具细浅刻点和黑色长毛。并胸腹节向下垂直，中央具纵沟，具稀浅刻点和黑色长毛。中胸侧板稍凸起，具细浅刻点和黑色长毛。翅透明，第3肘室宽，近方形，第2肘室较第3肘室窄。足强健，后足第1跗节是第2跗节长的3倍。

腹部：光滑，覆黑色短毛。第1腹节背板基部截形，长是宽的0.3倍。第2腹节背板稍长，长是宽的0.5倍。各腹板均光滑，刻点稀，覆黑色短毛。

体长：12~13mm。

雄蜂：与雌蜂相似。腹部7节。

分布：云南（昆明、禄劝、麻栗坡、绿春、广南）、黑龙江、辽宁；朝鲜，日本。

（25）多毛黄胡蜂 *Vespula hirsute* Lee 1986（**彩图版Ⅴ.25**）

Lee：1986，Sinozoologia. 4：204-206.

雌蜂：体中等大型，黑色，斑纹黄色至棕黄色。头部两触角窝之间1蝶形斑、两复眼凹陷处下部边缘各1窄带、后颊上部1窄斑，黄色。唇基黑色，仅两侧各1近弧形斑，黄色。上颚黄色，端齿黑色。触角黑色。胸部黑色，前胸背板端部两侧紧邻中胸背板前缘各1带状斑、小盾片基部两侧各1黄色斑。翅基片深棕色。翅呈棕色，前翅前缘色略深。足棕色，基节、转节、股节基部黑色，端部棕色。第2腹节背板棕黄色，背面基部中央具1伸达背板中部之后的大三角形黑色斑，腹板完全为棕黄色。第3~6

节背、腹板均呈黑色，端缘各具 1 条窄横带棕黄色，第 6 节腹板色稍深。

头部：横宽、光滑、发亮、毛密，较胸部翅基片处窄。两触角窝之间稍隆起，额沟明显。额、头顶、后颊均具细密刻点和黑色密长毛。单眼呈三角形排列，OOD 是 IOD 的 0.4 倍，OCD 是 OOD 的 0.1 倍。触角丝状，向端部逐渐加粗，顶鞭节末端收缩，第 1 鞭节是第 2 鞭节长的 0.1 倍。唇基稍隆起，端部两侧近截形，中央稍凹陷，两侧各具 1 齿状突起，具细浅刻点和褐色密长毛。上颚强健，末端具 3 个端齿，中部刃状，上部具 1 小齿，光滑，毛稀。

胸部：前胸背板前缘稍窄突出，两肩角圆形。具细小刻点和黑色密长毛。中胸背板隆起呈弧形，中央具细纵脊，具细刻点和黑色长毛。小盾片弧形，中央纵沟明显，具稀浅刻点和黑色长毛。后小盾片垂直向下，端部中央强烈突出，近三角形，具稀浅刻点和黑色长毛。后胸侧板窄，具稀浅刻点和黑色长毛。翅透明，前翅第 3 肘室宽，近方形，第 2 肘室较第 3 肘室窄。足细长，后足第 1 跗节是第 2 跗节长的 2.8 倍。各足爪光滑，无齿。

腹部：光滑、发亮，覆棕色短毛。第 1 腹节背板短宽，基部截形，长是宽的 0.3 倍。第 2 腹节背板长，长是宽的 0.6 倍。所有腹板均光滑，覆黑色短毛。

体长：14mm。

雄蜂：不详。

分布：云南（中甸）、西藏。

(26) 德国黄胡蜂 *Vespula germanica* (Fabricius) 1793 (**彩图版 V. 26**)

Fabricius：1793，Ent. Syst. 2：256.

雌蜂：体中等大型，黑色，斑纹黄色。头部黑色，两触角窝之间隆起处 1 梯形斑、两复眼凹陷处、后颊黄色。触角支角突、梗节腹面黄色，其余为黑褐色。唇基黄色，位于中央具 3 个黑色斑，中央 1 个常较大。上颚黄色，基部和边缘黑色。胸部黑色，前胸背板后缘紧邻中胸背板前缘两侧各 1 窄带、小盾片两侧各 1 椭圆形斑、中胸侧板上缘各 1 斑，黄色。翅呈浅棕色，前翅前缘色略深。所有足黄色，基节、转节黑色。腹部黄色，第 1 腹节背板前截面黑色，背面中央具 1 菱形黑斑，两侧近基部中央各具 1 近三角形黑斑，近端部两侧各具 1 点状黑斑。第 1~5 腹板黑色，仅沿端部边缘黄色。

头部：横宽、光滑、毛稀，约与胸部翅基片处等宽。两触角窝之间隆起，额沟明显。额、头顶、后颊具细密刻点和棕色长毛。单眼呈三角形排列，OOD 是 IOD 的 0.4 倍，OCD 与 OOD 近相等。触角丝状，第 1 鞭节是第 2 鞭节长的 1.4 倍。唇基稍隆起，端部两侧截形，中央凹陷，两侧各具 1 齿状突，具细浅刻点和密棕色短毛。上颚粗壮，末端具 3 个端齿，中部刃状，上部具 1 小齿。

胸部：前胸背板前缘向前隆起，略呈圆形，两肩角圆，具细浅刻点和密棕色长毛。中胸背板稍凸起，中央具 1 纵隆线，具细浅刻点和密黑色长毛。小盾片横带状，后缘弧形，具细浅刻点和密棕色长毛。后小盾片向下垂直，中央具浅纵沟，具稀浅刻点和密棕色长毛。并胸腹节向下垂直，中央具纵沟，具细浅刻点和密棕色长毛。中胸侧板稍凸起，具浅刻点和稀长毛。后胸侧板窄，具稀浅刻点和密棕色长毛。翅透明，前翅第 3 肘室宽，近方形，第 2 肘室较第 3 肘室稍窄。足弱，细长，后足第 1 跗节是第 2 跗节长的2.5倍。各足爪光滑，无齿。

腹部：光滑、发亮，具稀浅刻点和白色短毛。第1腹节背板背面观呈梯形，基部截形，长是宽的0.3倍，第2腹节中部宽，长是宽的0.5倍。各腹板均光滑，具稀浅刻点和稀短毛。

体长：14~17mm。

雄蜂：与雌蜂相似，体稍小，毛密，腹部7节。

分布：云南（维西、中甸、德钦）、黑龙江、内蒙古、河北、新疆、河南、江苏；亚洲，非洲，大洋洲，欧洲，北美洲。

（27）北方黄胡蜂 *Vespula rufa rufa*（Linnaeus）1758（**彩图版**V.27）

Linnaeus：1758，Syst. Nat. ed. 10. I：572.

雌蜂：体中等大型，黑色，斑纹黄色。头部两触角窝之间隆起处1梯形斑、两复眼凹陷处、后颊紧邻复眼上、下各1斑，有时整个后颊黄色。触角黑褐色。单眼棕色。唇基黄色，但中央具1由基部伸至端部2/3处的黑色纵带。上颚黄色，端部边缘色略深。胸部黑色，前胸背板后缘与中胸背板相接处两侧各1窄斑，小盾片前缘两侧各1窄斑、后小盾片基部两侧各1窄斑、并胸腹节近端部两侧各1斑、中胸侧板上部1斑，均呈黄色。翅呈棕色，前翅前缘色略深。所有足的基节、转节、股节基部2/3处黑色，余均呈黄色。腹部黄色，第1腹节背板基部截面与中央1三角形斑黑色，第2~5腹节背板各节基部1条中央凸出呈峰状横带和近端部两侧各1点状斑，黑色。第6节背板完全呈黑色。第1节腹板基部中央黑色。第2~5节腹板各节基部1中央呈凹陷状的横带黑色。第6节腹板基部1/2处黑色，其余黄色。

头部：横宽、光滑、毛密，约与胸部翅基片处等宽。两触角窝之间隆起，额沟明显。额、头顶、后颊均具细浅刻点和密黑色长毛。单眼呈三角形排列，OOD是IOD的0.2倍，OCD是OOD的0.6倍。触角丝状，第1鞭节是第2鞭节长的1.5倍。唇基稍平，端部两侧截形，中央稍凹陷，两侧各具1齿状突，具细浅刻点和密黑色长毛。上颚短粗，末端具3个端齿，中部刃状，上部具1小齿，具细浅刻点和近基部处有黑色短毛。

胸部：前胸背板前缘略呈弧形，两肩角圆形，具细浅刻点和黑色长毛。中胸背板稍凸起，中央纵隆线明显，具细浅刻点和黑色密长毛。小盾片横带状，后缘近弧形，中央具1纵沟，具细浅刻点和黑色长毛。后小盾片向下垂直，具细浅刻点和黑色长毛。并胸腹节向下垂直，具细浅刻点和黑色长毛。中胸侧板稍凸起，具细浅刻点和黑色长毛。后胸侧板窄，具细浅刻点和黑色长毛。翅透明，前翅第3肘室宽，近方形，第2肘室较第3肘室窄。足弱，细长，后足第1跗节是第2跗节长的3倍。各足爪光滑，无齿。

腹部：光滑、发亮，具细密刻点和白色短毛。第1腹节背板基部截形，长是宽的0.7倍。第2腹节背板长，长是宽的0.6倍。各腹板均光滑，具稀浅刻点和白色短毛。

体长：14~16mm。

雄蜂：与雌蜂相似。腹部7节。

分布：云南（德钦、中甸）、河北、江苏、浙江；欧洲，非洲。

(28) 常见黄胡蜂 *Vespula vulgaris* (Linnaeus) 1758 (**彩图版**Ⅴ. 28)

Linnaeus: 1758, Syst. Nat. 10 ed. I: 572.

雌蜂: 体小至中等大型，黑色，斑纹黄色。头部黑色，两触角窝之间隆起处1梯形斑、两复眼内缘凹陷处、后缘上部和下部邻接复眼各1斑，黄色。触角黑色。唇基黄色，中央具1倒"T"形黑色斑。上颚黄色，基部和端部黑色。胸部黑色，前胸背板端缘左、右各1条状窄斑、小盾片基部两侧各1横斑、中胸侧板上部1个斑，均呈黄色。并胸腹节黄色。翅呈棕色，前翅前缘色略深。所有足基节、转节黑色。前足股节基部2/3黑色，余均棕色，胫节前缘棕色，后缘黄色，中部具1条状黑斑，跗节第1节外缘黄色，内缘棕色，其余跗节棕色。中足股节黑色，膝部黄色，胫节黄色，内缘中部具1条状黑色斑，跗节棕色，仅第1跗节背面略呈黄色。后足股节黑色，端部前缘1点状斑黄色，胫节后缘棕色，前缘黄色，中部有1黑色条状斑，跗节棕色，第1节外缘略呈黄色。腹部黑色，第1腹节背板端部边缘具1中央有凹陷的黄色横带。第2~5节背板端部边缘具1内缘有3个凹陷的黄色横斑，第2~5节腹板于端部边缘具波状黄色横斑。第6节背板端部边缘黄色，腹板中央有黄色纵斑。

头部：横宽、光滑、发亮、毛稀，较胸部翅基片处稍窄。两触角窝之间略隆起，额沟明显。额部、头顶部均布细浅刻点和黑色长毛。单眼呈三角形排列，OOD是IOD的0.3倍，OCD与OOD等长。触角丝状，第1鞭节是第2鞭节长的1.6倍。唇基凸起，端部两侧截形，中央稍凹陷，两侧各具1齿状突，覆细浅刻点和稀黑色毛。上颚短宽，末端具3个端齿，中部刃状，上部具1小齿。

胸部：前胸背板前缘稍呈弧形，两肩角圆形，具细浅刻点和短毛。中胸背板稍隆起，中央纵隆线清楚，具细密刻点和黑色长毛。小盾片矩形，后缘向下倾斜，中央具纵沟，具细浅刻点和黑色长毛。后小盾片向下垂直，横带状，端部中央角状突出，具细浅刻点和黄色长毛。并胸腹节向下垂直，中央具明显纵沟，具细浅刻点和黄色长毛。中胸侧板稍凸起，具细浅刻点和黄色长毛。后胸侧板较窄，具细浅刻点和黄色长毛。翅透明，前翅第3肘室宽，近方形，第2肘室较第3肘室窄。足弱，细长，后足第1跗节是第2跗节长的3倍，各足爪光滑，无齿。

腹部：光滑、发亮，具稀浅刻点和棕色短毛。第1腹节背板长是宽的0.7倍，第2腹节背板长是宽的0.6倍。各腹板均光滑，具稀浅刻点和黄色短毛。

体长：13~16mm。

雄蜂：与雌蜂相似。腹部7节。

分布：云南各地、新疆；亚洲，欧洲，北美洲，非洲北部。

(29) 台湾黄胡蜂 *Vespula minuta arisana* (Sonan) 1929 (**彩图版**Ⅴ. 29)

Sonan: 1929, Trans. N. H. Soc. Formosa 19: 147.

雌蜂：体中等至大型，黑色，有黄色和棕色斑纹。两触角窝之间下部棕色，近唇基处有1黑色短纵斑，上部有1近倒梯形黄色斑。头顶暗棕色，单眼区与后头黑色。单眼棕色。额、两复眼内缘及后颊黄色。触角支角突、柄节呈棕色，梗节与鞭节均呈黑色。唇基黄色，有时具模糊棕色斑，周围边缘黑色。上颚黄色，端齿黑色。前胸背板黑色，两下角略呈黑色。中胸背板黑色，有时中央两侧各具1棕色纵斑。小盾片黑色，前缘两侧各具 1 黄色横斑。后小盾片黑色，前缘具 1 黄色横斑。并胸腹节黑色，两侧各具 1 黄色大斑。中胸侧板黑色，位于上部有 1 黄色大斑。后胸侧板黑色，下侧片下后角有 1 黄色小斑。翅基片棕色，周围边缘黄色。翅呈淡棕色，前翅前缘色略深。所有的足除基节、转节、股节或多或少呈黑色外，其余均为黄色。第 1~5 腹节背、腹板暗棕色，有时呈黑色，端部边缘各具 1 黄色横带。第 6 腹节背、腹板均呈橙黄色。

头部：横宽、毛密，约与胸部翅基片处等宽。两触角窝之间隆起，额沟明显。额与头顶具细浅刻点和棕色长毛。后颊光滑，覆密棕色长毛。后头边缘凹陷。单眼呈三角形排列，OOD 是 IOD 的 0.2 倍，OCD 是 OOD 的 0.6 倍。触角丝状，向端部逐渐加粗，顶鞭节末端钝，第 1 鞭节是第 2 鞭节长的 2.7 倍。唇基隆起，宽大于高，基部中央稍凹陷，端部稍平，两侧呈不明显的齿状突，具稀浅刻点和棕色短毛。上颚粗壮，端部有 3 个端齿，中部刃状，最上有 1 小齿。

胸部：前胸背板前缘呈圆形，光滑，覆棕色毛。中胸背板隆起，中央纵隆线明显，具细浅刻点和棕色毛。小盾片矩形，略向下倾斜，中央有 1 细纵沟，具细浅刻点和棕色短毛。后小盾片向下垂直，端部中央呈角状突出，具细浅刻点及棕色短毛。并胸腹节向下垂直，中央具 1 宽浅纵沟，具细浅刻点和棕色短毛。中胸侧板稍隆起，具细浅刻点和棕色短毛。后胸侧板窄，具细浅刻点和棕色短毛。翅透明，前翅第 3 肘室宽，近方形，第 2 肘室较第 3 肘室窄。足细长，后足第 1 跗节是第 2 跗节长的 2.6 倍。各足爪光滑，无齿。

腹部：第 1 节短宽，基部截形，长是宽的 0.3 倍。第 2 节最宽，长是宽的 0.4 倍。第 1~2 节背板光滑，覆棕色短毛，腹板具细刻点和棕色短毛。第 3~6 节背板均光滑，覆棕色短毛，腹板具细刻点和棕色短毛。第 3~6 节背板均光滑，覆棕色短毛，腹板均布稀刻点和棕色短毛。

体长：17mm。

雄蜂：与雌蜂相似，腹部 7 节。

分布：云南（昆明）、台湾。

(30) 云龙黄胡蜂 *Vespula vulgaris yunlongensis* (Dong) 2003（**彩图版**Ⅴ.30）

董大志：2003，西南农业大学学报，25（3）：212-213.

雌蜂：体中等至大型，黑色，斑纹黄色。头部黑色，额下部中央至两触角窝之间有 1 近扇形黄斑，两复眼内缘凹陷处至下部各具 1 黄色窄带。后颊黑色，两复眼后缘上、下各具 1 黑窄条状斑。触角除柄节下侧面深褐色外，其余各节均呈黑色。唇基黄色，中央至近端部处具 1 黑色窄条状斑，此斑基部窄，向端部逐渐加宽。上颚黄色。端齿黑色。前胸背板黑色，仅后缘邻接中胸背板两侧各具 1 黄色窄带。中胸背板完全呈黑色。小盾片黑色，基部两侧各具 1 黄色窄横带。后小盾片黑色，基部两侧各具 1 黄色弯形窄横带。并胸腹节黑色，位于端部两侧各具 1 小黄斑。中胸侧板黑色，上缘后角具 1 三角形黄斑。后胸侧板完全呈黑色。翅基片黄色。翅呈棕色，前翅前缘色略深。所有足的基节、转节、股节基部 2/3 处黑色，其余各节均呈黄色。第 1 腹节背板基部黑色，端部边缘具 1 中部稍曲折的黄色窄横带，腹板完全呈黑色。第 2 腹节背板基部黑色区中央向端部延伸，端缘黄色，中间两侧各具 1 点状黑斑，腹板黄色，基部具 3

个齿状黑斑。第 3~5 节背、腹板基部黑色，常被前节所覆盖，端部黄色，两侧各具 1 点状黑斑。第 6 节背板完全呈黄色，腹板黄色，两侧边缘黑色。

头部：横宽、光滑、毛密，较胸部翅基片处窄。两触角窝之间隆起，额沟可见。额与头顶具细浅刻点和黑色长毛。后颊光滑，覆黑色长毛。单眼呈三角形排列，OOD 是 IOD 的 0.3 倍，OCD 是 OOD 的 1.8 倍。触角丝状，向端部逐渐加粗，顶鞭节末端钝，第 1 鞭节是第 2 鞭节长的 2 倍。唇基稍隆起，宽大于长，基部两侧截状，端部中央凹陷，两侧呈角状突出，具细浅刻点和长毛。上颚粗壮，下部具 3 个端齿，中部刃状，上端齿短而宽，具稀粗刻点和长毛。

胸部：前胸背板前缘呈圆形突出，两肩角不明显，具细密刻点和黑色长毛。中胸背板稍隆起，中央纵脊明显，背面稍平，具细浅刻点和长毛。小盾片稍隆起，矩形，背面与中胸背板平行，中央具 1 细浅纵沟，密布细浅刻点和长毛。后小盾片横带状，向下垂直，端部中央呈角状突出，密布细浅刻点和长毛。并胸腹节强度向下倾斜，中央纵沟明显，密布细刻点和长毛。中胸侧板隆起，具细刻点和长毛。后胸侧板窄，具稀浅刻点和长毛。翅透明，前翅第 2 肘室宽，近方形，第 1 肘室较第 3、4 肘室之和稍短。足弱，后足第 1 跗节是第 2 跗节长的 3.4 倍，各足爪光滑，无齿，爪垫明显。

腹部：第 1 腹节背板基部截形，长是宽的 0.3 倍，具细浅刻点和短毛，腹板三角形，覆稀短毛。第 2 节背板宽，长是宽的 0.5 倍，具细密刻点和短毛。腹板具稀浅刻点和短毛。第 3~6 节背板均光滑，覆密短毛，腹板均具稀浅刻点和短毛。

体长：18mm。

雄蜂：不详。

分布：云南（云龙、中甸）。

(31) 玉龙黄胡蜂 *Vespula rufa yulongensis* (Dong) 2004 (**彩图版Ⅵ. 31**)

董大志：2004，西南农业大学学报，26（2）：146-147.

雌蜂：体中等至大型，黑色，有黄色和棕色斑。额下半部至两触角窝之间有 1 大黄斑，两复眼凹陷处及下部各具 1 黄色窄带，后颊紧邻两复眼后缘上部和下部各具 1 窄黄色条状斑，其余部分完全呈黑色。触角支角突、柄节、梗节下部黄色，梗节背面及所有鞭节均呈黑色。单眼棕色。唇基黄色，近端部中央具 3 个棕色暗斑，周围边缘黑色。上颚黄色，端齿黑色。前胸背板黑色，端部边缘邻接中胸背板两侧各具 1 窄黄色带。中胸背板黑色。小盾片黑色，基部两侧各具 1 小黄斑。后小盾片、并胸腹节均呈黑色。中胸侧板黑色，位于上缘后角有 1 小黄斑。后胸侧板黑色。翅基片黄色，中央具 1 大褐色斑。翅呈棕色，前翅前缘色略深。所有足的基节、转节或多或少黑色，股节、胫节及跗节均呈黄色。第 1 腹节背板棕色，仅基部和两侧色稍深。腹板深棕色。第 2 节背板棕色，基部有 1 大三角形黑斑，近端部有 1 中部弯曲的黑色横线，腹板基部黑色，端部棕色。第 3~5 节背板棕色，各节基部有 1 三角形黑斑，斑常被前一节背板覆盖，近端部弯曲黑横线不明显，腹板基部黑色，端部边缘棕色。第 6 节背、腹板全呈棕色。

头部：横宽、毛密，较胸部翅基片处稍窄。两触角窝之间隆起，额沟明显。额与头顶、后颊均具细密刻点和黑色长毛。后头边缘凹入，覆长毛。单眼呈三角形排列，

OOD 是 IOD 的 0.3 倍，OCD 是 OOD 的 1.6 倍。触角丝状，向端部逐渐加粗，顶鞭节末端稍收缩，第 1 鞭节是第 2 鞭节长的 2.1 倍。唇基稍隆起，长与宽近相等，基部稍凹入，端部中央呈凹陷状，两侧呈齿状突出，具稀浅刻点和长毛。上颚粗壮，下部具 3 个端齿，中部刃状，上部具 1 宽端齿，具稀粗刻点和长毛。

胸部：前胸背板前缘稍呈圆形，两肩角圆，具细密刻点及黑色长毛。中胸背板隆起，中央纵脊明显，具细密刻点及黑色长毛。小盾片稍隆起，矩形，中央具 1 细纵沟，密布细刻点及黑色长毛。后小盾片横带状，垂直向下，端部中央突出，覆细密刻点及黑色长毛。并胸腹节强度向下倾斜，中央纵沟明显，具细密刻点和黑色长毛。中胸侧板隆起，具细密刻点和黑色长毛。后胸侧板窄，具细密刻点和短毛。翅基片光滑，覆稀刻点和长毛。翅透明，第 3 肘室宽，倾斜，第 2 肘室较第 3 肘室强窄。足短粗，后足第 1 跗节是第 2 跗节长的 3.2 倍。各足爪光滑，无齿，爪垫明显。

腹部：第 1 腹节背板基部截形，长是宽的 0.2 倍，具细浅刻点和密短毛，腹板三角形，光滑，覆稀短毛。第 2 节背板较宽，长是宽的 0.5 倍，光滑，覆密短毛，腹板覆稀刻点和短毛。第 3~6 节背板均光滑，覆密短毛，腹板覆稀刻点和短毛。

体长：17mm。

雄蜂：不详。

分布：云南（丽江）。

（32）朝鲜黄胡蜂 *Vespula koreensis koreensis*（Radoszkowski）1887（**彩图版Ⅵ.32**）

Radoszkowski：1887，Horae. Soc. Ent. Poss，XXI：432.

雌蜂：体中等大型，黑色，斑纹黄色。头部两触角窝之间隆起处 1 梯形斑、两复眼凹陷处、后颊均呈黄色。头顶黑色。单眼棕色。触角黑色，支角突、梗节、腹面棕色。唇基全呈黄色，有时位于中央有 1 棕色斑点。上颚黄色，端齿黑色。胸部黑色，前胸背板端缘两侧各 1 窄带状斑，翅基片、小盾片基部两侧各 1 横斑，后小盾片沿基部边缘 1 带状斑，并胸腹节两侧各 1 斑，中胸侧板上部中央 1 三角形斑，黄色。翅呈棕色，前翅前缘色略深。所有足黄色，基节、转节和股节背面黑色。腹部第 1 腹节背板前截面黑色，端部边缘具 1 窄黄色横带，余均黑色。腹板黑色。第 2~5 节背板黑色，端部边缘各具 1 中央及两侧有 3 个凹陷的黄色横带，带凹陷处两侧各具 1 点状黑斑。第 2~5 节腹板黑色，端部边缘有黄色横带，两侧各具 1 点状黑斑。第 6 节背、腹板黄色。

头部：横宽、光滑、毛密，较胸部翅基片处稍宽。两触角窝之间隆起，额沟浅。额、头顶、后颊具细密刻点和黑色长毛。单眼呈三角形排列，OOD 是 IOD 的 0.3 倍，OCD 与 OOD 近相等。触角丝状，稍粗，第 1 鞭节是第 2 鞭节长的 2.3 倍。唇基宽大于高，稍隆起，端部两侧截形，中央稍凹陷，两侧各具 1 齿状突，具细浅刻点和棕色毛。上颚粗壮，末端具 3 个端齿，中部刃状，上部具 1 小齿，具稀浅刻点和黄色短毛。

胸部：前胸背板前缘略向前隆起，两肩角圆形，具细密刻点和棕色长毛。中胸背板稍凸起，中央具纵隆线。具细密刻点和黑色长毛。小盾片隆起，弧形，中央具 1 浅纵沟，具细浅刻点和黑色长毛。后小盾片垂直向下，端部中央明显突出，近三角形，具细浅刻点和灰色长毛。并胸腹节垂直向下，中央具浅纵沟，具细浅刻点和灰色毛。中胸侧板凸起，具细浅刻点和棕色毛。翅透明，前翅第 3 肘室宽，近方形，第 2 肘室较第 3 肘室窄。足细长，后足第 1 跗节是第 2 跗节长的 2.2 倍，各足爪光滑，无齿。

腹部：光滑、发亮，具细密刻点和灰白色短毛。第 1 腹节背板近方形，基部截形，长是宽的 0.4 倍。第 2 腹节背板长是宽的 0.5 倍。各节背、腹板均光滑，具稀浅刻点和灰白色毛。

体长：14~16mm。

雄蜂：与雌蜂相似，腹部 7 节。

分布：云南（昆明、双江、云龙）、江西；朝鲜。

(33) 怒江黄胡蜂 *Vespula orbata nujiangensis*（Dong）2004（Ⅵ.33）

董大志：2004，西南农业大学学报，26（2）：146-147.

雌蜂：体中型，棕色，有黄色和黑色斑纹。额下部中央两触角窝之间至唇基有 1 倒梯形斑，斑下部中央有 1 褐色小斑。两复眼内缘凹陷部分和下至唇基、上至头顶各 1 紧邻复眼的窄带黄色。后颊黑色，紧邻两复眼后缘顶部至上颚基部各具 1 宽带状黄斑。触角支角突、柄节黑色，鞭节背面黑色，腹面锈色。单眼棕色。唇基黄色，近基部处两侧各具 1 淡褐色圆斑，端齿黑色。前胸背板黑色，端部边缘邻接中胸背板两侧各具 1 黄色窄纵带。中胸背板完全呈黑色。小盾片黑色，基部具 1 两侧宽、中间窄的黄色横带。后小盾片黑色，基部具 1 弧形窄黄色横带，两侧各具 1 黄色小斑。并胸腹节黑色。中胸侧板黑色，中央具 1 黄色纵斑。后胸侧板完全呈黑色。翅基片黄色，外侧中央有 1 褐色小斑。翅呈棕色，前翅前缘色略深。前、中、后足黄色，基节、转节、股节基部各具 1 黑色小斑，股节基半部棕色。第 1 腹节背板棕色，端部具中央凹陷的黄色横带，腹板棕色，端部两侧各具 1 黄色斑。第 2 腹节背板棕色，基部具 1 中央向后突出的黑色横带，端部边缘具 1 中央凹陷的黄色横带，腹板棕色，端部具 1 黄色横带。第 3~5 节背、腹板均棕色，基部两侧各具 1 黑色横带，端部边缘两侧各具 1 黄色横带。第 6 节背、腹板棕色，基部有 1 黑色横带。

头部：横宽、刻点细、毛密，较胸部翅基片处稍宽。两触角窝之间稍隆起，额沟浅，不明显。额和头顶具细密刻点和深棕色密长毛。后颊光滑，覆棕色长毛。单眼呈三角形排列，OOD 是 IOD 的 0.3 倍，OCD 是 OOD 的 1.2 倍。触角丝状，向端部逐渐变细，末端稍尖，第 1 鞭节是第 2 鞭节长的 1.8 倍。唇基稍隆起，宽大于长，端部中央微凹陷，近截形，两侧齿不明显，具浅刻点和稀棕色长毛。上颚端部具 3 个宽短齿，中齿刃状，内齿短而宽，具稀浅刻点和长毛。

胸部：前胸背板前缘呈圆形突出，两肩角不明显，具细密和密棕色长毛。中胸背板稍隆起，背面稍平，中央具 1 细纵脊，近翅基片两侧各具 1 短纵脊，具细密刻点和长毛。小盾片稍隆起，矩形，背面与中胸背板平行，中央具 1 细纵沟，密布细密刻点和长毛。后小盾片横带状，向下垂直，端部中央呈弧形，密布细密刻点和长毛。并胸腹节强度向下倾斜，中央具明显纵沟，具细密刻点和长毛。中胸侧板不隆起，具细密刻点和长毛。后胸侧板窄，具稀浅刻点和短毛。翅基片光滑，覆稀刻点和短毛。翅透明，前翅痣三角形，长是宽的 1.2 倍，径脉自翅痣下中部处发出，前翅第 3 肘室宽，近方形，第 1 肘室较第 2、3 肘室之和长。足细长，后足第 1 跗节是第 2 跗节长的 5.8 倍，各足爪光滑，无齿。

腹部：第1节短宽，长是宽的0.4倍，基部截形，具稀浅刻点和细密短毛，腹板稍平，具稀浅刻点和短毛。第2腹节背板长，较第1节背板稍宽，长是宽的0.6倍，具稀浅刻点和短毛，腹板平，具稀浅刻点和短毛。第3~5节背、腹板向端部逐渐收缩，均光滑，具稀浅刻点和短毛，第6节背、腹板三角形，具稀浅刻点和短毛。

体长：15mm。

雄蜂：与雌蜂相似，腹部7节。

分布：云南（怒江）。

（34）贡山黄胡蜂 *Vespula structor gongshanensis*（Dong）2005（**彩图版**Ⅵ.34）

董大志：2005，昆虫分类学报，27（1）：65-68.

雌蜂：体中等大型，黑色，有淡黄色和棕色斑纹。头部除单眼周围黑色外，其余额、头顶、后颊全呈淡黄色。唇基黄色，边缘棕色。上颚黄色，端部齿棕色。复眼黑色。触角柄节棕色，支角突、鞭节黑色。前胸背板棕色，仅上后角边缘具窄黄色带。中胸背板黑色，中央有1凹陷形棕色纵斑，近翅基片处两侧各有1基部与凹陷形斑相连的弧形棕色纵带。小盾片、后小盾片、并胸腹节全呈黑色。中胸侧板黑色，后缘和上角棕色。后胸侧板黑色。翅基片棕色。翅呈棕色，前翅前缘色略深。所有足棕色，仅中、后足股节大部黑色。第1腹节背板黑色，端部边缘具1棕色横带；腹板黑色。第2腹节背板全呈黑色；腹板棕色，基部中央和两侧黑色，杂有淡黄色斑。第3腹节背板黑色，近端部有1宽淡黄色横带，带中央两侧各有1菱形黑斑，上缘中央凹陷，端缘棕色；腹板黑色，两侧各具1棕色横斑。第4腹节背板黑色，端缘棕色，近端部中央两侧各具1近正方形淡黄色斑，近边缘两侧各有1凹陷形横斑；腹板棕色，两侧各有1黑色小斑。第5节背板黑色，端部边缘棕色；腹板棕色，两侧各具1黑色小斑。第6腹节背板棕色，基部黑色。腹板棕色，两侧各具1黑色纵斑。

头部：横宽、光滑、发亮、毛稀，较胸部翅基片处稍窄。两触角窝之间隆起，额沟浅可见。额与头顶光滑，几乎无刻点，毛稀。单眼呈三角形排列，OOD是IOD的2倍，OCD是OOD的0.5倍。触角丝状，12节，向端部逐渐收缩，顶鞭节末端稍尖，第1鞭节是第2鞭节长的3倍。唇基稍隆起，宽大于高，端部中央凹陷，两侧呈齿状突出，光滑，具稀浅刻点和短毛。上颚粗壮，端部节具3个稍尖齿，中部刃状，上部具1钝齿。

胸部：前胸背板前缘弧形，两肩角圆形，具稀浅刻点和短毛。中胸背板稍隆起，中央有1浅纵沟，具细浅刻点和短毛。小盾片隆起，约与中胸背板后缘平行，中央具1纵沟，具细浅刻点和短毛。后小盾片向下垂直，三角形，基部中央有1短纵沟，端部中央呈角状突出，具稀浅刻点和柔毛，两侧毛较长。并胸腹节三角形，向下垂直，中央有1纵沟，基部有1三角形凹陷，具稀浅刻点和短毛。中胸侧板稍隆起，具稀浅刻点和短毛。后胸侧板窄，稍隆起，光滑，几乎无刻点，覆稀短毛。翅基片光滑，有稀短毛。翅透明，前翅痣三角形，长是宽的2.5倍，径脉自翅痣下中部稍后方发出，第3肘室稍宽，倾斜，第1肘室较第2、3肘室之和稍长。足细长，后足第1跗节是第2跗节长的3.3倍，各足爪光滑，无齿。

腹部：第1节背板基部截形，短，长是宽的0.3倍，较第2节背板稍窄，具稀浅刻点和短毛，两侧有长毛，腹板窄具细浅刻点和短毛。第 2 节背板长，中部宽，长是宽的 0.5 倍，光滑，具分散刻点和短毛，腹板稍平，有稀浅刻点和短毛。第 3~5 节背、腹板均光滑，均具稀浅刻点和短毛。第 6 节背、腹板强收缩，近三角形，具细浅刻点和短毛。

体长：22mm。

雄蜂：近似于雌蜂，体型较雌蜂小，头、胸、腹均有密长毛。头部黑色，两触角窝之间隆起部分、两复眼下部、唇基黄色。触角黑色，柄节下缘黄色。腹部橘黄色，第 2 腹节基部有 1 三角形黑斑，腹板基部黑色，端部边缘黄色，第 3~5 节背板黄色，两侧近基部各具 1 点状黑斑，腹板黑色，端部黄色。第 6 节背板黄色，中央有 1 黄色小斑。触角 13 节。腹部 7 节。体长 16mm。

工蜂：体型小，颜色变化较大，腹部多为橘红色，有黑色小斑，毛密，体长 14~16mm。

分布：云南（贡山）。

（35）川黄胡蜂 *Vespula graham* Archer **（彩图版Ⅵ. 35）**

雌蜂：体小至中等大型，黑色，斑黄色。头部黑色，两触角窝之间隆起处 1 梯形斑、两复眼内缘凹陷处、后缘上部和下部邻接复眼各 1 个黄色斑。触角黑色。唇基黄色。上颚黄色，基部和端部黑色。胸部黑色，前胸背板端缘左、右各 1 条状窄斑、小盾片基部两侧各 1 横斑、中胸侧板上部 1 斑，均呈黄色。后小盾片前缘两侧各有 1 黄色横斑。并胸腹节黄色。翅棕色，前翅前缘色略深。所有足基节、转节黑色。前足股节基部 2/3 黑色，余均棕色，胫节前缘棕色，后缘黄色，中部具 1 条状黑斑，跗节第 1 节外缘黄色，内缘棕色，其余跗节棕色。中足股节黑色，膝部黄色，胫节黄色，内缘中部具 1 条状黑色斑，跗节棕色，仅第 1 跗节背面略呈黄色。后足股节黑色，端部前缘 1 点状斑黄色，胫节后缘棕色，前缘黄色，中部有 1 黑色条状斑，跗节棕色，第 1 节外缘略呈黄色。腹部黑色，第 1 腹节背板端部边缘具 1 中央有凹陷的黄色横带。第 2~5 节背板端部边缘具 1 内缘有 3 个凹陷的黄色横斑。第 2~5 节腹板于端部边缘具波状黄色横斑。第 6 节背板端部边缘黄色，腹板中央有黄色纵斑。

头部：横宽、光滑、发亮、毛稀，较胸部翅基片处稍窄。两触角窝之间略隆起，额沟明显。额部、头顶部均布细浅刻点和黑色长毛。单眼呈三角形排列，OOD 是 IOD 的 0.3 倍，OCD 与 OOD 等长。触角丝状，第 1 鞭节是第 2 鞭节长的 1.6 倍。唇基凸起，端部两侧截形，中央稍凹陷，两侧各具 1 齿状突，覆细浅刻点和稀黑色毛。上颚短宽，末端具 3 个端齿，中部刃状，上部具 1 小齿。

胸部：前胸背板前缘稍呈弧形，两肩角圆形，具细浅刻点和短毛。中胸背板稍隆起，中央纵隆线清楚，具细密刻点和黑色长毛。小盾片矩形，后缘向下倾斜，中央具纵沟，具细浅刻点和黑色长毛。后小盾片向下垂直，横带状，端部中央呈角状突出，具细浅刻点和黄色长毛。并胸腹节向下垂直，中央具明显纵沟，具细浅刻点和黄色长毛。中胸侧板稍凸起，具细浅刻点和黄色长毛。后胸侧板较窄，具细浅刻点和黄色长毛。翅透明，前翅第 3 肘室宽，近方形，第 2 肘室较第 3 肘室窄。足弱，细长，后足第 1 跗节是第 2 跗节长的 4.3 倍，各足爪光滑，无齿。

腹部：光滑、发亮，具稀浅刻点和棕色短毛。第1腹节背板长是宽的0.7倍，第2腹节背板长是宽的0.6倍。各腹板均光滑，具稀浅刻点和黄色短毛。

体长：13~15mm。

雄蜂：与雌蜂相似。腹部7节。

分布：云南（昆明）、四川。

(36) 环黄胡蜂 *Vespula rufa* Archer **(彩图版Ⅵ. 36)**

雌蜂：体中等大型，黑色，斑黄色。头部黑色，两触角窝之间隆起处1梯形斑、两复眼凹陷处、后颊黄色。触角支角突、梗节腹面黄色，其余为黑褐色。唇基黄色，位于中央具3个黑色斑，中央1个常较大。上颚黄色，基部和边缘黑色。胸部黑色，前胸背板后缘紧邻中胸背板前缘两侧各1窄带、小盾片两侧各1椭圆形斑、中胸侧板上缘各1个黄色斑。翅呈浅棕色，前翅前缘色略深。所有足黄色，基节、转节黑色。腹部黄色，第1腹节背板前截面黑色，背面中央具1菱形黑斑，两侧近基部中央各具1近三角形黑斑，近端部两侧各具1点状黑斑。第1~5腹板黑色，仅沿端部边缘黄色。

头部：横宽、光滑、毛稀，约与胸部翅基片处等宽。两触角窝之间隆起，额沟明显。额、头顶、后颊具细密刻点和棕色长毛。单眼呈三角形排列，OOD是IOD的0.4倍，OCD与OOD近相等。触角丝状，第1鞭节是第2鞭节长的1.7倍。唇基稍隆起，端部两侧截形，中央凹陷，两侧各具1齿状突，具细浅刻点和密棕色短毛。上颚粗壮，末端具3个端齿，中部刃状，上部具1小齿。

胸部：前胸背板前缘向前隆起，略呈圆形，两肩角圆，具细浅刻点和密棕色长毛。中胸背板稍凸起，中央具1纵隆线，具细浅刻点和密黑色长毛。小盾片横带状，后缘弧形，具细浅刻点和密棕色长毛。后小盾片向下垂直，中央具浅纵沟，具稀浅刻点和密棕色长毛。并胸腹节向下垂直，中央具纵沟，具细浅刻点和密棕色长毛。中胸侧板稍凸起，具浅刻点和稀长毛。后胸侧板窄，具稀浅刻点和密棕色长毛。翅透明，前翅第3肘室宽，近方形，第2肘室较第3肘室稍窄。足弱，细长，后足第1跗节是第2跗节长的2.8倍。各足爪光滑，无齿。

腹部：光滑、发亮，具稀浅刻点和白色短毛。第1腹节背板背面观呈梯形，基部截形，长是宽的0.3倍，第2腹节中部宽，长是宽的0.5倍。各腹板均光滑，具稀浅刻点和稀短毛。

体长：14~17mm。

雄蜂：与雌蜂相似，体稍小，毛密，腹部7节。腹部第1节黑色，体长12mm。

分布：云南（中甸）、四川。

5. 长黄胡蜂属 *Dolichovespula* Rohwer

本属与黄胡蜂属相似，但主要区别是，本属眼颚距（复眼至上颚间的距离）长，两触角之间隆起呈弧形，前胸背板两侧有隆起纵脊，体稍小型。在树上筑巢，巢室多建筑在离地面稍高的树枝上、灌丛中或土坎下的树根上，末代雌蜂发生在10~11月。

种检索表

1. 第4~6腹节黄色 …………………………………………………………………… 4

第 4~6 腹节黑色或黄色 ………………………………………………………………………… 2
2. 触角第 1 鞭节是第 2 鞭节长的 2.3~2.5 倍 ……………………………………………………… 3
触角第 1 鞭节是第 2 鞭节长的 2~3 倍 ………………………………………………………… 4
3. 前胸背板棕色，后足第 1 跗节是第 2 跗节长的 2.5 倍；腹部第 2~5 节黑色，端部边缘各具 1 黄色横带，带两侧各具 1 点状黑斑；体长 19~21mm……中长黄胡蜂 *Dolichovespula media*（Retzius）
前胸背板黑色，后缘有窄条状黄斑；后足第 1 跗节是第 2 跗节长的 3.1 倍；腹部第 2~5 节黑色，端部边缘各具 1 黄色横带；体长 17~18mm ………………………………………………………………… 挪威长黄胡蜂 *Dolichovespula norwegica*（Fabricius）
4. 触角第 1 鞭节是第 2 鞭节长的 2.6 倍；唇基黄色，中央有 1 圆形棕色斑；小盾片黑色，基部两侧有窄黄色横带；后足第 1 跗节是第 2 跗节长的 3.7 倍；腹部第 5~6 节黑色；体长 16mm ………………………………………………………… 巴里长黄胡蜂 *Dolichovespula baileyi* Archer
触角第 1 鞭节是第 2 鞭节长的 2~3 倍；唇基黄色，中央无棕色斑；小盾片黑色，基部两侧无窄黄色横带；后足第 1 跗节是第 2 跗节长的 3.4 倍，腹部第 4~6 节黄色；体长 14~22mm ………………………………………………………………………………………… 5
5. 触角第 1 鞭节是第 2 鞭节长的 3 倍；前胸背板、小盾片、后小盾片黑色 ………………………………………………………………… 熊猫长黄胡蜂 *Dolichovespula panda* Archer
触角第 1 鞭节是第 2 鞭节长的 2 倍；前胸背板、小盾片、后小盾片棕红色 ……………………………………… 黄尾长黄胡蜂 *Dolichovespula xanthopygus* Dong et Wang，sp. nov. 新种

（37）中长黄胡蜂 *Dolichovespula media*（Retzius）1783（彩图版Ⅶ.37）

Retzius：1783，Gen. et spec. Ins. 63.

雌蜂：体中等至大型，黑色，斑纹棕色。头部两触角窝之间隆起处、两复眼凹陷处、后颊均呈棕色。单眼区黑色，单眼棕色。触角棕红色，仅柄节腹面色稍淡。唇基棕色，有时中央具 1 棕色斑，上颚橙色，端部黑色。前胸背板基部截面黑色，端部橙色。中胸背板黑色，中央由基部至端部具 1 凹形棕色纹，有时该纹呈带状。小盾片两侧各 1 宽斑，后小盾片两侧各 1 窄横斑棕色。并胸腹节、中与后胸侧板黑色。翅基片深棕色。翅呈棕色，前翅前缘色略深。前足棕色，中、后足棕色，基节、转节、股节大部黑色。第 1 腹节背板截面和背面基部黑色，端部中央具 1 橙色横带，腹板完全呈黑色。第 2~5 节背、腹板均黑色，但于端部具 1 宽橙色横带，带两侧各具 1 黑色点状斑。第 6 节背、腹板完全为橙色。

头部：横宽、光滑、毛稀，较胸部翅基片处窄。两触角窝之间强度呈三角形隆起。额沟在中部呈 1 深窝状，端部合并稍呈脊状。额、头顶、后颊具细浅刻点和密棕色长毛。单眼呈三角形排列，OOD 是 IOD 的 0.4 倍，OCD 是 OOD 的 1.8 倍。触角丝状，稍粗，向端部逐加粗，第 1 鞭节是第 2 鞭节长的 2.5 倍。唇基强度凸起，端部两侧稍凹入，中央浅凹陷，两侧各具 1 钝齿状突，具密浅刻点和棕色长毛。上颚粗壮，末端具 3 个端齿，中部刃状，上部具 1 钝而圆的端齿，光滑，基部覆棕色长毛。

胸部：前胸背板基部中央突出，两肩角明显，布浅刻点和棕色长毛。中胸背凸起，中央具浅纵沟，布浅刻点和棕色长毛。小盾片矩形，中央具浅纵沟，覆浅刻点和棕色长毛。后小盾片垂直向下，端部中央突出，具稀浅刻点和棕色毛。并胸腹节垂直向下，中央具明显纵沟，具细浅刻点和棕色长毛。中胸侧板稍凸起，具细浅刻点和棕色长毛。后胸侧板窄，刻点稀，覆密棕色长毛。翅透明，前翅第 2 肘室宽，近方形，第 1 肘室

较第3肘室稍窄。足强健，后足第1跗节是第2跗节长的2.5倍，各足爪光滑，无齿。

腹部：光滑、发亮，具细浅刻点和棕色密短毛。第1节背板基部截状，长是宽的0.3倍，第2腹节背板长是宽的0.4倍，各腹板均光滑，具稀浅刻点和棕色短毛。

体长：19~21mm。

雄蜂：近似雌蜂。腹部7节。

分布：云南（中甸、德钦）、黑龙江；日本、俄罗斯、欧洲中部和北部。

（38）熊猫长黄胡蜂 *Dolichovespula panda* Archer 1980（**彩图版Ⅶ.38**）

雌蜂：体中等大型，黑色，斑纹黄色。头部黑色，额部、两触角窝之间至唇基基部具1大型黄斑，两复眼内缘凹陷处及其下部黄色，后颊与后头脊黄色，触角支角突棕色，柄节与梗节黄色，鞭节背面黑色，腹面锈色。单眼棕色。唇基完全呈黄色。复眼下部至上颚之间棕色，中央具1长方形黄色纵斑。上颚黄色，端齿棕色。前胸背板黑色，两侧脊与后缘近中胸背板两侧各1窄条状纵斑黄色。中胸背板、小盾片与后小盾片、并胸腹节、中胸与后胸侧板完全呈黑色。翅基片棕色，中央黑色部分较宽。翅呈棕色，前翅前缘色略深。前足基节前缘黄色，后缘棕色，转节与股节外侧基半部黑色，股节内侧与其余各节均呈黄色。中足黑色，仅股节末端与胫节外侧黄色，后足除股节顶端近关节处黄色外，其余各节均呈黑色。第1~3腹节背、腹板完全为黑色。第4腹节背板基部与两侧黑色，端缘大部分黄色，两侧各具1点状黑斑，腹板完全呈黑色。第5腹节背板完全呈黄色，腹板基部黑色，端部边缘及两侧黄色，第6腹节背板黄色，中央有1褐色纵斑，腹板完全呈黄色。

头部：横宽、毛密，较胸部翅基片处窄。两触角窝之间隆起，额沟明显。额与头顶具细浅刻点及密棕色长毛。后颊光滑，覆密棕色长毛。单眼呈三角形排列，OOD是IOD的0.4倍，OCD与OOD近相等。触角丝状，向端部逐渐加粗，顶鞭节末端钝圆，第1鞭节是第2鞭节长的3倍。唇基凸起，长与宽近相等，端部两侧凹陷，中央稍凹入，两侧呈钝角形突出，具稀浅刻点和棕色长毛。上颚粗壮，端部具3个端齿，中部刃状，上部有1宽钝齿，具稀浅刻点和长毛。

胸部：前胸背板前缘呈圆形，两侧脊明显，具细浅刻点和黑色密长毛。中胸背板稍隆起，中央纵脊明显，密布细浅刻点和黑色长毛。小盾片稍隆起，端部中央具1短浅纵沟，具细浅刻点及黑色密长毛。后小盾片垂直向下，端部中央呈角状突出，具细浅刻点和黑色密长毛。并胸腹节强度向下垂直，中央具1浅纵凹陷，具细浅刻点和密黑色长毛。中胸侧板隆起，具细刻点和黑色密长毛。后胸侧板窄，具稀浅刻点和黑色密长毛。翅基片光滑，具细浅刻点和密黑色长毛。翅透明，前翅第2肘室稍宽，倾斜，第1肘室较第3肘室稍窄。足弱，后足第1跗节是第2跗节长的3.4倍，各足爪简单，光滑，无齿，爪垫明显。

腹部：第1节背板基本截形，长是宽的0.3倍，具细浅刻点和黑色密长毛，腹板三角形，覆黑色密长毛。第2节背板宽，长是宽的0.4倍，具细密刻点和短毛，腹板具稀浅刻点和短毛。第3~6节背、腹板均光滑，覆密短毛。

体长：14~15mm。

雄蜂：不详。

分布：云南、四川、西藏。

(39) 巴里长黄胡蜂 *Dolichovespula baileyi* Archer 1987 (**彩图版**Ⅶ. 39)

雌蜂：体中等大型，斑纹黄色。头部黑色，额部两触角窝之间至唇基基部具叉形黄斑，两复眼内缘凹陷处下部至唇基两侧各具1上宽下窄的弯形黄斑。后颊自两复眼后缘顶部至末端下侧完全呈黄色。后头边缘两侧各具1黄窄条状横斑。两复眼下部至上颚基部处黑色。触角支角突黑色。柄节、梗节背面黑色，腹面黄色，鞭节背面黑色，腹面锈色。唇基黄色，中央具1圆形棕色斑，周围边缘黑色。上颚黄色，端齿黑色。前胸背板黑色，后缘邻接中胸背板两侧各具1黄色窄带。中胸背板完全呈黑色。小盾片黑色，基部两侧各具1窄黄色横带。后小盾片、并胸腹节、中胸与后胸侧板完全呈黑色。翅基片棕色。翅呈淡棕色，前翅前缘色略深。前足基节、转节前缘黄色，后缘黑色，股节、胫节外侧各具1黑色长斑，其余与以后各节均呈黄色。中足基节、转节黑色，股节基部、胫节外侧或多或少黑色，其余部分与以后各节均呈黄色。后足除股节端部1个斑与胫节背面1长形窄斑黄色外，其余均呈深棕色。第1腹节背板基部截面与边缘黑色，其余均呈黄色。第2腹节背板黑色，两侧至端部边缘各具1黄色宽横带，近端部两侧各具1黑色小斑。第3~6节腹板均呈黑色。

头部：横宽、毛密，较胸部翅基片处窄。两触角窝之间隆起，额沟明显。额与头顶均具细密刻点和黑色长毛。后颊光滑，覆密黑色长毛。单眼呈三角形排列，OOD是IOD的0.5倍，OCD是OOD的0.7倍。触角丝状，向端部逐渐加粗，顶鞭节末端钝，第1鞭节是第2鞭节长的2.6倍。唇基稍凸起，长与宽近相等，端部两侧稍凹陷，中央浅凹入，两侧呈钝齿状突出，具稀粗刻点和黑色长毛。上颚短宽，下部具3个端齿，中部刃状，上部仅呈缺刻状，端齿不明显，具稀粗刻点和短毛。

胸部：前胸背板前缘呈圆形突出，两侧脊明显，具细密刻点和黑色密长毛。中胸背板隆起，中央纵脊明显，密布浅刻点及黑色长毛。小盾片稍凸起，中央具1细纵沟，具细密刻点和黑色长毛。后小盾片向下方垂直，端部中央呈角状突出，具细密刻点和黑色长毛。并胸腹节强度向下垂直，中央具1浅纵沟，具细密刻点和黑色长毛。中胸侧板隆起，密布细刻点和黑色长毛。后胸侧板窄，密布细刻点和黑色短毛。翅基片光滑，覆稀黑色长毛。

翅透明，前翅第2肘室宽，近方形，第1肘室较第3肘室稍窄。足短粗，后足第1跗节是第2跗节长的3.7倍，各足爪简单，光滑，无齿，爪垫明显。

腹部：第1腹节背板基部截形，长是宽的0.2倍，具细浅刻点和黑色短毛。腹部窄，三角形，光滑，毛稀。第2腹节背板宽，长是宽的0.4倍，覆细密刻点及短毛，腹板光滑，覆稀浅刻点和短毛。第3~6节背、腹板均光滑，覆稀黑色短毛。

体长：16mm。

雄蜂：不详。

分布：云南、宁夏。

(40) 挪威长黄胡蜂 *Dolichovespula norwegica* (Fabricius) 1781 (**彩图版**Ⅶ. 40)

Fabricius：1781，Spec. Ins. I：460.

雌蜂：体中等至大型，黑色，斑纹黄色。头部两触角窝之间隆起处、两复眼内侧下缘下侧紧接复眼各1线状斑黄色。额、头顶、后头黑色。后颊除两复眼沿上部邻近复眼1个斑、下部各1斑为黄色外，其余均呈黑色。触角黑色，支角突、柄节、梗节、第1鞭节腹面黄色。唇基黄色，中央具1中部两侧扩展的纵带黑色。上颚黄色，端齿黑色。胸部黑色，前胸背板端部上缘邻接中胸背板前缘两侧各1窄带、小盾片基部两侧各1横斑、后小盾片基部两侧各1点状斑、中胸侧板上部边缘1三角形斑黄色。翅基片外缘和中部为棕色，内缘和两端黄色。翅呈棕色，前翅前缘色略深。所有足棕色，基节、转节、股节大部黑色。腹部第1腹节背板黑色，仅端部边缘1窄横带黄色，腹板黑色。第2~5节背、腹板黑色，均于端部边缘具1橙色横带，带两侧略向基部扩展，中央有3个小凹陷。第6节背、腹板均橙色。

头部：横宽、光滑、发亮、毛稀，较胸部翅基片处窄。两触角窝之间隆起，额沟明显。额、头顶、后颊密布细浅刻点和稀黑色长毛。单眼呈三角形排列，OOD是IOD的0.6倍，OCD与OOD近相等。触角丝状，向端部逐渐变粗，顶鞭节端部突然收缩，第1鞭节是第2鞭节长的2.3倍。唇基稍凸起，长与宽近相等，端部两侧凹入，中央凹陷，两侧各具1齿状突，具稀浅刻点和黑色长毛。上颚粗壮，末端具3个端齿，中部和上部刃状，具稀浅刻点和黑色长毛。

胸部：前胸背板前缘略向前隆起，两肩角略呈圆形，密布浅刻点和棕色长毛。中胸背板隆起，中央具细纵隆线，具细浅刻点和黑色密长毛。后小盾片向下垂直，端部中央呈角状突出，具稀浅刻点和棕色稀长毛。并胸腹节向下垂直，中央具纵沟，具细浅刻点和密棕色长毛。中胸侧板稍凸起，具稀浅刻点和稀棕色长毛。后胸侧板窄，具细浅刻点和稀棕色长毛。翅透明，前翅第2肘室较宽，近方形，第1肘室较第3肘室稍窄。足强健，后足第1跗节是第2跗节长的3.1倍。各足爪光滑，无齿。

腹部：光滑、发亮，具细浅刻点和棕色密短毛。第1节背板短宽，长是宽的0.2倍，第2节背板稍长，长是宽的0.4倍。各腹节均光滑，具稀浅刻点和短毛。

体长：17~18mm。

雄蜂：与雌蜂相似。腹部7节。

分布：云南（德钦）、吉林；欧洲，亚洲，美国。

（41）黄尾长黄胡蜂 *Dolichovespula xanthopygus* Dong et Wang，sp. nov. **新种（彩图版Ⅶ.41）**

雌蜂：体中等大型，棕色，斑纹黑色和黄色。头部除复眼为黑色外，其余完全呈棕红色。触角支角突、柄节、梗节、第1鞭节棕红色，第2以后鞭节稍褐色。唇基完全呈黄色。上颚褐色，端齿黑色。前胸背板、中胸背板、小盾片、后小盾片棕红色。并胸腹节黑色。中、后胸侧板上部棕红色，下部黑色。翅基片棕色。翅呈淡棕色，前翅前缘色略深。所有足的基节、转节、股节、胫节黑色，跗节黄色。腹部第1~2节背板黑色，端部边缘黄色，腹板基部黑色，端部黄色。第3~6节背、腹板全呈黄色。

头部：横宽、发亮、毛稀，较胸部翅基片处稍窄。两触角窝之间隆起，额沟不明显。额与头顶具细浅刻点及密棕色长毛。后颊光滑，覆密白色长毛。单眼区稍平，单眼呈三角形排列，OOD是IOD的1.5倍，OCD是OOD的2倍。触角丝状，向端部逐渐加粗，顶鞭节末端钝圆，第1鞭节是第2鞭节长的2倍。唇基凸起，长与宽近相等，端部两侧凹陷，中央稍凹入，两侧呈钝角形突出，具稀浅刻点和棕色长毛。上颚粗壮，端部具3个端齿，中部刃状，上部有1宽钝齿，具稀浅刻点和长毛。

胸部：前胸背板前缘呈圆形，两侧脊明显，具细浅刻点和黑色密长毛。中胸背板稍隆起，中央纵脊明显，密布细浅刻点和黑色长毛。小盾片稍隆起，端部中央具1短浅纵沟，具细浅刻点及黑色密长毛。后小盾片垂直向下，五边形，端部中央呈角状突出，具细浅刻点和黑色密长毛。并胸腹节强度向下垂直，中央具1浅纵凹陷，具细浅刻点和密黑色长毛。中胸侧板隆起，具细小刻点和黑色密长毛。后胸侧板窄，具稀浅刻点和黑色密长毛。翅基片光滑，具细浅刻点和密黑色长毛。翅透明，前翅第2肘室稍宽，倾斜，第1肘室较第3肘室稍窄。足弱，后足第1跗节是第2跗节长的4.3倍，各足爪简单，光滑，无齿，爪垫明显。

腹部：第1节背板基本截形，长是宽的0.3倍，具细浅刻点和黑色密长毛，腹板三角形，覆黑色密长毛。第2节背板宽，长是宽的0.4倍，具细密刻点和短毛，腹板具稀浅刻点和短毛。第3~6节背、腹板均光滑，覆密短毛。

体长：22mm。

雄蜂：近似于雌蜂，体稍小，腹部7节。

正模♀，云南永平，1983. VI. 4，海拔2 500m。副模3♀♀，董大志采。

本新种与熊猫长黄胡蜂 *Dolichovespula panda* Archer，1980相似，其主要区别是：本种体长22mm；头、前胸、中胸背板、小盾片与后小盾片棕红色；腹部尾部第4~6节背、腹板完全呈黄色。

（三）铃腹胡蜂科 Ropalidiidae

本科仅含铃腹胡蜂属 *Ropalidia* Guérin 一个属，分布非洲、澳洲和印度、东南亚。第1腹节呈柄状，第2腹节铃形，背、腹板完全或大部分愈合，第3~6腹节常收缩在第2腹节内。

6. 铃腹胡蜂属 *Ropalidia* Guérin

本属主要特征是腹部第1节细呈柄状，中央或多或少后部膨胀，第2腹节呈钟罩状，背、腹板几乎全部愈合，第3~6腹节常收缩在第2腹节内，尖。多于河沟和马路边土坎下的树根、石壁、桥梁、墙缝、崖石上或竹管内、房檐下筑巢（图24）繁殖后代。

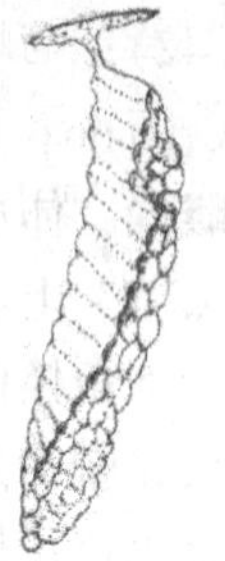

图24 铃腹胡蜂巢

种检索表

1. 唇基黑色，有黄色斑 ………………………………………… 2
   唇基黄色或棕色，有黑色斑 ………………………………… 4

2. 触角第 1 鞭节是第 2 鞭节长的 1.7 倍；小盾片、后小盾片褐黄色；后足第 1 跗节是第 2 跗节长的 3.3 倍；第 1~6 腹节黑色，体长 8~9.5mm ……………………………………………… 双色铃腹胡蜂 *Ropalidia* (*Paraicaria*) *bicolorata bicolorata* Gribodo

触角第 1 鞭节是第 2 鞭节长的 2~2.8 倍；小盾片、后小盾片或多或少黑色或黄色；后足第 1 跗节是第 2 跗节长的 3.2~3.3 倍；第 1~6 腹节棕色或黑色，体长 7~11.5mm ……………… 3

3. 触角第 1 鞭节是第 2 鞭节长的 2 倍；小盾片、后小盾片黄色；后足第 1 跗节是第 2 跗节长的 3.3 倍；第 1~6 腹节黑色；体长 7mm ……………………………………………… 淡双色铃腹胡蜂 *Ropalidia* (*Paraicaria*) *bicolorata parvula* Van der Vecht

触角第 1 鞭节是第 2 鞭节长的 2.8 倍；小盾片、后小盾片黑色；后足第 1 跗节是第 2 跗节长的 3.2 倍；第 1~6 腹节棕色或棕黄色；体长 10~11.5mm ……………………………………………… 红腰铃腹胡蜂 *Ropalidia* (*Anthreneida*) *speciosa* (Saussure)

4. 触角第 1 鞭节是第 2 鞭节长的 2~2.5 倍 …………………………………………………… 5

触角第 1 鞭节是第 2 鞭节长的 2.5~2.8 倍 ………………………………………………… 6

5. 触角第 1 鞭节是第 2 鞭节长的 2 倍；小盾片、后小盾片黄色；后足第 1 跗节是第 2 跗节长的 2.3 倍；第 2 跗节棕色，端缘有宽黄色横带；体长 11mm ……………………………………………… 带铃腹胡蜂 *Ropalidia* (*Anthreneida*) *fasciata* (Fabricius)

触角第 1 鞭节是第 2 鞭节长的 2.5 倍；小盾片、后小盾片棕色；后足第 1 跗节是第 2 跗节长的 2.7 倍；第 2 跗节基部一半棕色，向端部逐渐变黑；体长 15mm ……………………………………………… 锈边铃腹胡蜂 *Ropalidia* (*Anthreneida*) *ferruginea* (Fabricius)

6. 触角第 1 鞭节是第 2 鞭节长的 2.8 倍；前胸背板深棕色；小盾片周边黑色，中央两侧各有 1 相邻棕色斑；第 3~6 腹节深棕色；体长 10~11.7mm ……………………………………………… 香港铃腹胡蜂 *Ropalidia* (*Anthreneida*) *hongkongensis hongkongensis* (Saussure)

触角第 1 鞭节是第 2 鞭节长的 2.8 倍；前胸背板浅红色；小盾片基部黑色，端缘纯红色；第 3~6 腹节棕色，端缘各节具 1 黄色横带；体长 12mm ……………………………………………… 新铃腹胡蜂 *Ropalidia* (*Anthreneida*) *artifex* (Saussure)

(42) 双色铃腹胡蜂 *Ropalidia* (*Paraicaria*) *bicolorata bicolorata* Gribodo 1892 (彩图版Ⅶ.42)

Gribodo：1892，Boll. Soc. Ent. Ital.，Vol. 23，249.

雌蜂：体小型，黑色，斑黄褐色。头部额、头顶、后颊、唇基均为黑色。触角完全为黑色。上颚黑色，近基部前缘两侧各 1 个黄色斑。前胸背板沿前缘向后均呈黄褐色，两下角黑色。中胸背板黑色。小盾片、后小盾片均黄褐色。并胸腹节、中胸与后胸侧板完全为黑色。翅基片黑褐色。翅淡褐色，翅痣与整个径室褐色，翅脉褐色。所有的足黑色，仅跗节末端色稍淡。腹部所有背、腹板均呈黑色。

头部：横宽、粗糙、毛稀，较胸部翅基片处宽。头顶、额均具颗粒状刻点和稀白色短毛。后颊与触角窝周围附近具稀浅刻点和白色短毛。单眼呈三角形排列，OOD 是 IOD 的 0.4 倍，OCD 是 OOD 的 0.8 倍。触角丝状，短粗，从基部至端部逐渐加粗，第 1 鞭节是第 2 鞭节长的 1.7 倍。唇基稍隆起，宽大于高，端部两侧稍凹入，中央突出呈齿状，具粗浅刻点和白色短毛。上颚强壮，末端具 4 个端齿。

胸部：前胸背板基部截形，两肩角明显，密布粗刻点和白色短毛。中胸背板稍凸起，密布粗颗粒状刻点和白色短毛。小盾片稍隆起，矩形，中央具 1 细纵脊，将隆起部分分成相等的两半，布细浅刻点和白色短毛。后小盾片稍隆起，向后下方倾斜，近五边形，布细浅刻点和白色短毛。并胸腹节几乎垂直向下，中央具1明显纵沟，两侧圆形，末端钝圆，密布粗糙刻点和白色稍长毛。中胸侧板下部略呈圆形凸起，密布粗糙粒状刻点和白色密短毛。后胸侧板较窄，具细浅刻点和白色短毛。翅透明，前翅痣三角形，长是宽的3.3倍，径脉近翅痣下中央处发出；第2肘室稍宽，第1肘室较第3肘室窄。足弱，稍细长，后足第1跗节是第2跗节长的3.3倍。各足爪光滑，爪无齿。

腹部：第1腹节背板呈短柄状，基部一半细，端部一半逐渐膨胀，长是最宽处的0.5倍。端部具细浅刻点和白色短毛。腹板近等腰三角形，具浅刻点和白色短毛。第2节背、腹板紧密愈合，长是宽的1.2倍，密布粗糙刻点和白色短毛。第3~6节背、腹板均光滑，具细浅刻点和密白色短毛。

体长：8~9.5mm。

雄蜂：近似于雌蜂，体稍小，体长6~8mm。唇基顶端钝圆，腹部7节。

分布：云南（盈江、沧源、漾濞）；缅甸，泰国。

(43) 淡双色铃腹胡蜂 *Ropalidia* (*Paraicaria*) *bicolorata parvula* Van der Vecht 1962 (**彩图版Ⅷ.43**)

Van der Vecht：1962，Zool. Verh.，Leiden 57：39.

雌蜂：体小型，黑色，斑纹黄色。头部两复眼内缘下侧左、右各1斑黄色，其余头顶、额均呈黑色。触角完全为黑色。仅鞭节端部呈棕色。唇基黑色，端部边缘具1黄色窄边。上颚黑色，近基部前缘1黄色钩形斑，端齿棕色。前胸背板除两下角黑色外，其余完全呈黄色。中胸背板完全呈黑色。小盾片、后小盾片黄色。并胸腹节黑色，端部两侧各1对称的大型斑黄色。中胸侧板黑色，位于中部稍上方两侧各1斑黄色。后胸侧板完全为黑色。翅基片棕色。翅呈淡褐色，翅痣与翅脉褐色。足黑色，前足基节前缘呈黄色，中、后足跗节向端部逐渐呈棕色。腹部各节背、腹板均呈黑色。

头部：横宽、粗糙、毛稀，较胸部翅基片处宽。两触角窝之间稍隆起，额沟不明显。额、头顶、后颊密布细颗粒状刻点和白色短毛。单眼呈三角形排列，OOD是IOD的0.7倍，OCD是OOD的1.7倍。触角丝状，短粗，第2以后鞭节突然变粗，顶鞭节末端圆，第1鞭节是第2鞭节长的2倍。唇基不凸起，宽大于高，端部两侧凹缘，中央呈角状突出，光滑，具细浅刻点和短毛。上颚强健，端部具4个端齿。

胸部：前胸背板前缘截状，两肩角明显，密布粗糙颗粒状刻点和白色短毛。中胸背板不凸起，中央具纵隆线，密布粗网状刻点和白色短毛。小盾片矩形，中央有1纵隆线，密布粗糙刻点和白色短毛。后小盾片横带状，端部中央呈钝角形突出，密布粗糙刻点和白色短毛。并胸腹节向后下方倾斜，中央具1明显纵沟，两侧圆形，末端钝圆形，密布粗颗粒状刻点和白色短毛。中胸侧板下部呈圆形隆起，密布粗颗粒状刻点和白色短毛。后胸侧板较窄，具细浅刻点和短毛。翅透明，前翅痣三角形，长是宽的3倍；第2肘室稍宽，第1肘室较第3肘室窄。足短粗，后足第1跗节是第2跗节长的3.3倍，各足爪光滑，无齿。

腹部：第1节背板短柄状，基部一半细，向端部膨胀，长是宽的0.5倍，密布粗网状刻点和白色短毛；腹板近三角形，具细浅刻点和白色短毛。第2腹节背、腹板紧密愈合，长是宽的 0.9 倍，于端部边缘有 1 窄褶状边，密布粗糙刻点和白色短毛。第 3~6 节背、腹板均稀布浅刻点和白色短毛。

体长：7mm。

雄蜂：不详。

分布：云南（景洪、勐海、龙陵）；马来西亚（沙巴）。

（44）红腰铃腹胡蜂 *Ropalidia*（*Anthreneida*）*speciosa*（Saussure）1855（**彩图版Ⅷ.44**）

Saussure：1855，Rev. & Mag. Zool. p. 374.

雌蜂：体中等大型，黑色至深棕色。头部除唇基端部边缘、上颚基部前缘各 1 斑为淡黄色外，其余完全呈黑色。上颚端齿棕色。触角支角突、柄节、梗节腹面棕色，背面黑色，近端部略带棕色横带。胸部黑色，仅前胸背板前缘有时呈窄的棕色横带。翅基片深棕色。翅淡棕色，前翅前缘端部具 1 明显深色区。所有足黑色，略带棕色，跗节深棕色。腹部黑色，第 1 腹节背、腹板端部 2/3 膨胀部分，深黄色。第 2~6 节背、腹板端部边缘稍带棕色。

头部：横宽、粗糙、毛稀，较胸部翅基片处宽。额、头顶具粗网状刻点和白色稀短毛。后颊刻点略稀，密布白色短毛。单眼呈三角形排列，OOD 是 IOD 的 0.4 倍，OCD 是 OOD 的 2 倍。触角丝状，向端部逐渐加粗，第 1 鞭节是第 2 鞭节长的 2.8 倍。唇基中部稍隆起，端部两侧稍凹陷，端部中央尖，呈角状突出，具稀浅刻点和白色短毛。上颚强健，末端具 4 个端齿。

胸部：前胸背板前缘稍向前突出，边缘具脊，两肩角明显，密布均匀刻点和白色短毛。小盾片稍隆起，矩形，密布均匀刻点和白色短毛。后小盾片稍隆起，矩形，端部中央向后下方倾斜，密布均匀刻点和白色短毛。并胸腹节极度向后下方倾斜，中央具深纵沟，两侧稍圆，末端截状，布细浅刻点和白色密茸毛。中胸侧板下部稍隆起，具均匀刻点和白色短毛。后胸侧板窄，具细浅刻点和白色短毛。翅透明，前翅第 2 肘室宽，第 1 肘室较第 3 肘室窄。足细长，后足第 1 跗节是第 2 跗节长的 3.2 倍，爪光滑，无齿。

腹板：光滑、发亮、具细密刻点和棕色短毛。第 1 节背板 1/3 极细，端部 2/3 处膨胀，长是宽的 2.6 倍，腹板基部 1/3 收缩，极细，端部扩大，近三角形。第 2 节背、腹板均愈合，长是宽的 1.1 倍。所有腹板均光滑，具细浅刻点和白色短毛。

体长：10~11.5mm。

雄蜂：与雌蜂相似，两触角窝之间、唇基、上颚棕色，触角背面黑色，腹面锈色。腹部 7 节。体长 9~11mm。

分布：云南（河口、勐腊、景洪、勐海、思茅）；印度，马来西亚，印度尼西亚。

（45）新铃腹胡蜂 *Ropalidia*（*Anthreneida*）*artifex*（Saussure）1853（**彩图版Ⅷ.45**）

Saussure：1853，H. DE. Et. fam. Vesp. II，25.

雌蜂：体中等大型，黑色，斑黄色。头部两触角窝之间隆起处上部、两复眼顶部内缘纯红色。额部、两复眼凹陷处至唇基部分、后颊均呈黄色，头顶位于单眼区处具 1 宽黑色横带，单眼棕色。触角棕色，支角突、柄节腹面黄色。唇基、上颚黄色。上颚端齿棕色。前胸背板前缘具1窄黄色横线，端部后缘纯红色。中胸背板从基部至中部处有1扩展纯红色斑，边缘和端部黑色。小盾片、后小盾片端部纯红色，后小盾片基部具1窄黄色横带。并胸腹节黑色，中央两侧各具1相邻的黄色纵斑，边缘两侧各具1长形黄斑。中胸侧板前缘黄色，后部纯红色，后胸侧板黑色。翅基片棕色。翅呈棕色，前翅前缘近端部具1深色区域，翅痣与翅脉褐色。所有的足棕色，基节背面黄色，第1腹节背板棕色，背面基部至中央之前黑色，两侧自基部至中部之前各具1黄色侧斑。第2腹节背板基部、两侧向下各1扩展斑、端部边缘1窄横带、腹板基部中央两侧各1相邻大斑黄色。第3~6节背、腹板均呈棕色，端缘各具1窄黄色横带。

头部：横宽、粗糙、毛密，较胸部翅基片处宽。两触角窝之间稍隆起，额沟可见。额、头顶均具粗糙刻点和紧贴白色密短毛。后颊窄，具稀浅刻点和紧贴白色密短毛。单眼呈三角形排列，OOD是IOD的0.7倍，OCD是OOD的0.5倍。触角丝状，向端部逐渐加粗，第1鞭节是第2鞭节长的2.8倍。唇基平滑，长与宽近相等，端部两侧凹陷，中央呈角状突出，具稀浅刻点和紧贴白色密短毛，上颚强壮，末端具4个端齿，具稀浅刻点和白色短毛。

胸部：前胸背板前缘基本截形，两肩角明显，密布粗糙刻点和白色短毛，中胸背板稍凸起，中央具纵隆线，密布粗糙刻点和白色短毛。小盾片稍凸起，矩形，中央具浅纵沟，具粗糙刻点和短毛。后小盾片向下方倾斜，横带状，端部中央凹陷，具细浅刻点和白色短毛。并胸腹节强度向下方倾斜，近三角形，中央纵沟明显，两侧平直，具细密刻点和紧贴白色短毛。后胸侧板窄，具浅刻点和稀白色短毛。翅透明，前翅痣三角形，长是宽的3.7倍，径脉自翅痣下方中央处发出，第2肘室稍宽，第1肘室较第3肘室窄。足细长，后足第1跗节是第2跗节长的3.3倍。各足爪光滑、无齿。

腹部：第1腹节背板基部约1/2处极细，端部膨胀，长是端部处宽的3.2倍，侧面观近圆拱，具细浅刻点和淡棕色毛。腹板基部细，呈三角形，具细浅刻点和棕色短毛。第2腹节背、腹板紧密愈合，背板长是宽的1.1倍，具细密刻点和短毛。第3~6节背、腹板均光滑，具细浅刻点和棕色短毛。

体长：12mm。

雄蜂：与雌蜂相似。腹部7节。

分布：云南（双江、元江、保山）；缅甸，印度锡金，苏门答腊，马来西亚。

(46) 锈边铃腹胡蜂 *Ropalidia* (*Anthreneida*) *ferruginea* (Fabricius) 1792 (**彩图版**Ⅷ.46)

Fabricius：1792, Ent. Syst. Ⅱ：280.

雌蜂：体中等大型，棕色，斑黄色。额、头顶、后颊均呈棕色。单眼周围稍呈黑色，单眼黄褐色。触角棕色，支角突、柄节前缘略黄色。唇基棕色，端部两侧凹陷边缘黄色。上颚棕色，基部前缘，约占一半，两侧各具1大斑黄色。前胸背板、中胸背板、小盾片、后小盾片、并胸腹节，前、中、后胸侧板均棕色，缝黑色。翅基片棕色，翅呈棕黄色，前翅前缘近端部处有1深色区。所有的足均呈棕色，前足基节基部黑色。第1腹节背、腹板均呈棕色，端部有1黄色边缘。第2腹节背、腹板基部一半呈棕色，向端部逐渐变黑，端部具1宽黄色横带，边缘具1棕色窄檐。第3~6节背、腹板均呈棕色，端部有浅色窄带。

头部：横宽、粗糙、毛稀，较胸部翅基片处宽。两触角窝之间略隆起，额沟不明显。额、头顶具密粗颗粒状刻点和白色短毛。单眼呈三角形排列，OOD 是 IOD 的 0.3 倍，OCD 是 OOD 的 3 倍。触角丝状，向端部逐渐变粗，第 1 鞭节是第 2 鞭节长的 2.5 倍。唇基稍隆起，宽大于高，端部两侧凹陷，中央呈角状突出，布稀浅刻点和白色短毛。上颚粗壮，末端具 4 个端齿。

胸部：前胸背板前缘向前隆起，两肩角明显，密布粗糙刻点和短毛。中胸背板稍凸起，中央具纵隆线，密布粗颗粒状刻点和短毛。小盾片略隆起，矩形，中央具纵沟，密布粗糙刻点和短毛。后小盾片窄，长方形，端部中央呈角状突出，布稀浅刻点和短毛。并胸腹节向后下方倾斜，呈三角形突出，中央具 1 宽纵沟，两侧具明显的倾斜横条纹，近边缘有均匀刻点和短毛。中胸侧板中部下方明显呈圆形隆起，密布均匀刻点和短毛。翅透明，前翅痣三角形，长是宽的 2.8 倍，径脉从翅痣中部后方发出，第 2 肘室稍宽，第 1 肘室较第 3 肘室窄。足细长，后足第 1 跗节是第 2 跗节长的 2.7 倍。各足爪光滑，简单，无齿。

腹部：第 1 腹节背板基部 1/3 处极细，端部膨胀，侧面观背板近端部呈圆形隆起，布均匀刻点和短毛，腹板端部扩展呈三角形，布横皱褶和短毛，背板长是宽的 2 倍。第 2 腹节背、腹板紧密愈合，近圆锥形，长是宽的 1.3 倍，密布均匀刻点和短毛。第 3～6 节背、腹板均光滑，布稀浅刻点和短毛。

体长：15mm。

雄蜂：与雌蜂相似。腹部 7 节。

分布：云南（元江、新平、红河）、广东；印度，泰国，缅甸，斯里兰卡。

(47) 带铃腹胡蜂 *Ropalidia* (*Anthreneida*) *fasciata* (Fabricius) 1804 （**彩图版** Ⅷ. 47）

Fabricius：1804, Syst. Piez. 290.

雌蜂：体小至中等大型，棕色至深棕色。头部两触角窝之间 1 纵斑、两复眼内缘下部各 1 宽斑、后颊上部邻接两复眼两侧各 1 窄斑黄色。两复眼凹陷处与上部边缘、后头两侧、后颊下部红棕色。头部棕色，但在单眼区周围具 1 较大的黑色横斑。触角锈色，支角突、柄节、梗节腹面淡黄色。唇基黄色，中央具 1 黑色纵斑。上颚黄色，端齿棕色。前胸背板沿前缘具 1 窄的黄色带，其余呈红棕色。中胸背板中部红棕色，周围边缘黑色。小盾片、后小盾片黄色。并胸腹节黑色，两侧各具 1 黄色长纵斑。中胸侧板除前缘中部 1 个斑黄色外，其余完全呈黑色，后胸侧板黑色。翅基片棕色。翅呈棕色，前翅前缘近端部处有 1 深色区，翅痣橙黄色。足棕色，基节、转节、股节基部黑色。第 1 腹节背、腹板均呈棕色。第 2 节背、腹板基部约一半为棕色，端部边缘具 1 宽黄色带，外缘有 1 棕色檐，带上侧有 1 黑褐色带，近基部两侧各有 1 黄斑。第 3～6 节背、腹板均为棕色。

头部：横宽、粗糙、毛稀，较胸部翅基片处宽。两触角窝之间不甚隆起，额沟不明显。额下半部较光滑，上半部粗糙，密布粗糙刻点和浅色短毛。头顶、后颊具粗糙刻点和浅色短毛。单眼呈三角形排列，OOD 是 IOD 的 0.7 倍，OCD 是 OOD 的 0.8 倍。

触角丝状，短粗，向端部逐渐加粗，第 1 鞭节是第 2 鞭节长的 2 倍。唇基稍凸起，宽大于长，端部两侧凹陷，中央呈角状突出，布细浅刻点和浅色短毛。上颚强壮，末端具 4 个端齿。

胸部：前胸背板前缘基本截状，两肩角明显，密布粗糙刻点和浅色短毛。中胸背板稍隆起，中央具纵隆线，密布粗糙刻点和浅色短毛。小盾片稍隆起，矩形，中央具浅纵沟，密布粗糙刻点和浅色短毛。后小盾片呈窄长方形，后半部光滑，前半部密布刻点及浅色短毛。并胸腹节向后下方倾斜，近三角形，中央有 1 纵沟，密布刻点和浅色短毛。中胸侧板下部圆形隆起，密布粗糙刻点及短毛。后胸侧板窄，布浅刻点和稀短毛。翅透明，前翅稍窄，长是宽的 4.4 倍，径脉发自翅痣中部稍前方。第 2 肘室稍宽，第 1 肘室较第 3 肘室强窄。足强健，后足第 1 跗节是第 2 跗节长的 2.3 倍，各足爪光滑，无齿。

腹部：第 1 腹节背板基部约 2/5 处为细柄状，向端部变粗，长是宽的 3 倍，侧面观端部处呈圆形隆起，布粗糙刻点和浅色短毛。腹板基部窄，端部近三角形，具浅刻点和短毛。第 2 节背、腹板紧密愈合，长是宽的 1.2 倍，近圆锥形，密布粗糙刻点和浅色短毛。第 3~6 节背、腹板均布细浅刻点和浅色短毛。

体长：11mm。

雄蜂：与雌蜂相似，腹部 7 节。

分布：云南（元江、沧源、元谋）、广东、广西、台湾；印度，日本，缅甸，印度尼西亚。

(48) 香港铃腹胡蜂 *Ropalidia* (*Anthreneida*) *hongkongensis hongkongensis* (Saussure) 1853 (**彩图版**Ⅷ.48)

Saussure：1853，Etud. Fam. Vespid. Ⅱ. Vesp. 239.

雌蜂：体中等大型，棕色至深棕色。头部额大部呈深棕色，两触角窝之间下半部至唇基基部处，上半部中央为黑色。头顶前半部为黑色，后半部呈深棕色。触角均呈深棕色。唇基棕色，沿端部边缘为黑色。上颚深棕色，近基部处各 1 斑黄色。前胸背板全呈深棕色。中胸背板黑色，于中央两侧各具 1 大深棕色纵斑。小盾片周边黑色，中央两侧各具 1 个大的和相邻的深棕色斑。后小盾片几乎全为黄色，仅端部边缘略呈黑色。并胸腹节黑色，两侧各具 1 黄色纵斑。中胸侧板中部深棕色，两侧为黑色。后胸侧板完全为黑色。翅基片深棕色。翅呈棕色，于前翅前缘端部内侧具 1 深棕色区。前足基节深棕色，端部外侧为黄色，中足基节外侧有 1 小黄斑，余为深棕色，其余足各节呈深棕色。第 1 腹节背板基部黑色，其余呈深棕色，腹板黑色，仅端部扩展部分两侧为深棕色。第 2 腹节背、腹板深棕色，沿端部边缘有 1 黄色圈状斑，近基部背面两侧各具 1 黄色小点状斑。第 3~6 节背、腹板均呈深棕色。

头部：横宽、粗糙、毛稀，较胸部翅基片处宽。额、头顶、后颊均具粗糙网状刻点和白色短毛。单眼长三角形排列，OOD 是 IOD 的 0.4 倍，OCD 是 OOD 的 1.7 倍。触角丝状，向端部逐渐加粗，第 1 鞭节长是第 2 鞭节的 2.8 倍。唇基稍隆起，宽大于长，端部两侧凹入，中央呈角状突出。具稀浅刻点和白色短毛。上颚短粗，末端具 4 个等大的端齿，具稀浅刻点和短毛。

胸部：前胸背板前缘截形，稍隆起，两肩角明显，密布粗糙刻点和白色短毛。中胸背板凸起，密布粗网状刻点和白色短毛，中央纵隆线明显可见。小盾片明显凸起，矩形，中央具1浅纵沟，密布粗网状刻点和白色短毛。后小盾片五边形，向下方倾斜，密布粗刻点和短毛。并胸腹节向后下方倾斜，中央具1纵沟，两侧圆形，密布倾斜条纹和白色短毛。中胸侧板下部明显隆起，前侧片较光滑，中部及后侧片密布粗糙刻点和白色短毛。后胸侧板较窄，密布略浅刻点和白色短毛。翅透明，前翅痣三角形，长是宽的2.9倍，径脉自翅痣下中部稍后方发出，第2肘室稍宽，第1肘室较第3肘室强窄。足细长，后足第1跗节是第2跗节长的3.3倍。各足爪简单，无齿。

腹部：第1腹节背板基部细，端部膨胀，端半部明显隆起，至端部稍平直，长是宽的2.3倍，具粗浅刻点和棕色密短毛，腹板端部逐渐扩大呈三角形具浅刻点和短毛。第2节背、腹板愈合，呈锥形，沿端部边缘具檐状突起，密布刻点及短毛。第3~6节背、腹板均布浅刻点和短毛。

体长：10~11.7mm。

雄蜂：与雌蜂相似。腹部7节。

分布：云南（勐腊、勐海、景洪、澜沧、思茅、保山、永平）、广东、福建。

（四）异腹胡蜂科 Polybiidae

本科特征：第1腹节明显呈柄状，基部细窄，端部膨胀。

7. 侧异腹胡蜂属 *Parapolybia* Saussure

本属特征：体细长，并胸腹节端部强收缩，足细长。第1腹节呈柄状，基部较细，端部膨胀，第2腹节基部收缩呈短柄状，端部扁宽。巢室多建筑在河沟和马路边的土坎下的树根上，有时在土洞或灌丛内筑巢。巢室外有封壳，封壳较薄。巢内多存放被麻醉的鳞翅目幼虫和蜘蛛等其他昆虫。

种检索表

1. 头部较胸部稍窄；体大型，体长19mm ……………………………………… 库侧异腹胡蜂 *Parapolybia indica bioculata* Van der Vecht
   头部宽与胸部近相等；体小型，体长14~16mm ……………………………… 2
2. 触角第1鞭节是第2鞭节长的2倍；唇基黄色，中央有深色纵斑；前胸背板黄色，侧缘有深褐色带状斑；后足第1跗节是第2跗节长的2.7倍；体长14mm ……………………………… 变侧异腹胡蜂 *Parapolybia varia varia*（Fabricius）
   触角第1鞭节是第2鞭节长的2.3倍；唇基棕色，前胸背板棕色，肩角和下角黑色；后足第1跗节是第2跗节长的2.8倍；体长14~16mm ……………………………… 印度侧异腹胡蜂 *Parapolybia indica indica*（Saussure）

（49）库侧异腹胡蜂 *Parapolybia indica bioculata* Van der Vecht 1966（**彩图版Ⅸ.49**）

Van der Vecht：1966，Zool. Verh. Leiden. 82：29.

雌蜂：体大型，棕色至深棕色，斑黄色。两触角窝之间隆起处1三角形斑，两复眼凹陷处内缘下部黄色。头顶、后头棕色。后颊黄色。单眼棕色。触角支角突、柄节外侧黑色，内缘浅棕色，梗节及柄节内缘棕色，外缘黑色。唇基棕色，边缘黄色。上颚黄色，端齿褐色。前胸背板黄色，两侧近侧缘处各具1黑色带状斑。中胸背板褐色，中央两侧各具1黄色带状纵斑。小盾片前缘黄色，余呈棕色。后小盾片黄色。并胸腹节棕色，于中央纵沟两侧各具1黄色纵斑。中胸侧板上半部黄色，下半部黑色。后胸侧板前缘黑色，后缘黄色。翅基片棕色，中央有1深色斑。翅淡棕色，前翅前缘色略深。前足基节黄色，转节浅棕色，背面略呈深棕色。股节、胫节腹面深棕色，背面有深褐色纵带，跗节棕色。中足与前足相似。后足基节前缘深褐色，其余黄色，转节内缘浅棕色，其余深褐色，股节腹面浅棕色、背面深褐色，胫节内缘棕色，外缘深褐色，跗节暗褐色。第1腹节背板棕色，后端部两侧各具1黄色斑。腹板基部2/3处黑色，端部褐色。第2节背板黑色，近基部两侧各1黄色斑，腹板基部2/3处黄色，余均黑色。第3节背板黑色，基部两侧各具1窄黄色横斑，腹板全呈黑色。第4~6节背、腹板完全呈黄色。

头部：横宽、光滑、毛稀，较胸部翅基片处窄。两触角窝之间明显呈弧形隆起，额沟可见。额、头顶、后头、颊均具细密刻点和棕色短毛。单眼呈三角形排列，OOD是IOD的0.3倍，OCD是OOD的3倍。触角丝状，向末端逐渐变粗，第1鞭节是第2鞭节长的2倍。唇基凸起，长与宽近相等，端部两侧稍凹入，中央呈角状突出，具细浅刻点和棕色短毛。上颚粗壮，末端具4个端齿，具粗浅刻点和稀棕色长毛。

胸部：前胸背板前缘中央稍向前突出，两肩角明显，具细密刻点和棕色短毛。中胸背板凸起，中央具明显纵隆线，具细密刻点和棕色短毛。小盾片隆起，中央具纵沟，矩形，光滑，覆棕色密短毛。后小盾片横带状，端部中央呈钝角形突出，光滑，覆白色密短毛。并胸腹节向后下方倾斜，中央具明显纵沟，光滑，覆白色密短毛。中胸侧板平坦、光滑，覆棕色短毛。后胸侧板窄，后缘与并胸腹节紧密愈合，光滑，布稀短毛。翅透明，前翅痣三角形，稍窄，长是宽的3.2倍，径脉自翅痣下方近端部处发出，第2肘室稍宽，近方形，第1肘室较第3肘室窄。足弱，后足第1跗节是第2跗节长的2.6倍，各足爪光滑，无齿。

腹部：第1节呈柄状，基部1/2处细狭，端部膨胀，长是端部最宽处的2.4倍，腹板基部细，向端部逐渐扩展，近三角形，背、腹板均光滑，布棕色短毛。第2节背板宽，长是宽的0.9倍，光滑，覆棕色短毛，腹板均光滑，覆棕色短毛。第3~6节背、腹板均光滑，覆棕色短毛。

体长：19mm。

雄蜂：与雌蜂相似，体色较暗，腹部7节。

分布：云南（绿春、西双版纳）；缅甸。

(50) 变侧异腹胡蜂 *Parapolybia varia varia* (Fabricius) 1787 (**彩图版Ⅸ.50**)

Fabricius：1787, Mant. Insect. 1：293.

雌蜂：体中等大型，棕色至黄棕色。头部额、头顶、后头均呈深棕色。后颊除上部边缘深棕色外，其余均呈黄色。触角完全为锈色。两触角窝之间1个斑、两复眼凹陷下部至唇基处黄色。唇基黄色，中央自基部有1深色纵斑。上颚黄色，端齿棕色。前胸背板黄色，前缘基部和两侧中央各具1深褐色带状斑。中胸背板深褐色，两侧各具1黄色长条斑。小盾片棕色，周围边缘黄色。后小盾片完全呈黄色。并胸腹节棕色，中央两侧各具1黄色宽纵斑，两侧边缘均呈黄色。中胸侧板黄色，中央具1褐色窄纵斑。后胸侧板黄色。翅基片棕色，内侧各有1短黄纵斑。翅浅棕色，前翅前缘色略深。前足基节黄色，转节棕色，股节外缘基半部棕色，其余黄色，胫节外缘黄色，基半部有1深色带状斑，内缘和跗节浅棕色。中足基节黄色，端部和外缘略呈棕色，转节褐色，股节外缘基部1/3褐色，余均黄色，胫节基部2/3褐色，其余黄色，跗节棕色。后足基节前缘和端部褐色，其余黄色，转节褐色，股节内缘黄色，外缘基部2/3深褐色，其余黄色，胫节内缘锈色，外缘基部2/3褐色，端部1/3为黄色，跗节暗棕色。第1腹节背板褐色，近端部两侧各有1黄色斑，有时无，两侧黄色。腹板基部2/3为黑色，端部1/3为黄色，第2节背板深褐色，自基部两侧各具1向内呈钩状的宽黄色斑，腹板中央具1伸达两侧的大黄斑，基部和端部为深棕色。第3~6节背板呈深褐色，基部两侧各具1长横带状黄斑，第3~5节腹板基部黄色，两侧深褐色向端部延伸。第6节腹板褐色，仅于端部两侧各具1小黄色斑。

头部：横宽、光滑、毛稀，约与胸部翅基片处等宽。两触角窝之间呈弧形隆起，额沟可见。额、头顶、后颊均具细密刻点和棕色短毛。单眼呈三角形排列，OOD是IOD的0.3倍，OCD是OOD的4.7倍。触角丝状，向端部逐渐加粗，端鞭节末端圆，第1鞭节是第2鞭节长的2倍。唇基稍凸起，宽略大于长，端部两侧凹陷，中央呈角状突出，具细浅刻点和淡棕色短毛。上颚粗壮，末端具4个端齿，具稀浅刻点和棕色短毛。

胸部：前胸背板前缘略隆起，两肩角明显，具细密刻点和淡棕色短毛。中胸背板凸起，中央具纵隆线，具细密刻点和淡棕色短毛。小盾片隆起，矩形，中央有1纵沟，光滑，覆稀棕色短毛。并胸腹节向后下方倾斜，中央具1明显纵沟，略具横皱褶，覆棕色短毛。中胸侧板稍隆起，光滑，具细密刻点和淡棕色密短毛。后胸侧板较窄，下侧片后缘与并胸腹节愈合，具细浅刻点和淡棕色短毛。翅透明，前翅痣三角形，长是宽的3.3倍，径脉自翅痣下方中部后方发出，第2肘室宽，近方形，第1肘室较第3肘室窄。足强健，后足第1跗节是第2跗节长的2.7倍，各足爪光滑，无齿。

腹部：第1腹节呈长柄状，背板基部2/3细窄，端部1/3处膨胀，长是端部最宽处的2.9倍，具细密刻点和棕色短毛，腹板基部细，向端部开展呈三角形。具细浅刻点和棕色短毛。第2节背板宽，长是宽的0.9倍，具细浅刻点和棕色短毛，腹板光滑，覆棕色短毛。第3~6节背、腹板光滑，覆棕色短毛。

体长：14~16mm。

雄蜂：与雌蜂相似。腹部7节。本种体色多变化，有时中胸背板无黄斑，腹部斑纹较多，颜色有深有浅等。

分布：云南各地，江苏、湖北、福建、广东、台湾；印度，印度尼西亚，孟加拉，马来西亚，菲律宾。

（51）印度侧异腹胡蜂 *Parapolybia indica indica*（Saussure）1854（**彩图版Ⅸ.51**）

Saussure：1854，Et. Fam. Vesp. 2：207.

雌蜂：体中等至大型，棕黄色至暗棕色。头部脸、额、唇基、后颊完全为棕色，触角暗棕色，顶端1、2鞭节红棕色。单眼深棕色。上颚棕色，端齿黑色。前胸背板棕色，两肩角和下角各具1黑色斑。中胸背板深棕色，中央两侧各具1黄色纵带。小盾片呈棕色。后小盾片黄色。并胸腹节棕色，中央各具1“人”字形黑斑，上部近前缘具1卵形黄斑。后胸侧板棕色。翅基片棕色，前翅前缘端部色略深。所有的足腹面均呈棕色，背面暗棕色。第1腹节背板棕色，背面色略深，腹板基部2/3深棕色，端部扩展呈棕色。第2腹节背板黑色，两侧各具1黄色斑，腹板自基部至中部之后黄色，中央具1黑色纵斑，其余均黑色。第3~6节背、腹板黑色，仅2、3腹节基部两侧各具1黄色窄横带。

头部：光滑、毛稀，与胸部翅基片处近等宽。两触角窝之间稍隆起，弧形，额沟明显。额、头顶、后颊均无刻点，密布紧贴棕色短毛。单眼呈三角形排列，OOD是IOD的0.3倍，OCD是OOD的3.8倍。触角丝状，向端部逐渐加粗。第1鞭节是第2鞭节长的2.3倍。唇基凸起，长与宽近相等，端部两侧凹陷，中央呈角状突出，具稀浅刻点和棕色短毛。上颚粗壮，末端具4个端齿，具稀浅刻点和短毛。

胸部：前胸背板前缘隆起，两肩角明显，具细密刻点和棕色短毛。小盾片凸起，矩形，中央具纵沟，具细浅刻点和棕色短毛。后小盾片横带状，端部呈钝角突出，具细浅刻点和棕色短毛。并胸腹节向后极倾斜，中央具明显纵沟，两侧稍平直，布细密刻点和棕色短毛。后胸侧板较窄，具稀浅刻点和短毛。翅透明，前翅痣三角形，长是宽的4.1倍，径脉自翅痣下方中部之后发出，第2肘室稍宽，第1肘室较第3肘室窄。足细长，后足第1跗节是第2跗节长的2.8倍。各足爪光滑，无齿。

腹部：第1节柄状，近端部膨胀，背面强度凸起，长是端部最宽处的2.8倍，腹板近三角形，光滑，均布细密刻点和棕色短毛。第2节背板宽，长是宽的1.1倍，光滑，覆棕色短毛。第3~6节背、腹板光滑，具细密刻点和棕色短毛。

体长：14~16mm。

雄蜂：与雌蜂相似，腹板黑色，唇基完全黄色，腹部7节。

分布：云南各地，江苏、浙江、江西、四川、福建、广东；日本，缅甸，马来西亚。

（五）马蜂科 Polistidae

本科与异腹胡蜂科较相似，主要区别是本科第1腹节仅基部收缩呈短柄状，背面观呈三角形。

8. 马蜂属 *Polistes* Latreille

本属中等至大型，体细长，腹部矛形，第1腹节基部收缩呈短柄状，足细长，爪光滑，无齿。巢室裸露，称露蜂房，巢室多建筑在河沟、马路边、村寨、农田、山林

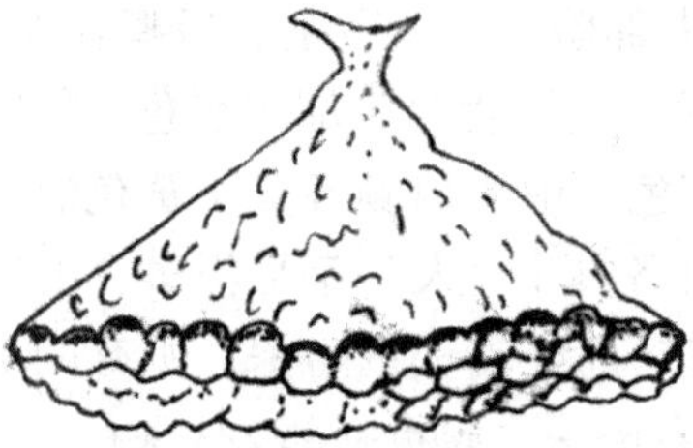

1

2

图 25　马蜂巢

的灌丛、杂草和崖床、墙缝、瓦檐下。成虫捕食鳞翅目幼虫、蜘蛛或其他小型昆虫，以花蜜、水果为食和饲喂幼虫。

种检索表

1. 中胸背板有斑纹 …………………………………………………………………………… 2
　中胸背板无斑纹 …………………………………………………………………………… 10
2. 触角第 1 鞭节是第 2 鞭节长的 1.1~2.3 倍 ……………………………………………… 3
　触角第 1 鞭节是第 2 鞭节长的 2.4~3.2 倍 ……………………………………………… 5
3. 触角第 1 鞭节是第 2 鞭节长的 1.1 倍；第 2 腹节基部黑色，端部边缘有黄色横带，有时全呈棕色；后足第 1 跗节是第 2 跗节长的 2.6 倍……………… 约马蜂 *Polistes jokahamae* Radoszkowski
　触角第 1 鞭节是第 2 鞭节长的 1.4~2.3 倍；第 2 腹节基部棕色，端部边缘无黄色横带；后足第 1 跗节是第 2 跗节长的 2.4~2.5 倍 ……………………………………………………… 4
4. 触角第 1 鞭节是第 2 鞭节长的 1.4 倍；后足第 1 跗节是第 2 跗节长的 2.5 倍 ……………………………………………………………………… 中华马蜂 *Polistes chinensis* Fabricius
　触角第 1 鞭节是第 2 鞭节长的 2.3 倍；后足第 1 跗节是第 2 跗节长的 2.4 倍 ……………………………………………………………………… 亚非马蜂 *Polistes hebraeus* Fabricius 1787
5. 小盾片、后小盾片棕色，中央有黑斑；并胸腹节黑色，中央及两侧各有 2 条黄色纵斑 ……………………………………………………………………… 日本马蜂 *Polistes japonicus* Saussure
　小盾片、后小盾片棕色；并胸腹节黑色，无黄色纵斑 ……………………………………… 6
6. 触角第 1 鞭节是第 2 鞭节长的 2.4~2.6 倍 ……………………………………………… 7
　触角第 1 鞭节是第 2 鞭节长的 2.7~3.2 倍 ……………………………………………… 8
7. 触角第 1 鞭节是第 2 鞭节长的 2.7 倍；两复眼顶部之间有 1 黑色横带；前胸背板橙黄色，两侧各有 1 三角形黑斑；第 2~5 腹节黑色，端部各具 1 两侧凹陷的黄色横带；后足第 1 跗节是第 2 跗节长的 2.7 倍 ………………… 陆马蜂 *Polistes*（*Megapostes*）*rothneyigrahami* Van der Vecht
　触角第 1 鞭节是第 2 鞭节长的 2.6 倍；两复眼顶部之间仅单眼后有 1 弧形黑斑；前胸背板黄色，基部侧面黑色；第 2~5 腹节暗黄色，中部各具 1 凹陷棕色横带；后足第 1 跗节是第 2 跗节长的 2.8 倍 ……………………………………… 果马蜂 *Polistes olivaceus*（De Geer）
8. 触角第 1 鞭节是第 2 鞭节长的 3.2 倍；第 2 腹节棕色，基部黑色，中央有 1 凹陷窄黑色横带；后足的第 1 跗节是第 2 跗节长的 2.7 倍 ……………………………………………………… 和马蜂 *Polistes*（*Megapostes*）*rothneyi iwatai* Van der Vecht

不如上述 …………………………………………………………………………………… 9

9. 前胸背板黄色，两侧各有1宽棕色斑；小盾片、后小盾片棕色，基部边缘黄色；前翅径室有1点状褐色斑；第2~5腹节棕色，端部各具1黄色横带；后足第1跗节长是第2跗节的3倍……………………………………………………… 斑羽马蜂 *Polistes maculipennis* Saussure

前胸背板棕色，基部侧面和两下角各具1黑斑；小盾片、后小盾片均呈棕色；前翅径室无1点状褐色斑；第2~5腹节黑色，端部边缘各具1弯曲的橙黄色横带；后足第1跗节是第2跗节长的2.7倍……………………………………………… 澳门马蜂 *Polistes macaensis* Fabricius

10. 体全呈棕色；大型种；体长30~37mm ……………………… 棕马蜂 *Polistes gigas*（Kirby）

体二色以上；小型种；体长10~25mm ……………………………………………………… 11

11. 触角第1鞭节是第2鞭节长的2.1倍 ……………………………………………………… 12

触角第1鞭节是第2鞭节长的2~3.1倍 ……………………………………………………… 13

12. 唇基暗棕色，两侧黑色；前胸背板黑色；小盾片、后小盾片黑色；第2腹节黄色，基部两侧角呈棕色；第3~6腹节黑色；后足第1跗节是第2跗节长的2.8倍 ………………………………………………………………………… 黄裙马蜂 *Polistes sagittarius* Saussure

唇基全呈黄色；前胸背板橙黄色；小盾片、后小盾片黄色；第2腹节基部黑色，端部黄色；第3~6腹节橙黄色；后足第1跗节是第2跗节长的2.8倍 ………………………………………………………………………… 台湾马蜂 *Polistes formosanus* Sonan

13. 触角第1鞭节是第2鞭节长的2~2.2倍 ……………………………………………………… 14

触角第1鞭节是第2鞭节长的2.5~3.1倍 ……………………………………………………… 15

14. 触角第1鞭节是第2鞭节长的2倍；前胸背板棕色，两下角黑色；后小盾片黑色；第2腹节黑色，端部棕色，中部两侧、邻接棕色横带处有2个黄斑；后足第1跗节是第2跗节长的2.8倍……………………………………………………… 斯马蜂 *Polistes snelleni* Saussure

触角第1鞭节是第2鞭节长的2.2倍；前胸背板黑色，前缘黄色；后小盾片黑色，基部边缘有窄黄色横斑；第2腹节黑色；后足第1跗节是第2跗节长的2.5倍 ………………………………………………………………………… 焰马蜂 *Polistes adustus* Bingham

15. 触角第1鞭节是第2鞭节长的2.4~3.1倍 ……………………………………………………… 19

触角第1鞭节是第2鞭节长的2.5~2.6倍 ……………………………………………………… 16

16. 触角第1鞭节是第2鞭节长的2.5倍 ……………………………………………………… 17

触角第1鞭节是第2鞭节长的2.6倍 ……………………………………………………… 18

17. 唇基棕黄色；前胸背板棕色，基部侧面和下角黑色；小盾片和后小盾片棕色，中央有黑斑；第1腹节黑色；第3~6腹节基部黑色，端部棕色；后足第1跗节是第2跗节长的2.4倍 ………………………………………………………………………… 柑马蜂 *Polistes mandarinus* Saussure

唇基黑色，中央有1宽齿状黄色横斑；前胸背板黑色，前缘端部边缘黄色；小盾片和后小盾片黑色，两侧有短黄色横斑；第1腹节黑色，端部边缘具1中央凹陷黄色横带；第2腹节黑色，中部两侧各具1黄色点状斑，第3~5腹节黑色，端部边缘有黄色横带；后足第1跗节是第2跗节长的2.4倍……………………………… 柞蚕马蜂 *Polistes gallicus gallicus*（Linnaeus）

18. 唇基黑色；前胸背板棕色，基部侧面有1黑斑；中胸背板棕色，纵隆线黑色；小盾片、后小盾片棕色，第1腹节基部黑色，两侧有棕色斑，第2~6腹节黑色；后足第1跗节是第2跗节长的3.1倍 ……………………………………………… 畦马蜂 *Polistes sulcatus* Smith

唇基黄色，周边黑色；前胸背板黄色；基部与前缘两侧各有1三角形黑斑；中胸背板黑色，纵隆线棕色；小盾片、后小盾片黑色，第1、2腹节背板基部黑色，端部边缘有淡棕色横带，第3~5背、腹板黑色；后足第1跗节是第2跗节长的2.5倍 ……………………………………

…………………………………………… 德钦马蜂 *Polistes deqinensis* Dong et Wang, sp. nov.

19. 触角第1鞭节是第2鞭节长的2.4倍；唇基黄色，基部和两侧黑色；前胸背板黑色，前缘和后缘黄色；小盾片、后小盾片黄色，中央黑色；第1腹节基部黑色，两侧和端缘黄色；后足第1跗节是第2跗节长的2.6倍 ……………………………… 角马蜂 *Polistes antennalis* Perez

触角第1鞭节是第2鞭节长的3.1倍；唇基基半部棕色，端半部黑色；前胸背板棕色，前缘和后缘黑色；小盾片、后小盾片棕色，基部边缘有细黄色横带；第1腹节棕色，沿两侧边缘黄色；后足第1跗节是第2跗节长的2.9倍 …………… 点马蜂 *Polistes stigma*（Fabricius）

（52）约马蜂 *Polistes jokahamae* Radoszkowski 1887 **（彩图版Ⅸ.52）**

Radoszkowski：1887，Hor. Soc. Ent. Ross. 21435.

雌蜂：体中等大型，黑色，有棕色和黄色斑纹。两复眼顶部之间具1黑色横带。额与两复眼内缘下部黄色。两触角窝之间有1黑色小斑。后头与颊橙黄色。单眼棕色。触角棕色，第1鞭节近端部至第5节背面黑色。唇基全呈黄色。上颚黄色，端齿黑色。前胸背板橙黄色，基部截面黑色，两侧中央各具1黑色窄纵斑。中胸背板黄色，中央两侧各具1黄色纵斑，近翅基片处两侧各具1黄色短纵斑。小盾片、后小盾片橙黄色。并胸腹节黑色，中央两侧各具1黄色纵斑。中胸侧板黑色，上部和下部各具1橙黄色斑。后胸侧板黑色，位于上侧片上部和下侧片中部各具1橙黄色斑。翅基片橙黄色。翅呈棕色，前翅前缘色略深。前足基节前缘黄色，余均黑色，转节黑色，股节基部黑色，端半部、胫节和跗节橙黄色。中足基节、转节、股节、胫节2/3处、跗节基部1/2处黑色，其余为橙黄色。后足基节、转节均呈黑色，股节、胫节、第1跗节端部与以后跗节橙黄色，其余均呈黑色。第1腹节背板基部黑色，两侧各具1橙黄色斑，端部边缘橙黄色，腹板完全为黑色。第2~6节背、腹板基部黑色，端部边缘有黄色横带，每侧有1凹陷橙黄色斑，有时背板全呈棕色，中央具1凹陷黑色横带。

头部：横宽、光滑、毛稀，较胸部翅基片处窄。两触角窝之间隆起，额沟明显。额与头顶均具细密刻点和短毛。后颊光滑，覆稀短毛。单眼呈三角形排列，OOD是IOD的0.5倍，OCD是OOD的2倍。触角丝状，向端部均匀变粗，第1鞭节是第2鞭节长的1.1倍。唇基稍凸起，宽大于长，端部两侧平直，中央呈钝角形突出。具稀浅刻点和短毛。上颚粗壮，末端具4个端齿，上端齿较短。

胸部：前胸背板基部截形，前缘呈领状突起，两肩角明显，具细密刻点和短毛。中胸背板稍凸起，中央具明显中纵脊，具细密刻点和短毛。小盾片矩形，稍突起，两侧向下延伸，具稀浅刻点和茸毛。并胸腹节向后下方倾斜，中央具宽浅纵凹陷，背面密布横皱褶和茸毛。中胸侧板隆起，具粗刻点和茸毛。翅透明，前翅痣三角形，长是宽的2.1倍，径脉自翅痣下中部稍后方发出，第2肘室宽，倾斜，第1肘室较第3肘室窄。足强健，后足第1跗节是第2跗节长的2.6倍。各足爪光滑，无齿。

腹部：第1节背板基部细，向端部逐渐加宽，长是宽的0.9倍，具细纵条纹和短毛，腹板三角形，长是宽的0.8倍，具横皱褶和稀短毛。第3~6节背、腹板均光滑，覆短毛。

体长：18~21mm。

雄蜂：与雌蜂相似，腹部7节。

分布：云南（麻栗坡、文山、元阳、丽江）、河北、河南、浙江、江西、四川、福建、广东、广西；日本。

(53) 中华马蜂 *Polistes chinensis* Fabricius 1793（**彩图版Ⅸ. 53**）

Fabricius：1793，Ent. Syst. 2：261.

雌蜂：体中等大型，黑色，斑黄色至棕黄色。头部额、唇基、后头、上颚除端齿外，后颊均呈棕红色。头顶位于两复眼顶部之间1宽横带和上颚端齿黑色。触角支角突上部黑色，下部棕色，柄节、梗节、鞭节背面褐色，腹面锈色。前胸背板前缘中部和后缘边缘黄色，两侧和下方棕色。中胸背板黑色，中央两侧各具1棕色带。小盾片、后小盾片均呈橙黄色。并胸腹节黑色，中央两侧各具2条橙黄色纵带。中胸侧板黑色，上方及后缘各具1黄斑。后胸侧板黄色，上、下侧片各具1大黄斑。翅基片黄色。翅呈棕色，前翅前缘色略深。前、中、后足基节和转节呈较深的褐色，其余均呈棕色。第1腹节背板基部黑色，端部边缘具1黄色横带，近中部两侧各具1黄色斑。腹板完全为黑褐色。第2腹节背板端缘具1黄色横带，中部两侧各具1棕色大斑，斑中央有1较小黄斑，其余均呈黑色。腹板近端部边缘为1中央及两侧向基部凸出的黄色横带，其余呈棕色。第3~5节背、腹板均呈黑色，端部边缘各具1黄色横带。横带两侧各具1棕色小斑。第6节背、腹板基部黑色，端部黄色。

头部：横宽、光滑、毛稀，较胸部翅基片处窄。两触角窝之间隆起，额沟明显。额、头顶均具细密刻点和短毛。后颊具稀浅刻点和短毛。单眼呈三角形排列，OOD是IOD的0.4倍，OCD是OOD的1.2倍。触角丝状，第1鞭节是第2鞭节长的1.4倍。唇基稍凸起，端部两侧稍凹陷，中央呈角状突出，具稀浅刻点和短毛。上颚粗壮，末端具4个端齿，最上1个齿较短，具浅刻点和短毛。

胸部：前胸背板前缘稍向前突出，沿边缘呈领状突起，两肩角明显，具稀浅刻点和短毛。中胸背板稍凸起，中央具中纵脊，具粗浅刻点和短毛。小盾片矩形，稍凸，中央具浅纵沟，覆稀浅刻点和短毛。后小盾片横带状，具稀浅刻点和短毛。并胸腹节向后下方倾斜，中央具1纵沟，密布横皱褶和黄色短毛。后胸侧板窄，具细密刻点和短毛。翅透明，前翅痣长是宽的2.5倍，径脉自翅痣下方中部之后发出，第2肘室稍宽，近方形，第1肘室较第3肘室稍窄。足强健，后足第1跗节是第2跗节长的2.5倍，各足爪光滑，无齿。

腹部：第1节背板基部细，向端部逐渐加宽，光滑，覆短毛，腹板近三角形，密布细横皱褶和短毛。第2~6节背、腹板均光滑，覆短毛。

体长：16~18mm。

雄蜂：与雌蜂相似，腹部7节。

分布：云南（景洪、勐腊、广南、保山）、山东、江苏、广东；法国。

(54) 亚非马蜂 *Polistes hebraeus* Fabricius 1787（**彩图版Ⅸ. 54**）

Fabricius：1787，Mant. Ins. I：292.

雌蜂：体中等大型，黑色，斑纹黄色。头部黄色，两复眼顶部之间1宽横带、两触角窝之间1窄横带黑色。单眼棕色。触角除柄节背面或多或少黑色外，腹面及其余各节均呈棕色。后头边缘黑色。唇基棕色，周围边缘黑色。上颚棕色，端齿黑色。前胸背板橙黄色，基部截面与两侧下方各具1三角形黑色斑。中胸背板黑色，中央两侧各具1黄色纵带，近翅基片处两侧各具1黄色短纵带。小盾片前方两侧各1斑、后小盾片黄色。并胸腹节黑色，中央两侧及两侧面共具4个黄色纵带状斑。中胸侧板橙黄色，但位于侧板上部1叉形斑与下部中央1纵斑黑色。后胸侧板黑色，但于上侧片上部，下侧片中部各具1橙黄色斑。翅基片橙黄色，中央具1深色点状斑。翅呈棕色，前翅前缘色略深。前、中、后足基节、转节均黑色，前足股节、胫节和跗节均橙色，仅股节基部内侧1/2为黑色，中足股节基部1/3为黑色，端部2/3及胫节、跗节橙色，后足股节黑色，仅端部呈棕色，胫节黑色，仅端部内侧为橙色，跗节为棕色。爪垫深棕色。第1腹节背板黑色，端部边缘橙色，两侧各具1不规则的橙色斑，腹板黑色。第2腹节背板黑色，端部边缘具1内缘弯曲的橙黄色横带，带中部两侧向后突出，前缘色略深。第3~5节背板颜色与第2节背板相同，第2、3腹板黑色，但基部边缘及两侧橙黄色，端部两侧角橙色。第4、5节腹板颜色与背板相似。第6节背、腹板均呈黄色。

头部：横宽、光滑、发亮、毛稀，较胸部翅基片处稍窄。两触角窝之间隆起，额沟明显，额上半部与头顶具稀刻点，余均光滑，覆稀黄色短毛。单眼呈三角形排列，OOD是IOD的0.4倍，OCD是OOD的2.5倍。触角丝状，向端部逐渐加粗，顶鞭节末端稍收缩，第1鞭节是第2鞭节长的2.3倍。唇基稍隆起，基部两侧截形，端部中央呈角状突出，宽大于高，具稀浅刻点和黄色短毛。上颚粗壮，末端具4个端齿，上端齿短，稀布浅刻点和短毛。

胸部：前胸背板前缘稍突出，两肩角明显，沿前缘边缘呈领状突起，布浅刻点和短毛。中胸背板稍隆起，中央纵隆线明显，具浅刻点和稀短毛。小盾片隆起，矩形，两侧向下延伸，具细浅刻点和稀短毛。后小盾片横带状，端部中央突出，布浅刻点和短毛。并胸腹节向后延伸，端部截形，中央具凹沟，密布横皱褶和短毛。中胸侧板稍隆起，下半部光滑，上半部具刻点，均覆短毛。后胸侧板窄，下侧片向下延伸，上侧片刻点呈横皱褶状，下侧片上部具刻点，下部光滑，有时整个侧片光滑，无刻点，均覆短毛。翅透明，前翅痣三角形，长是宽的3.3倍，径脉自翅痣下稍后方发出，第2肘室宽，近方形，第1肘室较第3肘室窄。足强健，后足第1跗节是第2跗节长的2.4倍，各足爪简单，光滑，无齿，爪垫明显。

腹部：第1节背板基部细，向端部逐渐扩展，长是宽的0.9倍，光滑，覆黄色短毛，腹板三角形，布横皱褶。第2节背板宽，长是宽的0.8倍，光滑，覆黄色短毛，腹板光滑，毛稀。第3~6节背、腹板均光滑，覆黄色短毛。

体长：20~23mm。

雄蜂：与雌蜂相似，体色稍暗，唇基平扁，中央具弱纵脊，端部边缘凹陷呈波状，唇基上面一段黑色，下面黄色。腹部7节。体长约24mm。

分布：云南（广南、麻栗坡、河口、景洪、新平）、河北、江苏、浙江、河南、湖南、广西、福建；印度，缅甸，埃及，伊朗，毛里求斯。

(55) 日本马蜂 *Polistes japonicus* Saussure 1858 (**彩图版X.55**)

Saussure: 1858, Rev. Mag. Zool., (2), 10, 260.

雌蜂：体中等大小，黑色，有棕色和黄色斑。头部橙黄色，两复眼顶部之间反单眼后有1黑色弧形横带，触角窝上部及唇基上部紧邻复眼处略呈黑色。单眼棕色。触角支角突棕色，柄节背面黑色，腹面棕色，梗节、鞭节背面黑色，腹面和端部几节均棕色。唇基橙黄色。上颚黄色，端齿黑色。前胸背板黄色，基部侧面及两下角黑色。中胸背板黑色，中央两侧各具 1 橙黄色纵带，近翅基片处两侧各具 1 棕色短纵带。小盾片与后小盾片棕色，后小盾片中央有黑斑。并胸腹节黑色，中央两侧各具 2 条橙黄色纵斑。中胸侧板黑色，上部和后缘各具 1 橙黄色斑。后胸侧板黑色，有时上、下侧片均有黄斑。翅基片黄色，中央有 1 棕色斑。翅呈棕色，前翅前缘色略深。前足基节黄色，但背面呈黑色，其余完全呈棕色。中足基节黑色，但外侧呈黄色，转节黑色，但外侧端部为黄色，股节前缘暗棕色，后缘黄色，余均棕色。后足基节、转节、股节大部黑色，其余完全呈棕色。第 1 腹节背板黑色，近基部两侧各具 1 黄斑，端部边缘呈棕色，腹板黑色，端部和两侧角黄色。第 2~6 节背、腹板基部黑色，端部棕色。

头部：横宽、光滑、毛稀，较胸部翅基片处稍窄。两触角窝之间隆起，额上半部及头顶具细密刻点和短毛。单眼呈三角形排列，OOD 是 IOD 的 0.4 倍，OCD 是 OOD 的 2.6 倍。触角丝状，向端部逐渐加粗，顶鞭节末端稍收缩，第 1 鞭节是第 2 鞭节长的 2.3 倍。唇基隆起，基部稍凹陷，端部中央呈角状突出，具稀浅刻点和短毛。上颚粗壮，末端具 4 个端齿，上端齿较短。

胸部：前胸背板基部截状，前缘呈领状突起，两肩角明显，密布刻点和短毛。中胸背板隆起，两侧向下延伸，密布刻点及短毛。后小盾片横带状，中部中央稍突出，密布刻点及短毛。并胸腹节向后下方倾斜，中央具宽浅凹陷，密布横皱褶，平直，覆短毛。中胸侧板隆起，密布刻点及短毛。后胸侧板窄，下侧片向后延伸，密布刻点及短毛。翅基片光滑，无刻点。翅透明，前翅痣三角形，长是宽的 3.1 倍，径脉自翅痣下稍后方发出，第 2 肘室稍宽，近方形，第 1 肘室较第 3 肘室窄，足强健，后足第 1 跗节是第 2 跗节长的 2.5 倍。各足爪简单，光滑，无齿。

腹部：第 1 节背板基部细，向端部逐渐扩展，长是宽的 0.9 倍，光滑，覆短毛，腹板三角形，密布细横皱褶及短毛。第 2 节背板宽，长是宽的 0.8 倍，背、腹板均光滑，覆短毛，第 3~6 节背、腹板均光滑，覆短毛。

体长：16~20mm。

雄蜂：与雌蜂相似，腹部 7 节。

分布：云南（盈江、潞西、澜沧）、江苏、江西、四川、贵州、福建、广东、广西；日本。

（56）陆马蜂 *Polistes*（*Megapostes*）*rothneyigrahami* Van der Vecht 1968（**彩图版** X. 56）

Van der Vecht：1968，Bijdr. Dierk. 38：104.

雌蜂：体中等大型，黑色，有黄色和棕色斑纹。两复眼顶部之间反单眼后有 1 黑色弧形横带。位于后单眼之后两侧各具 1 橙黄色斑。两触角窝之间具 1 窄黑色横带。额、两复眼内缘下部、后颊均为橙黄色。触角支角突、柄节、梗节、第 1~6 鞭节背面黑色，腹面锈色，第 6 鞭节以后各节背、腹面均呈锈色。唇基黄色，基部和两侧边缘黑色。上颚黄色，端齿黑色，前胸背板橙黄色，基部侧面和两边各具 1 小三角形斑黑色。中胸背板黑色，中央两侧各具 1 橙黄色纵带，近翅基片处两侧各具 1 橙黄色短纵带，有时纵带无。小盾片、后小盾片橙黄色。并胸腹节黑色，中央两侧各具 1 橙黄色纵斑，边缘两侧各具 1 方形斑。中胸侧板黑色，上部前缘和下部后缘各具 1 椭圆形橙黄色斑。后胸侧板黑色，上侧片近中部具 1 橙黄色纵斑。翅基片橙黄色。翅呈棕色，前翅前缘色略深。前足基节、转节、股节基部 1/3，胫节背面 1/2 处黑色，余均黄色。中足基节、转节、股节基部 1/2，胫节和第 1 跗节近 3/4 处黑色，其余呈黄色。后足基节、转节、股节基部 2/3，胫节和跗节基部 3/4 处黑色，其余完全为黄色。第 1 腹节背板黑色，端部橙黄色，两侧各具 1 橙黄色斑，腹板全呈黑色。第 2~5 节背板基部黑色，端部两侧各具两条凹陷的橙黄色横带，两凹陷中央各具 1 橙黄色斑。第 6 节背腹板均为橙黄色。

头部：横宽、光滑、毛稀，较胸部翅基片处窄。两触角窝之间呈脊状隆起，额沟明显。额与头顶具细密刻点和短毛。后颊光滑，具稀浅刻点和短毛。单眼呈三角形排列，OOD 是 IOD 的 0.4 倍，OCD 是 OOD 的 2 倍。触角丝状，向端部均匀加粗，端鞭节末端钝，第 1 鞭节是第 2 鞭节长的 2.4 倍。唇基凸起，宽大于高，端部两侧截状，中央呈角状突出，具稀浅刻点和短毛。上颚短宽，末端具 4 个端齿，上端齿较短。

胸部：前胸背板基部截形，前缘呈领状突起，两肩角向后倾斜，具细密刻点和短毛。中胸背板稍凸起，中央具明显中纵脊，具细密刻点和短毛。小盾片近方形，两侧向下倾斜，中央具 1 浅纵沟，光滑，具细浅刻点和短毛。后小盾片横带状，光滑具细浅刻点和短毛。并胸腹节向后下方倾斜，中央具宽浅凹陷，背面密布横皱褶和短毛。中胸侧板隆起，前缘部分光滑，后部具粗皱刻点，覆短毛。后胸侧板窄，具粗刻点和横条纹，覆稀短毛。翅透明，前翅痣三角形，长是宽的 2.5 倍。径脉自翅痣下中部之后发出，第 2 肘室宽，近方形，第 1 肘室较第 3 肘室窄。足强健，后足第 1 跗节是第 2 跗节长的 2.7 倍。各足爪光滑，无齿。

腹部：第 1 节背板基部细，向端部突然膨胀，长是宽的 0.6 倍，光滑，覆短毛，腹板三角形，具横皱褶和稀短毛。第 2 节背板宽，长是宽的 0.8 倍，基部具细纵条纹，端部光滑，覆稀短毛。第 3~6 节背、腹板均光滑，覆短毛。

体长：17~23mm。

雄蜂：与雌蜂相似，腹部 7 节。

分布：云南（维西）、黑龙江、辽宁、河北、山东、江苏、浙江、湖北、湖南、安徽、江西、福建、四川、贵州、广东。

（57）果马蜂 *Polistes olivaceus*（De Geer）1773（**彩图版** X.57）

De Geer：1773，Mem. Serv. Hist. Ins. Ⅲ：582.

雌蜂：体中等至大型，黄色至褐黄色，有棕色和黑色斑纹。额部黄色，前单眼周围黑色，后单眼处有 1 弧形黑斑，头顶与颊部黄色。触角支角突、柄节、梗节、鞭节均呈棕色，仅背部色略深。唇基、上颚、端齿黑色。前胸背板黄色，基部侧面有 1 黑色横斑，两侧各具 1 棕色斜带。中胸背板黄色，中央两侧各具 1 黄色纵带，近翅基片处两侧各具 1 黄色短纵带。小盾片、后小盾片、中胸与后胸侧板均呈黄色，仅骨片连接线处为黑色。并胸腹节黄色，中央纵沟黑色，两侧各具 1 棕色纵带。翅基片黄色。翅呈棕色，前翅前缘色略深。各足基节黄色，转节橙色，股节、胫节黄色，但背面色略深，跗节棕色。第1腹节背板黄色，背面中央有1褐黄色纵斑，近端部处有1黑色横线，腹板黄色，仅基部色略深。第2~5节背、腹板均呈暗黄色，基部褐黄色，近中部处各有1棕色凹陷横条纹，两侧略向后端突出。第6腹节背、腹板均呈黄色。

头部：横宽、光滑、发亮、毛稀，约与胸部翅基片处等宽。两触角窝之间稍隆起，额沟明显。额和头顶、后颊均光滑，覆稀短毛。单眼呈三角形排列，OOD是IOD的0.6倍，OCD是OOD的1.7倍。触角丝状，向端部逐渐加粗，顶鞭节末端尖，第1鞭节是第2鞭节长的2.6倍。唇基稍凸起，宽大于高，端部中央呈角状突出，具稀浅刻点和粗短毛。上颚粗壮，末端具4个端齿，上端齿短尖。

胸部：前胸背板前缘呈领状突起，基部截形，两肩角不明显，光滑，无刻点，覆稀短毛。小盾片矩形，后缘向后倾斜，光滑、毛稀。并胸腹节向后下方倾斜，中央纵沟明显，背面布横皱褶，光滑，覆稀短毛。中胸侧板稍凸起，光滑、毛稀。后胸侧板凹入，窄、光滑、毛稀。翅透明，前翅痣窄，长是宽的2.5倍，径脉自翅痣下方近端部处发出。第2肘室宽，近方形，第1肘室较第3肘室窄。足强健，后足第1跗节是第2跗节长的2.8倍。各足爪简单，光滑，无齿。

腹部：第1节背板基部细，向端部突然扩展，长是端部最宽处的0.8倍，光滑，毛稀，腹板三角形，光滑，覆稀短毛。第2节背板较宽，长是宽的0.8倍，背、腹板均光滑，毛稀。第3~6节背、腹板均光滑，覆稀短毛。

体长：17~18mm。

雄蜂：与雌蜂相似，腹部7节。

分布：云南（红河、开远、元江、新平、景洪）、四川、广东、广西；美洲。

（58）和马蜂 *Polistes* (*Megapostes*) *rothneyi iwatai* Van der Vecht 1968（**彩图版X.58**）

Van der Vecht: 1968, Bijdr. Dierk. 38: 104.

雌蜂：体中等大型，黑色，有黄色和棕色斑纹。两复眼顶部之间有1宽黑色横带。额、两复眼内缘下部、唇基橙黄色。两触角窝之间1窄横带和唇基基部黑色。后头黄色，边缘中央黑色，后单眼后部两侧各具1弧形黄斑。后颊黄色。触角支角突、柄节、梗节、鞭节第1~4节背面黑色，腹面和第4以后鞭节均呈棕色。上颚黄色，端齿黑色。前胸背板前缘领状部边缘黄色，两侧中部各具1棕色斜斑。中胸背板黑色，中央两侧各具1窄而短的黄色纵斑。小盾片黄色，中央纵线黑色。后小盾片完全呈黄色。并胸腹节黑色，中央两侧各具1黄色纵斑，两侧边缘各具1黄色窄纵斑。中胸侧板黑色，上部有1黄色纵斑，下部中央处有1隐约小点状黄斑，后胸侧板黑色，仅上侧片上部有1黄斑。翅基片棕色。翅呈棕色，前翅前缘色略深。前足基节黑色，内、外缘各具1黄色窄纵斑，转节和股节基部2/3处及胫节背面基部1/3处黑色，其余完全呈棕色。中足棕色，基节、转节和股节、胫节2/3、跗节3/4处黑色。后足棕色，基节、转节和股节、胫节、跗节3/4处黑色。第1腹节背板黑色，端部边缘有1黄色横带，横带中央有1凹陷，两侧中部各有1黄色小斑，腹板全呈黑色。第2腹节背板棕色，基部黑色，中央有1黑色凹陷窄横带。腹板黑色，端缘和两侧棕色。第3~5节背、腹板棕色，基部黑色，端部边缘为黄色横带。第6节背、腹板均呈棕色。

头部：横宽、光滑、毛稀，较胸部翅基片处稍窄。两触角窝之间呈棱状隆起。额沟明显。额、头顶、后颊均具浅刻点和短毛。单眼呈三角形排列，OOD 是 IOD 的 0.5 倍，OCD 是 OOD 的 1.1 倍。触角丝状，向端部逐渐加粗，顶鞭节末端尖，第 1 鞭节是第 2 鞭节长的 3.2 倍。唇基稍凸起，宽大于长，端部两侧截形，中央呈角状突出，具稀浅刻点和短毛。上颚粗壮，末端具 4 个端齿，上端齿短。

胸部：前胸背板前缘截形，边缘呈领状凸起，两肩角向后倾斜，具细密刻点和短毛。中胸背板稍隆起，中央纵隆线明显，具稀浅刻点和短毛。小盾片矩形，中央由 1 纵线分开，具细浅刻点和短毛。后小盾片横带状，光滑，覆短毛。并胸腹节向后下方倾斜，端部截形，中央具 1 纵凹陷，背面密布横皱褶和短毛。中胸侧板稍隆起，后半部具浅刻点和短毛。后胸侧板较窄，光滑，覆短毛。翅透明，前翅痣三角形，长是宽的 3.2 倍，径脉自翅痣下方中部之后发出，第 2 肘室宽，近方形，第 1 肘室较第 3 肘室窄。足强健，后足第 1 跗节是第 2 跗节长的 2.6 倍。后足爪光滑，无齿。

腹部：第 1 节背板基部细，向端部逐渐加宽，长是宽的 0.8 倍，光滑，覆短毛，背板三角形，密布横皱褶和稀短毛。第 2 腹节背板宽，长是宽的 0.7 倍，光滑，覆短毛，腹板光滑，毛稀。第 3~6 节背、腹板光滑，覆短毛。

体长：17~20mm。

雄蜂：与雌蜂相似，腹部 7 节。

分布：云南（文山、麻栗坡、华宁、维西、宁蒗）、河北、贵州；日本，朝鲜。

(59) 斑羽马蜂 *Polistes maculipennis* Saussure 1853（**彩图版** X. 59）

Saussure：1853，Mon. Guêp. Soc. p. 61.

雌蜂：体中等大小型，褐色至褐黄色，有黄色和棕色斑纹。额、头顶棕红色。两复眼内缘各具 1 黄色带状斑，后颊棕红色，两复眼后缘自头顶至上颚基部两侧各具 1 上窄下宽的黄色带状斑。触角完全呈棕红色。单眼黑色。唇基黄色。上颚黄色，端齿黑色。前胸背板黄色，两侧角各具 1 黄色纵斑。小盾片棕色，基部边缘黄色。后小盾片基部一半黄色，端部棕色。并胸腹节棕色，中央纵沟黑色，两侧各具 1 宽黄色纵带。中胸侧板棕色，上部和下部、中央各具 1 黄色纵斑。后胸侧板棕色，上、下侧片中部各具 1 黄色纵斑。翅呈棕色，前翅前缘色略深，位于径室和第 2 肘室处有 1 褐色暗斑。各足基节腹面黄色，背面棕色；股节腹面黄色，背面棕色。转节、胫节和跗节均呈棕色，仅跗节色略深。第 1 腹节背板黄色，背面中部和两侧边缘各具 1 棕色纵斑，腹板黄色。第 2~5 节背、腹板均棕色，端缘各具 1 黄色横带。第 6 节背、腹板完全呈棕色。

头部：横宽、光滑、发亮、毛稀，与胸部翅基片处近等宽。两触角窝之间稍隆起，额沟可见。额与头顶均具细纵皱条纹和稀短毛。后颊光滑，具稀刻点和短毛。单眼呈三角形排列，OOD 是 IOD 的 0.4 倍，OCD 是 OOD 的 2 倍。触角丝状，向端部逐渐加粗，顶鞭节末端收缩，第 1 鞭节是第 2 鞭节长的 2.7 倍。唇基稍凸起，宽大于高，端部中央呈角状突出，具稀浅刻点和短毛。上颚粗壮，末端具 4 个端齿，上端齿短而尖。

胸部：前胸背板前缘呈领状突起，基部截形，两肩角明显，光滑、毛稀。中胸背板凸起，中央纵隆线清楚，具细密刻点和短毛。小盾片稍隆起，矩形，光滑、毛稀。后小盾片横带状，端部强度向后下方倾斜，光滑、毛稀。并胸腹节强度向后下方倾斜，中央具 1 明显纵沟，背面具横皱褶，两侧具细密刻点和短毛。中胸侧板凸起，具稀浅刻点和密短毛。后胸侧板凹入，光滑，具稀浅刻点和密短毛。翅透明，前翅痣三角形，长是宽的4.2倍，径脉自翅痣下方中部发出，第2肘室宽，近方形，第1肘室较第3肘室窄。足细长，后足第1跗节是第2跗节长的3倍。各足爪简单，光滑，无齿，爪垫明显。

腹部：矛形，第1节背板基部细，向端部逐渐扩展，长是宽的1.1倍，腹板三角形。背、腹板均光滑，覆紧贴密短毛。第2节背板稍宽，长是宽的0.9倍，光滑，覆紧贴密短毛，腹板光滑、毛稀。第3~6节背、腹板均光滑，无刻点，覆紧贴密短毛。

体长：13~14mm。

雄蜂：与雌蜂相似，唇基基部黄色，端部黑色，腹部7节。

分布：云南（勐海、思茅、景洪、红河、盈江）；印度（锡金）。

（60）澳门马蜂 *Polistes macaensis* Fabricius 1793 **（彩图版X.60）**

Fabricius：1793，Ent. Syst. 2：259.

雌蜂：体中等大型，黑色，有棕色和黄色斑。头部棕色。两触角窝之间隆起处黑色，两复眼顶部之间具1宽黑色横带，带后有橙色斑，后颊边缘黑色，其余额部及颊部均为橙色。单眼棕色。触角支角突呈棕色，柄节背面黑色，腹面棕色，鞭节均呈铁锈色。唇基橙红色，边缘黑色。上颚黄色，端齿黑色。前胸背板棕色，基部截面及两下角各具1黑斑。中胸背板黑色，中部两侧各具1窄棕色纵带。小盾片与后小盾片均呈棕色。并胸腹节完全呈黑色。中胸侧板黑色，上侧片上部有1黄色小斑。后胸侧板全呈黑色。翅基片棕色，内缘色略深。翅呈棕色，前翅前缘色略深。所有足基节、转节黑色，前足股节基部一半黑色，端半部及胫节、跗节黄色，唯胫节外侧色略深。中足股节2/3黑色，端部黄色，胫节外侧近黑色，内侧近橙黄色，跗节棕黄色。后足股节黑色，端部背面黄色，胫节黑色，但端距之上部有1黄斑，跗节橙黄色，爪垫褐色。第1腹节背板黑色，近中部两侧各1点状斑及端部边缘黄色，腹板全呈黑色。第2~5腹节背板沿端部边缘有1内缘弯曲的橙黄色横带，中部两侧各具1橙黄色斑，余均黑色，腹板与背板相似，但黑色区较大。第6腹节背、腹板基部黑色，端部橙黄色。

头部：横宽、光滑、发亮、毛稀，较胸部翅基片处窄。两触角窝之间隆起，额沟明显。额与头顶具细密刻点和短毛，颊部刻点较稀，覆短毛。单眼呈三角形排列，OOD是IOD的0.3倍，OCD是OOD的2.3倍。触角丝状，向端部逐渐加粗，顶鞭节末端收缩，第1鞭节是第2鞭节长的2.7倍。唇基隆起，宽大于高，基部平直，端部呈角状突出，具稀浅刻点和短毛。上颚粗壮，末端具4个端齿，上端齿较短，具稀浅刻点和短毛。

胸部：前胸背板基部截形，前缘呈领状突起，两肩角明显，密布浅刻点和短毛。中胸背板稍隆起，中央具明显纵脊，密布浅刻点和短毛。小盾片隆起，矩形，中央具纵沟，两侧向下延伸，具稀浅刻点及短毛。后小盾片横带状，前缘近弧形，具稀浅刻点及短毛。并胸腹节向后下方倾斜，中央具纵沟，密布横皱褶及短毛。中胸侧板隆起，密布浅刻点及短毛。后胸侧板窄，上侧片刻点呈横皱褶状，下侧片刻点稀，均覆稀短毛。翅透明，前翅痣三角形，长是宽的1.4倍，径脉自翅痣下中部稍后方发出，第2肘室稍宽，近方形，第1肘室较第3肘室稍窄。足细长，后足第1跗节是第2跗节长的

2.7倍。各足爪简单，光滑，无齿。

腹部：第1节背板基部细，向端部逐渐扩展，锥形，长是宽的0.8倍，光滑，覆短毛，腹板三角形，具细横皱褶及短毛。第2节背板宽，长是宽的0.8倍，光滑，覆短毛。第3~6节背、腹板均光滑，覆稀短毛。

体长：20~22mm。

雄蜂：与雌蜂相似，但唇基内缘凹陷，体上黄斑较小，体色较雌蜂稍暗。腹部7节。

分布：云南（砚山、华宁、弥勒、永平、保山、盈江、福贡、德钦）、河北、江苏、福建、广东、广西；日本，新加坡，缅甸，印度，孟加拉，伊朗。

（61）棕马蜂 *Polistes gigas*（Kirby）1826（**彩图版Ⅺ.61**）

Kirby：1826，Introd. Ent. I. ed 3：63，633.

雌蜂：体大型，棕色至暗棕色。端部棕色。触角暗棕色。胸部棕色，后小盾片、并胸腹节、中胸与后胸侧板暗棕色。翅基片棕色。翅呈淡棕色，前翅前缘色略深。前足棕色。中、后足暗棕色。腹部所有背、腹板均呈棕色。

头部：横宽、粗糙、毛稀，较胸部翅基片处窄。两触角窝之间呈瘤状隆起，额沟明显。额、头顶及后颊均具粗大刻点和短毛。单眼呈三角形排列，OOD是IOD的0.3倍，OCD是OOD的4倍。触角丝状，向端部逐渐加粗，顶鞭节末端收缩、钝，第1鞭节是第2鞭节长的3.2倍。唇基隆起，长与宽近相等，基部两侧呈截状，端部中央呈截状突出，具粗大刻点和短毛。上颚粗壮，末端具4个端齿，上端齿短，具稀浅刻点和短毛。

胸部：前胸背板基部截形，前缘呈领状突起，密布粗大刻点和短毛。中胸背板稍隆起，背面较平坦，中央纵隆线明显，密布粗网状刻点和短毛。小盾片稍隆起，矩形，两侧向下倾斜，基部中央有1短纵沟，密布粗刻点及短毛。后小盾片横带状，端部呈角状突出，密布粗刻点和短毛。并胸腹节向后下方倾斜，端部中央近2/3处具1宽凹陷，两侧边缘处具刻点，背面密布横皱褶及短毛。中胸侧板凸起，前半部光滑，后半部具粗刻点，均覆短毛。后胸侧板较窄，密布粗刻点和短毛。翅基片光滑，具细浅刻点和短毛。翅透明，前翅痣窄，近方形，长是宽的4倍，径脉自翅痣下近端部处发出，第2肘室宽近方形，第1肘室较第3肘室稍窄。足强健，较长，后足第1跗节是第2跗节长的2.7倍。各足爪简单，光滑，无齿，爪垫小，不明显。

腹部：第1节背板基部细，向端部逐渐加宽，长是宽的0.6倍，光滑，覆细密短毛，腹板近三角形，密布横皱褶及短毛。第2节背板宽，长是宽的0.8倍，光滑，覆细密短毛。第3~6节背板均光滑，腹板均具细浅刻点，背、腹板均覆细密短毛。

体长：30~32mm。

雄蜂：与雌蜂相似，但体较雌蜂大。复眼小。唇基扁平，端部中央深凹陷，上颚末端仅具2个端齿。触角端部扁平，呈匙状。体色较雌蜂暗。腹部7节。

体长：37mm。

分布：云南（麻栗坡）、贵州、江苏、浙江、福建、广东、广西。

（62）黄裙马蜂 *Polistes sagittarius* Saussure 1853（**彩图版Ⅺ.62**）

Saussure：1853，Mon. Guep. Soc. p. 56.

雌蜂：体中等大型，黑色，有黄色或棕色斑纹。头部黑色，两复眼内缘棕色。单眼棕色。触角支角突背面黑色，腹面棕色，梗节、鞭节黑色，端部数节腹面呈锈色。颊部两侧呈深棕色。唇基两侧黑色，余均暗棕色。上颚暗棕色近黑色。前胸背板完全呈黑色，有时两肩部略呈深棕色。中胸背板黑色，小盾片、后小盾片、并胸腹节、中胸与后胸侧板黑色。翅基片黑色。翅基部2/3深棕色，端部1/3棕色。前足股节背面、胫节、跗节和中足股节端部内侧呈暗棕色，中、后足各节均呈黑色；第1腹节背板基部1/3呈黑色，端部2/3为淡棕色，腹板棕色。第2腹节背板黄色，基部两侧稍呈棕色，腹板黄色。第3~5节背板和第3、4节腹板黑色。第6节背板暗棕色。第5、6节腹板棕黄色。

头部：横宽、粗糙、毛密，较胸部翅基片处窄。两触角窝之间隆起，额沟明显，额与头顶密布粗颗粒状刻点和棕色短毛。单眼呈三角形排列，OOD是IOD的0.6倍，OCD是OOD的2倍。后头边缘向内凹陷，颊部具细浅刻点和短毛。触角丝状，向端部逐渐收缩，第1鞭节是第2鞭节长的2.1倍。唇基稍凸起，基部边缘向内凹陷，端部中央呈角状突出，具细浅刻点和短毛。上颚粗壮，末端具4个端齿，上端齿较短。

胸部：前胸背板前缘向前突出，边缘呈领状突起，两肩角不明显，密布横皱褶状刻点和短毛。中胸背板稍凸起，中央纵隆线明显，密布网状刻点和短毛。小盾片矩形，稍隆起，密布粗刻点和短毛。后小盾片横带状，密布刻点和短毛。并胸腹节向后下方倾斜，端部矩形，中央具宽纵凹陷，密布横皱褶和短毛。中胸侧板稍隆起，密布粗颗粒状刻点和短毛。后胸侧板上侧片窄，密布横皱褶，下侧片宽，密布粗颗粒状刻点和短毛。翅基片光滑，无刻点。翅透明，前翅痣三角形，长是宽的3倍，径脉自翅痣下方中部处发出，第2肘室宽，近方形，第1肘室较第3肘室稍窄。足强健，后足第1跗节是第2跗节长的2.8倍。各足爪简单，光滑，无齿，爪垫明显。

腹部：第1节背板基部细，向端部逐渐扩展，长是宽的0.6倍，光滑，覆短毛。腹板三角形，密布粗横皱褶和短毛。第2腹节背板宽，长是宽的0.8倍，光滑，覆短毛，腹板光滑，覆短毛。第3~6节背、腹板均光滑，覆短毛。

体长：18~19mm。

雄蜂：体长17mm，与雌蜂相似，体稍小，腹部7节。

分布：云南（景洪、勐腊、双江）、广东；印度，越南，缅甸。

（63）台湾马蜂 *Polistes formosanus* Sonan 1938（**彩图版XI. 63**）

Sonan：1938，Arb. Morph. Tax. Ent. Berl. 5：68 fig. x.

雌蜂：体中等大小，黑色，斑纹黄色至橙黄色。头部橙黄色，两复眼顶部之间具1窄黄色横带，额、后头及颊部黄色，后头边缘黑色。单眼棕色。触角支角突橙色，柄节背面褐色，腹面棕色。鞭节棕色，背面色略深。唇基与上颚黄色，上颚端齿黑色。前胸背板橙黄色，顶部两侧色稍深，基部截面中部黑色。中胸背板黄色，纵隆线及两侧黑色。小盾片与后小盾片黄色，盾片之间的缝黑色。并胸腹节黑色，中央两侧各具1宽黄色纵斑，边缘两侧黄色。中胸侧板黑色，上部与中部各具1黄色小斑，后胸侧板黑色，上、下侧片中央各具1黄色斑。翅基片橙黄色。翅呈棕色，前翅前缘色略深。前足基节、转节后缘黄色，前缘黑色，股节背面棕色，腹面与胫节端部背面暗棕色，余均呈棕色。后足基节、转节后部黄色，前面部分与股节背面、胫节几乎整个黑色，其余均呈棕色。第 1 腹节背板基部黑色，端部两侧及边缘黄色，腹板完全呈黑色。第 2 腹节背、腹板基部黑色，端部黄色。第 3~6 节背、腹板均为橙黄色。

头部：横宽、光滑、毛稀，约与胸部翅基片处等宽。两触角窝之间隆起，额沟明显。额上半部及头顶具粗浅刻点和短毛，下半部与后头光滑，覆稀短毛。后颊光滑，覆短毛。单眼呈三角形排列，OOD 是 IOD 的 0.6 倍，OCD 是 OOD 的 1.7 倍。触角丝状，向端部逐渐加粗，顶鞭节末端钝，第 1 鞭节是第 2 鞭节长的 2.1 倍。唇基凸起，基部平直，端部中央呈角状突出，具稀浅刻点和短毛。上颚粗壮，末端具 3 个端齿，具稀浅刻点和短毛。

胸部：前胸背板基部截形，边缘中央呈领状隆起，两肩角明显，具密浅刻点和短毛。中胸背板隆起，中央具明显纵脊，具粗浅刻点及短毛。小盾片稍隆起，矩形，中央具明显纵沟，两侧向下延伸，具细浅刻点和短毛。后小盾片横带状，端部中央略突出，光滑，覆短毛。并胸腹节向后下方倾斜，中央具宽浅纵沟，具横皱褶及短毛。中胸侧板凸起，具粗刻点和短毛。翅基片光滑，覆短毛。翅透明，前翅痣三角形，长是宽的 3.1 倍，径脉自翅痣下近中部发出，第 2 肘室宽，近方形，第 1 肘室较第 3 肘室窄。足强健，后足第 1 跗节是第 2 跗节长的 2.8 倍，各足爪光滑，无齿，爪垫明显。

腹部：第 1 腹节背板基部细，向端部逐渐扩展，长是宽的 0.7 倍，光滑，覆细密短毛，腹板三角形，具横皱状刻点和短毛。第 2 节背板宽，长是宽的 0.9 倍，光滑，覆细密短毛。腹板光滑，毛稀。第 3~6 节背、腹板均光滑，均覆短毛。

体长：16mm。

雄蜂：与雌蜂相似，体色稍暗，触角背面黑色，腹面锈色，腹部 7 节。

分布：云南（广南、文山、富宁、麻栗坡、丘北）、贵州、四川、湖南、江西、福建、台湾、广东、广西；日本。

(64) 斯马蜂 *Polistes snelleni* Saussure 1862（彩图版XI. 64）

Saussure：1862，Stettin，Entom. Zeitg，XXⅡ：1440.

雌蜂：体中等大型，黑色，有黄色和棕色斑纹。头部两复眼内缘下侧略呈黄色，其余额部、头顶均为黑色。单眼棕色。后颊黑色。两复眼后缘上侧，紧邻复眼有 1 窄条状黄斑，颊部棕色。触角支角突、柄节和梗节、第 1 鞭节呈棕色，其余鞭节背面黑色，腹面棕色。唇基黄色，基部和两侧边缘黑色。上颚棕色。前胸背板上部棕色，两下角黑色。中胸背板完全呈黑色。小盾片棕色。后小盾片黑色，但沿前缘中央两侧各具 1 窄黄色横斑。并胸腹节黑色，但于中央两侧各具 1 黄色纵斑。中、后胸侧板均呈黑色。翅基片棕色。翅呈棕色，前翅前缘色略深。所有足的基节、转节黑色，均于端部呈棕色，股节腹面为黑色，背面为棕色，胫节、跗节为棕黄色。第 1 腹节背板基半部黑色，端部边缘黄色。腹板黑色。第 2 腹节背板黑色，端部边缘棕色，中部两侧紧邻棕色横带具 2 黄色横斑。腹板黑色，端部边缘有 1 棕色横带，紧邻棕色横带两内侧各具 1 黄色窄横斑。第 3、4 节背板黑色，端部各具 1 黄色横带，腹板黑色，端缘棕色。第 5、6 节背板基部黑色，端部棕色。腹板基部黑色，端部棕色。

头部：横宽、粗糙、刻点密、毛稀，较胸部翅基片处窄。两触角窝之间稍隆起，额沟明显。额与头顶均具细密刻点和茸毛。后颊窄，具稍浅刻点和茸毛。单眼呈三角形排列，OOD 是 IOD 的 1.8 倍，OCD 是 OOD 的 1.4 倍。触角丝状，向端部逐渐加粗，第 1 鞭节是第 2 鞭节长的 2 倍。唇基凸起，基部边缘中央凹陷，端部中央呈角状突出，具稀浅刻点和短毛。上颚粗壮，有浅刻点，最上 1 齿较短。

胸部：前胸背板前缘截状，两肩角明显，边缘有领状突起，具细浅刻点和茸毛。中胸背板稍凸起，中央纵隆线明显，密布浅刻点和短毛。小盾片隆起，矩形，具细刻点和茸毛。后小盾片横带状，端部中央稍突出，布浅刻点和茸毛。并胸腹节强度向后下方倾斜，中央具宽纵凹陷，背面密布横皱褶，两侧下部具浅刻点和茸毛。中胸侧板下部强凸起，密布刻点和短毛。后胸侧板凹入，密布刻点和短毛。翅透明，前翅痣三角形，长是宽的 2.5 倍，径脉自翅痣下方中央发出，第 2 肘室近方形，第 1 肘室较第 3 肘室窄。足强健，后足第 1 跗节是第 2 跗节长的 2.8 倍，各足爪光滑，无齿，爪垫明显。

腹部：第 1 节背板基部窄，向端部逐渐扩展，长是宽的 0.8 倍，腹板近三角形，密布横皱褶和稀茸毛。第 2 节背板较宽，长是宽的 0.7 倍，腹板光滑，具短茸毛。第 3~6 节背板均光滑，具稀浅刻点和短毛。

体长：13~13.5mm。

雄蜂：触角自第 2 节以上背面有时呈棕色。额下半部、唇基及上颚黄色。胸部腹面，各足基节、转节前缘、中胸侧板前缘均为黄色。中、后足跗节第 2~4 节均呈黑色，腹部第 7 节腹板基部黄色。体长约 13mm。

分布：云南各地，河北、甘肃、江苏、江西、浙江、福建、山东、湖南、贵州、四川；日本。

（65）焰马蜂 *Polistes adustus* Bingham 1897（**彩图版Ⅺ. 65**）

Bingham：1897，Fauna Brit. India，p. 397.

雌蜂：体中等大型，黑色，有黄色和棕色斑纹。额、头顶及颊均呈黑色，沿两复眼内缘下部及后缘上部各具 1 窄条状黄色斑。单眼棕色。触角完全呈黑色。唇基全呈黄色，基部及边缘两侧有黑色窄边。上颚基部黑色，端部棕色。前胸背板黑色前缘黄色，上部棕色，两下角黑色。中胸背板全呈黑色。小盾片棕色。后小盾片黑色，但于基部两侧各具 1 黄色窄横斑。并胸腹节、中胸与后胸侧板完全为黑色。翅基片黑色，翅呈褐色，前翅前缘色略深，位于径室端部和第 2 肘室处有 1 褐色暗斑。前、中足基节、转节、跗节黑色，股节内侧黄褐色，外侧黑色。后足除股节几乎整个为红褐色外，其余均呈黑色。第 1 腹节背板背面黑色，两侧和端缘黄色，腹板基部黑色，端部黄色。第 2~4 腹节背、腹板完全呈黑色。第 5、6 腹节背、腹板均呈淡褐色。

头部：横宽、粗糙、刻点细密、毛稀，约与胸部翅基片处等宽。两触角窝之间稍隆起，额沟明显。额与头顶密布粗刻点和短毛。后颊窄，具浅刻点和短毛。单眼呈三角形排列，OOD 是 IOD 的 0.5 倍，OCD 是 OOD 的 2 倍。触角丝状，向端部逐渐加粗，第 1 鞭节是第 2 鞭节长的 2.2 倍。唇基凸起，宽大于高，基部两侧截状，端部中央近弧形，具稀浅刻点和短毛。上颚粗壮，末端具 4 个端齿，最上 1 端齿短而小。

胸部：前胸背板前缘截形，两肩角明显可见，密布刻点和短毛。中胸背板稍平，密布刻点和短毛。小盾片凸起，矩形，密布刻点和短毛。后小盾片横带状，向下倾斜，密布刻点和短毛。并胸腹节向下垂直，中央具宽浅纵沟，背面密布横皱褶，两侧具粗刻点和短毛。中胸侧板隆起，密布粗刻点和短毛。后胸侧板凹陷，具横皱褶，下侧片具浅刻点和短毛。翅透明，前翅痣三角形，长是宽的3.8倍，径脉自翅痣下方中部发出，第2肘室宽，近方形，第1肘室较第3肘室窄。足强健，后足第1跗节是第2跗节长的2.5倍。各足爪简单，光滑，无齿，爪垫明显。

腹部：长与胸部近相等。第1节背板基部窄，向端部逐渐扩展，长与端部最宽处近相等，具细密刻点和短毛。腹板近三角形，具稀浅刻点和短毛。第2节背板较宽，长是宽的0.6倍，具细密刻点和短毛。腹板光滑，具稀浅刻点和短毛。第3~6节背、腹板均光滑，具稀浅刻点和短毛。

体长：10mm。

雄蜂：与雌蜂相似，唇基黑色，并胸腹节两侧各具1黄色纵斑，端缘黄色，腹部7节。

分布：云南（景洪、勐腊、勐海）；印度锡金。

(66) 柑马蜂 *Polistes mandarinus* Saussure 1853 **(彩图版XI. 66)**

Saussure：1853，Etud. fam . Vespid. II，p. 58.

雌蜂：体小型，黑色，有棕色和黄色斑纹。额上半部及头顶部黑色，额下半部淡棕色。颊部棕色，仅后缘上半部黑色。单眼棕色。触角支角突、柄节、梗节、第1鞭节均呈棕色，其余鞭节背面黑色，腹面锈色。唇基与上颚棕黄色，上颚端齿黑色。前胸背板棕色，基部截面及两下角黑色。中胸背板完全呈黑色。小盾片、后小盾片棕色，中间有黑斑。并胸腹节黑色，有时中央两侧有黄色纵斑。中胸侧板黑色，仅于上部中间有1棕色小斑。后胸侧板完全呈黑色。翅基片棕色。翅呈棕色，前翅前缘色略深。前足、后足基节黑色，仅端部棕色，中足基节黑色，外侧端部棕色，各足转节均棕色，仅内侧基部黑色，各足股节棕色，仅下侧黑色。各足胫节呈棕色，跗节暗棕色。腹部除第1节腹板完全呈黑色外，其余背、腹板基部黑色，端部边缘棕色。第3~6节基部黑色部分常被前1节覆盖，仅端部棕色部分可见。

头部：横宽、粗糙、毛稀，较胸部翅基片处窄。两触角窝之间稍隆起，额沟明显。额与头顶具粗刻点和短毛。颊部光滑，具稀浅刻点和短毛。单眼呈三角形排列，OOD是IOD的0.4倍，OCD是OOD的2倍。触角丝状，向端部逐渐加粗，第1鞭节是第2鞭节长的2.5倍。唇基凸起，基部稍凹陷，端部中央呈角状突出，稀布浅刻点和短毛。上颚粗壮，末端具4个端齿，上端齿短，小。

胸部：前胸背板基部截形，前缘呈领状突起，密布较粗刻点和短毛。中胸背板凸起，中央具明显纵脊，密布网状刻点及短毛。小盾片隆起，矩形，两后下角突出，两侧凹陷，密布刻点及短毛。后小盾片横带状，向后下方倾斜，中央具宽浅纵沟，密布横皱褶和短毛。中胸侧板凸起，密布刻点及短毛。后胸侧板窄，中央凹陷，上、下侧片均具粗横皱状刻点及短毛。翅基片光滑。翅透明，前翅痣三角形，长是宽的2.7倍，径脉自翅痣下中部上后方发出，第2肘室稍宽，近方形，第1肘室较第3肘室稍窄。足强健，后足第1跗节是第2跗节长的2.4倍。各足爪简单，光滑，无齿，爪垫明显。

腹部：第1节背板基部细，向端部逐渐扩展，长是宽的0.6倍，光滑，覆短毛，腹板三角形，具横皱褶及短毛。第2节背板宽，长是宽的0.7倍，光滑，覆短毛，腹板光滑，毛稀。第3~5节背、腹板均光滑，覆短毛。

体长13~15mm。

雄蜂：与雌蜂相似，唇基平扁，光滑。触角背面黑色，腹面棕色，腹部7节。体长约13mm。

分布：云南（昆明、泸西、砚山、丘北、弥勒、建水、玉溪、易门、普洱、思茅、澜沧、临沧、沧源、保山、泸水、宾川、丽江、永平、宁蒗、维西、华坪、兰坪、中甸、德钦）、贵州、四川、湖南、湖北、江西、广西。

(67) 柞蚕马蜂 *Polistes gallicus gallicus* (Linnaeus) 1767 (**彩图版Ⅻ.67**)

Linnaeus：1767, Syst. Nat. 12. Ed I (2)：949.

雌蜂：小至中等大型，黑色，具黄色斑纹。头部黑色，额部有1黄色横斑。两复眼下侧各具1黄色斑。后颊上部两侧与下部两侧各具1黄斑。触角锈色，支角突、柄节、梗节、第1鞭节基部背面黑色。单眼棕色。唇基黑色，中部具1宽齿状黄色横斑。上颚黄色，端齿黑色。前胸背板黑色，领状部边缘黄色。中胸背板完全呈黑色。小盾片黑色，基部两侧各具1相邻的黄色弧形斑。并胸腹节黑色，中央两侧各具1短黄色纵斑。中胸侧板黑色，位于上部两侧各具1卵圆形黄斑。后胸侧板完全呈黑色。翅基片黄色，中央具1棕色斑。翅呈棕色，前翅前缘色略深。前、中后足的基节、转节和除股节端部黄色外，均呈黑色。

头部：横宽、粗糙、毛稀，较胸部翅基片处稍窄。两触角窝之间隆起，额沟明显。额与头顶均具细密刻点和短毛。后颊光滑，具稀浅刻点和短毛。单眼呈三角形排列，OOD是IOD的0.6倍，OCD是OOD的1.5倍。触角丝状，向端部逐渐加粗，顶鞭节末端收缩。第1鞭节是第2鞭节长的2.5倍。唇基稍凸起，基部中央凹陷，端部中央呈角状突出，稀布浅刻点和短毛。上颚短宽，末端具4个端齿，上端齿短尖。

胸部：前胸背板基部截形，中央呈领状隆起，两肩角明显，具细密刻点和短毛。中胸背板凸起，中央纵隆线不明显，具细密刻点和短毛。小盾片稍隆起，矩形，具细密刻点和短毛。后小盾片横带状，光滑，刻点稀，覆稀短毛。并胸腹节向后方倾斜，中央具浅纵沟，密布横皱褶和茸毛。中胸侧板稍隆起，具细密刻点和茸毛。后胸侧板窄，向下延伸，具细横皱褶和茸毛。翅透明，前翅痣三角形，长是宽的2.5倍，径脉自翅痣下中部后方发出，第2肘室稍窄，近方形，第1肘室较第3肘室窄。足细长，后足第1跗节是第2跗节长的2.4倍。各足爪简单，光滑，无齿。

腹部：第1节背板基部细，向端部逐渐扩展，长是宽的0.9倍，光滑，覆密短毛，腹板近三角形，具横皱褶和茸毛。第2节背板长是宽的0.8倍，光滑，覆短毛，腹板光滑，覆稀短毛。第3~6节背、腹板均光滑，覆稀短毛。

体长：16~18mm。

雄蜂：近似于雌蜂，体稍小，额下半部、唇基与上颚均呈黄色。胸部腹面黄色，各足基节前缘黄色，股节腹面黄色，胫节背面黑色。第2节腹板前缘基部有1大黄斑，腹部7节。体长16mm。

分布：云南（砚山、维西）、黑龙江、吉林、河北、山西、新疆、甘肃、湖南、江苏；日本，伊朗，土耳其，俄罗斯，埃及，比利时，法国，叙利亚，荷兰，瑞典。

(68) 畦马蜂 *Polistes sulcatus* Smith 1852 **(彩图版Ⅻ. 68)**

Smith：1852，Trans. Entom. Soc. Lond.（2）II 2：38.

雌蜂：体中等至大型，黑色，斑纹棕色。头部除两复眼顶部之间有1黑色横带外，其余完全呈棕色。单眼棕色。触角支角突棕色，柄节、梗节、第1~5柄节背面黑色，腹面及其余各节均呈棕色。上颚端齿黑色。前胸背板棕色，基部截面有1黑色斑。中胸背板棕色，中央纵隆线黑色。小盾片、后小盾片均呈棕色。并胸腹节完全呈黑色。中胸侧板黑色，但于上部和基部前缘及后缘各具1棕色斑，后胸侧板黑色。翅基片棕色。翅呈棕色，前翅前缘色略深。足颜色亦有变化，但仅有黑、棕两色，前足除基节后面为黑色外，其余均呈棕色，中足基节内侧和后缘、股节基部1/3、胫节与跗节2/3处黑色，其余为棕色，后足基节、转节、股节、胫节和第1跗节基部2/3处黑色，其余呈棕色。腹部常呈棕色或棕黑色，第1腹节基部黑色，两侧有棕色斑，有时整个背板均呈黑色。

头部：横宽、光滑、发亮、毛稀，较胸部翅基片处窄。两触角窝之间隆起，额沟明显。额上半部及头顶部密布刻点和短毛，后颊及额下半部具细密刻点和短毛。单眼呈三角形排列，OOD是IOD的0.4倍，OCD是OOD的2.8倍。触角丝状，向端部逐渐加粗，顶鞭节稍尖，第1鞭节是第2鞭节长的2.6倍。唇基隆起基部两侧截状，端部中央呈角状突出，具稀浅刻点和短毛。上颚粗壮，末端具4个端齿，上端齿较短。

胸部：前胸背板基部呈截状，沿边缘有领状隆起，两肩角明显，密布刻点和短毛。中胸背板稍隆起，中央纵隆线明显，密布刻点和短毛。后小盾片横带状，端部中央略突出，前缘呈弧形，密布刻点及短毛。并胸腹节向下倾斜，中央具宽浅凹陷，端部角状，密布横皱褶和短毛。中胸侧板稍隆起，密布粗刻点和短毛。后胸侧板中部凹陷，下侧片较上侧片大，向后延伸，密布粗刻点和短毛。翅透明，前翅痣三角形，长是宽的3.1倍，径脉自翅痣下中部稍后方发出，第2肘室较宽，约与第3肘室等宽，第1肘室较第3肘室稍窄。足强健，后足第1跗节是第2跗节长的3.1倍。各足爪光滑，无齿，爪垫明显。

腹部：第1腹节背板基部细，近锥形，近基部1/3两侧瘤明显，长是宽的0.8倍，光滑，覆短毛。第2腹节背板最宽，长是宽的0.7倍，光滑，覆短毛，腹板光滑，覆短毛。第3~6节背、腹板均光滑，覆短毛。

体长：21~25mm。

雄蜂：与雌蜂相似，腹部7节。

分布：云南（文山、广南、砚山、丘北、马关、麻栗坡、红河、勐海、思茅、景谷、景东、澜沧、孟连、临沧、双江、云县、盈江、瑞丽、陇川、永平、宾川、怒江、六库、泸水、福贡、碧江、永胜、华坪、中甸、德钦）、贵州、江苏、浙江、安徽、四川、江西、福建、广东、广西。

(69) 德钦马蜂 *Polistes deqinensis* Dong et Wang，sp. nov. **新种（彩图版Ⅻ. 69）**

雌蜂：体中等大小，斑纹黄色。头顶与后头黑色，位于后单眼后缘两侧各具1弯形黄斑。额与后颊均呈黄色。两触角窝之间隆起处上部有1窄黑色横带，其余部分与眼内眶完全呈黄色。触角支角突棕色，柄节、梗节背面略呈黑色，腹面与其余各节均呈锈色。唇基黄色，周围边缘黑色。上颚黄色，端齿棕色。前胸背板黄色，基部与前缘两侧各具1大三角形黑斑。中胸背板、小盾片、后小盾片、并胸腹节、中胸与后胸侧板黑色。翅基片棕色，基部黑色。翅呈浅棕色，前翅前缘色略深。前足基节前面部分黄色，后面部分、转节、股节基部近2/3处黑色，其余各节均呈黄色。中足基节、转节、股节基部2/3与胫节1/2处黑色，其余均呈黄色。后足基节、转节、股节与胫节基部3/4、跗节基部1/2处黑色，其余均呈黄色。第1、2腹节背、腹板基部黑色，端部边缘各具1窄淡棕色横带。第3~5节背、腹板基部黑色，端部边缘黄色。第6节背、腹板完全呈黄色。

头部：横宽、毛稀，较胸部翅基片处稍宽。两触角窝之间隆起，额沟明显。额上半部与头顶具粗刻点和短毛。额下半部及后颊均光滑，覆短毛。单眼呈三角形排列，OOD是IOD的0.4倍，OCD是OOD的3倍。触角丝状，向端部逐渐加粗，顶鞭节稍收缩，第1鞭节是第2鞭节长的2.6倍。唇基凸起，宽大于高，基部两侧凹陷，端部中央呈角状突出，具稀浅刻点和短毛。上颚粗壮，末端具4端齿，上端齿短、小，具稀浅刻点和短毛。

胸部：前胸背板基部截状，前缘呈领状隆起，两肩角明显，具细密刻点和短毛。中胸背板凸起，中央纵隆线明显，具细浅刻点和短毛。小盾片凸起，矩形，两侧向下延伸，具细密刻点和短毛。后小盾片横带状，中部稍宽，端部中央稍突出，具稀浅刻点和短毛。并胸腹节向后下方倾斜，中央具宽浅纵凹陷，密布横皱褶和短毛。中胸侧板凸起，具细密刻点和短毛。后胸侧板窄，下侧片向下延伸，具稀浅刻点和短毛。翅基片光滑，覆短毛。翅透明，前翅痣三角形，长是宽的1.2倍，径脉自翅痣下中部稍后方发出。第2肘室宽，近方形，第1肘室较第3肘室窄。足细长，后足第1跗节是第2跗节长的2.5倍。各足爪均光滑，无齿，爪垫明显。

腹部：第1节背板基部细，向端部逐渐扩展，长是宽的0.9倍，光滑，覆短毛，腹板三角形，具横皱褶及短毛。第2节背板宽，长是宽的0.8倍，光滑覆短毛，腹板光滑，覆短毛。第3~6节背、腹板光滑，覆短毛。

体长：14~16mm。

雄蜂：不详。

正模♀：云南德钦。1983. VIII. 19，董大志采，海拔2 020m。副模2♀♀，1♀同正模，1♀云南中甸，1983. VIII. 23，王吉先采，海拔3 280m。

本种与陆马蜂 *P. rothneyi grahami* Van der Vecht 1968 相似，其主要区别是：中胸背板、小盾片、后小盾片、并胸腹节、中胸与后胸侧板完全呈黑色；腹部无凹陷黄色横带；OOD是IOD的0.4倍，OCD是OOD的3倍；触角第1鞭节是第2鞭节长的2.6倍；翅痣长是宽的1.2倍；后足第1跗节是第2跗节长的2.5倍。

(70) 角马蜂 *Polistes antennalis* Perez 1905（**彩图版XII**. 70）

Perez：1905，Bull. Mus. Hist. Nat. poris II：24，81.

雌蜂：体小至中等大型，黑色，有棕色和黄色斑纹。头部黑色，两复眼内缘下侧各具1黄斑，两复眼后缘上侧各具1窄条状黄斑。触角支角突、柄节、梗节腹面棕色，背面黑色，鞭节完全呈黑色。唇基黄色，基部和两侧黑色。上颚近端部下侧外缘褐黄色，其余完全呈黑色。前胸背板黑色，沿前缘边缘与后缘连接中胸背板处呈黄色。中胸背板全呈黑色。小盾片褐黄色，中部色稍暗。后小盾片黄色，沿端部边缘及中央黑色。并胸腹节黑色，背面中央两侧各具1黄色纵斑，两侧面各具1黄色短纵斑。中、后胸侧板黑色。翅基片褐黄色。翅呈棕色，前翅前缘色略深。足黑色，杂有暗褐黄色。第1腹节背板基部黑色，两侧和端缘黄色，腹板黑色。第2~5节背板基部黑色，端部各具1黄色横带。腹板均呈黑色。第6节背、腹板黄色。

头部：横宽、毛稀，较胸部翅基片处宽。两触角窝之间隆起，额沟可见。额与头顶具细密刻点和短毛。后颊光滑，具稀浅刻点和短毛。单眼呈三角形排列，OOD是IOD的0.4倍，OCD是OOD的1.7倍。触角丝状，向端部逐渐加粗，顶鞭节末端钝，第1鞭节是第2鞭节长的2.4倍。唇基凸起，长、宽略相等，基部截形，端部中央呈角状突出，具稀刻点和短毛。上颚粗壮，末端具4个端齿，上端齿稍短，具稀粗刻点和短毛。

胸部：前胸背板前缘略隆起，沿边缘呈领状突出，两肩角明显，具细密刻点和短毛。中胸背板稍隆起，中央纵脊明显，具细密刻点和短毛。小盾片隆起，高于中胸背板，矩形，中央有1短纵脊，具细密刻点和短毛。后小盾片横带状，端部中央突出，具细浅刻点和短毛。并胸腹节向下方倾斜，中央具1明显纵沟，密布横皱褶和短毛。后胸侧板窄，具细密刻点和短毛。翅基片光滑，覆短毛。翅透明，前翅痣三角形，长是宽的2.8倍，径脉自翅痣下中部稍后方发出，第2肘室宽，近方形，第1肘室较第3肘室窄。足细长，后足第1跗节是第2跗节长的2.6倍，各足爪简单，光滑，无齿。

腹部：第1腹节背板基部细，向端部逐渐扩展，长是宽的0.8倍，腹板三角形，密布横皱褶，背、腹板均覆短毛。第2节背板宽，长是宽的0.7倍，光滑，覆短毛，腹板光滑，毛稀。第3~6节背、腹板均光滑，覆短毛。

体长：12~14mm。

雄蜂：与雌蜂相似，唇基平扁，周围边缘隆起，额下半部全呈黄色，后颊全呈黄色。中胸侧板及胸部腹面黄色。前足基节、转节黄色，中、后足基节和转节前缘黄色。各足股节仅背面黑色。腹部第1~4节腹板基部均有大黄斑，腹部7节。体长15mm。

分布：云南（石屏、新平、澜沧、南华）、新疆、内蒙古、河北、山西、吉林、甘肃、江苏、浙江、安徽、贵州、福建；法国，意大利，西班牙，土耳其，俄罗斯，北非，巴尔干半岛。

(71) 点马蜂 *Polistes stigma* (Fabricius) 1793 (**彩图版Ⅻ. 71**)

Fabricius：1793，Ent. Syst. 2：275.

雌蜂：体中等大型，棕色，有黄色和黑色斑纹。额与头顶完全呈棕色。两复眼内缘下侧黄色。颊部均呈棕色。单眼深棕色。触角全呈棕色。唇基基半部棕色，端半部渐呈黄色。上颚棕色，端齿黑色。前胸背板棕色，领状部和后部边缘黄色。中胸背板完全为深棕色。小盾片深棕色，沿基部边缘有1细黄色横带。后小盾片深棕色，基部边缘有1窄黄色横带。后小盾片深棕色，于中央两侧各具1黄色纵带。中、后胸侧板均呈深棕色。翅基片棕色，内缘黄色。翅呈棕色，前翅前缘色略深，位于径室端部和第2肘室上部处有1褐色暗斑。前足棕色，基节前缘黄色，中足棕色，基节背面两侧和腹面各具1黄色纵带。第1腹节背板棕色，沿边缘两侧为黄色，腹板黄色。第2腹节背板棕色，腹板棕色，沿端部有1黄色横带。第3、4节背、腹板棕色，端部有1黄色横带，唯第4节横带比第3节横带宽得多，基部黑色。第5、6节背、腹板均呈棕色。

头部：横宽、光滑、毛稀，较胸部翅基片处窄。两触角窝之间隆起，额沟明显。额、头顶、后颊均光滑，毛稀。单眼呈三角形排列，OOD是IOD的0.4倍，OCD是OOD的0.8倍。触角丝状，向端部逐渐变粗，顶鞭节末端稍尖，第1鞭节是第2鞭节长的3.1倍。唇基凸起，端部两侧截形，中央呈角状突出，具稀浅刻点和短毛。上颚粗壮，末端具4个端齿，上端齿较短。

胸部：前胸背板基部角状，沿前缘呈领状突起，具细密刻点和短毛。中胸背板凸起，中央纵隆线明显，无刻点，覆稀茸毛。小盾片稍凸起，矩形，具细密刻点和茸毛。后小盾片横带状，端部中央稍突出，光滑，毛稀。并胸腹节向后下方倾斜，背面圆凸，中央纵沟不明显，具横皱褶和茸毛。中胸侧板稍凸起，具细刻点和短茸毛。翅透明，前翅痣近三角形，长是宽的3.3倍，径脉自翅痣下方近中部发出，第2肘室宽，倾斜，第1肘室较第3肘室强窄。足细长，后足第1跗节是第2跗节长的2.9倍。各足爪简单，无齿。

腹部：第1节背板基部细，向端部逐渐膨胀，长是宽的2.9倍，腹板近三角形，背、腹板均光滑，具细密刻点和短毛。第2腹节背板宽，长是宽的0.6倍，具细密刻点和短毛，腹板光滑，毛稀。第3~6节背、腹板均光滑，覆密短毛。

雄蜂：近似于雌蜂，体稍小，腹部7节。

分布：云南（景洪、勐腊、红河）、广东；印度，缅甸，马来西亚，新加坡，斯里兰卡。

（六）狭腹胡蜂科 Stenogastridae

本科属胡蜂科中最原始的一个类群，已知7个属，其中全狭腹胡蜂属被归并入侧狭腹胡蜂属，所以仅有6个属。成虫体细长，足弱。腹部第1节收缩呈细长柄。多分布于热带雨林和季雨林环境，海拔在76.4~1 400m。蜂巢多建筑在房屋、河沟、马路边土坎、崖石等的悬挂物上，巢呈条状，外露，数量不等，一般3~80个巢室呈纵列或交错状排列而成，巢室材料分植物纤维和泥土两种。

已知属检索表

1. 第2腹节无柄 …………………………………………………………… 2
   第2腹节有柄或具短柄 …………………………………………………… 4
2. 并胸腹节后面有一明显收缩的颈，末端隆起形成一粗隆脊 …… 狭腹胡蜂属 *Stenogaster* Guérin
   并胸腹节后面无明显收缩的颈，末端不隆起形成一粗隆脊 ……………… 3

3. 后翅后缘有一棕色边缘；小盾片强度升起，中央有一中纵脊；后头脊两端与口后脊相接 ……
……………………………………………………… 真狭腹胡蜂属 *Eustenogaster* Van der Vecht
后翅后缘无棕色边缘；小盾片不强度升起，中央无一中纵脊；后头脊两端不与口后脊相接
……………………………………………………… 平狭腹胡蜂属 *Liostenogaster* Van der Vecht
4. 第2腹节基部具细长柄 ……………………………… 侧狭腹胡蜂属 *Parischnogaster* Schulthess
第2腹节基部具短柄 ……………………………………………………………………………… 5
5. 第2腹节气门着生在背面清楚可见；雄蜂触角正常形状 ……………………………………
……………………………………………………… 后狭腹胡蜂属 *Metischnogaster* Van der Vecht
第2腹节气门着生在侧面，不清楚可见，雄蜂触角末端具一顶丝，顶丝末端匙状 ……………
……………………………………………………… 匙角狭腹胡蜂属 *Cochlischnogaster*Dong

真狭腹胡蜂属 *Eustenogaster* Van der Vecht **分种检索表**

1. 唇基全呈黄色；触角第1鞭节是第2鞭节长的2.8倍；后足第1跗节是第2跗节长的5.8倍
……………………………………………………… 光真狭腹胡蜂 *Eustenogaster micans* (Saussure)
唇基黑色；触角第1鞭节是第2鞭节长的2.5~3倍；后足第1跗节是第2跗节长的5.3~5.5倍 ……………………………………………………………………………………………… 2
2. 触角第1鞭节是第2鞭节长的2.5倍；后足第1跗节是第2跗节长的5.5倍 ………………
……………………………………………………… 丽真狭腹胡蜂 *Eustenogaster seitula* (Bingham)
触角第1鞭节是第2鞭节长的3倍；后足第1跗节是第2跗节长的5.3倍 ……………………
……………………………………………………… 异真狭腹胡蜂 *Eustenogaster exmia* (Bingham)

9. 真狭腹胡蜂属 *Eustenogaster* Van der Vecht

本属头明显长大于宽，后翅后缘有1棕色边缘。第2腹节基部无柄。

(72) 光真狭腹胡蜂 *Eustenogaster micans* (Saussure) 1852 **(彩图版Ⅻ. 72)**

Saussure：1852, Ann. Soc. Ent. Fre. p. 24.

雄蜂：体中等至大型，黑色，斑纹黄色。头部黑色，自两触角窝之下至唇基处各具1黄色纵带。两复眼凹陷处各1斑，头顶于两复眼端部之间，紧邻复眼1斑黄色。单眼棕色。触角黑色，仅鞭节腹面稍呈锈色。唇基黄色。上颚黑色，内缘中部有1窄黄色斑。前胸背板黑色，后缘中央两侧各具1三角形黄斑。中胸背板全呈黑色。小盾片黑色，前缘两侧各有1黄色斑。后小盾片黑色，前缘有1黄色横带。并胸腹节黑色，两侧各具1倒"T"形黄斑。中胸侧板全呈黑色，仅上侧片上部中央有1小黄斑，下侧片后缘及上缘有1黄色大斑。后胸侧板完全呈黑色。翅基片暗褐色。翅呈棕色，前翅前缘色略深。后翅臀叶具1宽暗褐色边缘。前足基节、转节，中足基节、转节，股节及后足转节、股节、胫节和跗节均为深棕色，前足股节和胫节下缘黄色，上缘为深棕色，跗节第1节背面基部为黄色，余均深棕色。中足胫节外侧黄色，内侧深棕色，跗节第1节外缘基部有1黄斑，余均深棕色。后足基节后缘有2个黄色纵斑。第1腹节背板黑色，端部两侧各具1小黄斑，腹板棕色。第2腹节背板黑色，近基部两侧各具1小黄斑，中部两侧各有1黄斑，端部呈棕色，腹板黑色，近端部两侧各有1黄斑。第3~6节背板黑色，基部两侧各具1黄色横带。第3节腹板黑色，近端部两侧各有1小黄斑，第4~7节腹板均呈黑色。

头部：横宽、光滑、毛密，与胸部翅基片处近等宽。两触角窝之间稍隆起，额沟可见。额与头顶均具细密刻点和短毛。后颊光滑，具稀浅刻点和短毛。单眼呈三角形排列，OOD 是 IOD 的 0.3 倍，OCD 是 OOD 的 4 倍。触角丝状，向端部逐渐加粗，顶鞭节末端稍尖，第 1 鞭节是第 2 鞭节长的 2.8 倍。唇基扁平，长大于宽，基部平直，端部中央具纵脊，末端呈角状突出，具稀浅刻点和短毛。上颚窄长，末端楔状，无齿。

胸部：前胸背板向下垂直，前缘呈领状隆起，两肩角近圆形，外侧各有 1 瘤状凸起，密布刻点及短毛。中胸背板隆起，近圆形，中央纵隆线明显，密布刻点及短毛。小盾片呈梯形，前缘长于后缘，中央明显隆起，两侧倾斜，布浅刻点及短毛。后小盾片横带状，后缘近弧形，具浅刻点及短毛。并胸腹节向下方倾斜，中央具浅纵沟，光滑，覆短毛。中胸侧板隆起，具细密刻点及短毛。后胸侧板较窄，光滑，覆短毛。翅透明，翅基片光滑，覆短毛。前翅痣窄长，长是宽的 3.6 倍，径脉自翅痣下近端部处发出。第 2 肘室长方形，较第 3、4 肘室之和稍窄，第 1 肘室约与第 2 肘室等宽。足短粗，后足第 1 跗节是第 2 跗节长的 5.8 倍，各足爪均具小齿。

腹部：第 1 节呈长柄状，基部细，近端部处稍膨胀，长是膨胀部最宽处的 5.8 倍，背板光滑，覆稀短毛，腹板基部细，端部扩展，平滑，覆稀短毛。第 2 节背板基部稍收缩，端部扩展，呈漏斗状，长是宽的 1.3 倍，光滑，覆短毛，腹板光滑，覆稀短毛。第 3~6 节背、腹板均光滑，覆短毛。

体长：20mm。

雌蜂：与雄蜂相似，唇基稍隆起，末端呈尖锐突出，上颚具齿；体斑较雄蜂色稍暗，腹部 6 节。

分布：云南（勐腊）；印度，缅甸，印度尼西亚。

(73) 丽真狭腹胡蜂 *Eustenogaster seitula* (Bingham) 1897 (**彩图版XIII.73**)

Bingham：1897，Fauna Brit. India，Hym. 1：379.

雌蜂：体大型，黑色，斑纹黄色。头部额、头顶、后颊均呈黑色。触角支角突、柄节、梗节均呈黑色。复眼淡褐色，单眼棕色，唇基与上颚黑色。下颚须、下唇须褐黄色。前胸背板黑色，后缘中央两侧各具 1 黄色横斑。中胸背板、小盾片、后小盾片、并胸腹节均呈黑色。中胸侧板黑色，于下侧片上部有 1 弯形黄斑。后胸侧板黑色。翅基片深褐色。翅呈棕色，前翅前缘色略深。前、中、后足均呈深褐色。第 1 腹节背面黑色，两侧呈栗褐色，腹板基部 1/3 暗褐色，其余完全呈栗褐色。第 2 腹节背、腹板均呈黑色。第 3 节背板黑色，近中部两侧各具 1 黄色横带，腹板黑色。第 4~6 节背、腹板均呈黑色。

头部：横宽、光滑、毛密，与胸部翅基片处近等宽。两触角窝之间稍隆起，额沟明显可见。额与头顶均具细密刻点和短毛。后颊光滑，覆短毛。单眼呈三角形排列，OOD 与 IOD 近相等，OCD 是 OOD 的 2.1 倍。触角丝状，向端部逐渐加粗，顶鞭节末端稍尖，第 1 鞭节是第 2 鞭节长的 2.5 倍。唇基扁平，长大于宽，基部平直，端部尖锐突出，中央 2/5 有 1 直达端部的隆脊，稀布浅刻点和短毛。上颚狭长，末端具 3 个钝的端齿，具稀浅刻点和短毛。

胸部：前胸背板向下垂直，两肩角近圆形，外侧各有 1 瘤状凸起，密布刻点及短毛。中胸背板隆起，近圆形，中央纵隆线明显，密布刻点及短毛。小盾片矩形，中央纵隆线明显隆起，两侧呈斜坡状，密布刻点及短毛。后小盾片横带状，弧形，密布刻点及短毛。并胸腹节向后下方倾斜，末端钝，中央纵沟不明显，布有浅刻点和短毛。中胸侧板隆起，密布刻点及短毛。后胸侧板较窄，布有浅刻点及短毛。翅透明，前翅痣窄长，长是宽的3.7倍，径脉自翅痣下近端部处发出。第2肘室近长方形，较第3、4肘室稍窄，第1肘室与第2肘室近等宽。足短粗，后足第1跗节是第2跗节长的5.5倍，各足爪均具小齿。

腹部：第1节细长柄状，近端部处稍膨胀，长是膨胀部最宽处的6.6倍，侧面观呈圆筒形，弯拱，背板光滑覆稀短毛，腹板基部2/3处细窄，端部扩展，光滑覆稀短毛。第2节背板基部稍窄，端部扩展，长是宽的1.2倍，光滑，覆短毛，腹板光滑，覆短毛。第3~6节背、腹板均光滑，覆短毛。

体长：20mm。

雄蜂：与雌蜂相似，但唇基稍隆起，上颚端齿尖，前足股节端部外侧及胫节外侧橘黄色，体斑较雌蜂稍暗，腹部6节。

分布：云南（勐腊）、广东、广西；印度。

（74）异真狭腹胡蜂 *Eustenogaster exmia*（Bingham）1890（**彩图版XⅢ.74**）

Bingham：1890，Jour. Bomb. N. H. Soc. V，244.

雌蜂：体大型，黑色，斑纹黄色。头部额、头顶、后颊均呈黑色。触角均呈黑色，仅鞭节腹面锈色。复眼淡褐色，单眼棕色，唇基黑色，近端部稍呈黄褐色。下颚黑色，下颚须、下唇须褐黄色。胸部除前胸背板后缘中部与中胸侧板下侧上部中央1黄斑为黄色外，其余完全呈黑色。翅基片黑色。翅呈棕色，前翅前缘色略深。所有的足黑色，仅关节处色稍淡。第1腹节背面与腹面基部1/3处黑色，腹面2/3处呈栗褐色。第2~6腹节背、腹板均呈黑色，仅第3节背板中部两侧各具1黄色横带。

头部：横宽、光滑、毛稀，较胸部翅基片处稍宽。两触角窝之间稍隆起，额沟可见。额与头顶均具细密刻点和紧贴白色短毛。后颊光滑，覆稀浅刻点和白色短毛。单眼呈三角形排列，前单眼大于后单眼，OOD是IOD的0.5倍，OCD是OOD的2倍。触角丝状，向端部逐渐加粗，顶鞭节末端稍尖，第1鞭节是第2鞭节长的3倍。唇基凸起，与脸分隔明显，长大于宽，近端部2/5处具1明显中纵脊，末端尖锐突出，具稀浅刻点和紧贴白色短毛。上颚狭长，末端具3个钝的端齿，具稀浅刻点和短毛。

胸部：前胸背板向下垂直，两肩角圆形，两侧近中部稍上方各具1明显瘤状凸起，具细密刻点及短毛。中胸背板凸起，近圆形，中央纵隆线明显，密布刻点及短毛。小盾片矩形，中央纵隆线明显隆起，两侧呈斜坡状，密布刻点及短毛。后小盾片横带状，弧形，密布刻点及短毛。并胸腹节向后下方倾斜，末端钝，中央纵沟细，具细浅刻点和短毛。中胸侧板隆起，具细密刻点及短毛。后胸侧板凹陷，窄，布浅刻点及短毛。翅透明，翅基片光滑，具稀刻点和短毛。前翅痣窄长，长是宽的3.5倍，径脉自翅痣下近端部处发出。第2肘室近方形，较第3、4肘室之和稍窄。第1肘室与第2肘室近等宽。足短粗，后足第1跗节是第2跗节长的5.3倍，各足爪均具小齿。

腹部：第1节细长柄状，近端部处稍膨胀，长是膨胀部最宽处的6.1倍，背板侧面观呈圆形，弯拱，光滑，覆短茸毛，腹板基部 1/4 处细窄，端部扩展，平扁、光滑，覆短茸毛。第 2 节背板基部稍窄，向端部膨胀，长是宽的 1.2 倍，光滑，覆短毛，腹板光滑，覆短毛。第 3~6 节背、腹板均光滑，覆短茸毛。

体长：21mm。

雄蜂：与雌蜂相似，但唇基平扁，近基部中央有 1 黄斑。上颚具 3 个钝的端齿。体斑颜色较雌蜂稍鲜艳，腹部 7 节。

分布：云南（勐海）；印度，斯里兰卡，泰国，马来西亚。

10. 平狭腹胡蜂属 *Liostenogaster* Van der Vecht 1859

本属与其他属的主要区别是：后头脊不伸达口后脊基部。

（75）洁平狭腹胡蜂 *Liostenogaster nitidipennis* (Saussure) 1859（**彩图版XⅢ.75**）

Saussure：1859, Mon. Guêp. Soc. p. 10.

雌蜂：体中等大小，黑色，有棕色和黄色斑纹。额、头顶、两触角窝中央下部至唇基处棕色。复眼内缘下部黄色。额部均呈棕色，但紧邻复眼后缘有黄色带状斑。单眼棕色。触角支角突棕色，柄节外缘黄色，后缘棕色，梗节棕色，鞭节除端部节背面略呈黑色外，余均呈棕色。唇基黄色，基半部中央有 1 棕色大斑，端部两侧暗棕色。上颚褐黄色。前胸背板棕色，前缘和后缘均有黄色带状斑，两侧中部各有 1 黄色小斑。中胸背板完全呈棕色。翅基片略呈黄色。小盾片棕色，两侧上角黄色。后小盾片前半部黄色，后半部呈棕色。并胸腹节背面自基部一半与端部边缘褐色，侧面中央有 1 褐色横带，其余均呈黄色。中胸侧板上侧片中部黄色，两侧与下侧片上部 2/3 处褐色，余均黄色。后胸侧板上部黄色，胸部褐色。翅基片棕色。翅呈浅棕色，前翅前缘色略深。前足基节、转节内缘黄色，外缘棕色，股节内缘黄色，外缘棕色。胫节内缘黄色，外缘及跗节棕色。中、后足基节前缘棕色，后缘黄色，转节均呈棕色，股节外缘棕色，内缘和端部黄色，中足胫节棕色，内缘和端部黄色，后足外缘和端部黄色，其余部分及跗节呈棕色。第 1 腹节背板背面深棕色，两侧棕色，腹板棕色。第 2 腹节背板棕色，基部两侧各有 1 小黄斑，腹板棕色，中央两侧各有 1 黄色纵斑。第 3~5 节背、腹板近基部各具 1 黄色横带，余均呈暗棕色。第 6 节背板暗棕色，近基部处黄色，腹板黄色。

头部：横宽、光滑、毛密，约与胸部翅基片处等宽。两触角窝间距与唇基等宽。额与头顶具稀浅刻点和短毛。后颊光滑，覆短毛。单眼呈三角形排列，OOD 是 IOD 的 0.4 倍，OCD 是 OOD 的 1.6 倍。触角丝状，向端部逐渐加粗，顶鞭节末端收缩，第 1 鞭节是第 2 鞭节长的 2.1 倍。唇基稍隆起，长明显大于宽，基部平直，端部具隆脊，末端突出呈尖齿状，具稀浅刻点和短毛。上颚狭长，楔状，末端具 2 个端齿。

胸部：前胸背板向下方倾斜，两肩角圆形，光滑，具稀浅刻点和短毛。中胸背板隆起，近圆形，中央纵脊明显，具浅刻点和短毛。小盾片稍隆起，光滑，覆短毛。后小盾片横带状，端部中央呈钝角状突出，光滑，覆短毛。并胸腹节向下方倾斜，中央有 1 浅纵沟，光滑，覆短毛。中胸侧板隆起，布浅刻点和短毛。翅基片光滑，覆短毛。翅透明，前翅痣窄长，长是宽的 3.8 倍，径脉自翅痣下近端部处发出，第 2 肘室长方形，较第 3、4 肘室之和稍窄，第 1 肘室约与第 2 肘室等宽。足细长，弱，后足第 1 跗节是第 2 跗节长的 4.4 倍，各足爪均具小齿。

腹部：第 1 节细长柄状，背板基部细，近端部处稍膨胀，长是膨胀部最宽处的 7.7 倍，光滑，覆稀短毛。腹板端部扩展，光滑，覆稀短毛。第 2 腹节背板基部稍收缩呈短柄状，长是宽的 1.4 倍，光滑，覆短毛，腹板光滑，覆短毛，第 3~6 节背、腹板均光滑，覆短毛。

体长：13mm。

雄蜂：与雌蜂相似，腹部 7 节。

分布：云南（金平、勐腊）；印度，菲律宾。

11. 匙角狭腹胡蜂属 *Cochlischnogaster* Dong 1997

本属主要特征：第 2 腹节基部呈短柄状，雄蜂触角顶鞭节有 1 顶丝，顶丝末端匙状。巢室材料为泥土。

种检索表

唇基黑色，中央有 1 “八” 字形黄斑；触角第 1 鞭节是第 2 鞭节长的 2 倍；后足第 1 跗节是第 2 跗节长的 3.5 倍；体长 13.5mm ……………………………………………………………… ……………………………… 大渡岗匙角狭腹胡蜂 *Cochlischnogaster dadugangensis* Dong et Otsuka

唇基黑色，中央近 2/3 处有 2 个与唇基相接的黄色短纵斑；触角第 1 鞭节是第 2 鞭节长的 2.1 倍；后足第 1 跗节是第 2 跗节长的 6.7 倍；体长 14.5mm …………………………………………… ……………………………………………… 勐仑匙角狭腹胡蜂 *Cochlischnogaster menglunensis* Dong

（76）大渡岗匙角狭腹胡蜂 *Cochlischnogaster dadugangensis* Dong et Otsuka 1997（**彩图版 XIII. 76**）（♂、♀）

董大志，大塚公雄：1997，西南农业大学学报，19（3）：205-212.

雌蜂：体中等大型，暗褐色至黑褐色。头部除两触角窝下的 2 个斑，唇基 1 “八” 字形斑，上颚大部，下颚须和下唇须黄色外，其余全呈黑色。触角暗褐色，柄节腹面和第 10~12 鞭节下面褐黄色。胸部暗褐色至褐黄色。前胸背板的基部和两侧各 1 三角形斑，中胸背板前缘 2 个长斑，小盾片两侧各 1 斑、端部边缘、后小盾片两侧各 1 圆形斑、并胸腹节顶端两侧各 1 大斑、中胸侧板上面和后胸侧板基部各 1 斑、翅基片均呈黄色。翅淡棕色，翅痣褐色。前足暗棕色，仅股节端部外侧黄色。中、后足均呈暗棕色，仅股节处色稍淡。腹部除腹柄节膨胀部分 2/5 的腹面和第 2 腹节基部两侧各 1 短纵带，第 3 腹节基部两边各 1 横带黄色外，其余完全呈黑色。

头部：横宽、毛稀，较胸部翅基片处宽。两触角窝之间稍隆起，额沟可见。额上半部与头顶具粗纵皱条纹和稀短毛。额下半部光滑，覆稀浅刻点和短毛。脸凸起，上方中央具 1 小瘤突，覆中等刻点和短毛。后颊光滑，覆短毛。单眼区隆起，高出两复眼顶部。单眼呈三角形排列，前单眼大于后单眼，OOD 是 IOD 的 0.9 倍，OCD 是 OOD 的 0.5 倍。触角 12 节，向端部逐渐加粗，顶鞭节末端稍尖，第 1 鞭节是第 2 鞭节长的 2 倍。唇基凸起，与脸分隔，端部具中纵脊，末端尖锐突出，具少量中等大小刻点和密长毛。上颚狭长，末端具 3 个端齿，具稀浅刻点和短毛。

胸部：前胸背板呈倾斜状，两肩角圆形，具稀浅刻点和短毛。中胸背板凸起，圆形，盾纵沟明显伸达末端，背板中央具2条细平行纵沟，近翅基片处两侧各具1短纵沟，光滑，具稀柔毛。小盾片凸起，方形，光滑，覆稀柔毛，后小盾片三角形，光滑，覆稀长柔毛。并胸腹节倾斜，中央具明显纵沟，基部两侧具倾斜条纹，端部光滑，覆稀长柔毛。中胸侧板凸起，上侧片具不规则条纹，下侧片光滑均覆稀长毛。后胸侧板窄，光滑，覆稀长毛。翅基片光滑，覆短毛。翅透明，前翅痣窄长，长是宽的3.8倍，径脉自翅痣下近端部稍后方处发出，第2、3肘室近长方形，第4肘室极窄，第3肘横脉几乎接近翅端，第2肘室与第3、4肘室之和近等宽。足弱，前、中和后足股节在基部1/2处膨胀，后足第1跗节是第2跗节长的3.5倍，各足爪均具小齿。

腹部：第1节细，圆筒形，近端部膨胀呈水银球状，长是膨胀部最宽处的6倍，光滑，发亮，具针状稀长毛。第2腹节基部稍收缩呈短柄状，长与宽近相等，光滑，覆短毛。第3~6节背、腹板均光滑，覆短毛。

雄蜂：与雌蜂相似，但唇基末端钝、圆，触角丝状，末端具1顶丝，顶丝末端匙状，上颚无齿。小盾片、后小盾片完全呈黄色，第4~6节背板端缘黄色，腹部7节。

分布：云南（西双版纳大渡岗）；越南。

(77) 勐仑匙角狭腹胡蜂 *Cochlischnogaster menglunensis* Dong 1997（**彩图版XIII.77**）

董大志：1997，西南农业大学学报，19（3）：205-212.

雌蜂：体中等大小，褐色至棕褐色。头除两触角窝下部直抵唇基2/3处各1纵带和两侧各1长纵带，两复眼凹陷处，后颊紧邻复眼1线淡黄色外，其余完全为棕褐色。上颚暗棕色。须黄色。各触角节锈色，仅6~10节背面暗褐色。前胸背板前缘和两侧各1三角形斑后缘黄色，其余均呈棕褐色。中胸背板棕褐色。小盾片棕色，前缘基部两侧黄色。后小盾片棕色，基半部黄色。并胸腹节暗棕色，端部两侧各具1黄色大斑。中胸侧板上侧片前缘、后缘及中央各1长形斑，下侧片上缘至后缘下部1弯形斑黄色，其余均呈棕褐色。后胸侧板棕色，上侧片与下侧片中部各具1黄色斑。翅基片棕色。翅呈棕色纵带，前翅前缘色略深。第1腹节从基部至中部1/2处暗褐色，端部两侧各1和腹面2条短纵带淡黄色，余均为棕红色。第2腹节背板基部两侧各1斑，第3~5节背板基部各1横带淡黄色，第2节腹板1个中纵裂大斑，第3腹板中部1横带，第4、5节腹板基部两侧各1个斑和中央1小三角形斑，第6节腹板两侧各1长纵斑淡黄色，其余背、腹板呈暗棕色。

头部：横宽光滑、无明显刻点，与胸部翅基片处等宽。脸宽是头宽的0.42倍。两触角窝间距与唇基宽度相等。额与头顶均光滑，覆稀短毛。单眼呈三角形排列，OOD是IOD的0.63倍，OCD是OOD的1.2倍。触角丝状，向端部逐渐加粗，顶鞭节末端稍尖，第1鞭节是第2鞭节长的2.1倍。脸凸起，与唇基分隔明显，光滑，覆稀短毛。唇基凸起，长大于宽，基部稍平，端部中央呈脊状隆起，末端突出呈尖齿状，光滑，具稀短毛。下颚须6节，第2节较长，长约为其余各节之和。下唇须4节，第2节约为第3节长的2倍。上颚狭长，末端具2个大的端齿，上端齿较下端齿长，光滑，覆稀短毛。

胸部：前胸背板向下倾斜，两侧各具1小瘤状突。具细刻点和稀短毛。中胸背板突起，近圆形，中央纵脊不明显，光滑，覆稀短毛。小盾片稍隆起，椭圆形，光滑，毛稀。后小盾片横带状，端部中央突出呈钝角状，光滑覆稀短毛。并胸腹节向下倾斜，末端钝，中央具1明显纵沟，光滑，覆短毛。中胸侧板隆起，光滑覆稀短毛。后胸侧板窄，光滑，覆稀短毛。翅基片光滑，稍隆起，毛稀。翅透明，前翅痣窄长，方形，长是宽的3.5倍，径脉自翅痣下端部处发出，第2肘室近长方形，较第3、4肘室之和稍长。足弱，细长，后足第1跗节是第2跗节长的6.7倍，各足爪均有小齿。

腹部：第1节呈细柄状，端部近1/3处逐渐膨胀后收缩呈水银球状，长是膨胀部最宽处的6倍，光滑，覆稀短毛。第2腹节基部稍收缩呈短柄状，长是最宽处的1.1倍，光滑，覆细短毛。第3节以后背、腹板均光滑，覆细密短毛。

体长：14.5mm。

雄蜂：不详。

分布：云南（勐仑）。

12. 侧狭腹胡蜂属 *Parischnogaster* Schulthess

本属特征：体小型，口器短，第2腹节基部强收缩呈细柄状，后头脊伸达口后脊基部。

种检索表

1. 唇基宽大于长；触角第1鞭节是第2鞭节长的2.6倍；后足第1跗节是第2跗节长的5倍，体长13~14mm …………………………………… 密侧狭腹胡蜂 *Parischnogaster mellyi*（Saussure）

   唇基长与宽近相等；触角第1鞭节是第2鞭节长的1.7~3倍；后足第1跗节是第2跗节长的3.7~4.7倍，体长12~14mm ………………………………………………………………………… 2

2. 触角第1鞭节是第2鞭节长的2.2倍；后足第1跗节是第2跗节长的4.7倍，体长14mm …………………………………………… 杰柯狭腹胡蜂 *Parischnogaster jacobsoni*（Buysson）

   触角第1鞭节是第2鞭节长的3~3.7倍；后足第1跗节是第2跗节长的3.7~4.2倍；体长12~13mm ………………………………………………………………………………… 3

3. 触角第1鞭节是第2鞭节长的1.7倍；后足第1跗节是第2跗节长的3.7倍，体长12mm …………………………………………………… 齿侧狭腹胡蜂 *Parischnogaster serrei* Buysson

   触角第1鞭节是第2鞭节长的3倍；后足第1跗节是第2跗节长的4.2倍，体长13mm …………………………………………… 黑侧狭腹胡蜂 *Parischnogaster nigricans*（Cameron）

(78) 密侧狭腹胡蜂 *Parischnogaster mellyi*（Saussure）1852（彩图版XIV.78）

Saussure：1852, Ann. Soc. Entom. France（2）x, 25.

雌蜂：体小型，细长，黑色，有黄斑。额、头顶、后颊均呈黑色。单眼棕色。触角支角突、柄节、梗节腹面黄色，背面及其余各节均呈黑色。唇基黑色，有时近端部中央有1小黄斑。上颚黄色，端齿深棕色。前胸背板前缘领状部黄色，后缘紧接中胸背板处两侧各具1黄色带，中间黑色。中胸背板黑色，于基部中央两侧各具1黄色短带状斑，后缘中央有1黄色方形斑。小盾片黑色，于两侧各具1黄色点状圆斑。后小盾片黑色，前缘中央有1黄色横斑。并胸腹节黑色，但于端部两侧各具1相邻的黄色斑，两侧下部呈棕色。中胸侧板上侧片棕褐色，上部中央有1小黄斑，下侧片暗棕色，于上部中央有1小黄斑。后胸侧板棕色，后缘上部有1小黄斑。翅基片深棕色。翅呈浅棕色，前翅前缘色略深。前足基节暗棕色，前缘端部有1小黄斑，转节暗棕色，股节端部与胫节外侧黄色，其余完全呈暗棕色。中足基节暗棕色，外缘有1黄色小斑，转节暗棕色，股节端部与胫节外侧黄色，其余完全呈暗棕色。后足除股节端部外侧略呈黄色外，其余均呈暗棕色。第1腹节背板背面暗棕色，两侧稍呈棕色，基部2/3近黑色，近端部两侧各有1黄色带状斑。第2腹节背板黑褐色，近端部两侧各有1黄色斑，腹板暗褐色，近端部两侧各有1弧形黄色斑。第3节背板暗棕色，端部两侧各具1黄色窄横带，腹板暗棕色，端缘两侧各有1黄色点状斑。第4、5节背、腹板暗棕色，基部两侧各有1黄色窄横带。第6节背板暗棕色，第4~6节腹板暗棕色，均于基部两侧各有1黄色斑。

头部：横宽、光滑、毛稀，较胸部翅基片处宽。两触角窝之间隆起，相距较远，约等于唇基的宽度。额与头顶均具细密刻点和白色短毛。后颊具稀浅刻点和白色短毛，单眼区隆起，单眼呈三角形排列，OOD与IOD近相等，OCD是OOD的1.8倍。触角丝状，向端部逐渐加粗，顶鞭节末端钝，第1鞭节是第2鞭节长的2.6倍。唇基稍隆起，宽大于长，长是宽的0.8倍，近端部处具中纵脊，末端尖锐突出，具细密刻点和白色短毛。上颚狭长，末端具3个端齿，具稀浅刻点和短毛。

胸部：前胸背板垂直向下，前缘呈领状隆起，具细密刻点和白色短毛。中胸背板隆起，近圆形，中央有纵隆线，密布细密刻点和白色短毛。小盾片隆起，矩形，密布细密刻点和白色短毛。后小盾片倾斜向下，端部中央呈钝角形突出，密布稀浅刻点和白色短毛。并胸腹节向下方倾斜，近三角形，中央具1纵沟，密布细刻点和白色短毛。中胸侧板强隆起，密布细刻点和短毛。后胸侧板窄，具细密刻点和短毛。翅基片光滑，覆短毛。翅透明，前翅痣三角形，长是宽的3.1倍，径脉自翅痣下近端部处发出，第2肘室长方形，第1肘室与第3、4肘室之和等宽。足细长，弱，后足第1跗节是第2跗节长的5倍，各足爪均有小齿。

腹部：第1节背板细柄状，长于其余之总和，近端部处明显膨胀，长是端部最宽处的7.1倍，光滑，具短茸毛，腹板窄，光滑，毛稀。第2腹节背板基部细柄状，向端部逐渐膨胀，长是宽的1.5倍，腹板光滑，覆稀短毛。第3~6节背、腹板均光滑，覆短毛。

体长：13~14mm。

雄蜂：与雌蜂相似，唇基末端钝，上颚具齿，小盾片、后小盾片、并胸腹节黄斑较大，腹部7节。

分布：云南（河口、金平、勐腊、景洪）；越南，老挝，菲律宾，印度尼西亚。

（79）杰柯狭腹胡蜂 *Parischnogaster jacobsoni*（Buysson）（**彩图版XIV.79**）

雌蜂：体小至中等大型，黑色，有黄斑。头部脸、额、头顶及后颊均呈黑色。单眼棕色。触角支角突、柄节、梗节背面褐黄色，腹面黄色，鞭节背面黑色，腹面锈色。唇基黑色。上颚黄色，端齿褐黄色。前胸背板暗棕色，前缘领状部与后缘邻接中胸背板两侧各1窄条状斑黄色。中胸背板黑色，基部中央两侧各具1黄色短纵带，端部中央1大斑黄色。小盾片黑色，两侧各具1小黄斑，中央有1窄条状黄斑。后小盾片黑色，基部具1宽黄色横带状斑，黄斑后缘中部稍凹陷。并胸腹节黑色，位于端部两侧各具1黄色斑。中胸侧板黑色，杂有红棕色，位于上侧片上部中央与下侧片上部中央各具1黄斑。后胸侧板红棕色，位于上部后缘具1黄斑。翅基片棕色，翅呈棕色，前翅前缘色略深。所有足褐色，仅前、中足股节端部外侧与胫节整个外侧黄色。第1腹节背、腹板均呈深棕色，端部两侧各具1窄条状黄斑。第2腹节背板黑褐色，两侧各具1黄色纵斑，腹板黑色，端部两侧各具1黄色窄纵斑。第3~5腹节黑色，基部两侧各具1黄色窄横带。第6腹节背板完全呈黑色。第3~6节腹板黑色，端部两侧各具1黄斑。

头部：横宽、毛稀，较胸部翅基片处宽。两触角窝之间隆起，额与头顶具细密刻点和白色短毛。后颊光滑，具稀刻点和白色短毛。单眼呈三角形排列，OOD是IOD的1.1倍，OCD是OOD的1.4倍。触角丝状，向端部逐渐加粗，顶鞭节末端钝，第1鞭节是第2鞭节长的2.2倍。唇基稍平扁，端部中央呈脊状隆起，末端呈尖锐角状突出，长与宽近相等，具细密刻点和白色短毛。上颚窄长，末端具3个端齿，具稀刻点和短毛。

胸部：前胸背板垂直向下，前缘呈领状隆起，具细密刻点和短毛。中胸背板隆起，中央具明显纵脊，密布细密刻点和短毛。小盾片隆起，矩形，向下倾斜，端部中央稍突出，密布细密刻点和短毛。并胸腹节向后下方倾斜，三角形，中央具1纵沟，密布细密刻点和短毛。中胸侧板隆起，密布细密刻点和短毛。后胸侧板窄，光滑，具稀浅刻点和短毛。翅基片光滑，覆短毛。翅透明，前翅痣近方形，长是宽的5倍，径脉自翅痣下中部稍后方发出，第2肘室近长方形，约与第3、4肘室之和等宽。足细长，弱，后足第1跗节是第2跗节长的4.7倍，各足爪均具小齿。

腹部：第1节细柄状，近端部处膨胀，长是膨胀部分最宽处的8.5倍，光滑，覆短毛。第2节基部细，向端部逐渐扩展，长是宽的1.5倍，光滑，覆短毛。第3~6节背板均光滑，覆短毛。所有腹板均光滑，覆稀短毛。

体长：14mm。

雄蜂：与雌蜂相似，唇基短尖，小盾片、后小盾片、并胸腹节黄斑较大，腹部7节。

分布：云南（景洪、勐腊、金平）；印度，缅甸，马来西亚，印度尼西亚。

(80) 齿侧狭腹胡蜂 *Parischnogaster serrei* Buysson（**彩图版XⅣ.80**）

雌蜂：体小至中等大型，黑色，斑黄色。头部额、头顶、后颊均呈黑色。单眼棕色。触角支角突、柄节、梗节褐黄色，鞭节背面黑色，腹面锈色。唇基黑色，端齿褐黄色。上颚大部黄色，端齿黑色。前胸背板黑色，前缘领状部与后缘各具1窄条状黄斑。中胸背板黑色，基部中央两侧各具1黄色纵斑，近端部中央有1椭圆形黄斑。小盾片黑色，两侧各具1小黄斑。后小盾片黑色，基部有1黄色横带。并胸腹节黑色，端部两侧各具1相邻黄斑。中胸侧板暗棕色，上侧片上部中央与下侧片上部中央各具1黄色斑。后胸侧板棕红色，于上部后缘有1黄色斑。翅基片暗棕色。翅呈淡棕色，前翅前缘色略深。所有足前、中足股节端部外侧和胫节外侧呈黄色外，其余均为暗棕色。第1腹节黑色，腹板近端部两侧各具1窄条状黄斑。第2腹节黑色，基部两侧各具1黄色纵斑，腹板端部中央两侧各具1黄色纵斑。第3腹节背板黑色，基部两侧各具1黄色窄横带，腹板深棕色，端部两侧各具1黄斑。第4~6节背板黑色，腹板基部两侧各具1黄色斑。

头部：横宽、毛稀，较胸部翅基片处稍宽。两触角窝之间稍隆起，额与头顶、后颊具细密刻点和短毛。单眼呈三角形排列，OOD是IOD的0.8倍，OCD是OOD的2倍。触角丝状，向端部逐渐加粗，顶鞭节末端钝，第1鞭节是第2鞭节长的1.7倍。唇基稍平扁，长与宽近相等，端部中央呈脊状隆起，末端尖锐突出，覆细密刻点和短毛。上颚窄长，末端具3个端齿，具浅刻点和短毛。

胸部：前胸背板向下垂直，前缘呈领状突起，具细密刻点和短毛。中胸背板稍隆起，中央纵脊明显，具细密刻点和短毛。小盾片隆起，矩形，具细密刻点和短毛。后小盾片横带状，向下方垂直，端部中央稍突出，具细密刻点和短毛。并胸腹节向后下方倾斜，中央具明显纵沟，三角形，密布细密刻点和短毛。中胸侧板隆起，具细密刻点和短毛。后胸侧板窄，光滑，具稀浅刻点和短毛。翅基片光滑，覆短毛。翅透明，前翅痣窄长，长是宽的4.8倍，径脉自翅痣下方近端部处发出，第2肘室方形，较第3、4肘室之和稍窄。足细长，弱，后足第1跗节是第2跗节长的3.7倍，各足爪均具小齿。

腹部：第1节呈细柄状，近端部处膨胀，长是膨胀部分最宽处的7.1倍，光滑，覆短茸毛。第2节背板基部细，柄状，长是宽的1.8倍，光滑覆短毛，腹板光滑，覆稀短毛。第3~6节背板均光滑，覆短毛，腹板均光滑，覆稀短毛。

体长：12mm。

雄蜂：与雌蜂相似，腹部7节。

分布：云南（金平、景洪）；印度，印度尼西亚。

(81) 黑侧狭腹胡蜂 *Parischnogaster nigricans*（Cameron）1902（**彩图版XⅣ.81**）

Cameron：1902，J. straits Branch R. A. Soc. No 37：105.

雌蜂：小至中等大型，黑色，有黄斑。头部脸、额、头顶、后颊均呈黑色。单眼棕色。触角支角突、柄节、鞭节褐黄色，鞭节完全呈黑色，唇基黑色，端齿棕色，上颚基部黄色，端部黑色。前胸背板暗棕色，前缘领状部和后缘横带黄色。中胸背板黑色，稍略有棕色，基部中央两侧各具1短黄色纵斑，端部中央有2个并列的椭圆形黄斑。小盾片黑色，两侧各具1点状黄斑。后小盾片黑色，端部两侧各具1月牙状黄斑。并胸腹节黑色，端部两侧各具1小黄斑。中胸侧板暗棕色，上侧片上部中央与下侧片上部中央各具1点状黄斑。后胸侧板棕红色，后缘上部具1月牙状黄斑，翅基片深棕色。翅呈淡棕色，前翅前缘色略深。前、中足褐色，仅股节顶端与胫节外侧有1窄条状黄斑。后足褐色。第1腹节背板暗褐色，腹板暗褐色，端部两侧各具1窄条状黄色纵带。第2腹节背板暗褐色，基部两侧各具1窄条状黄色纵带，腹板暗褐色，端部两侧、中央两侧各具1黄色条状带。第3腹节背板暗褐色，基部两侧各具1窄黄色横带，腹板暗褐色，端部两侧各具1黄色斑。第4腹节背板暗褐色，端部两侧各具1黄色横带，横带被前1节背板所覆盖，第5、6节背板完全呈暗褐色，第4~6节腹板暗褐色，端部两侧各具1黄色斑。

头部：横宽、毛密，较胸部翅基片处稍宽。两触角窝之间隆起，中央具1小瘤状突。额与头顶具细密刻点和白色短毛。后颊光滑，刻点稀，覆白色短毛。单眼呈三角形排列，OOD 是 IOD 的 0.6 倍，OCD 是 OOD 的 1.2 倍。触角丝状，向端部逐渐加粗，顶鞭节末端钝，第 1 鞭节是第 2 鞭节长的 3 倍。唇基稍凸起，端部中央具纵脊，末端尖锐突出，长与宽近相等，具细密刻点和白色短毛。上颚等宽，末端具 3 个端齿，具稀浅刻点和长毛。

胸部：前胸背板垂直向下，前缘呈领状突起，具细密刻点和白色短毛。小盾片隆起，矩形，密布细刻点和短毛。中胸背板隆起，中央具明显纵脊，具细密刻点和短毛。小盾片隆起，矩形，密布细刻点和短毛。后小盾片向下垂直，端部中央略突出具细密刻点和短茸毛。并胸腹节向后下方倾斜，三角形，中央具 1 纵沟，密布刻点和短毛。中胸侧板隆起，密布细刻点和短毛。后胸侧板窄，具稀浅刻点和短毛。翅基片光滑，覆稀短毛。翅透明，前翅痣近方形，长是宽的 4 倍，径脉自翅痣下近端部处发出，第 2 肘室近长方形，稍窄于第 3、4 肘室之和。足细长，弱，后足第 1 跗节是第 2 跗节长的 4.2 倍，各足爪均具小齿。

腹部：第 1 节背板细柄状，细长，长是端部膨胀部分最宽处的 10 倍，光滑，覆稀短茸毛。腹板窄长，光滑，覆稀短毛。第 2 节背板基部细，向端部逐渐扩展，长是宽的 1.6 倍，光滑，覆密短毛。腹板光滑，覆稀短毛。第 3~6 节背、腹板均光滑，覆短毛。

体长：13mm。

雄蜂：与雌蜂相似，唇基末端钝、圆，上颚有齿，小盾片、后小盾片完全呈黄色，腹部 7 节。

分布：云南（河口、景洪、勐腊）；越南，缅甸，印度，老挝，泰国，菲律宾，印度尼西亚。

（七）蜾蠃科 Eumenidae

蜾蠃科为胡蜂总科中一个最大的科，数量占胡蜂总科总数的一半还多。本科主要区别特征是，中足胫节末端仅有 1 个顶端距，原蜾蠃有 2 个顶端距除外。多数属的第 1 腹节呈短柄状或长柄状。独居性胡蜂类，巢室多用泥土筑成（图 26）。

图 26　蜾蠃巢

属检索表

1. 腹部第 2 和第 7 节腹板具腹瘤 …………………………… 腹瘤蜾蠃属 *Halysituberosus* Ygen. nov.
   腹部第 1 和第 7 节腹板无腹瘤 …………………………………………………………………… 2
2. 中足胫节有 2 个顶端距；上颚短 ………………………………… 元蜾蠃属 *Discoelius* Latreille
   中足胫节有 1 个顶端距；上颚长 …………………………………………………………………… 3
3. 大型种；并胸腹节向后下方倾斜；第 1 腹节背板长三角形 ……………………………………… 4
   小型或中等大型种；并胸腹节向后稍倾斜；第 1 腹节背板形状变化多样 ………………………… 5
4. 并胸腹节端部两侧有齿状突 ………………………………… 秀蜾蠃属 *Pareumenes* Saussure
   并胸腹节端部两侧无齿状突 ……………………………………………………… 费蜾蠃属 *Phi*
5. 腹部第 1 节背板窄长，背板长大于宽的 2 倍，端部宽为第 2 节宽的一半 ………………………… 6
   腹部第 1 节背板短宽，背板长小于宽的 2 倍，端部宽小于第 2 节宽的一半 ……………………… 10
6. 腹部第 2 节背板端缘具檐状薄片 ………………………………………………………………… 7
   腹部第 2 节背板端缘无檐状薄片 ………………………………………………………………… 8
7. 额部圆凸；前胸背板前缘呈角状突出 ………………… 细蜾蠃属 *Cyrtolabulus* Van der Vecht
   额部较平；前胸背板前缘呈截状或圆形突出 ……………………………… 蜾蠃属 *Eumenes* Latreille
8. 体型较大；第 1 腹节呈窄长柄状 …………………………………… 华丽蜾蠃属 *Delta* Saussure
   体小型；第 1 腹节呈细或短柄状 ………………………………………………………………… 9
9. 头顶隆起；中胸背板具黄斑 ………………………… 饰蜾蠃属 *Pseumenes* Giordani Soika
   头顶稍隆起；中胸背板无黄斑 ……………………… 柄蜾蠃属 *Coeleumenes* Van der Vecht
10. 第 1 腹节背板筒状，端部有细纵沟 ……………………………… 同蜾蠃属 *Symmorphus* Wesmael
    第 1 腹节背板非筒状，端部无细纵沟 …………………………………………………………… 11
11. 第 1 腹节背板基部截状 …………………………………………………………………………… 12
    第 1 腹节背板基部不呈截状 ……………………………………………………………………… 16
12. 第 2 腹节背板基部具纵褶 ………………………………… 沟蜾蠃属 *Ancistrocerus* Wesmael
    第 2 腹节背板基部无纵褶 ………………………………………………………………………… 13
13. 小盾片平，侧面观中胸背板、小盾片、后小盾片几乎在同一水平面上 ………………………… 14
    小盾片稍平，侧面观中胸背板、小盾片、后小盾片不在同一水平面上 ……………………………
    …………………………………………………………… 胸蜾蠃属 *Orancistrocerus* Van der Vecht
14. 翅基片前后有明显凹陷 …………………………………………………………………………… 15
    翅基片前后无凹陷 ……………………………………… 旁喙蜾蠃属 *Pararrhynchium* Saussure
15. 后小盾片具齿状突 ………………………………………………………………………………… 16
    后小盾片无齿状突 ………………………………………………………………………………… 19
16. 后小盾片两侧各有 1 个齿状突 …………………………………… 啄蜾蠃属 *Antepipona* Saussure
    后小盾片两侧有多个齿状突 ……………………………………………………………………… 17
17. 并胸腹节上下角各具 1 个齿状突 ………………………… 代喙蜾蠃属 *Dirhynchium* Van der Vecht
    并胸腹节上下角无齿状突 ………………………………………………………………………… 18
18. 体中等大型；并胸腹节端部截状，两侧有 4 个小齿 ………… 缘蜾蠃属 *Anterhynchium* Saussure
    体中小型；并胸腹节端部下垂，两侧和后部呈横皱褶状 ………………………………………… 19
19. 头常较胸部翅基片处宽 …………………………………………………………………………… 20
    头常较胸部翅基片处窄 …………………………………………………………………………… 22
20. 腹部第 1 节宽不足长的 2 倍 ……………………………… 直盾蜾蠃属 *Stenodynerus* Saussure

腹部第 1 节宽约为长的 2 倍 …………………………………………………………………… 21
21. 小型种；并胸腹节端部呈圆形隆起；体长 11~12mm …………… 盾蜾蠃属 *Odynerus* Latreille
中型种；并胸腹节端部稍凹陷；体长 14~17mm …… 异喙蜾蠃属 *Allorhynchium* Van der Vecht
22. 后小盾片端缘呈弧形突出…………………………………… 代盾蜾蠃属 *Antodynerus* Saussure
后小盾片端缘非弧形突出 …………………………………………………………………… 23
23. 小型种；并胸腹节端部呈角状；体长 9~16mm …………… 佳盾蜾蠃属 *Euodynerus* Dalla Torre
中型种；并胸腹节端部呈截状；体长 14~18mm ……………… 喙蜾蠃属 *Rhynchium* Spinola

13. 元蜾蠃属 *Discoelius* Latreille

这个属的主要区别特征是中足胫节顶端有 2 个顶端距，上颚较短。

种检索表

唇基全呈黑色；头较胸部翅基片处稍宽；触角第 1 鞭节是第 2 鞭节长的 1.2 倍；后足第 1 跗节是第 2 跗节长的 2.9 倍 ………………………… 黑元蜾蠃 *Discoelius nigricans* Dong et Wang，sp. nov.
唇基有黄斑；头约与胸部翅基片处等宽；触角第 1 鞭节是第 2 鞭节长的 1.3 倍；后足第 1 跗节是第 2 跗节长的 3.5 倍 ……………………………… 日本元蜾蠃 *Discoelius japonicus* Perez

（82）日本元蜾蠃 *Discoelius japonicus* Perez 1905（**彩图版** XⅣ. 82）

Perez：1905，Bull. Mus. Hist. Nat. Paris. 11：25，85.

雌蜂：体中等大小，黑色，斑橘黄色。额部和头顶部均为黑色，仅于两触角窝的内上侧有 2 个点状橘黄色斑。触角支角突和柄节、梗节黑色，鞭节黑褐色。后颊完全呈黑色。唇基黑色，近端部中央有 1 椭圆形橘黄色斑。上颚及端齿全呈黑色。前胸背板黑色，位于后缘上部，紧邻中胸背板前缘两侧各具 1 近长方形橘黄色斑。中胸背板、小盾片、后小盾片、并胸腹节、中胸与后胸侧板完全呈黑色。翅基片暗棕色。翅呈棕色，前翅前缘色深。所有的足黑色，跗节棕色。第 1 腹节背板黄色，仅端部边缘具 1 窄橘黄色横带，腹板黑色。第 2 腹节背、腹板黑色，仅于端部边缘有 1 橘黄色横带。第 3~6 腹节背、腹板均呈黑色。

头部：横宽、粗糙、毛稀，约与胸部翅基片处等宽。额稍隆起，密布粗糙刻点和短毛。头顶圆凸，高出两复眼顶部，密布粗皱刻点和短毛。后颊具细密刻点和短毛。复眼内 1/2 略近上方有 1 伸达眼中部的凹陷。单眼呈三角形排列，OOD 是 IOD 的 0.6 倍，OCD 是 OOD 的 2.4 倍。触角丝状，向端部逐渐加粗，顶鞭节末端钝，第 1 鞭节是第 2 鞭节长的 1.3 倍。唇基稍隆起，基部中央有 1 纵隆脊，隆脊上达两触角窝之间，端部截形，宽大于长，密布粗糙纵皱刻点及短毛。上颚等宽，末端具 3 个钝的端齿，背面具数条钝脊，覆稀短毛。

胸部：前胸背板基部截形，两肩角呈钝角形，密布粗糙刻点和短毛。中胸背板不甚隆起，中央两侧各具 1 条伸达背板端部的平行纵沟。端部两侧各具 1 个短纵脊，背面具粗皱刻点和短毛。小盾片宽，矩形，中央具 1 浅纵沟，密布浅刻点和短毛。后小盾片五边形，端部中央呈钝角形突出，中央具 1 隐约可见的纵沟，与小盾片中纵沟相连，密布浅刻点和短毛。并胸腹节向后下方倾斜，中央有 1 纵沟，背部密布粗皱刻点，两侧具横皱褶状突起，均覆短毛。中胸侧板稍隆起，密布粗皱刻点和短毛。后胸侧板窄，具浅刻点和短毛。翅基片光滑，覆稀刻点和短毛。翅透明，前翅痣短宽，长是宽的2.8倍，径脉自翅痣下端部发出，第3肘室宽，近方形，第1肘室宽等于第2与第3肘室之和。足短粗，中足胫节端部有2个距，后足第1跗节是第2跗节长的3.5倍。各足爪均具齿，爪垫明显。

腹部：第1节基部极细，约近1/4处突然加粗，直至端部，长是宽的1.9倍。第1节背板端部明显平扁，近端部处隐约有1横沟，近中部两侧瘤不突出，密布刻点和短毛。腹板平坦，基部窄，端部扩大，具浅刻点和短毛。第2节背板基部稍收缩，长是宽的1.4倍，光滑，具稀浅刻点和短毛，腹板光滑，具细浅刻点和短毛。第3~6节背、腹板均光滑，覆细密刻点和短毛。

体长：15mm。

雄蜂：与雌蜂相似，体稍小，唇基黄斑较宽，两触角窝上侧无点状黄斑。触角端部呈钩状，腹部7节。体长13mm。

分布：云南（维西、中甸、德钦）、浙江、江西、广西、福建；日本。

(83) 黑元蜾蠃 *Discoelius nigricans* Dong et Wang, sp. nov. 新种（彩图版XIV. 83）

雌蜂：体中等大小，黑色，斑纹棕红色。额、头顶、后颊、唇基完全呈黑色。触角黑褐色，仅柄节腹面前缘端部有1棕红色斑。单眼棕色。上颚暗褐色。前胸背板黑色，仅于近基部两侧各具2个点状棕红色斑。中胸背板、小盾片、后小盾片、并胸腹节、中胸与后胸侧板完全为黑色。翅基片黑色。翅呈棕色，前翅前缘色略深。所有的足黑色，仅中足跗节灰褐色。腹板各节背、腹板均呈黑色。

头部：横宽、粗糙、毛稀，较胸部翅基片处稍宽。两触角窝之间隆起呈1与唇基相连的纵脊，纵脊两侧深陷。触角窝凹陷宽，上缘近复眼处两侧各具1宽凹陷。额稍平坦，额沟不明显。额、头顶后颊密布纵皱网状刻点和短毛。单眼呈三角形排列，单眼周围凹陷，OOD是IOD的0.7倍，OCD是OOD的2.2倍。触角丝状，向端部逐渐加粗，顶鞭节末端钝，第1鞭节是第2鞭节长的1.2倍，柄节背面具浅皱刻点和短毛。唇基隆起，宽大于长，端缘呈圆形，具粗皱网状刻点和稀短毛。上颚窄长，末端具3个端齿，背面具纵脊和稀浅刻点及短毛。

胸部：背面观长卵形，长是宽的1.5倍。前胸背板基部截形，两肩角明显，边缘呈脊状隆起，密布粗皱网状刻点和短毛。中胸背板背面稍平坦，中央具1细短纵脊，两侧各具1伸达背板端缘的平行纵沟，近翅基片处两侧各具1短纵脊，密布粗皱网状刻点和短毛。小盾片矩形，背面平，具粗皱网状刻点和短毛。后小盾片五边形，端部中央呈角状突出，具粗皱刻点和短毛。并胸腹节向后方倾斜，中央具1宽纵沟，端部两侧明显呈角状突出，背面密布粗糙刻点，两侧布有细横皱褶状刻点，均覆短毛。中胸侧板稍隆起，具粗皱刻点和短毛。后胸侧板窄，具横皱褶和短毛。翅基片光滑，具稀浅刻点和短毛。翅透明，前翅痣近方形，长是宽的2.6倍，径脉自翅痣下端部发出，第3肘室宽，倾斜，第1肘室较第2与第3肘室之和稍长。足强健，中足胫节具2个端距，后足第1跗节是第2跗节长的2.9倍。各足爪均具齿。

腹部：第1节柄状，基部细，约至1/4处突然加粗，直至端部。第1节背板长是宽的1.8倍，近端部有1粗横沟，侧面观背面呈弧形隆起，近中部两侧瘤不明显突出，密布刻点及短毛，腹板平，基部窄，端部扩展，具横皱褶状刻点和短毛。第 2 节背板基部稍收缩，长是宽的 1.3 倍，密布细浅刻点和短毛，腹板平坦，布浅刻点和短毛。第 3~6 节背、腹板均光滑，覆短毛。

体长：14mm。

雄蜂：不详。

正模♀，云南马关，1982. Ⅷ. 12，董大志采。

本新种与日本元蜾蠃 *D. japonicus* Perez 1905 相似，其主要区别是：本种除前胸背板两侧各具 2 点状棕色斑外，其余全体呈黑色；唇基端缘呈圆形；OOD 是 IOD 的 0.7 倍，OCD 是 OOD 的 2.2 倍；后足第 1 跗节是第 2 跗节长的 2.2 倍以及体长等。

14. 秀蜾蠃属 *Pareumenes* Saussure 1855

本属主要区别特征是：体型较大，并胸腹节两侧具齿状突，腹部第 1 节背板窄长，弯拱。

种检索表

1. 体完全呈黑色 …………………………… 黑秀蜾蠃 *Pareumenes* (*Pareumenes*) *curvatus* Saussure
   体有黄斑 ………………………………………………………………………… 2
2. 中胸背板完全呈黑色 ……………………………………………………………
   …………………… 四秀蜾蠃 *Pareumenes* (*Pareumenes*) *quadrispinosus quadrispinosus* (Saussure)
   中胸背板有黄斑 …………………………………………………………………… 3
3. 胸部完全呈黑色 …… 黑胸秀蜾蠃 *Pareumenes* (*Pareumenes*) *nigripectus* Dong et Wang, sp. nov.
   胸部有黄斑 ………………………………………………………………………… 4
4. 触角第 1 鞭节是第 2 鞭节长的 1.7 倍；后足第 1 跗节是第 2 跗节长的 4.3 倍 …………………
   ……………………………… 倾秀蜾蠃 *Pareumenes* (*Pareumenes*) *quadrispinosus transitorus* Liu
   触角第 1 鞭节是第 2 鞭节长的 1.4 倍；后足第 1 跗节是第 2 跗节长的 5 倍 …………………
   ……………………………… 棘秀蜾蠃 *Pareumenes* (*Pareumenes*) *quadrispinosus acutus* Liu

(84) 黑秀蜾蠃 *Pareumenes* (*Pareumenes*) *curvatus* Saussure 1854（彩图版 XV. 84）

Saussure：1854, Mon. Guep. Sol. Suppl. 145.

雌蜂：体大型，黑色，有淡黄色斑。头部除两复眼内缘下部 1 弯形斑、两触角窝之间隆起处下部 1 点状斑、两复眼后缘中部沿复眼后缘 1 弧形线淡黄色外，其余全呈黑色。单眼棕色。触角黑色，第 1、2 和第 10~12 鞭节腹面锈色。唇基与上颚黑色。前胸背板、中胸背板、小盾片、后小盾片、并胸腹节、中胸与后胸侧板黑色。翅基片黑色。翅呈暗棕色，有闪光的紫色。所有的足黑色，仅跗节稍淡，爪褐黄色。腹部各节背、腹板均呈黑色。

头部：横宽、光滑、发亮、毛稀，较胸部翅基片处稍窄，正面观，宽稍大于高。两触角窝之间隆起形成 1 与唇基相连的隆脊，额沟较浅。额与头顶具细密刻点和浅色短毛。后颊光滑，具极浅刻点和短毛。单眼呈三角形排列，稍低陷，前单眼较后单眼稍大，OOD 是 IOD 的 1.3 倍，OCD 是 OOD 的 0.5 倍。触角丝状，向端部逐渐加粗，顶鞭节末端钝，第 1 鞭节是第 2 鞭节长的 2 倍。唇基明显突起，长大于宽，端部稍凹陷，两侧略呈齿状突出，具浅刻点及短毛。上唇强度超出唇基末端，末端圆。上颚长，楔状，端部内缘具4个钝齿，上端齿短小，背面具纵脊和粗刻点，覆稀短毛。

胸部：前胸背板前缘截形，两肩角明显，具细密刻点和浅色短毛。中胸背板隆起，中央具1细纵脊，近翅基片两侧各具1短纵脊，具细密刻点和浅色短毛。小盾片矩形，具细密刻点和浅色短毛。后小盾片五边形，端部中央呈钝角形突出，具细密刻点和浅色短毛。并胸腹节向下方倾斜，中央具1纵沟，端部两侧呈角状突出，具细密刻点和浅色短毛。中胸侧板隆起，具细密刻点和浅色短毛。后胸侧板窄，几乎无刻点和毛。翅基片光滑。翅透明，前翅痣短，近三角形，长是宽的2.5倍。径脉自翅痣下中部稍后方发出，第3肘室宽，近方形，第1肘室较第2、3肘室之和稍宽。足细长，后足第1跗节是第2跗节长的3.3倍。各足爪均具齿。

腹部：第1节呈细长柄状。第1节背板基部细，向端部逐渐加粗，侧面观呈弯拱状，长是气门处宽的6.7倍。气门瘤稍突出，位于背板中部稍前方，整个背板光滑，覆有稀短毛。腹板平坦，基部窄，向端部逐渐加宽，端部明显有凹陷，并形成2个瘤状突起，光滑近中部之后有少量弱横皱褶，覆稀短毛。第2节背板基部稍收缩，长是宽的1.5倍，覆极短浅色毛，腹板基半部较平坦，光滑，覆极短浅色毛。第3~6节背、腹板均光滑，覆极短浅色毛。

体长：18mm。

雄蜂：与雌蜂相似，体稍小，翅颜色较浅。唇基上有1三角形黄斑。腹部7节。体长21mm。

分布：云南（景洪、勐腊）；缅甸，菲律宾。

(85) 四秀蜾蠃 *Pareumenes* (*Pareumenes*) *quadrispinosus quadrispinosus* (Saussure) 1855 **(彩图版XV.85)**

Saussure：1855. Et. Fam. Vesp. 3：134，7. f. z.

雌蜂：体中等大小，有黄斑。头部除前单眼抵唇基有1纵斑，单眼两侧各有1小斑，两复眼内缘整个凹陷处，后缘上部1个斑黄色外，其余均呈黑色。触角支角突黑色，柄节内缘黄色，外缘黑色，梗节、鞭节背面黑色，腹面锈色。唇基黄色，周围边缘黑色。上颚黑色。前胸背板黑色，前缘和两侧黄色。中胸背板黑色，中央两侧各具1窄黄色纵斑。小盾片黑色，两侧各具1方形黄斑。后小盾片全呈黑色。并胸腹节黑色，两侧自基部至端部各具1长齿状黄斑。中胸侧板黑色，仅上部有1黄斑。后胸侧板全呈黑色。翅基片黄色，中央具1褐色斑，近端部处有1褐色纵斑。翅呈棕色。前足基节、转节、股节背面黑色，腹面大部与胫节黄色，跗节褐黄色。中足基节内缘、转节、股节内缘和外缘约1/4处，胫节内缘黑色，基节外缘约3/4至端部处，胫节外缘黄色，跗节暗褐黄色。后足黑色，基节外侧1个斑、股节端部外侧1个斑、胫节外侧黄色。第1腹节黑色，端部两侧各具1黄色斑，腹板黑色。第2~4节背板黑色，端缘各具1两侧凹陷的黄色横带，腹板黑色。第5、6节背、腹板均呈黑色。

头部：横宽、光滑、毛稀，较胸部翅基片处稍窄。两触角窝之间略隆起，额沟不明显。额与头顶密布粗皱刻点和浅色短毛。后颊、后头具浅刻点和短毛。单眼呈三角形排列，单眼区稍平，OOD是IOD的0.75倍，OCD是OOD的2.7倍。触角丝状，向端部逐渐加粗，顶鞭节末端稍尖，第1鞭节是第2鞭节长的1.5倍。唇基隆起，端部凹陷，两侧各具1齿状突，光滑具浅刻点和短毛。上颚楔状，末端具4个端齿，覆稀短毛。

胸部：前胸背板前缘截状，两肩角明显，密布粗皱刻点和短毛。中胸背板隆起，中央具纵脊，具细密刻点和短毛。小盾片矩形，背面稍平，覆稀浅刻点和短毛。后小盾片横带状，稍向下倾斜，覆稀刻点和短毛。并胸腹节向下方倾斜，中央具浅纵沟，端部两侧各具1齿状突，光滑具稀浅刻点和短毛，两侧具细横皱褶，覆短毛。中胸侧板稍隆起，上部刻点粗糙，下部刻点细密，覆稀短毛。翅透明，前翅痣窄长，近方形，长是宽的2.5倍，径脉自翅痣下近端部发出，第3肘室宽，近方形，第1肘室较第2、3肘室之和稍长。足弱，后足第1跗节是第2跗节长的3.6倍。各足爪均具齿。

腹部：第1节呈细柄状。第1节背板基部细，向端部逐渐加粗，长是气门处宽的6.7倍，气门瘤位于背板中部两侧，明显可见，具粗糙刻点和稀短毛。腹板基部窄，向端部扩展，具横皱褶和短毛。第2节背板较宽，长与宽近相等，具稀浅刻点和短毛。腹板基部稍平，具极浅刻点和短毛。第3~6节背、腹板均光滑，具极浅刻点和短毛。

体长：16.5mm。

雄蜂：与雌蜂相似，触角端部钩状，单眼两侧无黄斑，所有足黑色，仅股节端部、胫节外侧黄色。腹部7节。体长16mm。

分布：云南（勐海）、山东；印度。

（86）黑胸秀蜾蠃 *Pareumenes*（*Pareumenes*）*nigripectus* Dong et Wang，sp. nov. **新种**（**彩图版**XV.86）

雌蜂：体小至中等大型，黑色，有少量黄色斑。额部自前单眼至唇基有1纵斑，两复眼内缘凹陷窝的下部至触角窝处各有1狭条状纵斑，后颊于两复眼后缘上部近1/3处各1窄条状斑黄色，其余完全呈黑色。单眼棕色。触角支角突黑色，柄节背面黑色，腹面为黄色，梗节、鞭节背面黑色，腹面锈色。唇基黄色，端部和两侧边缘黑色。上颚褐色。前胸背板黑色，前缘基部有1领状黄斑。中胸背板、小盾片、后小盾片全呈黑色。并胸腹节黑色，仅于端部两侧，两齿突之间各具1黄色小斑，内齿淡褐色。中、后胸侧板完全呈黑色。翅基片褐色，翅呈浅棕色。所有足的基节、转节黑色。前、中足股节、胫节内侧褐色，胫节外侧黄色，跗节深棕色。后足完全呈褐色。第1腹节背板黑色，近端部两侧各具1短黄色窄横斑，腹板黑色。第2腹节背板黑色，端缘有1中央凹陷的黄色横带，腹板黑色，近中部有1齿状黄色横斑。第3~7腹节背、腹板全呈黑色。

头部：横宽、粗糙、毛稀，较胸部翅基片处宽。两触角窝之间呈脊状隆起，额沟细、浅。额与头顶具粗皱刻点和短毛。后头强度向后方凸出，具稀粗刻点和短毛。单眼呈三角形排列，OOD是IOD的1.8倍，OCD是OOD的2倍。触角丝状，均匀粗细，顶鞭节钩状，末端圆，第1鞭节是第2鞭节长的1.5倍。唇基隆起，长与宽近相等，端部中央凹陷，两侧呈角状突出，具粗浅刻点和稀短毛。上颚强健，内缘和顶端共具4个端齿，端齿尖，背面具纵脊和稀短毛。

胸部：前胸背板前缘截形，两肩角不明显，密布粗糙刻点及短毛。中胸背板隆起，基部中央具短纵脊，端部两侧近翅基片处各具 1 细短纵脊，密布粗刻点和短毛。小盾片矩形，平坦，两侧凹陷，具稀粗刻点和短毛。后小盾片近五边形，后缘端部中央呈钝角形突出，基部两侧各具 1 深窝，具稀浅刻点和短毛。并胸腹节向后下方倾斜，中央具 1 宽纵凹陷，凹陷中央具 1 纵沟，沟两侧具倾斜皱褶，端部两侧各具 2 个齿状突，背面密布粗皱刻点，两侧具倾斜皱褶，均覆短毛。中胸侧板后部隆起，基部倾斜，后缘上部，上侧片与下侧片之间有一些不规则的深坑，具粗皱刻点和短毛。后胸侧板窄，具横皱褶和稀短毛。翅基片光滑，覆稀短毛。翅透明，前翅痣近方形，长是宽的 3.1 倍，径脉自翅痣下近端部处发出，第 3 肘室宽，近方形，稍倾斜，第 1 肘室较第 2、3、4 肘室之和长。足弱，后足第 1 跗节是第 2 跗节长的 3 倍。各足爪均具短齿。

腹部：第 1 节呈细长柄状，基部细，向端部逐渐加粗。第 1 节背板近端部有 1 短浅纵凹陷，长是气门瘤处宽的 5.7 倍，气门瘤不突出，位于背板中部稍前方，具稀浅刻点和短毛，腹板基部窄，自气门瘤之后突然加宽，基部光滑，端部具细刻点，覆短毛。第 2 节背板光滑，具细浅刻点和短毛，腹板平滑，具稀浅刻点和短毛。第 3~7 节背、腹板均光滑，均具稀浅刻点和短毛。

体长：15mm。

雌蜂：不详。

正模♂，云南罗平，1994. VII. 15，董大志采。

这个种与黑秀蜾蠃 *Pareumenes*（*Pareumenes*）*curvatus* Saussure1854 相似，其主要区别是：本种体长 15mm；唇基有黄斑；触角第 1 鞭节是第 2 鞭节长的 1.5 倍；OOD 是 IOD 的 1.8 倍，OCD 是 OOD 的 2 倍；并胸腹节有黄斑；后足第 1 跗节是第 2 跗节长的 3 倍等。

(87) 倾秀蜾蠃 *Pareumenes*（*Pareumenes*）*quadrispinosus transitorus* Liu 1941（**彩图版XV.87**）

Liu：1941，Notes Ent，Chin. 8：256（Key），269.

雌蜂：体大型，黑色，斑纹黄色。额部黑色，两复眼内缘凹陷处黄色，两触角窝之间自前单眼至唇基有 1 黄色纵斑。后颊上部中央有 1 窄黄色带状斑。单眼棕色。触角支角突、柄节外缘黑色，内缘黄色，梗节、鞭节背面黑色，腹面锈色。唇基黄色，边缘和齿黑色。上颚暗褐色。前胸背板黄色，但后部和下部近三角形区黑色。中胸背板黑色，中央两侧各具 1 条黄色纵斑。小盾片黑色，左右各具 1 对称的方形黄斑。后小盾片黑色，近后缘处具 1 近钝角形窄黄色横斑。并胸腹节黑色，基部两侧角各具 1 小黄斑，端部边缘两侧各具 1 大型对称黄斑。中胸侧板黑色，上侧片具 1 椭圆形黄斑，下侧片上部具 1 窄黄斑。后胸侧板完全呈黑色。翅基片黄色，中央具 1 褐色斑。翅褐色，前翅前缘色略深。前、中后足的基节、转节均呈黑色。前足股节呈棕色，端半部外侧黄色。胫节棕色，外侧有 1 黄色纵斑，跗节全呈深棕色。中足股节黑色，端部略呈褐色，胫节为暗棕色，内侧有 1 黄色纵斑，跗节呈深棕色。后足股节为黑色，端部有 1 黄色斑，胫节呈黑色，外侧端部有 1 黄色纵斑，跗节深棕色。第 1 腹节背板黑色，仅端部有 1 对左右对称的黄色斑，斑中央有 1 褐色圆点，腹板黑色，端部两侧各具 1 黄色窄纵带。第 2 腹节背板黑色，端部边缘有 1 中央凹陷的黄色宽带状斑，腹板基部有 1 较大的黄斑，端部两侧各具 1 黄色小斑，其余均呈黑色。第 3~5 腹节黑色，背板端缘各具 1 有浅凹陷的黄色带，第 3 节腹板端部两侧各具 1 小黄斑，第 4、5 节腹板全呈黑色，第 6 节背、腹板均呈黑色。

头部：横宽、光滑、毛稀，较胸部翅基片处稍窄。两触角窝之间稍隆起形成一与唇基相连的隆脊，额沟浅。额与头顶具密粗刻点和短毛。后颊光滑，具稀粗刻点和短毛。单眼呈三角形排列，前单眼稍大于后单眼，OOD 是 IOD 的 0.8 倍，OCD 是 OOD 的 2.7 倍。触角丝状，向端部逐渐加粗，顶鞭节末端稍窄，第 1 鞭节是第 2 鞭节长的 1.7 倍。唇基隆起，长大于宽，端部中央凹陷，两侧呈角状突出，具稀浅刻点和稀短毛。上颚楔状，内缘具 7 个大小相同的钝齿，端部齿较宽，背面具纵脊，覆短毛。

胸部：前胸背板前缘稍突出，呈截形，两肩角明显，具粗糙刻点及短毛。中胸背板隆起，中央具中纵脊，端部中央两侧各具 1 细短纵沟，近翅基片处两侧各具 1 浅纵沟，密布粗刻点和短毛。小盾片矩形，平坦，具浅刻点和短毛。后小盾片横带状，后缘端部中央呈钝角形突出，具稀浅刻点和短毛。并胸腹节向后下方倾斜，中央具 1 宽纵凹陷，凹陷中央具 1 纵沟，沟两侧具横皱褶，端部两侧各具 2 个齿状突，背面具浅刻点和短毛，两侧具横皱褶。中胸侧板稍隆起，具粗刻点和短毛。后胸侧板光滑，具细横皱纹和稀短毛。翅基片光滑，覆稀短毛。翅透明，前翅痣近方形，长是宽的 3.1 倍，径脉自翅痣下近端部处发出，第 3 肘室近方形，倾斜，第 1 肘室与第 2、3、4 肘室之和近等长。足细长，后足第 1 跗节是第 2 跗节长的 4.3 倍。各足爪均具明显的短齿。

腹部：第 1 节呈柄状，基部细，向端部逐渐加粗。长是气门瘤处宽的 3.1 倍，气门瘤不突出，位于背板中部，端部中央具 1 短纵沟，具浅刻点和短毛，腹板基部窄，自气门瘤之后突然加宽，近 2/3 处具横皱褶。覆稀短毛。第 2 节背板较宽，长是宽的 3.2 倍，具细浅刻点和短毛，腹板光滑，具稀浅刻点和短毛。第 2~3 节背、腹板均光滑，具稀浅刻点和短毛。

体长：22mm。

雄蜂：与雌蜂相似，但体型较小。触角顶节钩状，腹部 7 节。

分布：云南（屏边、勐腊、瑞丽）、江苏、四川。

(88) 棘秀蜾蠃 *Pareumenes* (*Pareumenes*) *quadrispinosus acutus* Liu 1941（**彩图版 XV.88**）

Liu：1941，Notes Ent. Chin. 8：252-265.

雌蜂：体大型，黑色，斑纹黄色。额部自前单眼至唇基有 1 菱形黄色纵斑，其余部分黑色，两复眼内缘凹陷处黄色。后颊大部黄色，仅后缘和下角黑色。单眼棕色。触角支角突、柄节、梗节外侧黑色，内侧黄色，鞭节背面黑色，腹面锈色。唇基黄色，周围边缘黑色。上颚褐色。前胸背板除胸部和后部三角区为黑色外，余均呈黄色。中胸背板黑色，仅于中央两侧各具 1 条状黄色纵斑。小盾片黑色，两侧各具 1 对称的方形黄斑。后小盾片黑色，端部具 1 弧形黄斑。并胸腹节黑色，基部两侧角各具 1 黄斑，端部两侧各具 1 宽黄色纵斑。中胸侧板黑色，上侧片中部具 1 椭圆形黄斑，下侧片上部具 1 小黄斑。后胸侧板完全呈黑色。翅基片黄色，中央具 1 褐色小圆斑。翅呈浅棕色，前翅前缘色略深。前、中、后足的基节和转节均呈黑色。前足股外侧黄色，内侧棕色，交界处基部一半为黑色，胫节和跗节棕色。中足股节黑色，端部稍呈棕色，端部内侧1/2为黄色，胫节和跗节略呈棕色。后足股节为黑色，仅端部内侧棕色，胫节外侧黑色，内侧黄色，跗节黑褐色。第1腹节背板黑色，端部有2个左右对称的近方形黄色斑，腹板黑色，近端部两侧各具1黄色纵斑。第2腹节背板黑色，沿端部边缘有1中部中断的宽黄色横带，腹板黑色，基部有1中央凹陷的宽黄色斑。端部两侧各具1黄色小斑。第3~5节背板基部黑色，端部各具1两侧稍凹陷的黄色横带，腹板黑色，端缘两侧各具1小黄斑。第6节背板黑色，中央有1黄色小斑，腹板全呈黑色。

头部：横宽、光滑、毛稀，与胸部翅基片处近等宽。两触角窝之间呈脊状隆起，额沟细浅，光滑，具稀浅刻点和短毛。额与头顶具粗糙刻点和短毛。后颊具浅刻点和短毛。单眼呈三角形排列，前单眼稍大于后单眼，OOD是IOD的0.83倍，OCD是OOD的2.2倍。触角丝状，向端部逐渐加粗，顶鞭节末端稍窄，第1鞭节是第2鞭节长的1.4倍。唇基稍隆起，向端部倾斜，顶端稍平，长大于宽，端部中央明显凹陷，两侧呈角状突出，具粗浅刻点和稀短毛。上颚粗壮，内缘和顶端共具7个齿，齿钝，基部齿较小于端部齿，具粗纵脊和短毛。

胸部：前胸背板前缘截形，两肩角不明显，密布粗刻点及短毛。中胸背板稍隆起，中央具弱纵脊，近端部两侧，于两条状黄斑之后各具1伸达背板端部边缘的短纵沟，近翅基片处两侧各具1细短纵沟，密布刻点和短毛。小盾片矩形，背面平坦，具稀浅刻点和短毛。后小盾片五边形，端部呈钝角形突出，具稀浅刻点和短毛。并胸腹节向后下方倾斜，中央具1纵沟，沟两侧具倾斜对称的横皱褶，端部两侧各具2个齿状突，内齿较小，背面具密刻点和短毛，两侧具横皱褶，覆稀短毛。中胸侧板隆起，具粗糙刻点和短毛。后胸侧板光滑，沿边缘和上部有一些深刻点。翅基片光滑，覆稀短毛。翅透明，前翅痣近窄，近长方形，长是宽的3.5倍，径脉自翅痣下端部处发出，第3肘室近方形，稍倾斜，第1肘室长于第2、3、4肘室之和。足细长，后足第1跗节是第2跗节长的5倍。各足爪均具明显的短齿。

腹部：第1节长柄状，基部细，向端部逐渐加粗。第1节背板端部中央有1浅纵凹陷，长是气门瘤处宽的4.1倍，气门瘤强突出，位于背板中部稍前方，具较浅刻点和短毛，腹板窄，自气门瘤之后突然加宽，端部约3/4处具横皱褶，覆稀短毛。第2节背板长是宽的0.92倍，光滑，具细浅刻点和短毛，腹板较平坦，具稀浅刻点和短毛。第3~6节背、腹板均光滑，具稀浅刻点和短毛。

体长：24~25mm。

雄蜂：与雌蜂相似，但体型较小。触角顶节钩状，腹部7节。体长18mm。

分布：云南（景东、潞西）、广东。

15. 费蜾蠃属 *Phi*

属特征：体大型。并胸腹节背面中央有1“十”字形黑斑，端部圆，无齿突。腹部第1节背板强收缩呈窄的长三角形柄。

(89) 弓费蜾蠃 *Phi flavopunctatum continentale* (Zimmermann)（**彩图版XV.89**）

雌蜂：体大型，黑色，斑纹黄色。额、头顶、后头黑色。自额下部至唇基有1黄色纵斑。两复眼内缘凹陷处至唇基两侧各具1上宽下窄的黄色弯形黄斑。后颊黑色，位于两复眼后缘上侧，紧邻复眼，两侧各具1条状黄斑。单眼棕色。触角全呈黑色，仅鞭节端部3节内侧呈锈色。唇基完全呈黄色。上颚褐色。前胸背板黑色，前缘和两侧上部黄色。中胸背板黑色，近基部两侧各具1弯曲镰状黄色斑，中央两侧各具1短窄条状黄色纵斑。小盾片黑色，近基部两侧各具1近梯形黄色斑。后小盾片黑色，中央有1后缘为弧形的黄色横带。并胸腹节黄色，中央具1上端宽、近“十”字形黑斑，两侧全呈黑色。中胸侧板黑色，上侧片中部具1椭圆形黄斑，下侧片上部具1小黄斑。后胸侧板完全呈黑色。翅基片黄色，内侧有1黑色小圆斑。翅呈浅褐色，前翅前缘色略深。前足基节、转节黑色，股节背面黑色，两侧和腹面黄色，胫节内侧褐色，外侧黄色，跗节深棕色。中、后足的基节黑色，外侧中部有1黄色纵斑，转节、股节黑色，股节外侧端部有1黄色小斑，胫节内侧褐色，外侧黄色，跗节褐色。后足基节黑色，外侧中部有1黄色纵斑，转节、股节几乎完全呈黑色，胫节腹面黑色，背面黄色，跗节黑色。第1腹节背板黑色，近基部、中部和近端部各具1对左右对称的黄斑，腹板完全呈黑色。第2腹节背板黑色，近基部和端部各具1对称的黄色横带，腹板全呈黑色，仅于端缘两侧具1长三角形黄斑。第3~5节背、腹板均呈黑色，仅于端缘两侧均各具1黄色横带。第6节背板黑色，近末端两侧各具1小黄色斑，腹板全呈黑色。

头部：横宽、粗糙、毛稀，较胸部翅基片处窄。两触角窝之间呈脊状隆起，额沟可见，浅。两触角窝外侧上部至复眼顶部之间各具1深凹陷。额、头顶、后头均密布明显刻点和稀长柔毛。后颊窄，光滑，覆稀长茸毛。单眼呈三角形排列，前单眼稍大于后单眼，前单眼前面和两侧、后单眼外侧各有1平滑无刻点小区。OOD是IOD的2.1倍，OCD是OOD的0.7倍。触角丝状，向端部逐渐加粗，顶鞭节末端稍窄，第1鞭节是第2鞭节长的2倍。唇基稍隆起，两侧和中央形成3个平面，长与宽近相等，端缘基本截状，稍具浅凹陷，具浅刻点和稀短毛。上唇端部圆形，近端部和边缘具稀粗刻点和棕色长毛。上颚长，刀状。内缘具3个钝齿，末端具1尖齿，背面具粗纵脊和稀粗短毛。

胸部：前胸背板前缘截状，两肩角不明显，布浅刻点和短毛。中胸背板稍隆起，中央具自基部至端部的纵脊，两侧近翅基片处各具1细短纵沟。小盾片稍隆起，矩形，密布浅刻点和短毛。后小盾片横带状，后部端缘呈弧形，密布浅刻点和短毛。并胸腹节三角形，向后下方倾斜，中央具1自基部向端部逐渐加深的纵沟，沟内具横皱褶，端部两侧呈角状突出，背面具明显刻点和短毛，两侧光滑，覆稀短毛。中胸侧板隆起，密布明显刻点和短毛。后胸侧板光滑，覆稀短毛。翅基片光滑，覆稀短毛。翅透明，前翅痣近三角形，长是宽的2.5倍，径脉自翅痣下中部稍后方发出，第3肘室上宽下窄，第2肘室接收2条回脉，第1肘室短于第2、3、4肘室之和。足细长，后足第1跗节是第2跗节长的5倍。各足爪均具齿。

腹部：第1节呈细长柄状，基部细，向端部均匀加粗，侧面观呈弯拱状。第1节背板较长，长是气门瘤处宽的9倍，气门瘤较小，不明显，位于背板近中部两侧，光滑，覆短毛，腹板光滑，覆稀短毛。第2节背板明显隆起，基部稍收缩呈短柄状，长是宽的1.6倍，光滑，覆短毛，腹板平滑，覆短毛 。第3~6节背、腹板均光滑，均覆短毛。

体长：22~30mm。

雄蜂：与雌蜂相似，但体型较雌蜂小。唇基长大于宽，端缘凹陷明显。触角末端节尖，呈钩状，触角鞭节腹面锈色。并胸腹节“十”字形黑斑较宽。第7腹节完全呈黑色。体上黄斑颜色较雌蜂深。腹部7节。体长21~24mm。

分布：云南（富宁、河口、勐腊、景洪、勐海、盈江、碧江）、浙江、四川、湖南、福建、台湾、广东、广西；印度，缅甸，斯里兰卡，马来西亚，新几内亚。

16. 细蜾蠃属 *Cyrtolabulus* Van der Vecht 1963

本属特征：体细小，腹部第2节具刻点。

种检索表

唇基全呈棕色；触角第1鞭节是第2鞭节长的1.3倍；后足第1跗节是第2跗节长的3.1倍 ……
………………………………………………………… 简细蜾蠃 *Cyrtolabulus exiguus*（Saussure）

唇基端部黄色；触角第1鞭节与第2鞭节近等长；后足第1跗节是第2跗节长的4.2倍………
………………………………………………………… 云南细蜾蠃 *Cyrtolabulus yunnanensis* Lee

（90）简细蜾蠃 *Cyrtolabulus exiguus*（Saussure）1853（**彩图版XVI. 90**）

Saussure：1853，Etud. Fam. Vesp. I：237.

雌蜂：体黑色至深棕色，斑黄色。额、头顶、颊均呈黑色。两触角窝之间棕色。单眼黑色。触角均呈棕色，仅鞭节背面黑色。唇基棕色。上颚深棕色。前胸背板棕色，前缘两侧黄色。中胸背板黑色。小盾片黑色，两侧后角黄色。后小盾片棕色。并胸腹节深棕色。中胸侧板黑色，上部中央有1黄色斑。后胸侧板上部棕色，下部黑色。翅基片黄色，中央具1棕色斑。翅呈棕色，前翅前缘色略深。前足股节端部外侧，胫节外侧，中、后足胫节外侧均呈黄色，其余各节部分均呈棕色。第1腹节背、腹板棕色，端部边缘黄色。第2腹节背、腹板深棕色，端部边缘黄色。第3~6腹节背、腹板均呈棕色。

头部：横宽、粗糙、毛稀，约与胸部翅基片处等宽。两触角窝之间稍隆起，额沟不明显。额呈弧形凸起，密布刻点和短毛。头顶、后头、后颊均密布刻点和短毛。单眼稍隆起，呈亚三角形排列，OOD是IOD的0.71倍，OCD是OOD的1.7倍。触角丝状，向端部逐渐加粗，顶鞭节末端稍收缩，第1鞭节是第2鞭节长的1.3倍。唇基稍平坦，端部两侧略突出，具稀浅刻点和短毛。上颚粗壮，末端和内缘共具4个端齿。

胸部：前胸背板前缘截形，两侧各具1角状突起，中部两侧各具1瘤状突起，具粗刻点和短毛。中胸背板稍平，布粗刻点和短毛。小盾片矩形，具粗刻点和短毛。后小盾片横带状，两侧各具1突起，具粗刻点和短毛。并胸腹节向后下方倾斜，中央具1纵沟，具浅刻点和短毛，中胸侧板稍隆起，密布粗刻点和短毛。后胸侧板窄，光滑，覆短毛。翅基片光滑，覆稀短毛。翅透明，前翅痣三角形，长是宽的3.7倍，径脉自翅痣下中部稍后方发出，第3肘室近方形，第1肘室与第2、3、4肘室之和近等长。足细长，后足第1跗节是第2跗节长的3.1倍。各足爪均具齿。

腹部：第1节细柄状，向端部逐渐加粗。第1节背板基部细，端部宽，侧面观隆起，长是气门处宽的6.2倍，基部刻点粗糙，端部稍浅，均覆短毛，腹板基部窄，近端部加宽，呈三角形，具稀浅刻点和短毛。第2节背板隆起，长是宽的1.2倍，具粗刻点和短毛，腹板光滑，具稀浅刻点和短毛。第3~6节背、腹板均光滑，覆短毛。

体长：8mm。

雄蜂：与雌蜂相似，触角柄节前缘黄色，第1腹节基部黑色，端部棕红色。腹部7节。

分布：云南（墨江）、广东；埃及，非洲，亚洲。

（91）云南细蜾蠃 *Cyrtolabulus yunnanensis* Lee 1982（**彩图版**XⅥ. 91）

李铁生：1982，动物学研究，3（1）：83.

雌蜂：体小型，黑色，斑黄色。额、头顶、后颊均呈黑色。两触角窝之间全呈黑色。端部腹面略呈棕色。单眼黑色。触角均呈棕色，仅鞭节背面黑色。唇基端部黄色。上颚黑褐色。前胸背板前缘黄色，余均呈黑色。中胸背板完全呈黑色。小盾片黑色，中央两侧各有1黄色小横斑。后小盾片、并胸腹节，中、后胸侧板均呈黑色。翅基片黑色，前缘和后缘黄色，外缘棕色。翅呈棕色，前翅前缘色略深。各足基节、转节黑色。前足股节黑色，仅端部橙黄色，中、后足股节均呈黑色。前、中足胫节内侧黑色，外侧黄色。后足股节、胫节内侧，外侧端部黑色，胫节基部外侧黄色。各足跗节均呈深棕色。第1腹节黑色，端部边缘黄色。腹板全呈黑色。第2腹节背、腹板黑色，端部边缘各具1黄色横带。第3~6腹节背、腹板均呈黑色。

头部：横宽、粗糙、毛稀，约与胸部翅基片处等宽。两触角窝之间稍隆起，额沟不明显。额部隆起，额、头顶、后头及后颊均具粗糙刻点和白色短毛，密布刻点和短毛。单眼呈亚三角形排列，OOD与IOD近相等，OCD是OOD的2倍。触角丝状，向端部逐渐加粗，顶鞭节末端稍钝，第1鞭节与第2鞭节近等长。唇基略隆起，宽略大于长，端部两侧呈2齿状突，具稀浅刻点和白色短毛。上颚楔状，内缘3个齿与端部1齿大小相等，光滑，覆稀白色短毛。

胸部：前胸背板前缘截形，两肩角呈角状突起，具粗刻点和白色短毛。中、后胸背板背面较平坦，密布粗大刻点和短毛。小盾片矩形密布刻点和短毛。后小盾片向下倾斜，前缘中部有1角状小瘤突，密布刻点和短毛。并胸腹节向后下方倾斜，中央具1条纵沟，两侧圆形，端部两侧各具1齿状突起具浅刻点和短毛，密布粗糙刻点和短毛。中胸侧板略隆起，密布粗糙刻点和短毛。后胸侧板窄长，具横皱褶和短毛。所有毛均为白色。翅基片光滑，覆稀短毛。翅透明，前翅痣近三角形，长是宽的3.6倍，径脉自翅痣下中部稍后方发出，第3肘室近方形，第1肘室较第2、3、4肘室之和稍短。足细长，后足第1跗节是第2跗节长的4.2倍。各足爪均具齿，爪垫明显。

腹部：第1节呈柄状，基部细，端部1/3处膨胀。第1节背板基部1/2在腹面愈合，细长，长是气门处宽的7.5倍，气门瘤不明显隆起，位于背板近中部两侧，侧面观端部背面隆起，基部至气门瘤处刻点粗糙，端部自气门瘤之后刻点稍浅，均覆白色短毛。腹板近端部呈三角形，具稀浅刻点和白色短毛。第2节背板较宽，长是宽的1.1倍，腹板光滑，背、腹板端部均具檐状突起，均覆稀浅刻点和白色短毛。第3~6节背、腹板均光滑，均覆白色短毛。

体长：9mm。

雄蜂：与雌蜂相似，但触角柄节前缘黄色，第 1 腹节基部黑色，鞭节基部钩状，唇基 1/2 黄色。腹部 7 节。

分布：云南（勐腊、景洪、元江、盈江）、广东。

17. 蜾蠃属 *Eumenes* Latreille 1802

Latreille：1802，Hist. Nat. Crust. Ins. 3：360.

本属种类较多，为蜾蠃中的一个大属。区别特征为，腹部第 1 节柄状，第 2 腹节背板端缘有明显褶状薄片。

种检索表

1. 大型种，体长 15~24mm …………………………………………………………………… 2
   小型种，体长 9~16mm …………………………………………………………………… 4
2. 唇基黑色；触角第 1 鞭节是第 2 鞭节长的 1.5 倍；后足第 1 跗节是第 2 跗节长的 2.6 倍；体长 17~20mm …………… 黑腹装饰蜾蠃 *Eumenes*（*Oreumenes*）*decoratus nigriventris* Dong，ssp. nov.
   唇基黄色；触角第 1 鞭节是第 2 鞭节长的 1.7~1.8 倍；后足第 1 跗节是第 2 跗节长的 2.6~3.3 倍；体长 15~22mm ……………………………………………………………… 3
3. 体长 17mm；触角第 1 鞭节是第 2 鞭节长的 1.7 倍；后足第 1 跗节是第 2 跗节长的 2.6 倍 …………………………………………………………… 米蜾蠃 *Eumenes*（*Eumenes*）*micado* Cameron
   体长 20~24mm；触角第 1 鞭节是第 2 鞭节长的 1.7 倍；后足第 1 跗节是第 2 跗节长的 3.3 倍 ………………………………………………… 装饰蜾蠃 *Eumenes*（*Oreumenes*）*decoratus* Smith
4. 中等大型种，体长 11~20mm ……………………………………………………………… 5
   小型种，体长 9~13mm ……………………………………………………………………… 8
5. 唇基黄色；触角第 1 鞭节是第 2 鞭节长的 2.7 倍；后足第 1 跗节是第 2 跗节长的 3 倍；体长 12~16mm …………………… 红角蜾蠃 *Eumenes*（*Eumenes*）*fulvantenna* Dong et Wang，sp. nov.
   唇基黑色；体长 11~20mm；触角第 1 鞭节是第 2 鞭节长的 2.1~2.3 倍；后足第 1 跗节是第 2 跗节长的 2.6~3.2 倍 …………………………………………………………………… 6
6. 体长 20mm；触角第 1 鞭节是第 2 鞭节长的 2.1 倍；后足第 1 跗节是第 2 跗节长的 2.6 倍 …………………………………………………………… 种蜾蠃 *Eumenes*（*Eumenes*）*species* Cameron
   体长 11~15mm；触角第 1 鞭节是第 2 鞭节长的 2.3 倍；后足第 1 跗节是第 2 跗节长的 3.2 倍 ……………………………………………………………………………………… 7
7. 体长 11~12mm；前胸背板前缘两侧和中央具黄斑 ……………………………………………… 布蜾蠃 *Eumenes*（*Eumenes*）*buddha* Cameron
   体长 15mm；前胸背板前缘具窄黄色横带 ……… 显蜾蠃 *Eumenes*（*Eumenes*）*rubronotatus* Perez
8. 唇基黄色；体长 9~13mm ……………………………………………………………… 9
   唇基黑色；体长 11~12mm ……………………………………………………………… 12
9. 体长 11mm 左右；触角第 1 鞭节是第 2 鞭节长的 1.8 倍；后足第 1 跗节是第 2 跗节长的 4.3 倍 ………………………… 陆蜾蠃 *Eumenes*（*Eumenes*）*mediterraneus mediterraneus* Kriechbaumer
   体长 10~13mm；触角第 1 鞭节是第 2 鞭节长的 1.5~3.3 倍；后足第 1 跗节是第 2 跗节长的 2.6~2.7 倍 ……………………………………………………………………………… 10

10\. 体长 10~11.5mm；触角第 1 鞭节是第 2 鞭节长的 2.2 倍；后足第 1 跗节是第 2 跗节长的 2.6 倍 ································ 点蜾蠃 *Eumenes*（*Eumenes*）*pomiformis pomiformis*（Fabricius）
体长 13mm；触角第 1 鞭节是第 2 鞭节长的 2.1~2.3 倍；后足第 1 跗节是第 2 跗节长的 2.3~2.7 倍 ·· 11
11\. 唇基黑色；触角第 1 鞭节是第 2 鞭节长的 2.1 倍；后足第 1 跗节是第 2 跗节长的 2.3 倍 ··· 孔蜾蠃 *Eumenes*（*Eumenes*）*punctatus* Saussure
唇基黄色，触角第 1 鞭节是第 2 鞭节长的 2.3 倍；后足第 1 跗节是第 2 跗节长的 2.7 倍 ··· 李蜾蠃 *Eumenes*（*Eumenes*）*fraterculus* Dalla Torre
12\. 体长 11~12mm；触角第 1 鞭节是第 2 鞭节长的 1.3 倍；后足第 1 跗节是第 2 跗节长的 3.1 倍 ································ 基蜾蠃 *Eumenes*（*Eumenes*）*pedunculatus pedunculatus*（Panzer）
体长 11mm；触角第 1 鞭节是第 2 鞭节长的 2.4 倍；后足第 1 跗节是第 2 跗节长的 3.2 倍 ··· 冠蜾蠃 *Eumenes*（*Eumenes*）*coronatus coronatus*（Panzer）

（92）黑腹装饰蜾蠃 *Eumenes*（*Oreumenes*）*decoratus nigriventris* Dong，ssp. nov. **新亚种（彩图版 XVI. 92）**

雌蜂： 体大型，深黑色，斑点棕红色。额、头顶、后颊均呈黑色。两触角窝之间具 1 直抵唇基的匙状棕红色斑。两复眼内缘下部至唇基两侧各具 1 窄条状弯形棕红色斑。后颊黑色，于两复眼后缘上部紧邻复眼各具 1 短窄条状棕红色斑。触角支角突黑色，柄节基部和腹面棕红色，端部有少量的黑色，背面端部黑色，梗节背面黑色，腹面锈色。鞭节 1、2 节几乎呈棕红色，第 3、4 节腹面锈色，背面黑色，其余均呈黑色，仅顶鞭节腹面锈色。唇基黑色，基部有 1 大棕红色斑。上颚褐色，端齿黑色。前胸背板棕红色，两侧下部各具 1 大近方形黑色区域。中胸背板完全呈黑色。小盾片黑色，前缘两侧各具 1 对称方形棕红色斑。后小盾片黑色，中央有 1 窄条状棕红色斑。并胸腹节全呈黑色。中胸侧板黑色，于上部后缘有 1 棕红色斑。后胸侧板完全呈黑色。翅基片棕色。翅呈棕色，前翅前缘色略深。所有足基节、转节和股节除端部外，其余黑色，股节端部或多或少呈棕红色。胫节棕红色，仅端部有少量的黑色。跗节棕色。腹部除第 1 节背板端部边缘有 1 窄条状棕红色横带外，其余股节，背、腹板均呈深黑色。

头部：横宽、粗糙、毛稀，约与胸部翅基片处等宽。两触角窝之间呈脊状隆起，额沟不明显。额部隆起，额、头顶、后头及后颊均具粗糙刻点和短毛。后颊光滑，具稀浅刻点和短毛。单眼呈三角形排列，OOD 是 IOD 的 1.2 倍，OCD 是 OOD 的 0.9 倍。触角丝状，向端部逐渐加粗，顶鞭节末端稍尖，第 1 鞭节是第 2 鞭节长的 1.5 倍。唇基略隆起，长大于宽，端部中央浅凹陷，两侧呈角状突，具粗浅刻点和短毛。上唇末端截形，端缘有粗硬毛。上颚窄长，内缘和顶端共具 4 个钝的端齿。

胸部：前胸背板前缘截形，两肩角明显，密布粗糙刻点和短毛。中胸背板隆起，中央具 1 细纵隆线，密布粗糙刻点和短毛。小盾片稍隆起，矩形，中央具细纵沟，布粗刻点和短毛。后小盾片横带状，端部中央呈钝角形突出，密布刻点和短毛。并胸腹节向后下方倾斜，中央具 1 自基部向端部逐渐加深的纵沟，密布刻点和短毛。中胸侧板略隆起，密布粗糙刻点和短毛。后胸侧板窄，中央光滑，边缘有短横皱褶。翅基片光滑，覆稀短毛。翅透明，前翅痣近长方形，长是宽的 2.8 倍，径脉自翅痣下近端部处发出，第 3 肘室上宽下窄，第 1 肘室较第 2、3、4 肘室之和为短。足细长，后足第 1 跗节是第 2 跗节长的 2.6 倍。各足爪均具齿，爪垫明显。

腹部：第 1 节呈柄状，基部细，端部 1/3 处膨胀。第 1 节背板近基部中央有 1 浅凹陷，长是气门处宽的 7.1 倍，气门瘤不明显突出，位于背板两侧近中部处，具粗浅刻点和密短毛，腹板基部窄，端部扩展，具稀浅刻点和短毛。第 2 节背板强隆起，长是宽的 1.3 倍，密布刻点和短毛，腹板平坦、光滑，具稀浅刻点和短毛。第 3~6 节背、腹板强收缩，均光滑，具稀浅刻点和短毛。

雄蜂：不详。

正模♀，云南昆明，1995. Ⅶ. 18；副模 1♀，云南德钦，1983. Ⅶ. 24；副模 1♀，云南维西，1983. Ⅶ. 28，董大志采。

本新亚种与装饰蜾蠃 *E.*（*Oreumens*）*decoratus* Smith 1852 相似，其主要区别是：本亚种第 2 腹节以后背、腹板均呈黑色；唇基长大于宽，端部中央凹陷浅；OOD 是 IOD 的 1.2 倍，OCD 是 OOD 的 0.9 倍；腹部第 1 节细，长是气门处宽的 7.1 倍；后足第 1 跗节是第 2 跗节长的 2.6 倍等。

（93）装饰蜾蠃 *Eumenes*（*Oreumenes*）*decoratus* Smith 1852（**彩图版ⅩⅥ. 93**）

Smith：1852，Trans. R. Ent. Soc. London（2）：36.

雌蜂：体大型，黑色，斑点黄色。额、头顶、后颊均呈黑色。两触角窝之间具 1 黄色纵斑。后颊黑色，于两复眼后缘上部紧邻复眼各具 1 短窄条状黄斑。单眼棕色。触角支角突黑色，柄节、梗节、鞭节 1~4 节棕红色，第 5~10 鞭节背面黑色，腹面或多或少棕红色。唇基黄色，近端部两侧各具 1 对称近三角形黑斑。上颚褐色，端齿黑色。前胸背板橘黄色，两侧下部各具 1 大近三角形黑色区域。中胸背板完全呈黑色。小盾片黑色，前缘两侧各具 1 对称的方形黄斑。后小盾片黑色，中部具 1 横带状黄斑。并胸腹节全呈黑色。中胸侧板黑色，于上部后缘有 1 橙黄色斑。后胸侧板完全呈黑色。翅基片棕色。翅呈棕色，前翅前缘色略深。所有足基节、转节、股节基部黑色，仅中足基节前缘有 1 暗棕色斑，股节端部、胫节棕红色，跗节淡棕色。腹部除第 1 节背、腹板黄色外，均呈黑色，仅端部边缘有 1 橘黄色窄横带。第 2 腹节背板黑色，端缘有 1 中央凹陷的宽橘黄色横带，腹板黑色，端缘有 1 不规则的窄黄色横带。第 3~5 节背、腹板均黑色，端部边缘均具窄黄色横带。第 6 腹节背、腹板均呈深黑色。

头部：横宽、粗糙、毛稀，较胸部翅基片处窄。两触角窝之间呈脊状隆起，额沟浅。额部隆起，额、头顶、后头及后颊均具粗糙刻点和短毛。后颊光滑，具稀浅刻点和短毛。单眼呈三角形排列，OOD 是 IOD 的 1.1 倍，OCD 是 OOD 的 0.8 倍。触角丝状，向端部逐渐加粗，顶鞭节末端稍尖，第 1 鞭节是第 2 鞭节长的 1.7 倍。唇基略隆起，端部中央强凹陷，两侧呈角状突出，长与宽近相等，具粗浅刻点和短毛。上唇末端截形，端缘有粗硬毛。上颚窄长，内缘和顶端共具 4 个钝的端齿。

胸部：前胸背板前缘截形，两肩角明显，密布粗糙刻点和短毛。中胸背板隆起，中央具 1 细纵隆线，密布粗糙刻点和短毛。小盾片稍隆起，矩形，中央具细纵沟，布粗刻点和短毛。后小盾片横带状，端部中央呈钝角形突出，密布刻点和短毛。并胸腹节向后下方倾斜，中央具 1 自基部向端部逐渐加深的纵沟，端部两侧角不明显突出，密布刻点和短毛。中胸侧板略隆起，密布粗糙刻点和短毛。后胸侧板窄，中央光滑，边缘有短横皱褶。翅基片光滑，覆稀短毛。翅透明，前翅痣窄，近方形，长是宽的 3.8 倍，径脉自翅痣下近端部处发出，第 3 肘室宽，第 1 肘室几乎与第 2、3、4 肘室之和等长。足细长，后足第 1 跗节是第 2 跗节长的 3.3 倍。各足爪均具齿，爪垫明显。

腹部：第 1 节呈柄状，基部细，自气门瘤前至末端突然加粗，端部 1/3 处膨胀。第 1 节背板近基部中央有 1 短纵凹陷，长是气门处宽的 3.3 倍，气门瘤位于气门两侧中部稍后方，突出，不甚明显，密布刻点和短毛。腹板基部窄，端部扩展，光滑，具稀浅刻点和短毛。第 2 节背板强隆起，长是宽的 1.3 倍，布细刻点和短毛，腹板平坦、光滑，具稀浅刻点和短毛。第 3~6 节背、腹板均光滑，均具稀浅刻点和短毛。

体长：20~24mm。

雄蜂：与雌蜂相似，唇基长大于宽，黄色。触角顶节钩状，全呈黑色。腹部 7 节。

分布：云南（福贡）、吉林、辽宁、山西、河北、山东、江苏、浙江、湖南、贵州、四川；朝鲜，日本。

（94）红角蜾蠃 *Eumenes*（*Eumenes*）*fulvantenna* Dong et Wang，sp. nov. **新种（彩图版 XVI. 94）**

雌蜂：体中等大型，黑色，斑点黄色。额、头顶、后颊均呈黑色。两触角窝之间自触角窝稍上方至唇基有 1 黄色纵斑，两复眼内缘自凹陷中央至唇基两侧各具 1 窄条状弯形黄斑。后颊黑色，于两复眼后缘上部紧邻复眼具 1 窄条状黄斑。单眼棕色。触角支角突黑色，其余柄节、梗节、鞭节均呈棕红色。唇基全呈黄色，仅基部中央具分散的褐色。上颚棕褐色，端齿黑色。前胸背板完全呈棕红色。中胸背板完全呈黑色。小盾片黑色，前缘两侧各具 1 对称的方形黄斑。后小盾片黑色，中部各具 1 窄横带状棕红色斑。并胸腹节黑色，两侧各具 1 对称的大棕红色纵斑。中胸侧板黑色，仅于上部近后缘有棕红色斑。后胸侧板完全呈黑色。翅基片棕色。翅呈深棕色，前翅前缘色略深。所有足基节、转节、股节基部或多或少黑色，股节端部、胫节、跗节均呈棕红色。第 1 腹节背、腹板均呈黑色，仅于背板端部边缘有 1 中央凹陷的黄色窄横带。第 2 腹节背板棕色，基部黑色，近中部有 1 窄黑色横带，腹板黑色，端部有 1 黄色大斑。第 3~6 节背、腹板基部有少量黑色，端部均呈棕色。

头部：横宽、粗糙、毛稀，约与胸部翅基片处等宽。两触角窝之间呈脊状隆起，额沟不明显。额部稍隆起，额、头顶、后头及后颊均具粗糙刻点和短毛。后颊光滑，具稀浅刻点和短毛。单眼呈三角形排列，前单眼稍大于后单眼，OOD 是 IOD 的 1.3 倍，OCD 是 OOD 的 0.9 倍。触角丝状，向端部逐渐加粗，顶鞭节末端钝圆，第 1 鞭节是第 2 鞭节长的 2.7 倍。唇基中央略隆起，端部中央强凹陷，两侧呈角状突出，长大于宽，具稀浅刻点和短毛。上唇末端圆，端缘有粗硬毛。上颚窄长，内缘和顶端共具 4 个钝的端齿。

胸部：前胸背板前缘截形，两肩角明显，密布粗糙刻点和短毛。中胸背板隆起，中央具 1 细纵隆线，密布刻点和短毛。小盾片稍隆起，矩形，中央具 1 浅纵沟，密布粗刻点和短毛。后小盾片横带状，端部中央呈角状突出，密布刻点和短毛。并胸腹节向后下方倾斜，中央具 1 自基部向端部逐渐加深的纵沟，端部两侧角突出不明显，密布刻点和短毛。中胸侧板隆起，密布刻点和短毛。后胸侧板窄，中央光滑，边缘具短横皱褶，下侧片具稀浅刻点。翅基片光滑，覆稀短毛。翅透明，前翅痣窄长，长是宽的 3.6 倍，径脉自翅痣下近端部处发出，第 3 肘室宽，近方形，第 1 肘室约与第 2、3、4 肘室之和等长。足细长，后足第 1 跗节是第 2 跗节长的 3 倍。各足爪均有齿。

腹部：第 1 节呈柄状，基部细，自气门瘤前至末端突然变粗，第 1 节背板基部窄，端部扩展，近端部中央有 1 短纵沟。长是气门处宽的 3.8 倍，气门瘤稍呈丘状突出，位于背板两侧近中部稍后方，密布刻点和短毛，腹板基部窄，端部扩展，光滑，具稀浅刻点和短毛。第 2 节背板强隆起，较宽大，长是宽的 1.3 倍，具细密刻点和短毛，腹板平坦、光滑，具稀浅刻点和短毛。第 3～6 节背、腹板收缩，均光滑，具稀浅刻点和短毛。

体长：12～16mm。

雄蜂：与雌蜂相似，体型稍小，唇基极窄，黄色。触角柄节背面近端部有 1 黑斑，顶节呈钩状。第 1 腹节背板端部近 1/3 处，两侧各具 1 对称的棕红色暗斑。腹部 7 节。体长 14mm。

正模♀，副模 1♂，云南兰坪，1983. IX. 23，董大志采。副模 1♀，云南扬武，1979. IV. 9，王云珍采。1♀，云南永胜，1983. IX. 11，董大志采。

本种与装饰蜾蠃 *Eumenes*（*Oreumenes*）*decoratus* Smith 1852 相似，但主要区别是：本种体型小；唇基黄色；触角棕红色；第 2 腹节背板中部具 1 黑色横带；OOD 是 IOD 的 1.3 倍，OCD 是 OOD 的 0.9 倍；后足第 1 跗节是第 2 跗节长的 3 倍等。

（95）米蜾蠃 ***Eumenes*（*Eumenes*）*micado* Cameron 1904（彩图版 XVI. 95）**

Cameron：1904，Entomologist 37：35.

雌蜂：体中等大型，黑色，斑黄色。额、头顶、后颊均呈黑色。两触角窝之间具 1 黄色纵斑。后颊黑色，两复眼内缘凹陷处下部边缘各具 1 弯形窄黄色条状斑，两复眼后缘上部各具 1 黄色小斑。单眼棕色。触角黑色，但鞭节 1～4 节与端部 3 节腹面锈色。唇基完全呈黑色，上颚暗棕色，端齿黑色。前胸背板黑色，仅前缘中央有 1 弧形黄斑。中胸背板、小盾片、后小盾片、并胸腹节、中后胸侧板均呈黑色。小盾片黑色，前缘两侧各具 1 对称的方形黄斑。后小盾片黑色，中部具 1 横带状黄斑。并胸腹节全呈黑色。翅基片棕色。翅呈棕色，前翅前缘色略深。所有足黑色，膝部呈棕色，跗节近棕色。第 1 腹节背板黑色，仅端部边缘有 1 黄色带，腹板黑色。第 2 腹节背板黑色，端部边缘黄色，腹板黑色。其余各节背、腹板均呈黑色。

头部：横宽、粗糙、刻点密、毛稀，约与胸部翅基片处等宽。两触角窝之间呈脊状隆起，额沟细浅。额部隆起，额、头顶、后头均具粗糙刻点和黄色短毛。后颊光滑，具稀浅刻点和黄色短毛。单眼呈三角形排列，OOD 是 IOD 的 1.1 倍，OCD 是 OOD 的 0.9 倍。触角丝状，向端部逐渐加粗，顶鞭节末端稍尖，触角第 1 鞭节是第 2 鞭节长的 1.7 倍。唇基隆起，端部中央强凹陷，两侧呈钝角形突出，长大于宽，密布刻点和短毛。上唇末端圆，端缘有粗硬毛。上颚粗壮，内缘和顶端共具 3 个钝的端齿，背面具稀刻点和短毛。

胸部：前胸背板前缘截形，两肩角明显，具粗糙刻点和短毛。中胸背板隆起，中央具 1 条细纵隆线，具粗糙刻点和短毛。小盾片稍隆起，矩形，中央具细纵沟，具粗刻点和黄色短毛。后小盾片横带状，稍向下倾斜，具粗刻点和黄色短毛。并胸腹节向后下方倾斜，中央具1纵沟，密布粗刻点和短毛。中胸侧板略隆起，密布粗糙刻点和短毛。后胸侧板窄，上侧片光滑，下侧片具粗糙刻点，均覆稀短毛。翅基片光滑，覆稀短毛。翅透明，前翅痣近三角形，长是宽的3.1倍，径脉自翅痣下中部后方发出，第3肘室近方形，第1肘室较第2、3、4肘室之和短。足细长，后足第1跗节是第2跗节长的2.6倍。各足爪均具齿，齿较钝。

腹部：第1腹节背板柄状，基部1/3细，向端部加宽，长是气门处宽的6.1倍，气门瘤不明显隆起，位于背板近中部稍前方，密布粗刻点和黄色短毛，腹板基部窄，近端部扩展，覆稀浅刻点和黄色短毛。第2腹节背板强隆起，长是宽的1.1倍，密布粗刻点和黄色短毛。腹板平坦，光滑，覆稀黄色短毛。第3~6节背、腹板强收缩，光滑，均具稀浅刻点和黄色短毛。

体长：17mm。

雄蜂：与雌蜂相似，触角顶节呈钩状，腹部7节，体型较小。

分布：云南（富宁、马关、屏边、弥勒）、河北；日本。

(96) 种蜾蠃 *Eumenes* (*Eumenes*) *species* Cameron (**彩图版XVII.96**)

雌蜂：体中等大型，黑色，斑黄色。额、头顶、后颊均呈黑色。两触角窝之间具1黄色纵斑。后颊黑色，两复眼内缘凹陷处下部边缘各具1弯形窄黄色条状斑，两复眼后缘上部各具1黄色小斑。单眼棕色。触角黑色，但鞭节1~4节与端部3节腹面铁锈色。唇基完全呈黑色，上颚暗棕色，端齿黑色。前胸背板黑色，仅前缘中央有1弧形黄斑。中胸背板、小盾片、后小盾片、并胸腹节、中后胸侧板均呈黑色。小盾片黑色，前缘两侧各具1对称的方形黄斑。后小盾片黑色，中部具1横带状黄斑。并胸腹节全呈黑色。翅基片棕色。翅呈棕色，前翅前缘色略深。所有足黑色，膝部呈棕色，跗节近棕色。第1腹节背板黑色，仅端部边缘有1黄色横带，腹板黑色。第2腹节背板黑色，端部边缘黄色，腹板黑色。其余各节背、腹板均呈黑色。

头部：横宽、粗糙、刻点密、毛稀，约与胸部翅基片处等宽。两触角窝之间呈脊状隆起，额沟细浅。额部隆起，额、头顶、后头均具粗糙刻点和黄色短毛。后颊光滑，具稀浅刻点和黄色短毛。单眼呈三角形排列，OOD是IOD的1.3倍，OCD是OOD的1.1倍。触角丝状，向端部逐渐加粗，顶鞭节末端稍尖，第1鞭节是第2鞭节长的2.1倍。唇基隆起，端部中央强凹陷，两侧呈钝角形突出，长大于宽，密布刻点和短毛。上唇末端圆，端缘有粗硬毛。上颚粗壮，内缘和顶端共具3个钝的端齿，背面具稀刻点和短毛。

胸部：前胸背板前缘截形，两肩角明显，具粗糙刻点和短毛。中胸背板隆起，中央具1细纵隆线，具粗糙刻点和短毛。小盾片稍隆起，矩形，中央具细纵沟，具粗刻点和黄色短毛。后小盾片横带状，稍向下倾斜，具粗刻点和黄色短毛。并胸腹节向后下方倾斜，中央具1纵沟，密布粗刻点和短毛。中胸侧板略隆起，密布粗糙刻点和短毛。后胸侧板窄，上侧片光滑，下侧片具粗糙刻点，均覆稀短毛。翅基片光滑，覆稀短毛。翅透明，前翅痣近三角形，长是宽的3.1倍，径脉自翅痣下中部后方发出，第3肘室近方形，第1肘室较第2、3、4肘室之和短。足细长，后足第1跗节是第2跗节长的

2.6倍。各足爪均具齿，齿较钝。

腹部：第1腹节背板柄状，基部1/3细，向端部加宽，长是气门处宽的6.1倍，气门瘤不明显隆起，位于背板近中部稍前方，密布粗刻点和黄色短毛，腹板基部窄，近端部扩展，覆稀浅刻点和黄色短毛。第2腹节背板强隆起，长是宽的1.1倍，密布粗刻点和黄色短毛。腹板平坦，光滑，覆稀黄色短毛。第3~6节背、腹板强收缩，光滑，均具稀浅刻点和黄色短毛。

体长：20mm。

雄蜂：与雌蜂相似，触角顶节呈钩状，腹部7节，体型较小。

分布：云南（文山、砚山、富宁、马关、屏边、弥勒）、河北、山东、江西、江苏、浙江、四川；日本。

(97) 布蜾蠃 *Eumenes* (*Eumenes*) *buddha* Cameron 1896 (**彩图版XⅦ.97**)

Cameron：1896, Hymenoptera Orientalia or Contribution to a Knowledge of the Hymenoptera of the oriental Zoological region Part V. Mem. Manchestr Soc. XII, No 4, 86.

雌蜂：体小至中等大型，黑色，斑黄色。头部黑色，两触角窝之间有1抵达唇基的黄斑，两复眼后缘上部，紧邻复眼各具1线形黄色小斑。单眼淡褐色，触角黑色，顶部3节略呈棕色。唇基黑色。上唇棕色。上颚黑色，端齿棕色。前胸背板黑色，前缘两侧各具1黄斑。中央有1弧形黄斑。中胸背板完全呈黑色。小盾片黑色，两侧各具1黄色横斑。后小盾片黑色，中央具1黄色横斑，两侧各具1黄色斑。并胸腹节黑色。中后胸侧板黑色，有时上部有1点状黄斑。所有的足黑色，膝部和跗节棕色。翅基片基部黑色，边缘棕色。翅呈棕色，前翅前缘色略深。所有的腹节黑色，第1腹节背板端缘与第2腹节背、腹板端缘各具1窄黄色横带。膝部呈棕色，跗节近棕色。第1腹节背板黑色，仅端部边缘有1黄色带，腹板黑色。第2腹节背板黑色，端部边缘黄色，腹板黑色。其余各节背、腹板均呈黑色。

头部：横宽、刻点细密、毛稀，较胸部翅基片处稍宽。两触角窝之间呈脊状隆起，额沟明显。额部隆起，额、头顶具粗糙刻点和白色短毛。后颊光滑，具稀浅刻点和白色短毛。单眼呈三角形排列，前单眼稍大于后单眼，OOD是IOD的1.3倍，OCD是OOD的0.5倍。触角丝状，向端部逐渐加粗，顶鞭节末端稍钝，第1鞭节是第2鞭节长的2.3倍。唇基中部隆起，端部中央强凹陷，两侧呈钝齿状突出，长大于宽，具稀浅刻点和白色短毛。上唇末端圆，上颚窄长，内缘具3个钝的端齿，端部形成1粗钝齿。

胸部：前胸背板前缘截形，两肩角明显，具粗糙刻点和短毛。中胸背板隆起，中央具1细纵隆线，具粗糙刻点和短毛。小盾片稍隆起，矩形，中央具细纵沟，具粗刻点和黄色短毛。后小盾片横带状，稍向下倾斜，具粗刻点和黄色短毛。并胸腹节向后下方倾斜，中央具1纵沟，密布粗刻点和短毛。中胸侧板略隆起，密布粗糙刻点和短毛。后胸侧板窄，上侧片光滑，下侧片具粗糙刻点，均覆稀短毛。翅基片光滑，覆稀短毛。翅透明，前翅痣近三角形，长是宽的2.6倍，径脉自翅痣下中部处发出，第3肘室近方形，第1肘室较第2、3肘室之和稍长。足弱，后足第1跗节是第2跗节长的3.2倍。各足爪均具齿。

腹部：第1腹节基部细，自气门瘤之后突然向端部加宽，长是气门处宽的3.6倍，气门瘤稍凸起，位于背板近中部两下侧，密布粗刻点和白色短毛，腹板窄长，具细浅刻点和短毛。第2节背板明显膨大，长是宽的1.5倍，密布粗刻点和白色短毛，腹板平滑，具细浅刻点和短毛。第3~6节背、腹板强收缩，均光滑，具稀浅刻点和短毛。

体长：11~12mm。

雄蜂：与雌蜂相似，体型稍小，唇基黄色，触角顶节呈钩状，腹部7节。

分布：云南（昆明、勐腊、勐海、盈江、砚山）；印度。

（98）显蜾蠃 *Eumenes*（*Eumenes*）*rubronotatus* Perez 1905（**彩图版**ⅩⅦ.98）

Perez：1905，Bull. Mus. Hist. Nat.，Paris II：25，85.

雌蜂：体中等大型，黑色，斑黄色。头部除两复眼内缘凹陷边缘下部1窄条状斑、两触角窝之间1斑、两复眼后缘上部、紧邻复眼1短条状斑黄色外，其余均呈黑色。唇基黑色。触角支角突、柄节、梗节黑色，鞭节褐色。单眼棕色，前胸背板黑色，前缘中央有1窄黄色横带，两肩角各具1窄黄色横斑。端部两侧上角各具1小黄斑。中胸背板、小盾片完全呈黑色。后小盾片黑色，中央有1黄色横带。并胸腹节，中、后胸侧板全呈黑色。翅基片黑色。翅呈棕色。各足基节、转节均为黑色。前足股节黑色，端部棕色，胫节外缘棕色，内缘黑色，跗节棕色。中足股节黑色，胫节暗棕色，跗节暗褐色。后足股节黑色，胫节暗棕色，跗节黑色。腹部除第1腹节背板端部边缘1窄黄带状斑，第2腹节背、腹板端缘窄横带为黄色外，其余各节背、腹板均呈黑色。

头部：横宽、粗糙、毛稀，较胸部翅基片处稍窄。两触角窝之间稍隆起，额沟可见。额部隆起，额与头顶均密布粗糙刻点和短毛。后颊光滑，具稀浅刻点和短毛。单眼呈三角形排列，前单眼稍大于后单眼，OOD是IOD的1.7倍，OCD是OOD的0.7倍。触角丝状，向端部逐渐加粗，顶鞭节末端稍钝，第1鞭节是第2鞭节长的2.3倍。唇基稍隆起，端部中央凹陷，两侧呈角状突出，长大于宽，具稀浅刻点和短毛。上颚窄长，内缘具3个齿，末端具1尖齿。

胸部：前胸背板前缘截形，两肩角明显，密布粗糙刻点和短毛。中胸背板稍隆起，中央具1纵隆线，密布粗糙刻点和短毛。小盾片稍隆起，矩形，中央具细纵沟，密布粗糙刻点和短毛。后小盾片五边形，端部中央呈钝角形突出，密布粗糙刻点和短毛。并胸腹节向后下方倾斜，中央具1纵沟，密布粗大刻点和短毛。中胸侧板隆起，密布粗糙刻点和短毛。后胸侧板窄，具稀浅刻点和短毛。翅基片光滑，覆稀短毛。翅透明，前翅痣近三角形，长是宽的3.1倍，径脉自翅痣下中部稍后方发出，第3肘室宽，近方形，第1肘室较第2、3、4肘室之和稍短。足细长，后足第1跗节是第2跗节长的3.2倍。各足爪均具齿。

腹部：第1腹节呈长柄状，基部1/3细，向端部逐渐加宽。第1节背板端部中央有1短纵沟，侧面观呈弯拱状，长是气门瘤处宽的8.3倍，气门瘤位于背板近中部稍前方，具粗大刻点和短毛。腹板基部窄，光滑，端部扩展，具稀浅刻点，覆短毛，腹板平滑，具稀浅刻点和短毛。第3~6节背、腹板强收缩，光滑，均具稀浅刻点和短毛。

体长：15mm。

雄蜂：与雌蜂相似，但体型稍小，触角顶节呈钩状，腹部7节。

分布：云南各地，江苏、浙江、贵州、四川；日本。

（99）陆蜾蠃 *Eumenes*（*Eumenes*）*mediterraneus mediterraneus* Kriechbaumer 1879（**彩图版XVII.99**）

Kriechbaumer：1879，Ent. Nachr. 5：85.

雌蜂：体小型，黑色，斑点黄色。额与头顶黑色，两触角窝之间自中单眼前面至唇基1纵斑，两复眼内缘凹陷处至触角窝1个斑黄色。后颊黑色，仅于两复眼后缘上部，紧邻复眼有1窄带状黄斑。触角支角突黑色，柄节前缘黄色，后缘黑色，鞭节黑色，仅端部腹面棕色。唇基全呈黄色。上颚褐色，近端部色稍淡。前胸背板黑色，前缘有1宽横带状黄斑。中胸背板全呈黑色。小盾片黑色，前缘两侧各具1对称小黄斑。后小盾片完全呈黑色。并胸腹节黑色。两侧各具1自基部至端部的黄色纵斑。中胸侧板黑色，仅于上部有1点状黄斑。后胸侧板完全呈黑色。翅基片黑色，端部黄色。翅呈浅褐色。前足基节、转节、股节、胫节背面和两侧棕红色，胫节腹面褐色，跗节褐色。中足基节、转节黑色，股节端部外侧、胫节外侧棕红色，股节基部内侧、胫节内侧黑色，跗节褐色。后足基节、转节、股节黑色，股节腹面1斑和胫节外侧棕红色，胫节内侧与跗节褐色。第1腹节背板黑色，端缘具1两侧角上弯的黄色横带，腹板黑色，端部色稍淡。第2腹节背板黑色，端部边缘具1中央凹陷的黄色横带，腹板黑色，仅于端部两侧角各具1点状黄斑。第3、4节背板黑色，端部边缘各具1黄色横带，腹板均呈黑色。第5、6节背、腹板均呈黑色。

头部：横宽、粗糙、毛稀，约与胸部翅基片处等宽。两触角窝之间呈脊状隆起，额沟浅而窄。额部隆起，额与头顶、后头密布粗糙刻点和短毛。后颊光滑，具稀浅刻点和短毛。单眼呈三角形排列，前单眼稍大于后单眼，OOD是IOD的0.7倍，OCD是OOD的2.4倍。触角丝状，向端部逐渐加粗，顶鞭节末端钝，第1鞭节是第2鞭节长的1.8倍。唇基中部隆起，端部中央缺刻状，近弧形，两侧呈钝齿状突出，长大于宽，具稀浅刻点和短毛。上唇末端圆，上颚粗壮，内缘和顶端共具4个近相等的尖齿。

胸部：前胸背板前缘截形，两肩角明显，密布粗糙刻点和短毛。中胸背板隆起，近圆形，中央具1细纵隆线，密布粗糙刻点和短毛。小盾片稍隆起，较宽，矩形，中央具细纵沟，密布粗刻点和短毛。后小盾片近五边形，端部中央呈钝角形突出，具粗刻点和短毛。并胸腹节向后下方倾斜，中央具1纵沟，端部突出不明显，密布粗刻点和短毛。中胸侧板隆起，密布粗糙刻点和短毛。后胸侧板窄，光滑，沿边缘有稀疏刻点，均覆稀短毛。翅基片光滑，覆稀短毛。翅透明，前翅痣近三角形，长是宽的3.3倍，径脉自翅痣下端部处发出，第3肘室近方形，第1肘室较第2、3、4肘室之和长。足细长，后足第1跗节是第2跗节长的4.3倍。各足爪均有齿。

腹部：第1腹节基部细，向端部逐渐加粗呈柄状，第1节背板端部中央具1短纵凹陷，长是气门处宽的5倍，气门瘤位于背板两侧中部稍前方，略呈丘状突出。具稀疏刻点和短毛。腹板基部窄，近端部处开始扩展，光滑，具稀浅刻点和短毛。第2节背板明显隆起，长是宽的1.1倍，具较浅刻点和短毛，腹板平坦，具稀浅刻点和短毛。第3~6节背、腹板强收缩，光滑，均具稀浅刻点和短毛。

体长：11mm。

雄蜂：与雌蜂相似，体型稍小，斑点、颜色较雌蜂稍深，触角顶节呈钩状，腹部7节。体长9mm。

分布：云南（孟连、盈江）、黑龙江、吉林、河北、山西、新疆、山东、江苏；意大利，保加利亚，埃及，土耳其，摩洛哥。

（100）点蜾蠃 *Eumenes*（*Eumenes*）*pomiformis pomiformis*（Fabricius）1781（**彩图版ⅩⅦ.100**）

Fabricius：1781，Spec. Insect. 1：467.

雌蜂：体小型，黑色，斑点黄色。额、头顶及后颊黑色。两触角窝之间自额下部至唇基有1钉头状黄斑，后颊黑色，仅于两复眼后缘上部，紧邻复眼有1短纵条状黄斑。复眼凹陷处至触角窝1斑黄色。后颊黑色，仅于两复眼后缘上部，紧邻复眼有1窄条状黄斑。单眼棕色。触角支角突黑色，柄节内侧黄色，外侧和近端部黑色，鞭节全呈黑色，仅端部略呈棕色。唇基完全呈黄色。上唇暗褐色。上颚黑色。前胸背板黑色，前缘和两肩部黄色。中胸背板全呈黑色。小盾片黑色，前缘两侧各具1左右对称的黄斑。后小盾片黑色，中央有1黄色横带。并胸腹节黑色。两侧各具1对称的黄色纵斑。中胸侧板黑色，上侧片上部有1黄斑。后胸侧板完全呈黑色。翅基片黄色，中央有1褐色斑。翅呈淡褐色。所有足基节、转节黑色，股节基部或多或少黑色，前足股节内侧棕色，外侧近端部黄色，胫节外侧黄色，内侧与跗节棕色。中、后足股节端部、胫节与跗节均呈棕色。第1腹节背、腹板黑色，仅于背板近中部稍后两侧各具1对称的点状黄斑，端部边缘有1黄色横带。第2腹节背、腹板黑色，仅于背板近中部两侧各具1黄色大斑，端缘具1中央凹陷的黄色横带，腹板端部中央有1黄色大斑，第3、4节背、腹板黑色，端部边缘各具1黄色窄横带。第5、6节背、腹板均呈黑色。

头部：横宽、粗糙、毛稀，较胸部翅基片处稍窄。两触角窝之间隆起，额部明显隆起，额沟不明显。额、头顶、后头密布粗糙刻点和短毛。后颊光滑，具稀浅刻点和短毛。单眼呈三角形排列，前单眼稍大于后单眼，OOD与IOD相等，OCD等于OOD。触角丝状，向端部逐渐加粗，顶鞭节末端钝，第1鞭节是第2鞭节长的2.2倍。唇基中部稍隆起，端部中央呈缺刻状，两侧呈钝齿状突出，长大于宽，稀布浅刻点和短毛。上唇末端圆，端缘具粗硬毛。上颚强健，内缘和端部齿大小相似，稍钝。

胸部：前胸背板前缘截形，两肩角明显，密布粗糙刻点和短毛。中胸背板隆起，近圆形，中央具1细纵隆线，密布粗糙刻点和短毛。小盾片稍隆起，矩形，中央具细纵沟，密布粗刻点和短毛。后小盾片呈窄的横带状，端部中央呈弧形，密布粗糙刻点和短毛。并胸腹节向后下方倾斜，中央具1自基部至端部逐渐加深的纵沟，端部两侧突出不明显，密布粗糙刻点和短毛。中胸侧板隆起，密布粗糙刻点和长毛。后胸侧板窄，中部光滑，沿边缘具稀疏刻点和横皱褶，均覆稀短毛。翅基片光滑，具稀浅刻点和短毛。翅透明，前翅痣近三角形，长是宽的3.3倍，径脉自翅痣下端部处发出，第3肘室近方形，第1肘室较第2、3、4肘室之和短。足细长，后足第1跗节是第2跗节长的2.6倍。各足爪均有齿。

腹部：第1腹节基部细，自气门瘤之后至末端加粗。第1节背板端部中央具1浅纵沟，侧面观呈弯拱状，长是气门处宽的4.5倍，气门瘤不明显隆起，位于背板近中部稍前方，密布粗糙刻点和短毛。腹板基部窄，仅端部扩展，光滑，具稀浅刻点和短毛。第2节背板较大，明显隆起，长是宽的1.5倍，具密浅刻点和短毛，腹板平坦，较光滑，稀布浅刻点和短毛。第3~6节背、腹板强收缩，光滑，均具稀浅刻点和短毛。

体长：10~11.5mm。

雄蜂：与雌蜂相似，体稍小，唇基较雌蜂窄，触角顶节呈钩状，腹部7节。体长9mm。

分布：云南（文山、砚山、蒙自、弥勒、石屏、通海、景洪、勐海、孟连、盈江、永胜）、河北、山东、新疆、江苏、四川、河南；印度，缅甸，印度锡金，欧洲，非洲。

（101）李蜾蠃 *Eumenes*（*Eumenes*）*fraterculus* Dalla Torre 1873（**彩图版XⅦ. 101**）

Dalla Torre：1873，Trans. R. Ent. Soc. Lond. p.159.

雌蜂：体小型，黑色，斑点黄色。额、头顶、后头均呈黑色。两触角窝之间自额下部至唇基有1上宽下窄的黄色纵斑。后颊黑色，于两复眼后缘上部，紧邻复眼有1短窄条状黄斑。单眼棕色。触角支角突黑色，柄节内侧黄色，外侧黑色，鞭节全呈黑色，仅端部腹面稍呈棕色。唇基黄色，但有时有不同形状的黑色小斑。上颚黑色，端部稍呈棕色。前胸背板前缘和两肩角黄色，其余均呈黑色。中胸背板全呈黑色。小盾片全呈黑色。后小盾片黑色，其上有1黄色横带。并胸腹节黑色，基部两侧各具1对称的黄色斑。中胸侧板黑色，仅上部中央有1黄色斑。后胸侧板全呈黑色。翅基片黄色，中央为褐色。翅呈浅褐色。前、中和后足基节、转节和股节基部黑色。前足股节端部两侧棕色，外侧黄色，胫节内侧棕色，外侧黄色，跗节棕色。中足股节端部内侧黄色，外侧棕色，胫节棕色，跗节棕色，后足股节端部棕色，胫节和跗节棕色。第1腹节背、腹板均呈黑色，仅于背板端缘有1黄色横带，近中部稍后方两侧各有1对称的黄色点状斑，腹板黑色，端部有1黄色大斑。第3、4节背板黑色，端部边缘各具1黄色窄横带。腹板均为黑色。第5、6节背、腹板完全为黑色。

头部：横宽、粗糙、毛稀，较胸部翅基片处稍窄。两触角窝之间呈脊状隆起，额沟可见。额、头顶、后头密布粗糙刻点和短毛。后颊光滑，具稀浅刻点和短毛。单眼呈三角形排列，前单眼稍大于后单眼，OOD是IOD的1.1倍，OCD是OOD的1.3倍。触角丝状，向端部逐渐加粗，顶鞭节末端稍钝，第1鞭节是第2鞭节长的2.3倍。唇基隆起，长大于宽，端部中央深凹陷，两侧呈角状突出，具稀浅刻点和短毛。上唇末端圆，端部边缘有粗硬毛。上颚窄长，内缘和端部共具4个尖齿。

胸部：前胸背板前缘截形，两肩角明显，密布粗糙刻点和短毛。中胸背板隆起，中央具1细纵隆线，密布粗糙刻点和短毛。小盾片稍隆起，矩形，中央具细纵沟，密布粗刻点和短毛。后小盾片横带状，端部中央呈钝角形突出，密布粗糙刻点和短毛。并胸腹节向后下方垂直，中央具1自基部至端部逐渐加深的纵沟，端部两侧突出不明显，密布粗糙刻点和短毛。中胸侧板隆起，密布粗糙刻点和长毛。后胸侧板窄，光滑，沿边缘有稀浅刻点。均覆稀短毛。翅基片光滑，覆稀短毛。翅透明，前翅痣近三角形，长是宽的2.9倍，径脉自翅痣下中部稍后方处发出，第3肘室窄，近方形，稍倾斜，第1肘室较第2、3、4肘室之和短。足细长，后足第1跗节是第2跗节长的2.7倍。各足爪均有齿。

腹部：第1节柄状，基部细，自气门瘤之后至末端突然变粗。第1节背板端部中央具1浅纵沟，侧面观呈弯拱状，长是气门处宽的3.8倍，气门呈瘤状隆起，位于中部两下侧，密布粗糙刻点和短毛。腹板基部窄，端部扩展，光滑，具浅刻点和短毛。第2节背板宽，强隆起，长是宽的1.5倍，具粗刻点和短毛，腹板平坦，较光滑，具稀浅刻点和短毛。第3~6节背、腹板强收缩，均光滑，具稀浅刻点和短毛。

体长：13mm。

雄蜂：近似于雌蜂，但体型稍小，触角顶节呈钩状，腹部7节。体长12mm。

分布：云南（勐腊、景洪、通海、永平、文山）、黑龙江、河北、新疆、江苏、浙江；日本。

（102）孔蜾蠃 *Eumenes*（*Eumenes*）*punctatus* Saussure 1852（**彩图版XⅧ.102**）

Saussure：1852，Et. Fam. Vesp. 1：37.

雌蜂：体小型，黑色，斑点黄色。头部除两触角窝之间自额下部至唇基有1纵斑、两复眼后缘紧邻复眼1短窄条状斑黄色外，其余均呈黑色。触角支角突黑色，柄节、梗节和鞭节均呈黑色。单眼棕色。唇基大部分黑色，基部常有不定形黄斑。上颚黑色，端部略呈棕色。前胸背板黑色，前缘有1横带状黄斑。中胸背板、小盾片全呈黑色。后小盾片黑色，中央有1横带状黄斑。并胸腹节全呈黑色。中胸侧板黑色，仅于上部有1黄色斑。后胸侧板黑色。翅基片棕黄色，中央有1褐色斑。翅呈浅褐色。前、中和后足基节、转节均呈黑色。前足股节黑色，仅外缘端部黄色，胫节内侧棕色，外侧黄色，跗节暗棕色。中足股节黑色，端部内侧至背面黄色，胫节背面黄色，腹面和两侧棕色。后足股节、胫节和跗节均呈黑色，仅股节顶端淡褐色。第1腹节黑色，仅端部沿边缘有横带状黄斑。有时背板近中部两侧各具1对称点状黄斑。第2腹节背板黑色，仅端缘有1中央凹陷的黄色横带，于中部两侧各具1对称的黄斑。腹板黑色，沿端部边缘有1横带状黄斑。第3、4节背、腹板均呈黑色，端部边缘各具1黄色窄横带。腹板均为黑色。第5、6节背、腹板均呈黑色。

头部：横宽、粗糙、毛稀，较胸部翅基片处稍窄。两触角窝之间隆起，额沟浅，不明显。额、头顶、后头均密布粗糙刻点和短毛。后颊光滑，具细稀浅刻点和短毛。单眼呈三角形排列，前单眼稍大于后单眼，OOD是IOD的1.8倍，OCD是OOD的0.9倍。触角丝状，向端部逐渐加粗，顶鞭节末端稍钝，触角第1鞭节是第2鞭节长的2.1倍。唇基稍隆起，长大于宽，端部中央具明显缺刻。两侧呈角状突出，具稀浅刻点和短毛。上颚窄长粗壮，内缘具3个稍尖齿，端部具1尖齿，覆稀短毛。

胸部：前胸背板前缘截形，两肩角明显，密布粗糙刻点和短毛。中胸背板隆起，中央具1细纵隆线，密布粗糙刻点和短毛。小盾片稍隆起，矩形，密布粗刻点和短毛。后小盾片五边形，端部中央呈钝角形突出，密布粗糙刻点和短毛。并胸腹节向后下方垂直，中央具1自基部至端部逐渐加深的纵沟，端部两侧角突出不明显，背面及两侧密布粗糙刻点和短毛。中胸侧板隆起，密布粗糙刻点和长毛。后胸侧板窄，中央光滑，沿边缘处具稀刻点，均覆稀短毛。翅基片光滑，覆稀短毛。翅透明，前翅痣近三角形，长是宽的3倍，径脉自翅痣下中部稍后方处发出，第3肘室宽，近方形，倾斜，第1肘室短于第2、3、4肘室之和。足弱，后足第1跗节是第2跗节长的2.3倍。各足爪均有齿。

腹部：第1节柄状，基部细，自气门瘤稍前方至末端逐渐加粗。第1节背板近端部中央具1浅纵沟，长是气门处宽的4倍，气门瘤不明显突起，位于背板近中部两下侧，密布粗糙刻点和短毛。第2节背板宽，强度隆起，长是宽的1.3倍，密布粗刻点和短毛，腹板平坦，光滑，具稀浅刻点和短毛，背、腹板端缘均具檐状突起。第3~6节背、腹板均光滑，具稀浅刻点和短毛。

体长：13mm。

雄蜂：近似于雌蜂，体型稍小，触角顶节呈钩状，腹部7节。体长12mm。

分布：云南（绿春、永平、永胜）、河北、江苏、四川、东北。

（103）基蜾蠃 ***Eumenes*** **（*Eumenes*）*pedunculatus pedunculatus*（Panzer）1799（彩图版XVIII. 103）**

Panzer：1799，Fauna Insect. Germ. 6（63）：8.

雌蜂：体小型，黑色，斑点黄色。头部除两触角窝之间自额下部至唇基有1纵斑、两复眼后缘紧邻复眼1短窄条状斑黄色外，其余均呈黑色。触角支角突黑色，柄节、梗节和鞭节均呈黑色。单眼棕色。唇基大部分黑色，基部常有不定形黄斑。上颚黑色，端部略呈棕色。前胸背板黑色，前缘有1横带状黄斑。中胸背板、小盾片全呈黑色。后小盾片黑色，中央有1横带状黄斑。并胸腹节全呈黑色。中胸侧板黑色，仅于上部有1黄色斑。后胸侧板黑色。翅基片棕黄色，中央有1褐色斑。翅呈浅褐色。前、中和后足基节、转节均呈黑色。前足股节黑色，仅外缘端部黄色，胫节内侧棕色，外侧黄色，跗节暗棕色。中足股节黑色，端部内侧至背面黄色，胫节背面黄色，腹面和两侧棕色。后足股节、胫节和跗节均呈黑色，仅股节顶端淡褐色。第1腹节黑色，仅端部沿边缘有横带状黄斑。有时背板近中部两侧各具1对称点状黄斑。第2腹节背板黑色，仅端缘有1中央凹陷的黄色横带，于中部两侧各具1对称的黄斑。腹板黑色，沿端部边缘有1横带状黄斑。第3、4节背、腹板均呈黑色，端部边缘各具1条黄色窄横带。腹板均为黑色。第5、6节背、腹板均呈黑色。

头部：横宽、粗糙、毛稀，较胸部翅基片处稍窄。两触角窝之间隆起，额沟浅，不明显。额、头顶、后头均密布粗糙刻点和短毛。后颊光滑，具稀浅刻点和短毛。单眼呈三角形排列，前单眼稍大于后单眼，OOD是IOD的1.5倍，OCD是OOD的0.8倍。触角丝状，向端部逐渐加粗，顶鞭节末端稍钝，第1鞭节是第2鞭节长的1.3倍。唇基稍隆起，长大于宽，端部中央具明显缺刻。两侧呈角状突出，具稀浅刻点和短毛。上颚窄长，粗壮，内缘具3个稍尖齿，端部具1尖齿，覆稀短毛。

胸部：前胸背板前缘截形，两肩角明显，密布粗糙刻点和短毛。中胸背板隆起，中央具1细纵隆线，密布粗糙刻点和短毛。小盾片稍隆起，矩形，密布粗刻点和短毛。后小盾五边形，端部中央呈钝角形突出，密布粗糙刻点和短毛。并胸腹节向后下方垂直，中央具1自基部至端部逐渐加深的纵沟，端部两侧角突出不明显，背面及两侧密布粗糙刻点和短毛。中胸侧板隆起，密布粗糙刻点和长毛。后胸侧板窄，中央光滑，沿边缘处具稀刻点，均覆稀短毛。翅基片光滑，覆稀短毛。翅透明，前翅痣近三角形，长是宽的3倍，径脉自翅痣下中部稍后方处发出，第 3 肘室宽，近方形，倾斜，第 1 肘室短于第 2、3、4 肘室之和。足弱，后足第 1 跗节是第 2 跗节长的 3.1 倍。各足爪均有齿。

腹部：第 1 节柄状，基部细，自气门瘤稍前方至末端逐渐加粗。第 1 节背板近端部中央具 1 浅纵沟，长是气门处宽的 4 倍，气门瘤不明显突起，位于背板近中部两下侧，密布粗糙刻点和短毛。第 2 节背板宽，强度隆起，长是宽的 1.3 倍，密布粗刻点和短毛，腹板平坦，光滑，具稀浅刻点和短毛，背、腹板端缘均具檐状突起。第 3~6 节背、腹板均光滑，具稀浅刻点和短毛。

体长：11~12mm。

雄蜂：近似于雌蜂，体型稍小，触角顶节呈钩状，腹部 7 节。体长 12mm。

分布：云南（绿春、永平、永胜）、黑龙江、江苏、浙江、四川；芬兰，西班牙，瑞典，波兰，捷克斯洛伐克。

（104）冠蜾蠃 *Eumenes*（*Eumenes*）*coronatus coronatus*（Panzer）1799（**彩图版XⅧ. 104**）

Panzer：1799，Fauna Insect. Germ. 64：12.

雌蜂：体小型，黑色，斑点黄色。额、头顶、后头均呈黑色。两触角窝之间 1 个斑黄色。后颊黑色，于两复眼后缘上部紧邻复眼各具 1 窄条状黄斑。单眼棕色。触角支角突、柄节、梗节、鞭节均呈黑色。唇基黑色。上颚黑色。端部稍呈棕色。前胸背板黑色，前缘有 1 黄色横带。中胸背板、小盾片均呈黑色。后小盾片黑色，中央有 1 横带状黄斑。并胸腹节，中、后胸侧板均呈黑色。基部两侧各具 1 对称的黄色斑。中胸侧板黑色，仅上部中央有 1 黄色斑。后胸侧板全呈黑色。翅基片浅褐色。翅呈浅棕色，前翅前缘色略深。所有足的基节、转节、股节大部黑色。股节端部棕色，前足胫节外侧为黄色，内侧黑色，跗节棕色。中足胫节黑色，仅外侧后部有 1 窄黑色条状斑，跗节棕色。后足胫节棕色，跗节深棕色，第 1 腹节黑色，仅端缘有 1 窄黄色横带。第 2 腹节背板黑色，端部边缘有 1 中央凹陷的黄色横带，腹板黑色，仅端缘有 1 窄黄色横带。第 3~6 节背、腹板均呈黑色。

头部：横宽、刻点密、毛稀，约与胸部翅基片处等宽。两触角窝之间稍隆起，额沟不明显。额、头顶及后头密布刻点和短毛。后颊光滑，具细稀浅刻点和短毛。单眼呈三角形排列，前单眼稍大于后单眼，OOD 是 IOD 的 0.6 倍，OCD 约与 OOD 相等。触角丝状，向端部逐渐加粗，顶鞭节末端稍钝圆，第 1 鞭节是第 2 鞭节长的 2.4 倍。唇基中部强隆起，长大于宽，端部中央深凹陷，两侧呈角状突出，具稀浅刻点和短毛。上唇末端圆，端部边缘有粗硬毛。上颚窄长，内缘具 3 个尖齿，顶端具 1 尖齿。

胸部：前胸背板前缘截形，两肩角明显，具粗糙刻点和短毛。中胸背板隆起，中央具 1 细纵隆线，密布粗糙刻点和短毛。小盾片稍隆起，矩形，密布粗糙刻点和短毛。后小盾片横带状，端部中央呈钝角形突出，密布粗糙刻点和短毛。并胸腹节向后下方倾斜，中央具 1 自基部至端部逐渐加深的纵沟，端部两侧突出不明显，密布粗糙刻点和短毛。中胸侧板隆起，布粗大刻点和长毛。后胸侧板窄，具稀少刻点和短毛。翅基片光滑，覆稀短毛。翅透明，前翅痣窄，近方形，长是宽的 3 倍，径脉自翅痣下端部处发出，第 3 肘室近方形，稍倾斜，第 1 肘室短于第 2、3、4 肘室之和。足细长，后足

第 1 跗节是第 2 跗节长的 3.2 倍。各足爪均有齿。

腹部：第 1 节基部细，自气门瘤处突然变粗呈柄状。第 1 节背板端部中央具 1 短纵凹陷，侧面观呈弯拱状，长是气门处宽的 3.2 倍，气门瘤位于背板近中部两下侧，密布粗糙刻点和短毛。腹板基部窄，端部扩展，光滑，具浅刻点和短毛。第 2 节背板宽，强隆起，长是宽的 1.3 倍，具浅刻点和短毛，腹板平坦，较光滑，具稀浅刻点和短毛。第 3~6 节背、腹板强收缩，均光滑，具稀浅刻点和短毛。

体长：11mm。

雄蜂：近似于雌蜂，但体型稍小，唇基黄色，触角柄节前缘黄色，第 2 腹节背板两侧中部各具 1 对称黄斑，触角顶节呈钩状，腹部 7 节。体长 10mm。

分布：云南（罗平、砚山、盈江、宁蒗）、江苏、江西；芬兰，波兰，意大利。

18. 华丽蜾蠃属 *Delta* Saussure 1855

Saussure：1855，Et. Fam. Vesp. 3：130，132，143.

模式种 *Vespa maxillosa* De Geer，1775 [= *Delta emarginatum*（L.）]。属特征：体大型，第 1 腹节长柄状，弯拱，唇基窄长，颜色较鲜艳。用泥土筑巢。

种检索表

1. 体长 26~33mm …… 2
   体长 16~24mm …… 4
2. 体长 24~26mm；铁锈色 …… 锈色华丽蜾蠃 *Delta conoideum*（Gmelin）
   体长 26~33mm；棕色或黑色 …… 3
3. 体长 24~32mm；中胸背板基半部黄色，端半部黑色；后足第 1 跗节是第 2 跗节长的 2 倍 …… 大华丽蜾蠃 *Delta petiolata*（Fabricius）
   体长 33mm；中胸背板棕色，有黑色纵带；后足第 1 跗节是第 2 跗节长的 3 倍 …… 半羽华丽蜾蠃 *Delta dimidiatipennis*（Saussure）
4. 体长 21.5mm；第 1 和第 2 腹节完全呈黑色 …… 德钦华丽蜾蠃 *Delta deqinensis* Dong et Wang，sp. nov.
   体长 18mm；第 1 和第 2 腹节棕色，有黑色斑纹 …… 5
5. 小盾片黄色；后足第 1 跗节是第 2 跗节长的 3.3 倍 …… 原野华丽蜾蠃 *Delta campaniforme esuriens*（Fabricius）
   小盾片黑色，有黄横带；后足第 1 跗节是第 2 跗节长的 2.8 倍 …… 黄盾华丽蜾蠃 *Delta campaniforme gracile*（Saussure）

（105）锈色华丽蜾蠃 *Delta conoideum*（Gmelin）**（彩图版** XⅧ. 105）

雌蜂：体中等至大型，铁锈色，有黄色和黑色斑。头部黄色，两复眼顶部之间有 1 黑色横带。后头与后颊边缘黑色。单眼暗棕色。触角棕红色，柄节前缘黄色。唇基完全呈黄色。上颚棕色，端齿黑色。前胸背板完全呈暗锈色。中胸背板棕色，中央有 1 自基部至中部的黑色纵斑，两侧边缘与端部各具 1 黑色横带。小盾片、后小盾片、并胸腹节除中纵沟黑色外，中、后胸侧板均为深棕色。翅呈浅棕色，前翅径室和端缘各有 1 淡褐色斑。翅基片深棕色。所有足除基节后缘 1 个斑、转节腹面为黑色外，其余均呈深棕色。第1腹节背、腹板铁锈色，背板基部，有时近端部有1横带状斑黑色。第2腹节背板锈色，基部和中央具1中部中断的黑色横带。第3~6节背板基部黑色，端部均呈锈色。

头部：横宽、光滑、毛稀，较胸部翅基片处窄。触角窝两侧深陷，额下半部与两触角之间隆起，额沟不明显。额上半部与头顶、后头密布浅刻点和短毛。后颊光滑，具稀浅刻点和短毛。单眼呈三角形排列，前单眼稍大于后单眼，OOD是IOD的1.9倍，OCD是OOD的0.9倍。触角丝状，向端部逐渐加粗，顶鞭节末端稍钝，第1鞭节是第2鞭节长的1.8倍。唇基强隆起，两侧呈波状倾斜，端部边缘近截形，长与宽近相等，光滑，无刻点。上颚窄长，内缘具3个钝齿，顶端具1尖齿，具稀刻点和短毛。

胸部：前胸背板前缘基部截形，两肩角不明显，密布刻点和短毛。中胸背板隆起，中央具1伸达背板中部的细纵隆线，密布刻点和短毛。小盾片稍隆起，矩形，中央具1细纵隆线，密布刻点和短毛。后小盾片横带状，端部中央弧形，密布刻点和短毛。并胸腹节向后下方倾斜，中央具1自基部至端部逐渐加深的纵沟，端部两侧各具1明显角状突起，纵沟内具横皱褶，背面密布刻点和短毛。中胸侧板隆起，密布刻点和短毛。后胸侧板光滑，无刻点和短毛。翅基片光滑，覆稀短毛。翅透明，前翅痣三角形，第2肘室近方形，长是宽的3.6倍，径脉自翅痣下近端部处发出，第3肘室稍窄，倾斜，第1肘室较第2、3、4肘室之和稍短。足粗壮，后足第1跗节是第2跗节长的1.3倍。各足爪均有齿。

腹部：第1节呈长柄状，基部细，自气门瘤之后至端部突然膨大。第1节背板后部隆起，端部倾斜，侧面观呈弯拱状，长是气门处宽的4.3倍，气门瘤凸出，位于背板中部稍后方两侧下部，光滑，无刻点，覆短毛，腹板基部窄，端部扩展，光滑覆稀短毛。第2腹节背板稍隆起，均宽大，长是宽的1.3倍，光滑，覆稀短毛。第3~6节背、腹板向端部强收缩，均光滑，覆稀短毛。

体长：24~26mm。

雄蜂：近似于雌蜂，体稍小，唇基窄，长大于宽，中胸背板近中部两侧各具1黑色圆形小斑。触角顶节呈钩状，腹部7节。体长20~24mm。

分布：云南（景洪、勐腊、新平、元江）；埃及，利比亚。

（106）大华丽蜾蠃 *Delta petiolata*（Fabricius）1781（**彩图版**XⅧ. 106）

Fabricius：1781，sp. Ins. i，P. 467：Ent. Sys. Ii，278.

雌蜂：体大型，棕色，有黄色和黑色斑纹。额部黄色。头顶于两复眼顶部之间有1黑色横带。后颊黄色，端部边缘黑色。触角支角突棕色，前缘黄色，柄节、梗节、鞭节均为橙色。单眼褐色。唇基黄色。上颚暗褐色。前胸背板黄色，中胸背板基半部黄色，端半部黑色。端部中央两侧与近翅基片处两侧各具2个棕红色纵斑。小盾片棕红色，端部边缘有1黑色横带。后小盾片棕红色，基部边缘黑色。并胸腹节棕红色，中央纵沟黑色。中胸侧板棕红色，周围边缘黑色。后胸侧板栗褐色。翅基片暗褐色。翅呈棕色，前翅前缘色略深。所有足基节、转节黑色，仅中、后足胫节前缘各具1棕色斑。前足股节、胫节、跗节棕色。中足股节棕红色，仅基部腹面有1黑色斑，胫节、跗节棕色。后足股节腹面与两侧黑色，背面棕红色，胫节、跗节棕红色。第1腹节背、腹板棕红色，仅背板基部与近端部各具 1 黑色横带。第 2 腹节背板基部棕红色，端部黄色，中部有 1 宽黑色横带，腹板基部棕红色，端部褐色，中央有 1 黑色纵斑，端部两侧各具 1 黑色斑。第 3~6 节背板基部黑色，端部黄色，第 3 节腹板棕色，两侧各具 1 黑色斑，第 4 节背板均黄色，腹板棕色，端缘黄色，第 5、6 节腹板均呈黄色。

头部：横宽、光滑、发亮、毛稀，较胸部翅基片处窄。触角窝两侧深凹陷，中央呈脊状隆起，额沟不明显。额、头顶、后头均具浅刻点和短毛。后颊窄，光滑，具稀浅刻点和短毛。单眼呈三角形排列，前单眼稍大于后单眼，OOD 是 IOD 的 1.4 倍，OCD 与 OOD 近相等。触角丝状，向端部逐渐加粗，顶鞭节末端尖，第 1 鞭节是第 2 鞭节长的 2 倍。唇基隆起，梨形，长与宽近相等，端部中央稍凹陷，近截形，光滑，毛稀，无刻点。上唇末端截状，近梯形。上颚窄长，内缘具 3 个宽钝齿，端部具 1 尖端齿，具稀皱刻点和短毛。

胸部：近椭圆形。前胸背板前缘基部截形，两肩角不明显，密布刻点和短毛。中胸背板稍隆起，椭圆形，中央具 1 明显纵脊，近端部两侧各具 1 短纵沟，近翅基片处两侧各具 1 短纵脊，密布浅刻点和短毛。小盾片稍隆起，矩形，中央具 1 弱纵脊，密布刻点和短毛。后小盾片横带状，端部中央弧形，密布浅刻点和短毛。并胸腹节向后下方倾斜，中央具 1 自基部至端部逐渐加深的纵沟，端部两侧各具 1 角状突，纵沟内具横皱褶，两侧光滑，背面密布浅刻点和短毛。中胸侧板稍隆起，密布刻点和短毛。后胸侧板窄，光滑，仅端部边缘和中央有少量的粗皱刻点。翅基片光滑，具稀浅刻点和短毛。翅透明，前翅痣近三角形，长是宽的 2.5 倍，径脉自翅痣下近中部稍后方发出，第 3 肘室窄长，倾斜，第 1 肘室较第 2、3、4 肘室之和稍短。足强健，后足第 1 跗节是第 2 跗节长的 2 倍。各足爪均有齿。

腹部：第 1 节呈长柄状，基部细，自气门瘤之前至末端部突然加宽。长是气门瘤处宽的 4 倍，气门瘤强突出，向后呈钩状，位于背板近中部两侧稍后方，光滑，覆稀短毛。腹板基部窄，近端部突然变宽，光滑，覆稀短毛。第 2 腹节背板基部强收缩，近短柄状，中部最宽，长是宽的 1.2 倍，光滑，覆短毛。腹板平坦，中央具 1 宽浅凹陷，光滑，无刻点。第 3~6 节背、腹板向端部强收缩，均光滑，覆稀短毛。

体长：24~32mm。

雄蜂：近似于雌蜂，但体型稍小，唇基稍隆起，长大于宽。触角第 9~11 鞭节前面深褐色，后面浅褐色，第 12 鞭节与顶节前缘黑色，后缘黄色，顶节呈钩状。腹板第4~6 节背板基部黑色，端部黄色。第 7 节背、腹板黑色。触角顶节呈钩状，腹部 7 节。体长 25~30mm。

分布：云南（砚山、富宁、河口、勐腊、景洪、思茅、景谷、景东、开远、临沧、双江、保山、福贡）、广东、广西、福建；印度，缅甸，斯里兰卡，马来西亚。

（107）半羽华丽蜾蠃 *Delta dimidiatipennis*（Saussure）**（彩图版 XVIII. 107）**

雌蜂：体大型，棕色，有黑色斑纹。头部棕色，额部黄色。两复眼顶部之间有 1 黑色横带。后颊棕色，后缘黑色，单眼淡棕色，触角棕红色，仅顶鞭节稍褐色。额、唇基棕色。上颚棕色。端齿黑色。前胸背板完全呈棕色。中胸背板棕色，近端部两侧各具 1 黑色短纵斑。小盾片、后小盾片、并胸腹节、中胸与后胸侧板完全呈棕色。翅基片棕色，中央有1淡褐色小斑。翅呈棕色，近端部一半褐色，有紫色光泽。所有的足棕色，后足跗节端部黑色。第1腹节背板棕色，基部有1黑色横带，腹板棕色。第2腹节背、腹板基半部棕色，端半部黑色。第3~5节背、腹板完全呈黑色，第6节背、腹板基部黑色，端部淡棕色。

头部：横宽、光滑、发亮、毛稀，较胸部翅基片处窄。触角窝之间呈脊状隆起，额沟明显。额与头顶具细密刻点和短毛。后颊光滑，具浅刻点和短毛。单眼区稍隆起，单眼呈三角形排列，前单眼大于后单眼，OOD是IOD的2.4倍，OCD是OOD的0.4倍。触角丝状，向端部逐渐加粗，顶鞭节末端钝，柄节较第1鞭节稍长，第1鞭节是第2鞭节长的2倍。唇基隆起，近端部倾斜，长与宽近相等，端部边缘截形，略呈浅凹缘，具稀浅刻点和短毛。上唇末端截形，边缘具粗硬毛。上颚窄长，内缘具3个钝齿，末端具1尖齿，具纵皱条纹和稀短毛。

胸部：光滑、毛稀。前胸背板前缘基部截形，两肩角不明显，具细浅刻点和短毛。中胸背板隆起，中央具1细纵脊，两侧具细纵皱刻点和短毛。小盾片隆起，矩形，基部中央具1短纵脊，具稀浅刻点和短毛。后小盾片横带状，端部中央呈弧形，具浅刻点和短毛。并胸腹节三角形，端部向后下方倾斜，中央具1细纵沟，沟在中部之后突然变宽，加深，端部两侧呈角状突出，具细密刻点和短毛。中胸侧板稍隆起，具细密刻点和短毛。后胸侧板凹陷，光滑，无刻点和短毛。翅基片光滑，具稀浅刻点和短毛。翅透明，前翅痣近方形，长是宽的2.5倍，径脉自翅痣下近端部处发出，第3肘室上宽下窄，倾斜，第1肘室与第2、3肘室近等长。足细长，后足第1跗节是第2跗节长的3倍。各足爪均具齿。

腹部：第1节呈柄状，基部细，向后稍膨胀，中部收缩，近气门瘤之前向末端突然膨胀。长是气门瘤处宽的4倍，气门瘤隆起，向后呈钩状，位于背板近中部两侧稍后方，光滑，发亮，具稀浅刻点和短毛。腹板基部几乎完全为背板所包围，仅端部外露，光滑，毛稀。第2腹节背板基部收缩，短柄状，端部膨胀，长是宽的0.9倍，光滑，覆短毛。腹板基部平，背、腹板均光滑，覆短毛。第3~6节背、腹板向端部逐渐收缩，均光滑，覆短毛。

体长：33mm。

雄蜂：不详。

体长：25~30mm。

分布：云南（景洪）；印度，沙特阿拉伯，非洲。

(108) 德钦华丽蜾蠃 *Delta deqinensis* Dong et Wang, sp. nov. **新种（彩图版XXIV.108）**

雌蜂：体中等大型，黑色，有棕色和黑色斑纹。头部黑色，两复眼内缘凹陷处至唇基基部两侧各1弯形斑，两触角窝之间隆起部分，两复眼后缘至上颚基部各1窄条状斑黄色。单眼棕色。触角除第9~11鞭节后面黑色外，其余完全呈锈红色。唇基黄色，基部两侧和中央各具1大黑色纵斑。上颚棕色，基部色略深。前胸背板黑色，基部和背面端部深棕色。中胸背板黑色，近端半部中央有1深棕色小斑。小盾片、后小盾片棕红色。并胸腹节棕黑色。中胸侧板黑色，位于上部两侧各具1暗棕色小斑。翅基片黄色，基部黑色。翅呈棕色，前翅前缘色略深。径室端部有1褐色斑。所有的足棕色，基节、后足股节端部黑色。第1腹节背板黑色，端部边缘暗棕色；腹板基部黑色，端部暗棕色。第2腹节背板黑色，基部两侧各具1棕色斑，端缘和两侧黄色，腹板黑色，基部两侧和端缘黄色。第3~6节背、腹板基部黑色，端缘黄色。

头部：横宽、刻点密、毛稀，较胸部翅基片处稍窄。两触角窝之间呈脊状隆起，额沟明显。额部隆起，额与头顶具细密刻点和短毛。后颊窄，光滑，具稀浅刻点和短毛。单眼呈三角形排列，前单眼稍大于后单眼，OOD是IOD的1.3倍，OCD与OOD近相等。触角丝状，向端部逐渐加粗，顶鞭节末端钝，第1鞭节是第2鞭节长的1.6倍。唇基凸起，长大于宽，端部截形，具稀浅刻点和短毛。上颚窄长，内缘具3个宽钝齿，端部具1尖端齿，具稀皱刻点和稀短毛。

胸部：毛稀，刻点细密。前胸背板前缘基部截形，两肩角明显，具细密刻点和短毛。中胸背板稍隆起，椭圆形，中央具1明显纵脊，具细密刻点和短毛。小盾片稍隆起，呈矩形，中央具1弱纵脊，具细密刻点和短毛。后小盾片呈五边形，端部中央呈钝角形突出，具细密刻点和短毛。并胸腹节向后下方倾斜，中央具1自基部至端部逐渐加深的纵沟，端部两侧各具1角状突，背面和两侧具细密刻点和短毛。中胸侧板稍隆起，具细密刻点和短毛。后胸侧板光滑，具少量刻点和短毛。翅基片光滑，具稀浅刻点和短毛。翅透明，前翅痣近三角形，长是宽的3.3倍，径脉自翅痣下近中部稍后方发出，第3肘室稍窄，倾斜，第1肘室较第2、3、4肘室之和稍短。足弱，后足第1跗节是第2跗节长的3.3倍。各足爪均有齿。

腹部：第1节柄状，弯拱。第1腹节背板基部细，自气门瘤之前至末端部突然膨胀，长是气门瘤处宽的3.8倍，气门瘤向后呈钩状，位于背板近中部两下侧，光滑，具稀浅刻点和短毛。腹板基部窄，端部扩展，光滑，具稀浅刻点和短毛。第2腹节背板基部收缩呈短柄状，向端部突然扩展，长是宽的1.4倍，光滑，具细密短毛。腹板光滑，覆稀短毛。第3~6节背、腹板向端部强收缩，均光滑，覆细密短毛。

体长：21.5mm。

雄蜂：不详。

正模♀，云南德钦奔子栏，1983.VIII.21，董大志采。

本新种与原野华丽蜾蠃 *Delta campaniforme esuriens*（Fabricius）1787和黄盾华丽蜾蠃 *Delta campaniforme gracile*（Saussure）1852相似，但其主要区别是，本种体型较大，体长21.5mm；触角第1鞭节是第2鞭节长的1.6倍，第9~11鞭节背面黑色；OOD是IOD的1.3倍，OCD与OOD近相等；唇基长大于宽；后足第1跗节是第2跗节长的3.3倍；第1和第2腹节黑色。

（109）原野华丽蜾蠃 *Delta campaniforme esuriens*（Fabricius）1787（**彩图版XXIV.109**）

Fabricius：1787，Mant. Insect. 1：293.

雌蜂：体中等大小，棕色，有黑色和黄色斑纹。头部黄色，两复眼顶部之间、后头和颊部、触角窝上部黑色。单眼淡棕色。触角红褐色，仅支角突背面、鞭节端部数节黑色。顶鞭节稍褐色。支角突、柄节腹面淡黄色。唇基完全呈黄色。上唇淡黄色。上颚褐色。前胸背板完全呈黄色。中胸背板黑色，近端部中央有1棕色纵斑。小盾片、后小盾片黄色。并胸腹节深棕色。中胸侧板黄色，两侧边缘各具1黑色带状斑。后胸侧板深棕色。翅基片深棕色，端部略呈黄色。翅呈黄色，前翅前缘近端部处有1褐色斑。前足基节、转节内侧黑色，股节、胫节内侧黄色，其余均呈棕色。中足除转节黑色、胫节端部黄色外，余均呈棕色。后足转节黑色，胫节端部黄色，余均呈棕色。第1腹节背板棕红色，基部和亚端部黑色，端部两侧各具1黄色横斑。腹板基部黑色，端部棕红色，有时呈黑色。第2腹节背板基部呈深棕色，端部一半呈黄色，中间有1黑色横带；腹板深棕色，中央有1黑色纵斑，端部边缘黄色，两侧各具1三角形黑斑。第3~6节背、腹板基部黑色，端部黄色。

头部：横宽，正面观近三角形，宽略大于高，光滑、发亮、毛稀，较胸部翅基片处窄。触角窝之间呈脊状隆起，隆起部分与额沟两侧脊突形成"Y"字形，额与头顶具浅刻点和短毛。后颊光滑，覆稀短毛。单眼呈三角形排列，前单眼大于后单眼，OOD是IOD的1.3倍，OCD是OOD的1.5倍。触角丝状，向端部逐渐加粗，顶鞭节末端稍窄，第1鞭节是第2鞭节长的1.6倍。唇基隆起，长与宽近相等，梨形，隆起端部平坦，两侧倾斜，末端截形，光滑、无刻点。上唇末端圆，边缘具稀长毛。上颚窄长，内缘具3个齿，端部具1尖齿。

胸部：椭圆形，前胸背板前缘平截，两肩角不明显，密布浅刻点和短毛。中胸背板稍隆起，近椭圆形，中央具1细纵隆脊，密布浅刻点和短毛。小盾片稍隆起，矩形，基部中央具1短纵脊，密布刻点和短毛。后小盾片横带状，端部中央近弧形，具稀浅刻点和短毛。并胸腹节强度向后下方倾斜，中央具1自基部向端部逐渐加深的纵沟，端部两侧呈角状突出，两侧光滑，无刻点和短毛。背面密布刻点和短毛。中胸侧板稍隆起，密布刻点和短毛。后胸侧板光滑，无刻点和短毛。翅基片光滑，具稀浅刻点和短毛。翅透明，前翅痣近三角形，长是宽的2.2倍，径脉自翅痣下近中部稍后方发出，第3肘室宽，倾斜，近方形，第1肘室较第2、3、4肘室之和稍短。足细长，后足第1跗节是第2跗节长的3.3倍。各足爪均有齿。

腹部：第1节呈柄状，背板基部细，向端部逐渐膨胀，长是气门瘤处宽的5.5倍，气门瘤明显突出，位于背板两下侧近中部稍后方，光滑，发亮，无刻点和短毛。腹板基部细，端部扩展，光滑，无刻点，覆稀短毛。第2腹节背板基部强收缩，中部最宽，长是宽的1.1倍，光滑，覆短毛。腹板平坦，无刻点，覆稀短毛。第3~6节背、腹板逐渐向末端收缩，均光滑，无刻点，覆短毛。

体长：16~21mm。

雄蜂：近似于雌蜂，体型稍小，唇基长大于宽，触角第4节以后鞭节黑色，顶节钩状，中、后足第2节以后跗节黑色，腹部7节。体长15~18mm。

分布：云南（文山、丘北、富宁、马关、景洪、勐腊、思茅、景谷、孟连、泸西、元江、临沧、丽江、华坪、兰坪）、浙江、广东、广西、福建；印度，缅甸，伊朗，沙特阿拉伯。

（110）黄盾华丽蜾蠃 *Delta campaniforme gracile*（Saussure）1852（**彩图版XXIV.110**）

Saussure：1852, Et. Fam. Vesp. 1：57.

雌蜂：体小至中等大型，黑色，有黄色和棕色斑纹。额上半部、头顶和后头黑色，下半部与两触角窝之间隆起处形成1宽"Y"字形黄斑。两复眼内缘凹陷处至唇基两侧各具1弯形黄斑。后颊端缘黑色，其余完全呈黄色。单眼淡棕色。触角棕红色，支角突下部、柄节背面1窄条状斑、第6节以后鞭节黑色。唇基完全呈黄色。上唇淡黄色。上颚棕色，端齿黑色。前胸背板黄色。中胸背板黑色。小盾片黑色，中央有1宽黄色横带。后小盾片基部黑色，端部边缘黄色。并胸腹节黑色，两侧各具1宽黄色纵斑。中胸侧板仅中间上部为黄色，其余均呈黑色。后胸侧板全呈黑色。翅基片基部黑色，近端部深棕色。翅呈淡棕色，前翅前缘色略深。前足基节、转节黑色，股节和胫节外侧黄色，股节、胫节内侧及跗节深棕色。中、后足基节、转节内侧黑色，外侧棕色。中足股节棕色，端部有1黄色斑，胫节端部外侧黄色，基部和内侧及跗节棕色。后足除胫节端部背面黄色外，其余股节、胫节基部及端部腹面、跗节均呈棕色。第1腹节棕红色，基部黑色，背板近端部有1黑色斑，端部两侧各具1黄色斑。第2腹节背板基部两侧宽棕红色，中央与背板近中部1宽横带黑色，后半部呈黄色；腹板基部大部深棕色，近端部两侧及中部黑色，端缘为黄色。第3~6节背、腹板基部均呈黑色，常被上一节所覆盖，端部均呈黄色。

头部：横宽，宽大于高，光滑、发亮、毛稀，较胸部翅基片处宽。两触角窝之间呈脊状隆起，额沟明显。额上部、头顶、后头密布刻点和短毛，下半部光滑，具稀浅刻点和短毛。后颊光滑，无刻点，覆短毛。单眼呈三角形排列，前单眼稍大于后单眼，OOD是IOD的1.8倍，OCD是OOD的0.8倍。触角丝状，向端部逐渐加粗，顶鞭节末端稍窄，第1鞭节是第2鞭节长的1.7倍。唇基隆起，长与宽近相等，端部截状，中央稍凹陷，光滑、无刻点，覆稀短毛。上颚窄长，楔状，近端部凹陷，内缘具3个钝的端齿，端部形成1尖齿。

胸部：前胸背板前缘截形，两肩角不明显，密布刻点和短毛。中胸背板稍隆起，近椭圆形，中央具1细纵隆脊，密布刻点和短毛。小盾片稍隆起，矩形，基部中央具1短沟，密布刻点和短毛。后小盾片横带状，端部中央呈钝角形突出，密布刻点和短毛。并胸腹节向后下方倾斜，中央具1自基部向端部逐渐加深的纵沟，端部两侧呈角状突出，两侧光滑，背面密布刻点和短毛。中胸侧板隆起，密布刻点和短毛。后胸侧板窄，光滑，无刻点和短毛。翅基片光滑，覆稀短毛。翅透明，前翅痣近三角形，长是宽的2.6倍，径脉自翅痣下近中部稍后方发出，第3肘室宽，稍倾斜，近方形，第1肘室较第2、3、4肘室之和稍短。足细长，后足第1跗节是第2跗节长的2.8倍。各足爪均有齿。

腹部：第1节呈柄状，背板基部细，向端部逐渐稍膨胀，长是气门瘤处宽的7.1倍，气门瘤稍呈丘状突出，位于背板近中部稍后方两下侧，光滑，无刻点，覆稀短毛。腹板基部窄，近端部扩展，光滑，毛稀。第2腹节背板基部强收缩，中部最宽，长是宽的1.3倍，光滑，覆稀短毛。腹板稍平，光滑，覆稀短毛。第3~6节背、腹板向端部收缩呈圆锥形，均光滑，覆短毛。

体长：16~18mm。

雄蜂：近似于雌蜂，体型稍小，唇基长大于宽，完全呈深棕色。触角端部6节均呈黑色，顶节钩状，后足胫节外侧完全呈黄色。中、后足第2以后跗节黑色，腹部7节。体长12~16mm。

分布：云南（景洪、勐腊）；也门，索马里兰。

19. 饰蜾蠃属 *Pseumenes* Giordani Soika 1935

Giordani Soika：1935, Ann. Mus. Civ. Stor. Nat. Genova 57：145.

模式种 *Eumenes eximius* Smith。属特征：后头强度凸起。

（111）四刺饰蜾蠃 *Pseumenes depressus*（Saussure）1855（**彩图版**XXⅣ.111）

Saussure：1855, Et. Fam. Vesp. 3：135.

雌蜂：体大型，黑色，多黄斑。头部黑色，两触角窝之间自前单眼至唇基处1瓶状纵斑、两复眼内缘上部、凹陷内和下部、后颊端部黄色。单眼淡棕色。触角黑色，柄节腹面黄色，梗节、鞭节腹面锈色。唇基黄色，端部边缘褐色。上唇和上颚暗褐色。前胸背板黑色，沿前缘和两侧具1宽黄色横带。中胸背板黑色，两侧各具1细钩状黄色纵斑。端部两侧角状突出部分各具1黄色窄斑。小盾片黑色，两侧中部各具1椭圆形黄色小斑。后小盾片全呈黑色。并胸腹节黑色，两侧各具1中央有1黑色点的大黄色纵斑。中胸侧板黑色，侧板上部有1圆形大黄斑，后缘下部有1窄条状黄斑。后胸侧板完全呈黑色。翅基片黄色，中央有1黑色圆斑。翅呈浅褐色，翅脉及翅痣褐色。前足基节、转节暗棕色，股节、胫节外侧黄色，胫节内侧和跗节棕色。中足基节、转节、股节、胫节暗棕色，基节外侧1个斑、股节端部腹面1个斑、胫节外侧黄色。跗节棕色。后足棕色，基节外侧1个斑、胫节外侧黄色。第1腹节背板黑色，位于气门瘤之后两侧各具1对称黄色纵斑，端部两侧各具1对称黄色横斑，两侧各具1黄色纵斑；腹板完全呈黑色。第2腹节背板黑色，基部两侧各具1大黄色斑，端部边缘具1中央凹陷的宽黄色横带，腹板黑色，中央具1大黄色纵斑。第3～6节背、腹板基部黑色，端部边缘黄色。

头部：横宽、光滑、发亮、毛稀，较胸部翅基片处窄。后头强度凸起，圆。两触角窝之间呈脊状隆起，额沟不明显。额与头顶密布粗糙刻点和短毛。后颊光滑，具浅刻点和短毛。单眼区倾斜，单眼呈三角形排列，前单眼大于后单眼，OOD是IOD的0.6倍，OCD是OOD的3.3倍。触角丝状，向端部逐渐加粗，顶鞭节末端稍钝，第1鞭节是第2鞭节长的1.4倍。唇基基部隆起，端部倾斜，端部中央凹陷，两侧呈齿状突出，具稀浅刻点和短毛。上唇末端尖，边缘具粗鬃状毛。上颚窄长，内缘具4个钝齿，端部具1尖齿。

胸部：前胸背板前缘截形，两肩角不明显，密布粗大刻点和短毛。中胸背板隆起，中央具1细浅弱纵脊，端部两侧呈刺状突出，具稀浅刻点和短毛。小盾片稍平，矩形，具浅刻点和短毛。后小盾片五边形，端部中央角状突出，具浅刻点和短毛。并胸腹节向后下方倾斜，中央具1纵沟，沟两侧凹陷呈矩形，具倾斜条纹，端部两侧各具2个尖突，基半部光滑，端半部刻点明显，覆短毛。中胸侧板下侧片隆起，具稀浅刻点和短毛。后胸侧板窄，光滑，无刻点和短毛。翅基片光滑，具细浅刻点和短毛。翅透明，前翅痣近方形，长是宽的2.6倍，径脉自翅痣下近端部处发出，第3肘室方形，稍倾斜，近方形，第1肘室长于第2、3肘室之和。足细长，后足第1跗节是第2跗节长的5倍。所有足的爪均有齿。

腹部：第1节柄状，稍弯拱。第1节背板基部细，自气门瘤之后至末端逐渐膨胀，近端部中央有1短纵凹陷，长是气门瘤处宽的7.8倍，气门瘤突出，位于背板近中部两侧，具稀浅刻点和短毛；腹板基部窄，具横皱褶，端部扩展，均无刻点，覆稀短毛。第2腹节背板基部窄，向端部逐渐膨胀，长是宽的1.1倍，光滑，具稀浅刻点和短毛。腹板基部平滑，端部具稀浅刻点，覆稀短毛。第3~6节背、腹板至顶端逐渐收缩，均光滑，均有稀浅刻点和短毛。

体长：21~33mm。

雄蜂：近似于雌蜂，体型稍小，唇基长大于宽，上颚基部有1圆形黄斑，腹部7节。体长16~20mm。

分布：云南（景洪）、安徽、浙江、福建、广西、台湾；印度，朝鲜。

20. 柄蜾蠃属 *Coeleumenes* Van der Vecht 1963

Van der Vecht：1963，Zool. Verh. No. 60. p. 45.

模式种：*Montezumia impavida* Bingham。体黑，腹部短柄状。

（112）黑柄蜾蠃 *Coeleumenes burmanicus*（Bingham）1897（**彩图版ⅩⅩⅣ.112**）

雌蜂：体中等大型，黑色，斑纹黄色。头部黑色，两触角窝之间1点状小斑黄色。单眼褐色。触角支角突、柄节后缘、梗节和鞭节完全呈黑色，柄节前缘黄色。唇基黑色。上唇深褐色。上颚基部黑色，端部深棕色。前胸背板黑色，前缘中央两侧各具1窄条状黄色横带。中胸背板、小盾片、后小盾片、并胸腹节、中胸与后胸侧板黑色。翅基片深棕色。翅呈棕色，前翅前缘色略深。前、中、后足基节、转节、股节、胫节、跗节均呈黑色，仅关节处稍淡。第1腹节背板黑色，沿端部边缘两侧各具1小横斑，腹板完全呈黑色。第2腹节背板黑色，端部边缘黄色。第3~6节背、腹板黑色。

头部：横宽、刻点粗糙、毛密，较胸部翅基片处窄。两触角窝之间稍呈脊状隆起，额稍平，额沟不明显。额、头顶密布粗糙刻点和短毛。后颊上部较下部稍宽，具粗刻点和短毛。单眼区稍平，单眼呈三角形排列，前单眼大于后单眼，OOD是IOD的1.4倍，OCD是OOD的2倍。触角丝状，向端部逐渐加粗，顶鞭节末端钝、圆，第1鞭节是第2鞭节长的1.3倍。唇基隆起，长与宽近相等，端部中央凹陷，两侧呈尖齿状突出，具细密刻点和短毛。上颚楔状，内缘具3个钝的端齿，端部齿稍钝。

胸部：前胸背板前缘截形，中央稍隆起，两肩角明显，具粗糙刻点和短毛。中胸背板稍隆起，端部稍平，中央具1细纵脊，具粗刻点和短毛。小盾片矩形，中央具1纵沟，两侧具刻点和短毛。后小盾片横带状，中央具1纵沟，两侧具粗刻点和短毛。并胸腹节后部倾斜，中央具纵沟，两侧端部呈钝角形突出，具粗刻点和短毛。中胸侧板隆起，密布粗刻点和短毛。后胸侧板窄，光滑，覆稀短毛。翅基片光滑，稀布浅刻点和短毛。翅透明，前翅痣近方形，长是宽的2.5倍，径脉自翅痣下近端部处发出，第3肘室近方形，稍倾斜，第1肘室较第2、3肘室之和稍长。足细长，后足第1跗节是第2跗节长的3倍。各足爪均有齿，爪垫明显。

腹部：第1腹节基部收缩呈柄状，向端部逐渐加宽，气门瘤凸起，背板长是宽的1.7倍，拱起，具粗刻点和短毛，腹板近梯形，具横皱褶，覆稀短毛。第2腹节背板宽，长是宽的 0.8 倍，具细浅刻点和短毛，腹板光滑，具稀浅刻点和短毛。第 3~6 节背、腹板强收缩，均有稀浅刻点和短毛。

体长：15mm。

雄蜂：近似于雌蜂，体型稍小，唇基黑色，基部有 1 三角形黄斑。触角末端呈钩状，腹部 7 节。体长 14mm。

分布：云南（景洪）、浙江；印度，马来西亚，印度锡金，泰国，越南。

21. 同蜾蠃属 *Symmorphus* Wesmael 1836

Wesmael：1836，Bull. Acad，R. Belg. 3：45.

模式种：*Odynerus elegans* Wesmael，特征体细长，第 1 腹节筒状，端部具纵沟。

种检索表

1. 体长 8mm；第 1 腹节长是宽的 0.6~1.1 倍 …… 2
   体长 9~15mm；第 1 腹节长是宽的 0.7~1.4 倍 …… 3
2. 腹部第 1 节长是宽的 0.6 倍；后足第 1 跗节是第 2 跗节长的 3.2 倍 …… 二带同蜾蠃 *Symmorphus* (*Symmorphus*) *bifasciatus* (Linnaeus)
   腹部第 1 节长是宽的 1.1 倍；后足第 1 跗节是第 2 跗节长的 3.1 倍 …… 丽江同蜾蠃 *Symmorphus* (*Symmorphus*) *lijiangensis* Dong et Wang, sp. nov.
3. 体长 9~10.5mm；后足第 1 跗节是第 2 跗节长的 2.9~3.8 倍 …… 4
   体长 11~15mm；后足第 1 跗节是第 2 跗节长的 3.1~3.3 倍 …… 5
4. 体长 9mm；后足第 1 跗节是第 2 跗节长的 3.8 倍 …… 坑同蜾蠃 *Symmorphus* (*Symmorphus*) *foveolatus* Gussakovskij
   体长 10.5mm；后足第 1 跗节是第 2 跗节长的 2.9 倍 …… 德钦同蜾蠃 *Symmorphus* (*Symmorphus*) *deqinensis* Dong et Wang, sp. nov.
5. 体长 11mm；后足第 1 跗节是第 2 跗节长的 3.1 倍 …… 四川同蜾蠃 *Symmorphus* (*Symmorphus*) *sichuanensis* Lee
   体长 15mm；后足第 1 跗节是第 2 跗节长的 3.3 倍 …… 怒江同蜾蠃 *Symmorphus* (*Symmorphus*) *nujiangensis* Dong et Wang, sp. nov.

（113）二带同蜾蠃 *Symmorphus*（*Symmorphus*）*bifasciatus*（Linnaeus）1761（彩图版 XXⅣ. 113）

Linnaeus：1761，Fauna Suec.，Ind. Ed.：419.

雌蜂：体小型，黑色，有橙黄色斑纹。头部黑色，两触角窝之间 1 点状小斑、两复眼后缘上部各 1 点状黄色小斑。单眼褐色。触角支角突、柄节、梗节和鞭节完全呈黑色。唇基黑色，有时基部有 1 窄黄色横带。上唇深褐色。上颚基部 2/3 黑色，端部深棕色。前胸背板黑色，前缘两侧各具 1 窄条状横带。中胸背板、小盾片、后小盾片、并胸腹节、中胸与后胸侧板黑色。翅基片深棕色。翅呈浅棕色，前翅前缘色略深。前、中、后足基节，转节和股节均呈黑色。股节端部棕色。胫节棕色，外侧或多或少黑色。第 1 腹节背板黑色，沿端部边缘有 1 橙黄色横带，腹板完全呈黑色。第 2 腹节背、腹板黑色，端部边缘具 1 橙黄色横带。第 3~6 节背、腹板完全呈黑色，有时边缘具黄色横带。

头部：横宽、刻点粗糙、毛稀，约与胸部翅基片处等宽。两触角窝之间稍隆起，额短，额沟不明显。额、头顶密布粗糙刻点和短毛。后颊上部约与下部等宽，具密浅刻点和短毛。单眼区隆起，单眼呈三角形排列，前单眼大于后单眼，OOD 是 IOD 的 0.5 倍，OCD 与 OOD 近相等。触角丝状，向端部逐渐加粗，顶鞭节末端钝、圆，第 1 鞭节是第 2 鞭节长的 2.2 倍。唇基隆起，长与宽近相等，端部中央稍凹陷，两侧呈尖齿状，齿上部呈粗短脊状隆起，中央凹陷，密布粗皱刻点和短毛。上颚短粗，内缘具 3 个钝的端齿，端部齿稍尖。

胸部：前胸背板前缘截形，中央稍隆起，两肩角明显，具粗糙刻点和短毛。中胸背板稍隆起，端部稍平，背板中部两侧各具 1 上部略向外弯曲的侧纵沟，密布粗糙刻点和短毛。小盾片矩形，密布粗糙刻点和短毛。后小盾片五边形，密布粗糙刻点和短毛。并胸腹节后部倾斜，中央具纵沟，两侧端部呈钝角形突出，具粗糙刻点和短毛。中胸侧板隆起，密布粗糙刻点和短毛。后胸侧板窄，具细横皱褶和短毛。翅基片光滑，稀布浅刻点和短毛。翅透明，前翅痣近方形，长是宽的 3.1 倍，径脉自翅痣下近端部处发出，第 3 肘室近方形，稍倾斜，第 1 肘室较第 2、3 肘室之和稍长。足弱，后足第 1 跗节是第 2 跗节长的 3.2 倍，各足爪均有齿。

腹部：第 1 腹节基部收缩，呈细柄状，向端部突然扩大呈漏斗状，背板长是宽的 0.6 倍，具粗糙刻点和短毛，腹板近三角形，端缘光滑，基部具粗刻点，覆稀短毛。第 2 腹节背板宽，长是宽的 0.9 倍，具细浅刻点和短毛，腹板光滑，具稀浅刻点和短毛。第 3~6 节背、腹板强收缩，均有稀浅刻点和短毛。

体长：8mm。

雄蜂：近似于雌蜂，体型稍小，唇基完全呈黄色，触角端部呈棕色，腹部 7 节。

分布：云南（昆明、元阳、云龙、泸水、宁蒗、兰坪），江苏；印度尼西亚，法国。

（114）丽江同蜾蠃 *Symmorphus*（*Symmorphus*）*lijiangensis* Dong et Wang，sp. nov. **新种（彩图版 XXV. 114）**

雌蜂：体小型，黑色，斑纹黄色。头部除两触角窝之间隆起处上部 1 小横斑、两复眼后缘上部各 1 点状斑为黄色外，其余均呈黑色。触角黑色，但柄节前缘基部有 1 长卵形黄斑，第 11~13 鞭节腹面锈色，其余褐色。唇基橘黄色，中部有 1 淡黄色斑。上颚黑色，内缘具 1 窄条状黄斑，端齿呈暗棕色。上唇黑色。前胸背板、中胸背板、小盾片、后小盾片、并胸腹节完全呈黑色。中胸侧板黑色，上缘近中部具 1 黄色小斑。后胸侧板完全呈黑色。翅基片黑色。翅呈棕色，前翅前缘色略深。所有足的基节、转节、股节黑色，前、中、足胫节背面黄色，两侧及腹面暗棕色，跗节呈棕色。后足胫节黑色，跗节与爪均呈棕色。第 1 腹节背板黑色，端部边缘具 1 中央凹陷的黄色横带，腹板完全呈黑色。第 2 腹节背、腹板均呈黑色，端部边缘各具 1 黄色横带。第 3~6 节背、腹板完全呈黑色。

头部：横宽，正面观近圆形，高与宽相等，刻点密、毛稀，与胸部翅基片处等宽。两触角窝之间呈脊状隆起，额沟明显。额与头顶密布粗刻点和短毛。后颊稍窄，具浅刻点和短毛。单眼区强隆起，单眼呈三角形排列，前单眼大于后单眼，OOD 是 IOD 的

1.1倍，OCD是OOD的2倍。触角丝状，向端部逐渐加粗，顶鞭节末端收缩，第1鞭节是第2鞭节长的1.2倍。唇基中部稍隆起，长与宽近相等，端部中央深凹陷，两侧呈尖齿状突出，光滑，具浅刻点和短毛。上颚楔状，内缘具3个钝的端齿，末端齿较尖。

胸部：前胸背板前缘斜截形，两肩角不明显，密布粗刻点和短毛。中胸背板稍隆起，盾纵沟可见，中央具1细纵沟，端部两侧近翅基片处各具1短纵沟，具粗刻点和短毛。小盾片矩形，稍隆起，边缘倾斜，背面稍平，中央具1宽浅纵沟，具浅刻点和短毛。后小盾片横带状，端部截形，基部呈脊状隆起，中央宽凹陷两侧呈齿状突出，具粗皱刻点和短毛。并胸腹节端部截形，中央具1细纵沟，沟两侧具倾斜皱褶，基部中央具1宽凹槽，两侧具粗皱刻点和短毛。中胸侧板稍隆起，胸腹侧脊明显，上部和边缘刻点粗皱，中央光滑，有稀浅刻点，均覆短毛。后胸侧板窄，深凹陷，具横皱褶和短毛。翅基片光滑，稀布浅刻点和短毛。翅透明，前翅痣三角形，长是宽的3.3倍，径脉自翅痣下近中部稍后方处发出，第3肘室宽，近方形，稍倾斜，第1肘室较第2、3肘室之和稍长。足细长，后足第1跗节是第2跗节长的3.1倍，各足爪均有齿。

腹部：第1腹节基部细，向端部突然膨胀呈杯状，背板长是宽的1.1倍，近端部中央具宽浅纵沟，密布粗皱刻点和短毛；腹板近三角形，中部极光滑，基部和端部具粗皱刻点，均覆稀短毛。第2腹节背板宽，圆筒形，长是宽的1.2倍，基部和中部具稀浅刻点，端部刻点粗，覆短毛；腹板基部凹陷，中部稍平，具稀浅刻点和短毛。第3~6节背、腹板向端部强收缩，多收缩在第2节内，具稀浅刻点和短毛。

体长：8mm。

雄蜂：不详。

正模♀，云南丽江，1978. VI. 17，甘运兴采。

本新种与脊同蜾蠃 *Symmorphus carinatus* Sk. Yamane1990 相似，但区别在于：本种体长8mm；唇基端部中央凹陷，长与宽近相等；OOD是IOD的1.1倍，OCD是OOD的2倍；后足第1跗节是第2跗节长的3.1倍；前胸背板呈黑色。

(115) 坑同蜾蠃 *Symmorphus* (*Symmorphus*) *foveolatus* Gussakovskij 1933 (**彩图版XXV.115**)

Gussakovskij：1933，Ark. Zool. 24A (10)：55.

雌蜂：体小至中等大型，黑色，斑纹黄色。头部黑色，两触角窝之间上部有1对紧邻的小黄斑。单眼褐色。两复眼后缘上端各有1点状黄斑。触角黑色，仅柄节腹面黄色。唇基黑色，基部两侧各具1宽黄色横斑。中胸背板全呈黑色。小盾片黑色，两侧各具1点状黄斑。后小盾片黑色，两侧各具1点状黄斑。并胸腹节、中胸与后胸侧板完全呈黑色。翅基片棕色。翅呈棕色，前翅前缘色略深。所有足黑色，胫节、跗节暗棕色。腹部黑色，仅第1、2腹节背板端缘各具1黄色横带，第1节腹板栗褐色。

头部：横宽、刻点粗糙、毛稀，较胸部翅基片处宽。两触角窝之间稍隆起，额、头顶具粗糙刻点和短毛。后头与后颊均具粗糙刻点和短毛。单眼区隆起，单眼呈三角形排列，前单眼大于后单眼，OOD是IOD的0.7倍，OCD是OOD的1.2倍。触角丝状，向端部逐渐加粗，顶鞭节末端钝，第1鞭节是第2鞭节长的1.8倍。唇基中部隆起，宽大于长，端部收缩呈凿状，中央稍凹陷，两侧呈角状突出，具粗皱刻点和短毛。

上颚短宽，内缘具3个钝的端齿，具纵皱刻点和短毛。

胸部：前胸背板前缘斜截形，两肩角明显，密布粗糙刻点和短毛。中胸背板稍隆起，盾纵沟可见，中央具1细纵隆脊，端半部稍平，两侧各具1短纵脊，具粗网状刻点和短毛。小盾片隆起，矩形，两侧明显凹陷，背面平坦，中央有1细纵沟，具粗网状刻点和短毛。后小盾片极窄，上表面凸起，后部向下倾斜，端部中央呈角状突出，具粗刻点和短毛。并胸腹节向后下方倾斜，背面形成1由隆脊包围的宽凹陷，中央有1纵脊，两侧密布横皱褶，近中部两侧各具1齿状突，末端圆，两侧具粗糙刻点和短毛。中胸侧板下侧片隆起，密布粗糙刻点和短毛。后胸侧板窄，具横皱褶和短毛。翅基片光滑，具稀浅刻点和短毛。翅透明，前翅痣三角形，长是宽的2.5倍，径脉自翅痣下近中部稍后方处发出，第3肘室近方形，倾斜，第1肘室约与第2、3肘室之和等长。足细长，后足第1跗节是第2跗节长的3.8倍，各足爪均有齿。

腹部：第1腹节基部细，呈柄状，向端部突然膨胀。背板前缘有一截面，长是最宽处的0.7倍，密布粗糙刻点和短毛，腹板窄，半月形，端部具薄檐片，具稀浅刻点和短毛。第2腹节背板宽，长是宽的0.8倍，端部边缘有檐状物，背面具细密刻点和短毛，腹板平坦，端部边缘有檐状薄片，具细浅刻点和短毛。第3~6节背、腹板均收缩，均具稀浅刻点和短毛。

体长：9mm。

雄蜂：近似于雌蜂，体型稍小，腹部7节。

分布：云南（昆明、蒙自、江川、漾濞、福贡、维西）、四川；俄罗斯。

(116) 德钦同蜾蠃 *Symmorphus* (*Symmorphus*) *deqinensis* Dong et Wang, sp. nov. **新种（彩图版XXV.116）**

雌蜂：体中等大型，黑色，斑纹橘黄色。头部除两触角窝之间隆起处上部1对相邻斑、两复眼外缘上部近端部处各1点状斑橘黄色外，其余均呈黑色。触角支角突、柄节、梗节、鞭节完全呈黑色。唇基全呈黑色。上颚黑色，末端暗棕色。单眼暗褐色。前胸背板黑色，前缘两侧各具1三角形橘黄色斑。中胸背板全呈黑色。小盾片黑色，中部两侧各具1卵圆形橘黄色小斑。后小盾片、并胸腹节均呈黑色。中胸侧板黑色，上缘近中部具1桔黄色椭圆形斑。后胸侧板完全呈黑色。翅基片黑色，中部有隐约的暗棕色斑。翅呈棕色，前翅前缘色略深。前足基节、转节、股节、胫节、跗节黑色，股节端部关节处与胫节近基部1个斑及端缘棕色，第5跗节背面暗棕色。中、后足基节，转节，股节及跗节黑色，股节与胫节端缘及爪棕色。第1腹节背板黑色，端部边缘具1中央凹陷的橘黄色横带，腹板完全呈黑色。第2腹节背、腹板均呈黑色，端部边缘各具1中央微凹陷的橘黄色横带。第3~6节背、腹板完全呈黑色。

头部：横宽，正面观与高近相等，圆形，刻点密、毛稀，约与胸部翅基片处等宽。两触角窝之间呈脊状隆起，额沟明显。额部两侧稍隆起，额与头顶具细密刻点和短毛。后头稍隆起，后头与后颊均具细密刻点和短毛。单眼区稍倾斜，单眼呈三角形排列，前单眼大于后单眼，OOD是IOD的0.6倍，OCD是OOD的2.3倍。触角丝状，向端部逐渐加粗，顶鞭节末端稍钝，第1鞭节是第2鞭节长的1.4倍。唇基隆起，宽大于长，端部中央宽凹陷，端缘呈浅凹缘，两侧呈端齿状突出，密布浅刻点和短毛。上颚楔状，内缘具 3 个钝的端齿，末端齿较尖。

胸部：前胸背板前缘斜截状，边缘呈脊状隆起，两肩角明显，具粗皱刻点和短毛。中胸背板稍隆起，盾纵沟明显，基部凹陷，达背片顶端，中央纵沟弱，密布细浅刻点和短毛。小盾片矩形，稍隆起，背面稍平，中央具 1 浅纵沟，具稀浅刻点和短毛。后小盾片五边形，基部稍呈脊状，端部向下垂直，后缘中部呈弧形，具粗皱刻点和短毛。并胸腹节强度向后下方倾斜，中央具 1 明显纵沟，纵沟在基部呈深窝状，沟内具横皱褶，两侧稍平，具倾斜条纹，覆短毛；两外侧边缘呈波状，近中部两侧各具 1 瘤状突，具粗皱刻点和倾斜条纹，均覆短毛。中胸侧板略隆起，胸腹侧脊弱，具稀粗刻点和短毛。后胸侧板窄，具横皱褶和短毛。翅基片光滑，内侧边缘在中部凹陷，具稀浅刻点和短毛。翅透明，前翅痣近方形，长是宽的 2.7 倍，径脉自翅痣下近端部处发出，第 3 肘室近方形，倾斜，第 1 肘室较第 2、3 肘室之和稍长。足细长，后足第 1 跗节是第 2 跗节长的 2.9 倍，各足爪均有齿，爪垫不甚明显。

腹部：第 1 腹节背板基部细，向端部自中部处突然加宽，背板长是宽的 1.4 倍，横脊明显，中部弯曲，端部中央具 1 宽浅纵沟，沟内具短纵脊，密布粗刻点和短毛；腹板近三角形，具浅刻点和短毛。第 2 腹节背板宽，长是宽的 1.1 倍，基部具细刻点，端部光滑，覆稀短毛；腹板基部凹陷，端部稍平，具稀浅刻点和短毛。第 3~6 节背、腹板向端部逐渐收缩，均具稀浅刻点和短毛。

体长：10.5mm。

雄蜂：近似于雌蜂，但唇基长大于宽，黄色，两侧和周边黑色。触角末端节呈短锥状，腹部 7 节，第 4 节背板端部边缘具 1 窄黄色横带。体长 10mm。

正模♀，副模♂，云南德钦，1983. VIII. 18，海拔 3 400m，董大志采。

本新种与四川同蜾蠃 *Symmorphus*（*Symmorphus*）*sichuanensis* Lee 1981 相似，但本种体长 10.5mm；触角完全呈黑色；OOD 是 IOD 的 0.6 倍，OCD 是 OOD 的 2.3 倍；后足第 1 跗节是第 2 跗节长的 2.9 倍等容易区别。

（117）四川同蜾蠃 *Symmorphus*（*Symmorphus*）*sichuanensis* Lee 1981（**彩图版 XXV.117**）

李铁生：1981，动物分类学报 6（4）：384-385.

雌蜂：体小至中等大型，黑色，斑黄色。头部黑色，两触角窝之间上部 1 对相邻小斑、两复眼后缘上部左右各 1 橘黄色点状斑。其余均呈黑色。单眼褐色。触角黑色，梗节、鞭节腹面暗铁锈色。唇基黄色，基部边缘黑色。上颚黑色，端部略呈棕色。前胸背板黑色，基部两侧各具 1 三角形黄斑。中胸背板全呈黑色。小盾片黑色，两侧各具 1 点状黄斑。后小盾片、并胸腹节均呈黑色。中胸侧板黑色，上部具 1 圆形黄斑。后胸侧板黑色。翅基片暗棕色。翅呈棕色，前翅前缘色略深。所有的足黑色，仅关节和跗节暗棕色。腹部黑色，仅第 1 节背板和第 2 节背、腹板端部边缘各具 1 橙黄色横带。

头部：横宽、刻点粗糙、毛稀，约与胸部翅基片处等宽。两触角窝之间隆起，额沟不明显。额、头顶密布粗糙刻点和短毛。后颊较复眼上部宽，具粗浅刻点和短毛。单眼区隆起，单眼呈三角形排列，前单眼大于后单眼，OOD 是 IOD 的 0.7 倍，OCD 是 OOD 的 2 倍。触角丝状，向端部逐渐加粗，顶鞭节强收缩，第 1 鞭节是第 2 鞭节长的

1.5倍。唇基隆起，高略大于宽，端部中央宽凹陷，两侧呈齿状突出，具稀浅刻点和短毛。上颚长，楔状，内缘具3个钝的端齿，端部形成1尖齿。

胸部：前胸背板前缘斜截状，两侧边缘呈脊状，中部窄，密布粗糙刻点和短毛。中胸背板稍隆起，两侧各具1明显的侧纵沟，端部近翅基片处两侧各具1短纵沟，密布粗糙刻点和短毛。小盾片矩形，两侧略凹陷，背面稍平，布粗糙刻点和短毛。后小盾片横带状，中部略宽，后缘稍向下方倾斜，具粗皱刻点和短毛。并胸腹节向后下方倾斜，背面中部稍凹陷，中央具1明显纵脊，两侧具倾斜条纹，背面两侧密布粗糙刻点，两侧光滑，刻点浅，均覆短毛。中胸侧板下侧片稍隆起，胸腹侧脊弱，具粗浅刻点和短毛。后胸侧板上侧片具横皱褶，下侧片光滑，无刻点，均覆短毛。翅基片光滑，具稀浅刻点和短毛。翅透明，前翅痣近方形，长是宽的3.6倍，径脉自翅痣下近端部处发出，第3肘室近方形，倾斜，第1肘室较第2、3肘室之和稍长。足细长，后足第1跗节是第2跗节长的3.1倍，各足爪均有齿，爪垫不甚明显。

腹部：第1腹节背板基部细，柄状，向端部逐渐扩展，背板基部自截面前倾斜，端半部平，中央具1浅纵沟，长是宽的1.4倍，具粗糙刻点和短毛，腹板近三角形，具粗皱刻点和短毛。第2腹节背板较宽，长是宽的1.1倍，基部具浅刻点，端部光滑，均覆短毛，腹板光滑，具稀浅刻点和短毛。第3~7节背、腹板强收缩，均具稀浅刻点和短毛。

体长：11mm。

雄蜂：近似于雌蜂，体型较大，唇基完全呈黑色，腹部6节。体长10mm。

分布：云南（德钦、中甸）、四川。

(118) 怒江同蜾蠃 *Symmorphus* (*Symmorphus*) *nujiangensis* Dong et Wang, sp. nov. **新种（彩图版XXV.118）**

雌蜂：体大型，黑色，斑纹橘黄色。头部除两复眼后缘中部稍上方各1点状橘黄色斑外，完全呈黑色。触角黑色，但柄节腹面褐黄色。单眼暗棕色。触角黑色，梗节、鞭节腹面暗铁锈色。唇基黑色，基部黄色，端部两侧各具1黄色短纵斑。上颚褐黄色，基部各具1三角形黄斑，端齿稍呈黑色。前胸背板黑色，前缘中央两侧各具1橘黄色大斑。中胸背板全呈黑色。小盾片黑色，于中部两侧各具1橘黄色小圆斑。后小盾片黑色，位于中部两侧各具1橘黄色小斑。并胸腹节、中胸与后胸侧板完全呈黑色。翅基片褐黄色，内侧边缘黑色。翅呈棕色，前翅前缘色略深。各足基节、转节、股节均呈黑色；前足胫节背面褐黄色，其余呈暗棕色，第1~4跗节深棕色，第5跗节背面黄色，腹面棕色。中、后足基节、胫节黑色，跗节暗棕色。第1腹节背板黑色，端部边缘具1中央凹陷的橘黄色横带，腹板完全呈黑色。第2腹节背板黑色，端部边缘具1中央凹陷的橘黄色横带，腹板全呈黑色。第3腹节背、腹板均呈黑色，端部边缘各具1窄黄色横带。第4~6节背、腹板均呈黑色。

头部：横宽，正面观近圆形，高与宽近相等，圆形，刻点粗糙、毛稀，较胸部翅基片处略宽。两触角窝之间隆起，额沟明显。额与头顶及后颊，均密布雕刻状刻点和短毛。后头稍隆起。单眼区稍平，单眼呈三角形排列，前单眼大于后单眼，OOD是IOD的0.6倍，OCD是OOD的2.8倍。触角丝状，向端部逐渐加粗，顶鞭节末端钝，

第1鞭节是第2鞭节长的1.7倍。唇基稍隆起，长与宽近相等，近端部呈斜坡状，稍平，端缘中央浅凹陷，两侧呈齿状突出，具粗纵皱刻点和短毛。上颚楔状，内缘具3个钝齿，端部齿稍尖。

胸部：前胸背板前缘斜截状，两肩角明显，密布粗雕刻状刻点和短毛。中胸背板稍平，盾纵沟无，基部中央具1短纵脊，端部两侧近翅基片处各具1短纵脊，密布粗雕刻状刻点和短毛。小盾片矩形，背面稍平，基部中央具1浅纵脊，具雕刻状刻点和短毛。后小盾片横带状，端部中央呈钝角形突出，具粗皱刻点和短毛。并胸腹节端部中央呈较宽的凹陷，自基部经凹陷处至端部有1中纵沟，纵沟在基部深，两侧形成齿状突，凹陷处两侧各具1粗齿状突，末端两侧角钝圆，密布粗皱刻点和短毛。中胸侧板稍平，胸腹侧脊弱，但可见，密布粗皱刻点和短毛。后胸侧板窄，中央具横皱褶，边缘具粗刻点，覆短毛。翅基片光滑，具稀浅刻点和短毛。翅透明，前翅痣近方形，长是宽的3倍，径脉自翅痣下近端部处发出，第3肘室宽，倾斜，第1肘室长约与第2、3肘室之和相等。足强健，后足第1跗节是第2跗节长的3.3倍，各足爪均有齿，爪垫不明显。

腹部：第1腹节背板基部细，向端部突然膨胀呈圆筒状，长是宽的1倍，近端部中央有1浅纵沟，无明显的横脊，具粗糙刻点和短毛；腹板月牙形，光滑，具稀浅刻点和短毛。第2腹节背板宽，呈圆筒状，长与宽近相等，具细密刻点和短毛；腹板平坦，基部凹陷，具细浅刻点和短毛；第3~6节背、腹板向端部逐渐收缩，均覆细刻点和短毛。

体长：15mm。

雄蜂：近似于雌蜂，但体型稍小，唇基宽大于长，端部中央深凹陷，黄色，基部和两侧黑色。触角末端节呈钩状。小盾片、后小盾片无黄斑，腹部7节。

体长：12~13mm。

正模♀，副模3♂♂，云南怒江泸水，1983. VII. 5，董大志采。

本新种与坑同蜾蠃 Symmorphus（Symmorph）foveolatus Gussakovskij 1933 相似，但主要区别是：本种体长15mm；唇基长与宽相等，端部中央浅凹陷；OOD是IOD的0.6倍，OCD是OOD的2.8倍；无盾纵沟；小盾片、后小盾片中部两侧各具1对黄斑；第4腹节无黄色横带。

22. 沟蜾蠃属 *Ancistrocerus* Wesmael 1836

Wesmael：1836，Bull. Acad. r. belg. 3：45.

模式种：*Vespa parietum* Linnaeus 1761。特征：小至中等大型，较粗壮。

种检索表

1. 体长11mm左右；唇基黄色，或有黑斑 …………………………………………… 2
   体长8mm左右；唇基黑色，有黄斑 …………………………………………… 3
2. 唇基全呈黄色；后足第1跗节是第2跗节长的3倍 ……………………………………
   …………………………………… 黑角沟蜾蠃 *Ancistrocerus melanocerus*（Dalla Torre）

唇基黄色，有黑纵带；后足第 1 跗节是第 2 跗节长的 2.9 倍 …………………………………………………………………………… 德钦沟蜾蠃 *Ancistrocerus deqinensis* Dong et Wang, sp. nov.

3. 小盾片、后小盾片完全呈黑色；后足第 1 跗节是第 2 跗节长的 4.1 倍 …………………………………………………………………………… 高原沟蜾蠃 *Ancistrocerus waltoni*（Meade-waldo）

小盾片、后小盾片黑色，或有黄斑，后足第 1 跗节是第 2 跗节长的 3.3~5 倍 ……………… 4

4. 触角第 1 鞭节是第 2 鞭节长的 1.2 倍；后足第 1 跗节是第 2 跗节长的 3.3 倍 …………………………………………………………………………… 日本沟蜾蠃 *Ancistrocerus japonicus*（Schulthess）

触角第 1 鞭节是第 2 鞭节长的 2.1 倍；后足第 1 跗节是第 2 跗节长的 5 倍 …………………………………………………………………………… 川沟蜾蠃 *Ancistrocerus parietum*（Linnaeus）

（119）黑角沟蜾蠃 ***Ancistrocerus melanocerus*** **（Dalla Torre）1894（彩图版 XXV. 119）**

Dalla Torre：1894，Cat. Hym. 9：78.

雄蜂：体小型，黑色，斑纹橘黄色。头部黑色，两触角窝之间隆起处两侧各 1 点状斑，两复眼后缘近复眼端部左右各 1 黄色点状斑。单眼棕色。触角除支角突、柄节、梗节、鞭节第 1~11 节黄色外，其余黑色。背面黑色，腹面暗棕色。第 12、13 鞭节锈色。其余完全呈黄色。上颚黑色，顶端暗棕色。前胸背板黑色，前缘中央有 1 窄黄色横带。中胸背板、小盾片、后小盾片、并胸腹节、中胸侧板、后胸侧板均呈黑色。翅基片棕色，内缘黑色。翅呈棕色，前翅前缘色略深。所有足的基节、转节、股节、胫节端部外侧黑色，股节顶端、胫节基部和内侧及跗节棕色。第 1 腹节背、腹板黑色，仅背板端部边缘各具 1 橘黄色横带。第 2 腹节背、腹板黑色，端部边缘各具 1 橘黄色横带。第 3 腹节背板黑色，端部边缘有 1 短窄橘黄色横带，腹板黑色。第 4~6 节背、腹板全呈黑色。

头部：横宽、刻点细密、毛密，约与胸部翅基片处等宽。两触角窝之间呈脊状隆起，额沟不明显。额区稍凹陷，额与头顶具细密刻点和密棕色长毛。后头隆起，中央无凹陷，后头与后颊具密浅刻点和棕色长毛。单眼区稍隆起，单眼呈三角形排列，前单眼大于后单眼，OOD 是 IOD 的 0.8 倍，OCD 是 OOD 的 1.6 倍。触角丝状，向端部逐渐加粗，第 12、13 鞭节收缩呈钩状，第 1 鞭节是第 2 鞭节长的 1.3 倍。唇基隆起，长与宽近相等，端部具深凹缘，两侧呈齿状突出，具稀浅刻点和白色短毛。上颚楔状，内缘具 3 个钝齿，末端齿稍尖。

胸部：前胸背板前缘斜截形，两肩角呈尖齿状突出，密布细刻点和棕色长毛。中胸背板隆起，基部中央具 1 短纵脊，密布细纵皱刻点和棕色长毛。小盾片矩形，密布细刻点和棕色长毛。后小盾片横带状，具细刻点和棕色长毛。并胸腹节端部近截形，基部中央凹陷，两侧各形成 1 尖齿状突，中央具 1 纵沟，沟两侧具倾斜条纹，上半部和两外侧具粗皱刻点和横皱褶，背面具稀棕色短毛，两侧有密棕色长毛。中胸侧板隆起，具粗皱刻点和棕色长毛。后胸侧板窄，具细横皱褶和棕色长毛。翅基片光滑，具稀浅刻点和短毛。翅透明，前翅痣近方形，长是宽的 3.3 倍，径脉自翅痣下近端部处发出，第 3 肘室近方形，基部稍收缩，第 1 肘室较第 2、3 肘室之和稍长。足细长，后足第 1 跗节是第 2 跗节长的 3 倍，各足爪均有齿，爪垫不明显。

腹部：第 1 腹节基部窄，向端部突然膨胀。第 1 节背板基部截状，横脊明显，长是宽的 1.1 倍，具细密刻点和棕色密长毛，腹板半圆形，光滑，覆稀短毛。第 2 节背板宽，长是宽的 0.8 倍，具细浅刻点和密棕色短毛；背板稍平，具细刻点和棕色短毛。第 3~7 节背、腹板向端部逐渐收缩，均具稀浅刻点和棕色短毛。

体长：15mm。

雌蜂：近似于雄蜂，腹部 6 节。

分布：云南（云龙、维西）；日本。

为中国新记录种。

（120）德钦沟蜾蠃 *Ancistrocerus deqinensis* Dong et Wang，sp. nov. **新种**（**彩图版XXVI. 120**）

雌蜂：体小型，黑色，斑纹橘黄色。头部黑色，两触角窝之间隆起处上部 1 近钻石形斑、两复眼后缘凹陷处下部沿复眼左右各 1 新月形斑、两复眼后缘沿复眼至上颚基部 1 窄纵带黄色。单眼棕色。触角除支角突为黑色外，其余柄节、梗节、鞭节均呈黄色。唇基黄色，自基部至中部处有 1 窄黑色纵带。上颚黄色，端齿黑色。前胸背板黑色，前缘有 1 中部细窄、两侧宽的橘黄色横带，上后侧边缘窄黄色。中胸背板黑色。小盾片黑色，中部有 1 窄黄色横斑。后小盾片、并胸腹节、中胸与后胸侧板黑色。翅基片黄色，近中部有 1 褐色圆斑。翅呈棕色，前翅前缘色略深。各足的基节、转节黑色。前足股节黄色，基部外侧有 1 黑色斑；胫节、跗节、爪黄色。中足股节黄色，基部黑色。后足股节基半部黑色，端半部与胫节、跗节、爪均呈黄色，中、后足爪垫黑色。第 1 腹节背板黑色，端部边缘有 1 在中部稍宽的黄色横带，腹板黑色。第 2 腹节背板黑色，端部边缘有 1 宽橘黄色横带，腹板黑色，端部边缘与两侧形成 1 凹陷黄色横带，两侧凹陷部分中央各有 1 棕色圆斑。第 3~6 节背、腹板全呈橘黄色。

头部：横宽、刻点细密、毛稀，较胸部翅基片处稍宽。两触角窝之间呈脊状隆起，额沟不明显。额稍隆起，额与头顶具细密刻点和密棕色长毛。后头中央无凹陷，后头与后颊具细密刻点和密棕色长毛。单眼区稍隆起，单眼呈三角形排列，前单眼大于后单眼，OOD 是 IOD 的 0.8 倍，OCD 是 OOD 的 1.6 倍。触角丝状，向端部逐渐加粗，顶鞭节短，顶端钝，第 1 鞭节是第 2 鞭节长的 1.6 倍。唇基圆隆起，端部倾斜，端缘具深凹陷，两侧呈齿状突出，密布浅刻点和稀短毛，长与宽近相等。上颚楔状，内缘具 3 个钝齿，末端齿稍尖。上唇窄长，末端圆。

胸部：前胸背板前缘斜截状，两肩呈钝角形突出，密布细浅刻点和棕色长毛。中胸背板稍隆起，基部中央具 1 短纵脊，密布细刻点和棕色长毛。小盾片矩形，密布细刻点和棕色长毛。后小盾片横带状，基部呈脊状隆起，端部倾斜具粗皱刻点和稀棕色长毛。并胸腹节向后下方倾斜，背面呈斜截状，近端部两侧稍呈角状突出；中央有 1 纵沟，沟两侧具细倾斜条纹，覆稀短毛，上半部和两外侧具细密刻点及横皱褶，密布棕色长毛。中胸侧板隆起，胸腹侧脊弱，具细密刻点和稀棕色长毛。后胸侧板窄，上部具粗横皱褶，下部具细弱倾斜条纹，无毛。翅基片光滑，端部内缘具宽凹陷，具稀浅刻点和短毛。翅透明，前翅痣近方形，长是宽的 2.2 倍，径脉自翅痣下近端部处发出，第 3 肘室宽，中部收缩，第 1 肘室较第 2、3 肘室之和稍长。足强健，后足第 1 跗节是第 2 跗节长的 2.9 倍，各足爪均有齿，爪垫明显。

腹部：第 1 腹节基部窄，向端部突然膨胀。第 1 节背板稍隆起，长与宽近相等，横脊细，在中部凹陷，前截面明显，光滑，端部具细密刻点和棕色长毛，腹板近三角形，端缘有稀皱褶，具粗刻点和短毛。第2节背板较宽，长是宽的0.9倍，基部有1列粗纵皱褶，具细浅刻点和棕色短毛；腹板稍平，密布细浅刻点和棕色短毛。第3~6节背、腹板向端部强收缩，均覆细浅刻点和棕色短毛。

体长：11mm。

雄蜂：不详。

体长：11mm。

正模♀，云南德钦，1983. Ⅷ. 19，海拔2 200m，董大志采。

本新种与墙沟蜾蠃 *Ancistrocerus parietinus*（Linnaeus）1761 相似，但区别是：本种触角窝外侧与复眼之间有1对新月状黄斑；触角柄节、梗节和鞭节完全呈金黄色；唇基长与宽近相等，端缘深凹陷；体长 11mm；OOD 是 IOD 的 0.8 倍，OCD 是 OOD 的 1.6 倍；后足第1跗节是第2跗节长的2.9倍。

（121）高原沟蜾蠃 *Ancistrocerus waltoni*（Meade-waldo）1910（**彩图版ⅩⅩⅥ. 121**）

Meade-waldo：1910，Ann. Mag. Nat.（8）6：104.

雌蜂：体小型，黑色，斑纹黄色。头部黑色，两触角窝之间隆起处上部1个斑、两复眼内缘凹陷处各1点状斑、后缘上部各1黄色点状斑。单眼棕色。触角黑色，柄节前缘黄色，梗节和鞭节腹面或多或少锈色。唇基黑色，基部两侧各有1黄色点状斑。上颚黑色，近端部略呈棕色。前胸背板黑色，仅前缘两侧各具1黄色斑，有时斑呈点状。中胸背板、小盾片、后小盾片、并胸腹节、中胸与后胸侧板完全呈黑色。翅基片黑色，上后角两侧各有1黄色小斑。翅呈棕色，前翅前缘色略深。各足股节端部、胫节和跗节棕色，其余均呈黑色，爪垫黑色。第1腹节背板黑色，端部边缘有1窄黄色横带；腹板全呈黑色。第2腹节背、腹板黑色，端部边缘各具1黄色横带；腹板全呈黑色，端部边缘各具1黄色横带。第3~6节背、腹板全呈黄色。

头部：横宽、刻点粗糙、毛稀，较胸部翅基片处稍窄。两触角窝之间呈脊状隆起，额沟不明显。额稍隆起，额、头顶、颊均具粗刻点和短毛。单眼区稍隆起，单眼呈三角形排列，前单眼大于后单眼，OOD 是 IOD 的 1.5 倍，OCD 是 OOD 的 1.1 倍。触角丝状，向端部逐渐加粗，顶鞭节末端钝，第1鞭节是第2鞭节长的1.6倍。唇基稍隆起，宽稍大于长，端部中央近截形，倾斜，两侧呈钝角形突出，具粗皱刻点和短毛。上颚楔状，内缘具3个钝的端齿，末端齿尖锐。

胸部：前胸背板前缘截状，两肩角明显，密布粗刻点和短毛。中胸背板稍隆起，密布粗刻点和短毛。小盾片矩形，具粗刻点和短毛。后小盾片横带状，后缘端部中央稍呈钝角形突出，具粗刻点和短毛。并胸腹节向后下方倾斜，中央具1宽浅凹陷，凹陷区中央具1中纵脊，周围具浅刻点，两侧具粗皱刻点，均覆短毛。中胸侧板隆起，具粗刻点和短毛。后胸侧板窄，具横皱褶和短毛。翅基片光滑，具稀浅刻点和短毛。翅透明，前翅痣近方形，长是宽的3.1倍，径脉自翅痣下中部后方处发出，第3肘室宽，近方形，中部收缩，第1肘室较第2、3肘室之和稍长。足短粗，后足第1跗节是第2跗节长的4.1倍，各足爪均有齿，爪垫明显。

腹部：第1节背板基部细，向端部突然扩展。长是宽的0.7倍，具粗皱刻点和短毛；腹板近三角形，布浅刻点和短毛。第2节背板较宽，长是宽的0.8倍，具细浅刻点和短毛，腹板稍平，具稀浅刻点和短毛。第3~6节背、腹板向端部强收缩，均具稀浅刻点和短毛。

体长：8mm。

雄蜂：近似于雌蜂，体型稍小，触角末端节呈钩状。腹部7节。

分布：云南（盈江、丽江）、西藏；印度锡金。

*（122）**日本沟蜾蠃** *Ancistrocerus japonicus*（Schulthess）1908（**彩图版**XXVI.122）

Schulthess：1908，Mitt. Schweiz. Entomol. Ges. 11：285.

雌蜂：体中等大小，黑色，斑纹橘黄色。头部除两触角窝之间隆起处1斑、两复眼内缘下部近触角窝外侧左右各1小斑、后颊上部左右各1短纵斑橘黄色外，其余均呈黑色。单眼褐色。触角支角突、柄节、背面、梗节、鞭节黑色，柄节腹面褐黄色。唇基黑色，基部两侧各有1橘黄色斑。上颚基部黑色，端部暗棕色，有时基部有1近三角形橘黄色斑。前胸背板黑色，前缘两侧各具1黄色横带。中胸背板黑色。小盾片黑色，端部两侧各具1近三角形橘黄色斑。后小盾片、并胸腹节黑色。中胸侧板黑色，上部有1橘黄色斑。后胸侧板黑色。翅基片黄色，中央有1褐色斑。翅呈棕色，前翅前缘色略深。各足基节、转节、股节除顶端黄色外，均呈黑色。前足胫节背面、第5跗节背面橘黄色，胫节腹面与第1~4跗节及第5跗节腹面黑色。中足胫节背面棕红色，腹面与跗节黑色。后足胫节中部棕红色，基部与端部及跗节黑色。第1腹节背板黑色，端部边缘有1窄黄色横带，腹板全呈黑色。第2腹节背、腹板黑色，端部边缘各具1黄色横带，第3~6节背、腹板全呈黄色。

头部：横宽，刻点细密、毛稀，约与胸部翅基片处等宽。两触角窝之间呈脊状隆起，额沟明显可见。额与头顶、颊均具细密刻点和棕色稀长毛。后头中央无明显凹陷，后头与后颊具细浅刻点和棕色稀长毛。单眼区稍隆起，单眼呈三角形排列，前单眼大于后单眼，OOD约等于IOD，OCD是OOD的0.6倍。触角丝状，向端部逐渐加粗，顶鞭节末端尖，第1鞭节是第2鞭节长的1.2倍。唇基隆起，长与宽近相等，端部窄，具浅凹缘，两侧呈齿状突出，具粗皱刻点和稀棕色毛。上颚楔状，内缘具3个钝的端齿，末端齿尖。

胸部：前胸背板前缘截状，两肩角明显，具细密刻点和棕色长毛。中胸背板稍隆起，基部中央具细短纵脊，具细密刻点和棕色长毛。小盾片矩形，背面稍平，具细密点和稀棕色长毛。后小盾片横带状，基部稍隆起，刻点粗皱，端部强度向下倾斜，刻点稀，覆稀棕色长毛。并胸腹节基部呈三角形深凹陷，端部近截形，两侧各具1钝齿状突，中央具1纵沟，沟两侧具细倾斜条纹，上半部和两侧具粗皱刻点和横皱褶，中央截面具细短密白色毛，两侧具密白色长毛。中胸侧板下部稍隆起，胸腹侧脊无，具细密刻点和稀棕色长毛。后胸侧板窄，光滑，仅上部有少量刻点。翅基片光滑，端部后缘具浅凹缘，具稀浅刻点和短毛。翅透明，前翅痣近方形，长是宽的3.5倍，径脉自翅痣下近端部处发出，第3肘室宽，倾斜，第1肘室与第2、3肘室之和等长。足细长，后足第1跗节是第2跗节长的3.3倍，各足爪均有齿，爪垫明显。

腹部：第1节基部细呈柄状。向端部突然膨胀。第1节背板基部截面明显，横脊粗，稍隆起，长是宽的 0.7 倍，基部截面光滑，端部具细密刻点和稀棕色长毛，腹板三角形，光滑，端部有明显纵褶，毛稀。第 2 节背板较第 1 节稍宽，长是宽的 0.9 倍，具稀浅刻点和棕色短毛；腹板基部两侧凹陷，端部稍平，具细浅刻点和短毛。第 3~6 节背、腹板向端部强收缩，多隐于第 2 腹节内，均具稀浅刻点和短毛。

体长：12mm。

雄蜂：近似于雌蜂，体型稍小，唇基完全呈黄色。触角末端节呈钩状。小盾片无黄斑。所有足的基节、转节、股节除顶端外，均呈黑色，股节顶端、胫节、跗节完全呈黄色。腹部 7 节。体长 8mm。

分布：云南（昆明、师宗、勐海、通海、云龙、丽江、永胜、维西）；日本。

本种为中国新记录种。

(123) 川沟蜾蠃 *Ancistrocerus parietum*（Linnaeus）1758（**彩图版**XXⅥ.123）

Linnaeus：1758，Syst. Nat. Ed. 10，1：572.

雌蜂：体小型，黑色，有橙黄色斑。头部黑色，两触角窝之间 1 个斑、两复眼后缘上部各 1 个黄色斑。单眼淡褐色。触角黑色，仅柄节腹面黄色。基部两侧各有 1 倾斜黄斑。上颚黑色，端部深棕色。前胸背板黑色，沿前缘有 1 橙黄色横带。中胸背板全呈黑色。小盾片黑色，两侧各具 1 橙黄色小斑。后小盾片、并胸腹节黑色。中胸侧板黑色，上部边缘有 1 橙黄色斑。后胸侧板黑色。翅基片棕色，中央有 1 深褐色斑。翅呈棕色，前翅前缘色略深。前、中、后足的基节、转节、股节除顶端黄色外，股节端部、胫节棕色，跗节暗棕色。腹部黑色，仅第 1 节背板端缘、第 2 腹节背、腹部端缘各具 1 橙黄色横带。

头部：横宽、刻点粗糙、毛稀，较胸部翅基片处稍窄。两触角窝之间稍隆起，额沟明显。额、头顶密布粗糙刻点和短毛。后颊约与复眼上部等宽，具粗刻点和短毛。单眼区隆起，单眼呈三角形排列，前单眼略大于后单眼，OOD 是 IOD 的 0.6 倍，OCD 是 OOD 的 1.2 倍。触角丝状，向端部逐渐加粗，顶鞭节末端钝，第 1 鞭节是第 2 鞭节长的 2.1 倍。唇基隆起，宽大于长，端部中央略凹陷，两侧呈齿状突出，具粗皱刻点和短毛。上颚粗壮，内缘具 3 个钝的端齿，末端形成 1 钝齿。

胸部：前胸背板前缘截形，两肩角明显，密布粗糙刻点和短毛。中胸背板稍隆起，中央具 1 细纵脊，密布粗糙刻点和短毛。小盾片隆起，矩形，具粗糙刻点和短毛。后小盾片稍隆起，两侧凹陷，五边形，密布刻点和短毛。并胸腹节向下倾斜，中央具明显纵沟，沟两侧具横皱褶，端部钝角形，两侧具横皱褶，背面两侧近三角形，密布粗糙刻点和短毛。中胸侧板下部隆起，密布粗糙刻点和短毛。后胸侧板窄，具稀浅刻点和短毛。翅基片光滑，布稀浅刻点和短毛。翅透明，前翅痣近方形，长是宽的 2.8 倍，径脉自翅痣下近端部处发出，第 3 肘室近方形，倾斜，第 1 肘室与第 2、3 肘室之和等长。足细长，后足第 1 跗节是第 2 跗节长的 5 倍，各足爪均有齿，爪垫明显。

腹部：第 1 节基部收缩呈细柄状，向端部突然膨胀。背板基部向前倾斜呈一纵截面，长是宽的 0.7 倍，基部截面光滑，密布粗糙刻点和短毛，腹板半月形，具浅刻点和短毛。第 2 节背板较宽，长是宽的 0.9 倍，具细密刻点和短毛，腹板光滑，具浅刻点和短毛。第 3~6 节背、腹板向端部强收缩，均具稀浅刻点和短毛。

体长：11~12mm。

雄蜂：近似于雌蜂，体型稍小，唇基黄色。触角末端节呈钩状。腹部 7 节 。体长：8mm。

分布：云南（师宗、勐海、云龙、永平、丽江、永胜、宁蒗、维西、泸水）、东北、四川；法国，欧洲，北美洲。

23. 胸蜾蠃属 *Orancistrocerus* Van der Vecht 1963

Van der Vecht：1963，Zool. Verh.，Leiden 60：58，99.

模式种：*Odynerus drewseni* Saussure，体中等大型，多为黑色。

种检索表

1. 唇基黑色，端部棕色；后足第 1 跗节是第 2 跗节长的 4 倍 ………………………………………………………………………… 黄足胸蜾蠃 *Orancistrocerus aterrimus rufipes* Dong，ssp. nov.

   唇基全呈黑色；后足第 1 跗节是第 2 跗节长的 4~5 倍 ……………………………………………… 2

2. 体长 16mm；后足第 1 跗节是第 2 跗节长的 5 倍 ………………………………………………………………………… 黄额胸蜾蠃 *Orancistrocerus aterrimus erythropus*（Bingham）

   体长 16~18.6mm；后足第 1 跗节是第 2 跗节长的 4.4 倍 ………………………………………………………………………… 墨体胸蜾蠃 *Orancistrocerus aterrimus aterrimus*（Saussure）

（124）墨体胸蜾蠃 *Orancistrocerus aterrimus aterrimus*（Saussure）1852（**彩图版XXVI. 124**）

Saussure：1852，Et. Fam. Vesp. 1：121，182.

雌蜂：体中等大小，黑色，额、头顶、后颊黑色。单眼淡褐色。触角黑色，柄节前缘黄色。唇基完全呈黑色。上唇褐色。上颚黑色，端齿褐色。前胸背板、中胸背板、小盾片、后小盾片、并胸腹节、中胸与后胸侧板全呈黑色。翅基片棕色。翅呈深棕色，前翅前缘色略深。所有足的基节、转节、胫节黑色，跗节褐色，前、中足股节近基部 1/3，后足股节端部 2/5 为棕红色。腹部各节背、腹板均呈黑色。

头部：横宽、刻点粗糙、毛稀，较胸部翅基片处稍窄。两触角窝之间呈脊状隆起，额部圆形隆起，额沟不明显。头顶中央呈圆形隆起，后缘中央有一小凹陷，密布粗刻点和短毛。后颊上部宽，下部窄，密布粗刻点和短毛。单眼区隆起，单眼呈三角形排列，前单眼略大于后单眼，OOD 是 IOD 的 0.6 倍，OCD 是 OOD 的 3.5 倍。触角丝状，向端部逐渐加粗，顶鞭节末端钝，第 1 鞭节是第 2 鞭节长的 1.8 倍。唇基弧形隆起，宽大于长，端部中央略凹陷，两侧各具 1 齿状突，背面和基部两侧具粗刻点和短毛。上颚片状，内缘具 4 个钝的端齿，端部齿尖锐。

胸部：前胸背板前缘截形，两肩角明显，具粗皱刻点和短毛。中胸背板稍隆起，中央具 1 隐约可见的细纵隆线，端部近翅基片处两侧各具 1 短纵隆线，密布粗皱刻点和短毛。小盾片隆起，矩形，中央具 1 浅纵沟，密布粗皱刻点和短毛。后小盾片横带状，后缘端部中央呈角状突出，密布粗糙刻点和短毛。并胸腹节自基部向下垂直，中央具 1 浅纵沟，端部截形，截面部分刻点较浅，背面和两侧刻点粗糙，均覆短毛。中胸侧板下部隆起，上侧片光滑，中部密布粗糙刻点和短毛。后胸侧板窄，凹陷、光滑，覆短毛。翅基片光滑，布稀浅刻点和短毛。翅透明，前翅痣近方形，长是宽的 3 倍，径脉自翅痣下近端部处发出，第 3 肘室近方形，倾斜，第 1 肘室较第 2、3 肘室之和稍长。足粗壮，后足第 1 跗节是第 2 跗节长的 4.4 倍，各足爪均有齿，爪垫明显。

腹部：第 1 节背板较第 2 节窄，长是宽的 0.6 倍，具细密刻点和短毛，腹板月牙状，具浅刻点和短毛。第 2 节背板中部较宽，长是宽的 1.1 倍，具细密刻点和短毛，腹板基部凹陷，端部圆凸，具细密刻点和短毛。第 3～6 节背、腹板向端部强收缩，均具细密刻点和短毛。

体长：16～18.6mm。

雄蜂：近似于雌蜂，体型稍小，唇基黄色。触角末端节呈钩状。腹部 7 节。

分布：云南（红河、勐海、景东、澄江、瑞丽）、江苏、安徽、福建、广西、四川。

(125) 黄额胸蜾蠃 ***Orancistrocerus aterrimus erythropus*** **(Bingham) 1897（彩图版XXVI. 125）**

Bingham：1897，Faune Brit. India. p. 353.

雌蜂：体中等大型，黑色，有少量黄斑。头部黑色，仅于两触角窝之间上部有 1 对小黄斑。单眼棕色。触角黑色，柄节前缘黄色，鞭节腹面锈色。唇基完全呈黑色。上唇全呈黑色。上颚黑色，近基部处有 1 三角形小黄斑。前、中胸背板，小盾片，后小盾片，并胸腹节，中胸与后胸侧板完全呈黑色。翅基片黑色，中央稍呈棕色。翅呈暗棕色，基部和前缘色略深，略呈紫色光泽。前足各节均黑色，仅第 5 跗节背面呈黄棕色。中、后足均呈黑色，唯股节外侧端部呈棕色。所有的腹节完全呈黑色，有时第 2 腹节背板端缘略带黄色。

头部：横宽、刻点粗、毛稀，较胸部翅基片处窄。两触角窝之间隆起，额沟不甚明显。额、头顶、后颊密布粗糙刻点和短毛。单眼周围稍凹陷，单眼呈三角形排列，前单眼略大于后单眼，OOD 是 IOD 的 0.6 倍，OCD 是 OOD 的 1.8 倍。触角丝状，向端部逐渐加粗，顶鞭节末端钝，第 1 鞭节是第 2 鞭节长的 1.8 倍。唇基隆起，长与宽近相等，端部较窄，两侧呈 2 个齿状突，密布粗大刻点和短毛，上颚楔状，端齿钝。

胸部：前胸背板前缘截形，两肩角明显，密布粗糙刻点和短毛。中胸背板稍平，中央具 1 纵隆线，密布粗糙刻点和短毛。小盾片稍平，密布粗糙刻点和短毛。后小盾片五边形，后缘垂直，密布粗糙刻点和短毛。并胸腹节向下垂直，中部平，具横皱褶，中央有 1 浅纵沟，两侧密布粗糙刻点和短毛。中胸侧板隆起，密布粗糙刻点和短毛。后胸侧板窄，较光滑，覆稀短毛。翅基片光滑，覆稀短毛。翅透明，前翅痣近方形，长是宽的 2.5 倍，径脉自翅痣下近端部处发出，第 3 肘室近方形，第 1 肘室长于第 2、3 肘室之和。足粗壮，后足第 1 跗节是第 2 跗节长的 5 倍，各足爪光滑，有齿。

腹部：第 1 节背板明显较第 2 节背板窄，长是宽的 0.6 倍，覆稍粗刻点和短毛；腹板近三角形，覆稀刻点和短毛。第 2 节背板宽，近圆筒形，长是宽的 0.8 倍，覆稍粗刻点和短毛，腹板光滑，覆稀浅刻点和短毛。第 3～6 节背、腹板向端部强收缩，均覆稀浅刻点和短毛。

体长：16mm。

雄蜂：近似于雌蜂，体长 13～15mm。唇基中部黄色，周围边缘黑色。触角末端节呈钩状。腹部 7 节 。

分布：云南（麻栗坡、马关、勐腊、景洪、临沧）、浙江、广东、四川；缅甸，印度，泰国。

（126）黄足胸蜾蠃 *Orancistrocerus aterrimus rufipes* Dong，ssp. nov. **新亚种（彩图版** XXⅦ. 126）

雌蜂：体中等大小，黑色，斑纹棕红色。头部黑色。单眼暗棕色。触角支角突黑色，柄节、梗节与第 1 鞭节棕红色，第 2 鞭节以后背面黑色，腹面锈色。唇基黑色，端部平坦部分棕红色，上部色稍淡，下部较深。上颚棕红色，基部有 1 窄三角形黄斑，端齿黑色。上唇棕红色。前、中胸背板，小盾片，后小盾片，并胸腹节，中胸与后胸侧板全呈黑色。翅基片棕色，内缘近中部黑色。翅呈棕色，前翅前缘色略深。前、中、后足褐黄色，仅前足基节后缘黑色。第 1 腹节背板黑色，端部中央有 1 灰色短横带，腹板黑色。第 2 腹节背、腹板黑色，端部边缘各具 1 暗棕色窄横带。第 3～5 节背、腹板黑色，端部边缘各具 1 暗棕色横带。第 6 腹节背、腹板均呈黑色。

头部：横宽、刻点粗糙、毛稀，较胸部翅基片处窄。两触角窝之间呈脊状隆起，额沟不明显。额稍隆起，额与头顶密布粗糙刻点和短毛。后头稍隆起，中央有 1 浅凹窝，后头与后颊密布粗糙刻点和短毛。单眼区稍平，单眼呈三角形排列，前单眼略大于后单眼，OOD 是 IOD 的 0.7 倍，OCD 是 OOD 的 2.3 倍。触角丝状，向端部逐渐加粗，顶鞭节末端稍钝，第 1 鞭节是第 2 鞭节长的 2 倍。唇基隆起，宽略大于长，端部中央宽凹缘，两侧呈钝齿状突出，具粗皱刻点和短毛。上颚粗壮，内缘具 3 个钝齿，末端齿稍尖。

胸部：前胸背板前缘狭，近截状，两肩角不明显，密布粗糙刻点和短毛。中胸背板平直，基部有 1 短中纵脊，密布粗糙刻点和短毛，小盾片矩形，基部中央具 1 短纵沟，密布粗糙刻点和短毛。后小盾片五边形，密布粗糙刻点和短毛。并胸腹节向后下方垂直，中央具 1 浅纵沟，中部平坦，布有横皱褶，两侧具粗糙刻点和短毛。中胸侧板隆起，胸腹侧脊明显，密布粗糙刻点和短毛。后胸侧板窄，光滑，具稀粗浅刻点和短毛。翅基片光滑，布稀浅刻点和短毛。翅透明，前翅痣近方形，长是宽的 2.5 倍，径脉自翅痣下近端部处发出，第 3 肘室宽，近方形，倾斜，第 1 肘室长于第 2、3 肘室之和。足强健，后足第 1 跗节是第 2 跗节长的 4 倍，各足爪均有齿，爪垫明显。

腹部：第 1 节基部细，向端部突然膨胀。第 1 节背板前缘斜截形，横脊明显，长是宽的 0.7 倍，具粗糙刻点和短毛，腹板近三角形，具粗刻点和短毛。第 2 节宽，稍隆起，长与宽近相等，密布细刻点和短毛，腹板稍平，密布细刻点和短毛。第 3～6 节背、腹板向端部强收缩，均具细刻点和短毛。

体长：17mm。

雄蜂：不详。

正模♀，云南碧江（福贡），1983. Ⅵ. 20，董大志采。

本新亚种与黄额胸蜾蠃 *Orancistrocerus aterrimus erythropus*（Bingham）1897 相似，但区别是：本亚种两触角之间无黄斑；触角柄节、梗节和第 1 鞭节棕红色；OOD 是 IOD

的0.7倍，OCD是OOD的2.3倍；后足第1跗节是第2跗节长的4倍；第1腹节背板端部中央有1灰色短横带；第2~5腹节有暗棕色横带。

24. 旁喙蜾蠃属 *Pararrhynchium* Saussure 1855

Saussure：1855，Et. Fam. Vesp. 3：173.

模式种：*Rhynchium ornatum* Smith。体中等大小，黑色，或多或少有黄斑。

种检索表

体长12~16mm；胸、腹完全呈黑色；触角第1鞭节是第2鞭节长的1.5倍；后足第1跗节是第2跗节长的3.4倍…………………………………… 斯旁喙蜾蠃 *Pararrhynchium smithii*（Saussure）

体长10~12mm；胸、腹黑色有黄色横带；触角第1鞭节是第2鞭节长的1.7倍；后足第1跗节是第2跗节长的2.9倍 ………………………… 华旁喙蜾蠃 *Pararrhynchium sinense*（Schulthess）

（127）斯旁喙蜾蠃 *Pararrhynchium smithii*（Saussure）1855（**彩图版XXⅦ.127**）

Saussure：1855，Et. Fam. Vesp. 3：174.

雌蜂：体中等大型，黑色。头部黑色，两触角窝之间1小横斑黄色。单眼淡褐色。触角黑色，仅柄节前缘黄色。唇基全呈黑色。上颚黑色，端部稍带棕色。前胸背板、中胸背板、小盾片、后小盾片、并胸腹节、中胸与后胸侧板完全呈黑色。翅基片黑色，翅呈深褐色，前翅前缘色略深。前足基节、转节、股节均呈黑色，胫节黑色，有时前部有1黄色纵斑。跗节第1~5节由深褐色渐变浅褐色。所有的腹节全呈黑色。

头部：横宽、刻点粗糙、毛稀，较胸部翅基片处稍宽。两触角窝之间呈脊状隆起，额沟明显。头顶较长，凸凹不平，额与头顶均具粗糙刻点和短毛。颊部较宽，具粗糙刻点和短毛。单眼区隆起，单眼呈三角形排列，前单眼略大于后单眼，OOD是IOD的0.7倍，OCD是OOD的2倍。触角丝状，向端部逐渐加粗，顶鞭节末端钝，第1鞭节是第2鞭节长的1.5倍。唇基强隆起，背面稍平，宽大于长，端缘稍凹陷，两侧呈2个齿状突，具粗大刻点和浅色短毛，上颚长，楔状，端齿较尖锐，内缘具3个钝齿。

胸部：前胸背板前缘截状，两肩角明显，密布粗糙刻点和短毛。中胸背板背面稍平，中央具1细纵隆线，密布粗糙刻点和短毛，刻点在后半部较粗，呈浅纵沟状。小盾片矩形，隆起，侧面观与中胸背板平行，密布粗糙刻点和短毛。后小盾片短，五边形，具粗糙刻点和短毛。并胸腹节基部1/5的中央凹陷，与后小盾片呈平行状，端部截形，两侧各具1齿状突起，背面和两侧均具粗糙刻点和短毛。中胸侧板隆起，具相互连接的粗糙刻点和短毛。后胸侧板光滑，具横皱褶和短毛。翅基片光滑，具稀浅刻点和短毛。翅透明，前翅痣近方形，长是宽的2.6倍，径脉自翅痣下端部处发出，第3肘室倾斜，近方形，第1肘室较第2、3肘室之和稍长。足短粗，后足第1跗节是第2跗节长的3.4倍，各足爪均具齿。

腹部：第1节呈短柄状，长是宽的0.7倍，密布粗糙刻点和短毛；腹板近三角形，光滑，覆浅刻点和短毛。第2节背板较第1节背板稍宽，长是宽的1.1倍，密布刻点和短毛，腹板基部呈三角形浅凹陷，具密浅刻点和短毛。第3~6节背、腹板向端部强收缩，均具细密刻点和短毛。

体长：12~16mm。

雄蜂：近似于雌蜂，体长8mm。唇基黄色，周围边缘黑色。触角末端节呈钩状。腹部7节。

分布：云南（文山、红河、建水、西双版纳、澜沧、孟连、临沧）、江苏、浙江、台湾、四川。

（128）华旁喙蜾蠃 *Pararrhynchium sinense*（Schulthess）**（彩图版XXⅦ.128）**

雌蜂：体小型，黑色，斑纹黄色或棕红色。头部黑色，两触角窝之间1个斑、后颊上部1黄色点状斑。单眼淡棕色。触角黑色，柄节前缘黄色，鞭节腹面锈色。唇基黑色，基部黄色。上颚黑色，端部略呈棕色，基部有1三角形黄斑。前胸背板黑色，前缘两侧各有1三角形黄斑。中胸背板、小盾片、后小盾片、并胸腹节均呈黑色。中胸侧板黑色，上部边缘有1黄色小斑。后胸侧板完全呈黑色。翅基片棕色。翅呈深褐色，前翅前缘色略深。所有的足基节、转节、股节均呈黑色，跗节暗棕色，前足胫节黑色，但外缘有1黄色纵带，中、后足胫节黑色，膝部均棕色。腹部黑色，仅第1、2腹节背板端缘具黄色横带，第3节背板端缘略呈黄色。

头部：横宽、刻点细密、毛稀，约与胸部翅基片处等宽。两触角窝之间稍隆起，额沟短，明显。额、头顶具粗糙刻点和短毛。后颊下部窄，尖角状，具明显刻点和短毛。单眼区隆起，单眼呈三角形排列，前单眼略大于后单眼，OOD是IOD的0.7倍，OCD是OOD的1.8倍。触角丝状，向端部逐渐加粗，顶鞭节末端钝，第1鞭节是第2鞭节长的1.7倍。唇基隆起，长与宽近相等，端部中央深凹陷，两侧呈尖齿状突出，具粗浅刻点和短毛，上颚长、强健，内缘具3个钝齿，顶端形成1粗端齿。

胸部：前胸背板前缘截状，两肩角明显，密布粗糙刻点和短毛。中胸背板稍隆起，中央具1细纵脊，两侧各具1纵沟，密布粗糙刻点和短毛。小盾片矩形，密布粗糙刻点和短毛。后小盾片横带状，具粗糙刻点和短毛。并胸腹节向后倾斜，中央具明显纵沟，背面具粗刻点，两侧具浅刻点，均覆短毛。中胸侧板稍隆起，具粗糙刻点和短毛。后胸侧板窄、光滑，具稀浅刻点和短毛。翅基片光滑，具稀浅刻点和短毛。翅透明，前翅痣近方形，长是宽的3倍，径脉自翅痣下近端部处发出，第3肘室上窄，下宽，稍倾斜，近方形，第1肘室较第2、3肘室之和稍长。足细长，后足第1跗节是第2跗节长的2.9倍，各足爪均具齿。

腹部：第1节基部收缩呈细柄状，向端部突然膨胀。背板基部倾斜，长是宽的1.2倍，具粗糙刻点和短毛，腹板基部刻点粗，端部光滑，覆短毛。第2节背板较宽，长是宽的0.8倍，具细浅刻点和短毛，腹板光滑，具稀浅刻点和短毛。第3~6节背、腹板向端部强收缩，具稀浅刻点和短毛。

体长：10~12mm。

雄蜂：近似于雌蜂，体长8mm。唇基黄色，触角窝之间无黄斑。各足胫节暗棕色，上有黄斑，股节端部有黄斑。腹部7节。

分布：云南（昆明、云龙、泸西、丽江、贡山）、四川。

25. 啄蜾蠃属 *Antepipona* Saussure 1855

Saussure：1855，Et. Fam. Vesp. 3：244.

模式种 *Odynerus silaos* Saussure。多为小型种类，后小盾片两侧各有1尖齿状突。

种检索表

1. 体长11mm；唇基全呈黄色………… 勐腊啄蜾蠃 *Antepipona menglaensis* Dong et Wang，sp. nov.

   体长7~9mm；唇基黑色，有黄斑，或黄色有黑斑 …………………………………………… 2

2. 体长7mm；唇基黄色，中央有1三角形黑斑；后足第1跗节是第2跗节长的5倍 ……………

   ……………………………………………… 平啄蜾蠃 *Antepipona deflenda lepeletieri*（Blüthgen）

   体长8~9mm；唇基黑色，有黄斑；后足第1跗节是第2跗节长的2.6~3.3倍 ……………… 3

3. 体长8mm；唇基1/3或一半黄色 ……………………………………………………………… 4

   体长9mm；唇基基部两侧黄色 ……………………………………………………………… 5

4. 唇基基部黄色，端部黑色；后足第1跗节是第2跗节长的2.6倍 ……………………………

   ……………………………………………………………… 脆啄蜾蠃 *Antepipona fragilis*（Smith）

   唇基基部1/3黄色；后足第1跗节是第2跗节长的2.7倍 ……………………………………

   ……………………………………………………… 椭圆啄蜾蠃 *Antepipona biguttata*（Fabricius）

5. 触角第1鞭节是第2鞭节长的1.4倍；后足第1跗节是第2跗节长的3倍 ……………………

   ………………………………………… 巧啄蜾蠃 *Antepipona deflenda deflenda*（S. S. Saunders）

   触角第1鞭节是第2鞭节长的1.7倍；后足第1跗节是第2跗节长的3.3倍 …………………

   ……………………………………………………… 毕啄蜾蠃 *Antepipona bipustulatus*（Saussure）

（129）平啄蜾蠃 *Antepipona deflenda lepeletieri*（Blüthgen）1841（彩图版XXⅦ.129）

Blüthgen：1841，Hist. Nat. Ins. Hym. 2：631.

雌蜂：体小型，黑色，斑纹黄色。额与头顶黑色，仅额中央1个纵斑、两复眼内缘凹陷处至后头各1弧形黄色斑。颊部黑色，两复眼后缘各1窄条状斑黄色。单眼棕色。触角黑色，柄节、梗节前缘黄色，鞭节腹面锈色。唇基黄色，中央有1三角形黑斑。上颚基部深棕色，中央有1三角形黄斑。前胸背板背面和两侧黄色，基部和两侧黄色。中胸背板黑色，中央两侧各具1黄色短纵带。小盾片黄色，周围边缘黑色。后小盾片黑色，中央有1黄色窄横带。并胸腹节黑色，两侧各具1大三角形黄斑。中胸侧板黑色，上部有1大黄斑，下部后缘有1小黄斑。后胸侧板完全呈黑色。翅基片黄色，中央有1橙色斑。翅呈浅棕色，前翅前缘色略深。各足基节黑色，前缘黄色，转节黑色，股节、转节黄色，跗节棕色。第1腹节背板黑色，基部两侧各具1黄色横斑，端部有1中央凹陷的黄色横带；腹板基部黑色，端部边缘黄色。第2腹节背板黑色，端部边缘黄色，腹板黑色，近基部两侧各具1黄色窄斑，端部边缘黄色。第3~6节背、腹板基部黑色，端部边缘黄色。

头部：横宽、刻点密、毛稀，约与胸部翅基片处等宽。两触角窝之间隆起，额沟短不明显。额部稍隆起，额、头顶具粗糙刻点和短毛。后颊上部宽，下部窄，尖角状，具粗浅刻点和短毛。单眼区稍隆起，单眼呈三角形排列，前单眼略大于后单眼，OOD是IOD的0.8倍，OCD是OOD的1.5倍。触角丝状，向端部逐渐加粗，顶鞭节末端钝，第1鞭节是第2鞭节长的1.6倍。唇基稍隆起，长与宽近相等，端部两侧窄，中央端缘截状，具浅刻点和短毛。上颚长，楔状，内缘具钝齿，端部齿尖。

胸部：前胸背板前缘截状，两肩角明显，密布粗糙刻点和短毛。中胸背板稍隆起，

中央具1纵脊，密布粗糙刻点和短毛。小盾片矩形，不隆起，密布粗糙刻点和短毛。后小盾片五边形，后缘端部中央呈钝角形突出，密布粗刻点和短毛。并胸腹节向后下方倾斜，端部斜截形，中央具1纵沟，两侧和背面密布粗糙刻点和短毛。中胸侧板隆起，密布粗糙刻点和短毛。后胸侧板窄，凹陷，上部具横皱褶，下部光滑，均覆短毛。翅基片光滑，具稀浅刻点和短毛。翅透明，前翅痣近方形，长是宽的2.1倍，径脉自翅痣下近中部稍后方发出，第3肘室宽，近方形，第1肘室较第2、3肘室之和稍长。足弱，后足第1跗节是第2跗节长的5倍，各足爪均有齿。

腹部：第1节背板较第2节稍窄，长是宽的0.6倍，具细密刻点和短毛，腹板三角形，具稀浅刻点和短毛。第2节背板中部宽，长是宽的0.8倍，具细密刻点和短毛，腹板稍平坦，具稀浅刻点和短毛。第3~6节背、腹板向端部逐渐收缩，均具稀浅刻点和短毛。

体长：7mm。

雄蜂：近似于雌蜂，但体型较小。体长8mm。触角末端节呈钩状，唇基完全呈黄色，小盾片与后小盾片两侧各具1小黄斑。腹部7节。

分布：云南（昆明、河口、屏边、金平、红河、江城、建水、石屏、勐腊、景洪、勐海、思茅、普洱、孟连、澜沧、景东、保山、瑞丽、怒江）、河北；非洲，欧洲，美洲。

（130）脆啄蜾蠃 *Antepipona fragilis*（Smith）1857（**彩图版XXⅦ.130**）

Smith：1857，Catal. Hymen. Brit. Mus. V：61.

雌蜂：体小型，黑色，斑纹黄色。头部黑色，两触角窝之间隆起处上方1斑、两复眼内缘凹陷处至下部各1个斑黄色。颊部黑色，位于两复眼后缘上部，紧邻复眼各有1窄条状黄斑。触角黑色，仅柄节、梗节前缘黄色。唇基基部黄色端部黑色，近端部两侧各有1小黄斑。上颚基部黑色，中央有1三角形黄斑，端部棕色。前胸背板黑色，于前缘两侧各具1黄色斑。中胸背板全呈黑色。小盾片黄色，基部两侧各具1黄色小斑。后小盾片黑色。并胸腹节黑色，两侧各具1黄色大斑。中胸侧板黑色，于中部上方有1黄色圆斑。后胸侧板完全呈黑色。翅基片前半部褐色，后半部黄色。翅呈淡棕色，前翅前缘色略深。各足基节、转节黑色。前足股节黑色，端部外侧黄色，胫节外侧及背面黄色，内侧棕色，跗节棕色。中足股节黑色，前缘端部黄色，胫节前缘黄色，后缘黑色，跗节除第5跗节棕色外，其余均呈黑色。后足股节与胫节腹面黑色，背面黄色，跗节黑色。第5跗节棕色。第1腹节背板黑色，端部边缘有1黄色横带，腹板全呈黑色。第2腹节背板黑色，近基部两侧各具1圆形黄斑，端部边缘黄色。第3~5节背板均黑色，端部边缘各有1黄色横带，腹板均呈黑色。第6腹节背、腹板均呈黑色。

头部：横宽、刻点粗糙、毛稀，与胸部翅基片处近等宽。两触角窝之间隆起，额沟短不明显。额、头顶及颊具粗糙刻点和短毛。后颊窄，具粗浅刻点和短毛。单眼区稍隆起，单眼呈三角形排列，前单眼略大于后单眼，OOD是IOD的0.6倍，OCD是OOD的2.5倍。触角丝状，向端部逐渐加粗，顶鞭节末端钝，第1鞭节是第2鞭节长的1.7倍。唇基稍隆起，长与宽近相等，端缘中央凹陷，两侧呈角状突出，具粗浅刻点和短毛。上颚长，楔状，内缘具3个钝齿，端部齿尖锐。

胸部：前胸背板前缘截状，两肩角明显，密布粗糙刻点和短毛。中胸背板稍隆起，背面稍平，密布粗糙刻点和短毛。小盾片矩形，密布粗糙刻点和短毛。后小盾横带状，中央两侧各具1疣突，端部中央近弧形，密布粗糙刻点和短毛。并胸腹节向后下方倾斜，中央具1纵沟，背面和两侧密布刻点和短毛。中胸侧板隆起，前面部分光滑，后部具粗糙刻点，均覆短毛。后胸侧板窄，凹陷，具较浅刻点和短毛。翅基片光滑，具稀浅刻点和短毛。翅透明，前翅痣近方形，长是宽的3.3倍，径脉自翅痣下近中部稍后方发出，第3肘室近方形，稍倾斜，第1肘室较第2、3肘室之和稍长。足细长，后足第1跗节是第2跗节长的2.6倍，各足爪均有齿，爪垫明显。

腹部：第1节背板基部细，至中部突然变宽，几乎为第2节背板的一半宽，长是宽的0.6倍，密布粗糙刻点和短毛，腹板近三角形，密布刻点和短毛。第2节背板较宽，长与宽近相等，密布刻点和短毛，腹板稍平，具稀浅刻点和短毛。第3~6节背、腹板向端部强收缩，均覆稀浅刻点和短毛。

体长：9mm。

雄蜂：近似于雌蜂，但体型稍小。触角末端节呈钩状，腹部7节。

分布：云南（绿春、勐腊、保山、金平、景洪）、广东、广西；印度，缅甸，印度尼西亚。

（131）椭圆啄蜾蠃 *Antepipona biguttata*（Fabricius）1787（**彩图版XXVII.131**）

Fabricius：1787，Mant. Ins. 1：291.

雌蜂：体小型，黑色，斑黄色。头部黑色，两触角窝之间隆起处上方1个斑、两复眼内缘凹陷处至下部各1个斑，黄色。后颊黑色，位于两复眼后缘上部两侧各有1黄色斑，触角除柄节前缘黄色外，其余均呈黑色。唇基黑色，基部两侧黄色。上颚基部黑色，端部棕色。前胸背板黑色，前缘中部黄色。中胸背板完全呈黑色。小盾片黑色，端部两侧各有1黄色斑。后小盾片黑色，端部两侧各有1点状黄色斑。并胸腹节黑色，两侧各具1黄色斑。中胸侧板黑色，仅于上部边缘有1黄色斑。后胸侧板完全呈黑色。翅基片黄色，中央有1黑色斑。翅呈淡棕色，前翅前缘色略深。所有足的基节、转节黑色。前、中足股节黑色，端半部腹面黄色，胫节内侧棕色，外侧黄色，跗节棕色。后足股节基部黑色，端部黄色，胫节黄色，跗节棕色。第1腹节背板黑色，端部边缘有1黄色横带，腹板全呈黑色。第2腹节背、腹板均呈黑色，端部边缘各具1黄色横带。第3~5节背、腹板黑色，端部边缘各具1黄色横带。第6节背、腹板黑色，背板端部有1点状黄斑。

头部：横宽、刻点粗、毛稀，与胸部翅基片处等宽。两触角窝之间隆起，额沟浅。额、头顶、后颊均密布粗刻点和短毛。单眼区稍隆起，单眼呈三角形排列，前单眼略大于后单眼，OOD是IOD的0.7倍，OCD是OOD的1.7倍。触角丝状，向端部逐渐加粗，顶鞭节末端钝，第1鞭节是第2鞭节长的1.6倍。唇基稍隆起，长与宽近相等，中部平坦，端部中央凹陷，两侧呈角状突出，具浅刻点和短毛。上颚长，楔状，内缘具3个齿，端部齿稍尖。

胸部：前胸背板前缘截状，两肩角明显，密布粗糙刻点和短毛。中胸背板稍隆起，

中央具1短中纵脊，密布粗糙刻点和短毛。小盾片矩形，中央有1浅凹沟，密布刻点和短毛。后小盾片横带状，两侧各具1齿状突起，后缘垂直向下，端部中央呈弧形，密布粗刻点和短毛。并胸腹节中部宽凹陷，中间有1中纵脊，周围具横皱褶，两侧具粗刻点，均覆短毛。中胸侧板隆起，具粗糙刻点和短毛。后胸侧板窄，具较浅刻点和短毛。翅基片光滑，具稀浅刻点和短毛。翅透明，前翅痣近方形，长是宽的3.3倍，径脉自翅痣下近端部处发出，第3肘室近方形，第1肘室较第2、3肘室之和稍长。足细长，后足第1跗节是第2跗节长的2.7倍，各足爪均有齿，爪垫明显。

腹部：第1节背板较第2节稍窄，长是宽的0.5倍，密布粗刻点和短毛，腹板近三角形，具浅刻点和短毛。第2节背板中部较宽，长是宽的0.8倍，密布刻点和短毛，腹板稍平，密布浅刻点和短毛。第3~6节背、腹板向端部强收缩，均具稀浅刻点和短毛。

体长：9mm。

雄蜂：近似于雌蜂，但体型略小，唇基完全呈黄色，触角末端节呈钩状，腹部7节，体长8mm。

分布：云南大部地区，浙江、福建、广东；印度，斯里兰卡。

(132) 巧啄蜾蠃 *Antepipona deflenda deflenda* (S. S. Saunders) 1853 (**彩图版XXVIII. 132**)

S. S. Saunders：1853，Trans. R. Ent. Soc. Lond. (2) 2：141.

雌蜂：体小型，黑色，斑黄色。头部黑色，两触角窝之间隆起处上方1个近方形斑、两复眼内缘凹陷处至唇基两侧各1弯形斑黄色。颊部黑色，位于两复眼后缘上部，紧邻复眼各有1短窄条状黄斑。触角黑色，柄节前缘黄色，梗节前缘稍棕色。唇基黑色，基部和两侧黄色。上颚端齿棕色，基部黑色，近基部有1三角形黄斑。前胸背板黑色，前缘背面两侧各具1黄色斑。中胸背板全呈黑色。小盾片黑色，中央两侧各具1黄色小斑。后小盾片黑色，两侧各有1小黄斑。并胸腹节黑色，两侧各具1长形黄斑。中胸侧板黑色，于中部上方有1黄色圆斑。后胸侧板完全呈黑色。翅基片黄色，中央有1褐色斑。翅呈淡棕色，前翅前缘色略深。各足基节、转节黑色，仅中足基节前缘有1黄斑，胫节黄色，跗节棕色。前、中足股节基部黑色，端部黄色。后足股节完全呈黑色，但有时端部黄色。第1腹节背板黑色，端部边缘黄色，腹板全呈黑色。第2腹节背板黑色，近基部两侧各有1黄斑，端部边缘黄色，腹板黑色，端部边缘黄色，第3、4腹节背板黑色，端部边缘黄色，第3节腹板黑色。第5、6节背板黑色，仅端部中央各有1黄色斑，腹板均呈黑色。

头部：横宽、刻点粗糙、毛稀，较胸部翅基片处稍宽。两触角窝之间呈脊状隆起，额沟不明显。额、头顶及颊部具粗糙刻点和短毛。单眼区稍隆起，单眼呈三角形排列，前单眼略大于后单眼，OOD是IOD的0.7倍，OCD是OOD的1.7倍。触角丝状，向端部逐渐加粗，顶鞭节末端钝，第1鞭节是第2鞭节长的1.4倍。唇基隆起，长与宽近相等，端部倾斜，稍平，端缘中央呈弧形凹陷，具粗刻点和短毛。上颚楔状，内缘具3个钝的端齿，末端齿尖锐。

胸部：前胸背板前缘截状，两肩角明显，密布粗糙刻点和短毛。中胸背板稍隆起，中央具1中纵脊，密布粗大刻点和短毛。小盾片矩形，稍隆起，密布刻点和短毛 。后小盾片横带状，前缘两侧各具1小齿突，后缘端部呈钝角形突出，布刻点和短毛。并胸腹节向后下方倾斜，中央具1宽纵凹陷，凹陷中央有1纵脊，刻点稀浅，两侧较密而粗，均覆短毛。中胸侧板稍隆起，密布粗大刻点和短毛。后胸侧板窄，上部具横皱褶，下部具稀浅刻点和短毛。翅基片光滑，具稀浅刻点和短毛。翅透明，前翅痣近方形，长是宽的2.8倍，径脉自翅痣下近中部稍后方发出，第3肘室宽，近方形，稍倾斜，第1肘室较第2、3肘室之和长。足细长，后足第1跗节是第2跗节长的3倍，各足爪均有齿，爪垫明显。

腹部：第1节背板基部细，端部突然加宽，近扇形，长是宽的0.6倍，密布粗糙刻点和短毛，腹板近三角形，密布稀浅刻点和短毛。第2节背板较宽，长是宽的0.7倍，密布刻点和短毛，腹板稍平，密布浅刻点和短毛。第3~6节背、腹板向端部强收缩，均覆稀浅刻点和短毛。

体长：8mm。

雄蜂：近似于雌蜂，但体型稍小，唇基全呈黄色，触角末端节呈钩状，腹部7节，体长6~7mm。

分布：云南（屏边、勐腊、景洪、瑞丽、怒江）、新疆；亚洲北部，欧洲中、南部。

（133）毕啄蜾蠃 *Antepipona bipustulatus* (Saussure) 1855 **（彩图版XXⅧ.133）**

Saussure：1855, Et. Fam. Vesp. 3：244.

雌蜂：体小型，黑色，斑黄色。头部黑色，两触角窝之间隆起处上方1个斑、两复眼内缘凹陷间至唇基处各1个斑，黄色。颊部黑色，两复眼后缘上部、紧邻复眼各有1长形黄色斑。触角黑色，柄节前缘黄色，鞭节端部几节腹面稍呈锈色。唇基黑色，仅基部1/2处黄色。上唇棕色，上颚暗棕色，近基部中央有1三角形黑色斑，斑周边黄色。前胸背板黑色，前缘中央两侧各具1黄色横带。中胸背板全呈黑色。小盾片黑色，后缘两侧各具1黄色斑。后小盾片黑色，后缘两侧各具1黄色斑。并胸腹节黑色，于上部两侧各具1黄色斑。中胸侧板黑色，于中部上缘有1黄色圆斑。后胸侧板完全呈黑色。翅基片黄色，中央有1黑色横斑。翅呈淡棕色，前翅前缘色略深。所有足的基节、转节黑色，仅中足基节前缘有1黄色小斑；前足股节黑色，端部外侧与胫节外侧黄色，胫节内侧与跗节呈棕色；中足股节黑色，端部内侧与胫节内侧及背面黄色，胫节外侧与第1跗节深棕色；后足股节、胫节外侧及第1跗节黑色，胫节内侧黄色，第2节以后跗节均呈棕色。第1腹节背板黑色，端部边缘有1窄黄色横带，腹板全呈黑色。第2腹节背、腹板黑色，端部边缘各具1宽黄色横带。背板近基部两侧各具1圆形黄斑。第3~6节背、腹板均呈黑色，仅背板于端部边缘中央各具1黄色短横带。

头部：横宽、刻点粗糙、毛稀，较胸部翅基片处宽。两触角窝之间稍隆起，额沟不明显。额、头顶均密布粗糙刻点和短毛。后颊窄，具稀粗刻点和短毛。单眼区稍隆起，单眼呈三角形排列，前单眼略大于后单眼，OOD是IOD的0.7倍，OCD是OOD的2倍。触角丝状，向端部逐渐加粗，顶鞭节末端钝，第1鞭节是第2鞭节长的1.7倍。唇基稍隆起，中部平坦，长与宽近相等，端缘凹陷，两侧呈角状突出，具稀浅刻点和短毛。上颚长，楔状，内缘具3个钝齿，端部齿尖锐。

胸部：前胸背板前缘截状，两肩角明显，密布粗糙刻点和短毛。中胸背板稍隆起，

中央具1细纵隆线，密布粗糙刻点和短毛。小盾片矩形，密布粗糙刻点和短毛。后小盾片横带状，中央两侧各具1明显疣状突，具粗刻点和短毛。并胸腹节向下垂直，中央具明显凹沟，两旁和两侧密布刻点，覆短毛。中胸侧板隆起，前缘光滑，中部具粗糙刻点和短毛。后胸侧板窄，具较浅刻点和短毛。翅基片光滑，具稀浅刻点和短毛。翅透明，前翅痣近三角形，长是宽的3倍，径脉自翅痣下近中部稍后方发出，第3肘室窄，近方形，稍倾斜，第1肘室较第2、3肘室之和稍长。足短粗，后足第1跗节是第2跗节长的3.3倍，各足爪均有齿，爪垫明显。

腹部：第1节背板基部细，向端部突然加宽呈杯状，长是宽的0.8倍，密布细刻点和短毛，腹板近三角形，具细密刻点和短毛。第2节较宽，长是宽的0.9倍，密布细浅刻点和短毛，腹板稍平，具稀浅刻点和短毛。第3~6节背、腹板向端部强收缩，均覆浅刻点和短毛；腹板光滑，具稀浅刻点和短毛。

体长：8mm。

雄蜂：近似于雌蜂，但体型稍小，唇基宽大于长，完全呈黄色，中、后足胫节和第1跗节内侧及背面黄色，触角末端节呈钩状，腹部7节。

分布：云南（河口、勐腊、景洪、勐海、思茅、石屏、潞西）、广东、广西；越南，印度，缅甸，印度尼西亚。

(134) 勐腊啄蜾蠃 *Antepipona menglaensis* Dong et Wang, sp. nov. **新种（彩图版XXⅧ.134）**

雌蜂：体小型，黑色，斑黄色。头部黑色，两触角窝之间上方具1个与复眼内缘黄色部分相连的弯叉形斑；两复眼内缘凹陷部分、复眼后缘上半部各1窄带，黄色。单眼淡褐色，触角支角突黑色，柄节黄色，外侧和端部各具1短线形褐色斑，梗节棕红色，鞭节黑色，仅端部两节腹面锈色。唇基、上唇全呈黄色。上颚褐黄色。前胸背板黑色，前缘有1中间窄两侧宽的黄色横带。中胸背板黑色。小盾片、后小盾片黑色，中部各具1黄色横带。并胸腹节黑色。翅基片黄色，中央有1圆形褐色小斑。翅呈棕色，前翅前缘色略深。所有的足基节、转节黑色。前足股节基部黑色，端部与胫节、跗节黄色。中足股节黑色，端部与胫节、跗节黄色。后足股节黑色，仅顶端与胫节、跗节黄色。第1腹节背板黑色，端部边缘有1黄色横带，腹板黑色，稍带棕色。第2腹节背板黑色，基部两侧各具1倾斜黄斑，端部边缘有1凸形黄色横带，腹板黑色，端部边缘有1凸形黄色横带。第3~5节背、腹板均黑色，端部边缘各具1凸形黄色横带。第6节背板基部和两侧黑色，端部黄色；腹板黑，稍带棕色。

头部：横宽，正面观，宽稍大于高，刻点粗、毛稀，约与胸部翅基片处等宽。两触角窝之间呈脊状隆起，额沟浅。额部稍隆起，额与头顶密布粗糙刻点和短毛。后头缘稍凹陷，后头与后颊具粗浅刻点和短毛。单眼区稍隆起，单眼呈三角形排列，前单眼略大于后单眼，OOD是IOD的0.6倍，OCD是OOD的1.8倍。触角丝状，向端部逐渐加粗，顶鞭节末端钝、圆，第1鞭节是第2鞭节长的2.8倍。唇基隆起，宽大于长，端部具深凹缘，两侧呈齿状突出，具粗纵皱刻点和短毛。内缘具3个钝齿，末端齿钝。

胸部：前胸背板前缘截状，两肩角明显，密布粗糙刻点和短毛。中胸背板稍隆起，基部中央有1短中纵脊，密布粗糙刻点和短毛。小盾片矩形，具粗糙刻点和短毛。后小盾片横带状，端部倾斜，中央两侧各有 1 明显瘤状突，具粗皱刻点和短毛。并胸腹节垂直向下，中央有 1 纵沟，背面刻点稍细，两侧具粗刻点和横皱褶，覆短毛。中胸侧板隆起，具粗糙刻点和短毛。后胸侧板窄，具横皱褶和短毛。翅基片光滑，后缘端部内侧呈斜截状，具稀浅刻点和短毛。翅透明，前翅痣近方形，长是宽的 2.8 倍，径脉自翅痣下近端部处发出，第 3 肘室近方形，倾斜，第 1 肘室长于第 2、3 肘室之和。足细长，后足第 1 跗节是第 2 跗节长的 2.5 倍，各足爪均有齿，爪垫明显。

腹部：第 1 节基部细窄，向端部突然膨胀呈短柄状。第 1 节背板隆起，前缘呈弧形，横脊无，长是宽的 0.8 倍，基部具粗刻点，端部刻点细，覆短毛。腹板三角形，基部刻点稍粗，端部光滑，覆稀短毛。第 2 节背板宽，长是宽的 0.9 倍，密布细刻点和短毛，腹板稍平，具细密刻点和短毛。第 3~6 节背、腹板向端部逐渐收缩，第 3~5 节背、腹板具细密刻点和短毛，第 6 节背、腹板均光滑，具稀浅刻点和短毛。

体长：11mm。

雄蜂：不详。

正模♀，云南勐腊，1981. Ⅵ. 15，董大志采。

本新种与毕啄蜾蠃 *Antepipona bipustulatus*（Saussure）1855 相似，但主要区别是：额下半部黄斑呈细叉状弯曲；第 1 鞭节是第 2 鞭节长的 2.8 倍，黑色，腹面锈色；OOD 是 IOD 的 0.6 倍，OCD 是 OOD 的 1.8 倍；唇基全呈黄色，宽大于长；后足第 1 跗节是第 2 跗节长的 2.5 倍。

26. 代喙蜾蠃属 *Dirhynchium* Van der Vecht 1963

Van der Vecht：1963，Zoolo. Verh.，Leiden 60：77.

模式种：*Ancistrocerus flavopunctatus* Smith 1852。

种检索表

1. 体长 16mm；唇基全呈黄色，长大于宽；触角第 1 鞭节是第 2 鞭节长的 1.5 倍；后足第 1 跗节是第 2 跗节长的 4 倍 ……………………………………………………………………………… 宁蒗代喙蜾蠃 *Dirhynchium ninglangensis* Dong et Wang，sp. nov.
   体长 21mm；唇基黑色，或有黄斑，长与宽近相等或稍大于宽；触角第 1 鞭节是第 2 鞭节长的 1.5~2 倍；后足第 1 跗节是第 2 跗节长的 2.8~3 倍 ………………………………………………………………………………………… 2
2. 体长 21mm；唇基黑色，长与宽近相等；触角第 1 鞭节是第 2 鞭节长的 2 倍；后足第 1 跗节是第 2 跗节长的 2.8 倍 ……………………………………………………………………………… 常代喙蜾蠃 *Dirhynchium flavomarginatum curvilineatum*（Cameron）
   体长 20mm；唇基黑色，基部有黄斑，长大于宽；触角第 1 鞭节是第 2 鞭节长的 2 倍；后足第 1 跗节是第 2 跗节长的 4.5 倍 ……………………………………………… 福贡代喙蜾蠃 *Dirhynchium flavomarginatum fugongensis* Dong et Wang，ssp. nov.

（135）常代喙蜾蠃 *Dirhynchium flavomarginatum curvilineatum*（Cameron）**（彩图版 XXⅧ. 135）**

雌蜂：体中等至大型，黑色，斑纹黄色。头部除两触角窝之间隆起处 1 小斑黄色外，其余均呈黑色。触角支角突、柄节与梗节背面、鞭节黑色，梗节与鞭节腹面橘黄色。单眼暗棕色。唇基黑色。上唇暗棕色。上颚黑色，基部中央有 1 三角形黄斑。前胸背板黑色，前缘两侧各具 1 黄色小斑。中胸背板、小盾片、后小盾片均呈黑色。并胸腹节黑色，两侧各具 1 黄色斑。中胸与后胸侧板全呈黑色。翅基片黑色，于外侧有 1 褐黄色斑。翅呈深棕色，前翅前缘色略深。所有足的基节、转节黑色。前足股节端部背面棕色，其余部分与胫节黑色，跗节暗棕色。中、后足股节端半部棕红色，基半部与胫节、第 1 跗节黑色，第 2~5 跗节暗褐色。腹部除第 1 腹节背板近端部两侧各具 1 窄黄色横带外，其余腹节背、腹板均呈黑色。

头部：横宽、刻点细密、毛稀，较胸部翅基片处窄。两触角窝之间呈脊状隆起，额沟明显。额与头顶密布细刻点和短毛。后头中部有 1 弧形浅凹陷，后头与后颊具细浅刻点和短毛。单眼区稍平，单眼呈三角形排列，前单眼略大于后单眼，OOD 是 IOD 的 1.5 倍，OCD 是 OOD 的 1.7 倍。触角丝状，向端部逐渐加粗，顶鞭节末稍尖，第 1 鞭节是第 2 鞭节长的 2 倍。唇基强隆起，长与宽近相等，近端部中央具浅凹槽，两侧具平行脊，端缘中央具浅凹陷，两侧呈齿状突出，具粗纵皱刻点和短毛。上颚长，楔状，内缘具 3 个钝的端齿，末端齿稍尖。

胸部：前胸背板前缘截状，两肩角明显，具细密刻点和短毛。中胸背板隆起，中央具 1 细纵脊，具细密刻点和短毛。小盾片矩形，中央具 1 短纵脊，具刻点和短毛。后小盾片五边形，基部稍隆起，刻点粗皱，端部向下垂直，刻点稍浅，覆短毛。并胸腹节向下垂直，背面宽凹陷，基部两侧具数个瘤状突，近端部两侧各具 1 尖齿状突，凹陷中央具 1 纵沟，沟两侧具倾斜条纹，上半部和两侧具粗糙刻点和横皱褶，覆短毛。中胸侧板稍隆起，胸腹侧脊明显，密布刻点和短毛。后胸侧板窄，中部光滑，周边具短横皱褶，覆稀短毛。翅基片光滑，具稀浅刻点和短毛。翅透明，前翅痣近方形，长是宽的 3.5 倍，径脉自翅痣下近端部处发出，第 3 肘室宽，倾斜，第 1 肘室较第 2、3 肘室之和长。足强健，后足第 1 跗节是第 2 跗节长的 2.8 倍，各足爪均有齿，爪垫明显。

腹部：第 1 节基部呈短柄状，向端部突然膨胀，第 1 节背板前缘近垂直，长是宽的 0.8 倍，具稀浅刻点和短毛，腹板近三角形，具稀浅刻点和短毛。第 2 节背板宽，隆起，长是宽的 0.7 倍，具密浅刻点和短毛，腹板基部稍凹陷，端部稍平，具细浅刻点和短毛。第 3~6 节背、腹板向端部强收缩，均具细浅刻点和短毛。

体长：21mm。

雄蜂：近似于雌蜂，但体型略小，唇基长大于宽，完全呈黄色，触角末端节呈钩状，腹部 7 节，第 2 腹节近端部两侧各具 1 窄条状黄色横带，体长 13mm。

分布：云南（河口、屏边、景洪、勐海、芒市、福贡）、广西、江西。

（136）宁蒗代喙蜾蠃 *Dirhynchium ninglangensis* Dong et Wang，sp. nov. **新种**（**彩图版 XXⅧ. 136**）

雌蜂：体中等至大型，黑色，有黄色和棕红色斑纹。头部黑色，两触角窝之间上方有 1 椭圆形黄斑。两复眼后缘中部上方复眼后 1 窄条状斑黄色。单眼棕色，触角支角突、柄节后缘、梗节、鞭节均呈黑色，柄节前缘黄色。唇基全呈黄色。上颚基部黑色，向端部逐渐呈棕色，端齿黑色。前胸背板除端缘下侧和上后角黑色外，其余均呈棕红色。中胸背板黑色。小盾片黑色，近端部有1棕红色横带。后小盾片中央有1窄棕红色横带，其余呈黑色。并胸腹节黑色，两侧各具1棕红色纵斑。中胸侧板黑色，上部有1棕红色斑。后胸侧板黑色。翅基片棕色，中央有1褐色斑，两侧边缘黑色。翅呈棕色，前翅前缘色略深。各足基节、转节黑色。前、中足股节基部黑色，端部与胫节、跗节均呈棕色。中足股节黑色，端部与胫节、跗节黄色。后足股节黑色，端部背面与胫节、跗节均呈棕色。腹部除第1腹节背板端缘有1橘黄色横带外，其余腹节背、腹部均呈黑色。

头部：横宽、刻点稍粗、毛稀，较胸部翅基片处窄。两触角窝之间呈脊状隆起，额沟明显。额部稍平，额与头顶具稍粗刻点和短毛。后头隆起，中央无凹陷，后头与后颊均具稀浅刻点和短毛。单眼区不隆起，后单眼外侧、前单眼前缘稍凹陷。单眼呈三角形排列，前单眼稍大于后单眼，OOD是IOD的1.6倍，OCD是OOD的1.5倍。触角丝状，向端部逐渐加粗，顶鞭节末端尖、不呈钩状。第1鞭节是第2鞭节长的1.5倍。唇基稍隆起，长大于宽，端部中央深缺刻状，两侧呈齿状突出，具粗浅刻点和短毛。上颚楔状，内缘具3个钝齿，末端齿尖。

胸部：前胸背板前缘截状，两肩角明显，密布粗糙刻点和短毛。中胸背板稍隆起，中央有1细弱纵脊，密布粗皱刻点和短毛。小盾片矩形，中央有1纵沟，具粗刻点和短毛 。后小盾片横带状，基半部隆起，刻点粗皱形成数个突起，端部向下垂直，刻点浅，覆短毛。并胸腹节背部宽凹陷，两侧上部和下部各具1尖齿状突，凹陷中央有1纵沟，沟两侧具倾斜条纹，上半部和两外侧具粗皱刻点和横皱褶，覆短毛。中胸侧板隆起，具粗皱刻点和短毛。后胸侧板窄，具横皱褶和稀短毛。翅基片光滑，具稀浅刻点和短毛。翅透明，前翅痣近方形，长是宽的4.2倍，径脉自翅痣下近端部处发出，第3肘室宽，基部稍收缩，第1肘室长于第2、3肘室之和。足弱，后足第1跗节是第2跗节长的4倍，各足爪均有齿，爪垫明显。

腹部：第1节基部细，呈短柄状，端部突然膨胀，扩展。第1节背板强隆起，前缘近垂直，长是宽的0.8倍，横脊无，密布粗刻点和短毛，腹板新月状，具粗刻点和稀短毛。第2节背板稍隆起，长是宽的0.9倍，密布细刻点和短毛，腹板稍平，具细密刻点和短毛。第3~6节背、腹板向端部强收缩，均有细刻点和短毛，第6节背、腹板均光滑，具稀浅刻点和短毛。

体长：16mm。

雄蜂：不详。

正模♂，云南宁蒗，海拔2 700m，1983. VI. 15，董大志采。

本新种与常代喙蜾蠃 *Dirhynchium flavomarginatum curvilineatum*（Cameron）相似，但主要区别是：本种体长16mm；额两触角窝之间上方有1椭圆形黄斑；触角第1鞭节是第2鞭节长的1.5倍；OOD是IOD的1.6倍，OCD是OOD的1.5倍；小盾片、后小盾片、并胸腹节有棕红色斑；仅第1腹节有橘黄色横带；后足第1跗节是第2跗节长的4倍；颜色浅黑色。

（137）福贡代喙蜾蠃 *Dirhynchium flavomarginatum fugongensis* Dong et Wang，ssp. nov. **新亚种（彩图版XXⅧ. 137）**

雌蜂：体中等大型，黑色，斑黄色。头部黑色，两触角窝之间隆起处有1蝶状黄色斑。单眼棕色。触角支角突、柄节与梗节后缘、鞭节黑色，柄节与梗节前缘橘黄色。唇基黑色，基部中央有1窄条状黄色横斑。上唇与上颚暗棕色。前胸背板黑色，前缘两侧各有1黄色小斑。中胸背板黑色。小盾片、后小盾片全呈黑色。并胸腹节黑色，近基部两侧各有1黄色卵圆形小斑。中、后胸侧板完全呈黑色。翅基片棕色，中央至外侧有1黄色斑。翅呈浅棕色，前翅前缘色略深。各足基节、转节黑色。前足股节基部、胫节背面、第1~4跗节黑色，股节端部、胫节腹面、第5跗节棕色。中、后足股节基部近1/3，胫节背面、第1跗节黑色，股节端部2/3处胫节、腹面棕红色，第2~5跗节暗棕色。腹部除第1节背板近端部两侧各有1黄色横带外，其余腹节背、腹板均呈黑色。

头部：横宽、刻点细密、颗粒状、毛稀，较胸部翅基片处稍窄。两触角窝之间呈脊状隆起，额沟可见。额区稍隆起，额与头顶具密布细颗粒状刻点和短毛。后头中央有1横浅凹陷，后头与后颊具细颗粒状刻点和短毛。单眼区稍平，单眼呈三角形排列，前单眼稍大于后单眼，OOD与IOD近相等，OCD是OOD的2倍。触角丝状，向端部逐渐加粗，顶鞭节末端钝。第1鞭节是第2鞭节长的2倍。唇基隆起，长大于宽端部中央具浅凹缘，两侧呈角状突出，密布粗皱刻点和短毛。上颚长，楔状，内缘具3个钝齿，末端齿尖。

胸部：前胸背板前缘截形，两肩角明显，密布浅雕刻状刻点和短毛。中胸背板稍隆起，中央有1细纵脊，密布浅雕刻状刻点和短毛。小盾片矩形，中央有1短纵脊，密布浅雕刻状刻点和短毛。后小盾片横带状，基半部稍隆起，刻点粗皱，端部近垂直状，刻点细浅，后缘呈弧形，覆短毛。并胸腹节背面中部具宽凹陷，基半部两侧形成不规则的小瘤突，端部两侧各具1尖齿状突，凹陷中央有1纵沟，沟两侧具倾斜条纹，上半部和两外侧具粗皱刻点和横皱褶，覆短毛。中胸侧板稍隆起，胸腹侧脊细，密布粗皱刻点和短毛。后胸侧板窄，上部具粗皱刻点，下部密布横皱褶，覆短毛。翅基片光滑，具稀浅刻点和短毛。翅透明，前翅痣近方形，长是宽的2.1倍，径脉自翅痣下近端部处发出，第3肘室宽，近方形，基部稍收缩，第1肘室长于第2、3肘室之和。足细长，后足第1跗节是第2跗节长的4.5倍，各足爪均有齿，爪垫明显。

腹部：第1节基部细，呈短柄状，端部突然膨胀。第1节背板强隆起，前缘近垂直，横脊无，长是宽的1.1倍，密布细刻点和短毛，腹板三角形，具稀浅刻点和稀短毛。第2节背板稍隆起，长是宽的0.6倍，密布浅刻点和短毛，腹板稍平，密布浅刻点和短毛。第3~6节背、腹板向端部强收缩，均有细刻点和短毛，第6节背、腹板均光滑，均具细浅刻点和短毛。

体长：20mm。

雄蜂：近似于雌蜂，但体型稍小。唇基长大于宽，完全呈黄色。触角末端节呈钩状。腹部7节，第1、2腹节背板近端部各具1在中部中断的窄黄色横带。体长14mm。

正模♀，副模1♂，云南福贡，1983. VI. 25，董大志采。

本新亚种与常代喙蜾蠃 *Dirhynchium flavomarginatum curvilineatum*（Cameron）相似，但主要区别是：本亚种唇基基部中央有1个黄色横斑；体长20mm；额下半部黄斑呈蝶状；触角第 1 鞭节是第 2 鞭节长的 2 倍；OOD 与 IOD 近相等，OCD 是 OOD 的 2 倍；后足第 1 跗节是第 2 跗节长的 4.5 倍。

27. 缘蜾蠃属 *Anterhynchium* Saussure 1863

Saussure：1863，Mem. Soc. Phys. Hist. Nat. Geneve 17：205.

模式种：*Rygchium*（=*Rhynchium*）*synagroides* Saussure，体中至大型，后小盾片刻点粗大，齿状。

（138）黄缘蜾蠃 *Anterhynchium*（*Dirhynchium*）*flavomarginatum flavomarginatum*（Smith）1852（**彩图版 XXIX.138**）

Smith：1852，Trans. R. Ent. Soc. Lond.（2）2：36.

雌蜂：体中等至大型，黑色，斑纹黄色。头部黑色，两触角窝之间隆起处上半部具 1 近矩形黄色小斑。单眼棕色。触角黑色，柄节前缘黄色，柄节后缘、鞭节内侧略呈棕红色。唇基上半部黄色，下半部黑色。上颚暗褐色。前胸背板黑色，中央两侧具 2 窄黄色横带。中胸背板完全呈黑色。小盾片黑色。后小盾片黑色，基部两侧各具 1 窄黄色横带。并胸腹节、中、后胸侧板均呈黑色。翅基片呈深棕色，内缘近黑色。翅呈褐色，前翅前缘色略深。前、中、后足基节、转节黑色，股节端部深棕色，胫节及跗节前 4 节黑色，第 5 跗节及爪棕色。第 1 腹节背板黑色，端部具 1 较宽橙黄色横带，腹板全呈黑色。第 2 腹节背板黑色，端部具 1 宽橙黄色横带，腹板黑色，端部边缘具 1 极窄的橙黄色横带。第 3~6 节背、腹板均呈黑色。

头部：横宽，正面观近圆形，刻点粗、毛稀，较胸部翅基片处窄。两触角窝之间隆起，额沟明显。后头中央有 1 近肾形凹陷，其内刻点浅而稀。额与头顶及后颊均具粗糙刻点和短毛。单眼区稍平，单眼呈三角形排列，前单眼略大于后单眼，OOD 与 IOD 近相等，OCD 是 OOD 的 2.5 倍。触角丝状，向端部逐渐加粗，顶鞭节末端稍钝，第 1 鞭节是第 2 鞭节长的 1.8 倍。唇基隆起，长与宽近相等，端缘缺刻明显，形成 2 尖齿，具粗纵皱刻点和短毛。上颚长，楔状，内缘具 3 个钝齿，端部齿稍尖。

胸部：前胸背板前缘截状，两肩角明显，密布粗糙刻点和短毛。中胸背板稍隆起，中央具 1 细纵隆线，密布粗糙刻点和短毛。小盾片矩形，密布粗糙刻点和短毛。后小盾片横带状，两侧刻点粗糙，边缘形成小齿状突，后缘端部中央近弧形，密布极粗糙刻点和短毛。并胸腹节几乎向下垂直，中央盾沟两侧端部形成 2 三角形区域，沟两侧密布横皱褶，两外侧形成 4 个小齿状突，具粗糙刻点和短毛。中胸侧板前、后缘各有 1 纵光滑区域，中央密布粗糙刻点和短毛。后胸侧板窄，光滑，仅于上部具粗糙刻点，覆短毛。翅基片光滑，具极细密刻点和短毛。翅透明，前翅痣近方形，长是宽的 3 倍，径脉自翅痣下近端部处发出，第 3 肘室近方形，稍倾斜，第 1 肘室较第 2、3 肘室之和长。足强健，后足第 1 跗节是第 2 跗节长的 4.2 倍，各足爪均有齿，爪垫明显。

腹部：第 1 节背板基部呈圆形收缩，长是宽的 0.8 倍，具细密刻点和短毛；腹板新月状，具细刻点和短毛。第 2 节背板宽，长是宽的 0.9 倍，密布细刻点和短毛，腹板稍平，密布细刻点和短毛。第 3~6 节背、腹板向端部强收缩，均具细密刻点和短毛。

体长：19~22mm。

雄蜂：近似于雌蜂，但体型略小，唇基长明显大于宽，触角末端节呈钩状，腹部7节。

分布：云南（江城）、浙江、江西、四川、广西、福建。

28. 代盾蜾蠃属 *Antodynerus* Saussure 1855

Saussure：1855，Et. Fam. Vesp. 3：287.

模式种：*Odynerus punctum*（Fabricius）。

(139) 缘代盾蜾蠃 *Antodynerus limbatum*（Saussure）1852（**彩图版** XXIX. 139）

Saussure：1852，Etud，Fam，Vesp. I. Eumen. 117.

雌蜂：体中等大型，黑色，斑纹棕黄色，头部棕黄色，两复眼之间1覆盖单眼区的圆形斑、唇基上部1倒“八”字形斑黑色。颊部棕黄色，后部边缘黑色。触角支角突黑色，柄节、梗节、鞭节均呈棕黄色，但背面色较暗。唇基橙黄色，端半部色稍暗，上颚棕色，基部有1三角形黄斑，端部齿黑色。前胸背板棕黄色，基部和两侧下部黑色。中胸背板黑色，中部有1橙黄色凹陷纹。小盾片棕黄色，周围边缘黑色。后小盾片棕黄色，周边黑色。并胸腹节黑色，两侧各具1橙黄色纵斑。中胸侧板黑色，仅上部有1圆形橙色斑。后胸侧板完全呈黑色。翅基片橙色。翅呈棕色，前翅前缘色略深。所有足的基节、转节和股节基部黑色，股节端部与其余各节均呈棕黄色。第1腹节背板基部黑色，端部和两侧橙色，腹板全呈黑色。第2腹节背板基部黑色，中部黑色部分向端部纵突出，端缘和两侧橙色。第3~5节背板基部黑色，常被前1节背板所覆盖，端部橙色，两侧各具1圆形暗斑，腹板基部黑色，端部橙色，两侧各具1暗斑。第6节背、腹板均为橙黄色。

头部：横宽，正面观圆形，刻点粗、密集，毛稀，约与胸部翅基片处等宽。两触角窝之间呈脊状隆起，额沟浅。额、头顶、颊密布粗糙刻点和短毛。单眼呈三角形排列，前单眼略大于后单眼，OOD是IOD的0.6倍，OCD是OOD的2.3倍。触角丝状，向端部逐渐加粗，顶鞭节末端稍尖，第1鞭节是第2鞭节长的1.6倍。唇基隆起，长大于宽，端部中央缺刻状，两侧呈小齿状突，密布浅刻点和短毛。上颚长，楔状，内缘具3个钝齿，末端齿尖锐。

胸部：前胸背板前缘截状，两肩角明显，密布粗刻点和短毛。中胸背板稍隆起，背面稍平，中央具1纵脊，密布粗刻点和短毛。小盾片矩形，密布刻点和短毛。后小盾片近三角形，中央有1横楞状突，具粗刻点和短毛。并胸腹节几乎向后下方倾斜，中部宽凹陷，凹陷中央有1纵脊，脊旁具横皱褶，两侧刻点粗糙，均覆短毛。中胸侧板稍隆起，具粗糙刻点和短毛。后胸侧板窄，具稀浅刻点和短毛。翅基片光滑，覆稀短毛。翅透明，前翅痣近方形，长是宽的3.7倍，径脉自翅痣下近端部处发出，第3肘室近方形，稍倾斜，第1肘室较第2、3肘室之和稍长。足细长，后足第1跗节是第2跗节长的3.2倍，各足爪均有齿，爪垫明显。

腹部：第1节背板较第2节稍窄，长是宽的0.7倍，光滑，覆稀浅刻点和短毛，腹板近新月状，光滑，覆稀浅刻点和短毛。第2节背板中部宽，长是宽的0.8倍，光滑，密布稀浅刻点和短毛，腹板稍平，具稀浅刻点和短毛。第3~6节背、腹板向端部强收缩，均光滑，均具稀浅刻点和短毛。

体长：13mm。

雄蜂：近似于雌蜂，但体型略小，唇基长稍大于宽，颜色较雌蜂稍淡，呈淡黄色。触角末端节呈钩状，腹部7节，体长10~12mm。

分布：云南（砚山、丘北、马关、蒙自、石屏、红河、勐腊、思茅、普洱、澜沧、孟连、新平、双江、保山、兰坪、泸水、德钦）。

29. 直盾蜾蠃属 *Stenodynerus* Saussure 1863

Saussure：1863，Mem. Soc. Phys. Hist. Nat. Geneve 17：228.

模式种：*Odynerus chinensis* Saussure。

种检索表

唇基黑色，宽大于长；后足第1跗节是第2跗节长的4倍 …………………………………………………… 福直盾蜾蠃 *Stenodynerus frauenfeldi*（Saussure）

唇基黄色，长与宽近相等；后足第1跗节是第2跗节长的3.3倍 …………………………………………………… 中华直盾蜾蠃 *Stenodynerus chinensis*（Saussure）

（140）福直盾蜾蠃 *Stenodynerus frauenfeldi*（Saussure）1867（彩图版XXIX.140）

Saussure：1867，Reise novara，Zool. 2（1），Hym. 15.

雌蜂：体小型，黑色，斑纹黄色。头部除两触角窝之间隆起处上方1个斑、两复眼内缘凹陷处各1个斑、后缘上部各1个斑黄色外，其余均呈黑色。单眼深棕色。触角黑色，但柄节和梗节前缘棕色。唇基黑色，基部两侧各具1黄色小斑。上颚基部3/4处黑色，端部渐呈暗棕色。前胸背板黑色，前缘中央两侧各具1黄色横带。中胸背板完全呈黑色。小盾片、后小盾片黑色，中央有1对紧邻的黄色横斑。并胸腹节、中胸侧板黑色，上部有1黄色圆斑，有时完全呈黑色。后胸侧板黑色。翅基片黄色，中央有1褐色斑。翅呈棕色，前翅前缘色略深。各足的基节、转节黑色，股节黑色，但于端部内侧有1黄色圆斑，前足胫节内侧为黄色，外侧为暗棕色。跗节棕色。中足胫节外侧黄色，内侧为暗棕色，跗节暗棕色。后足胫节外侧基部黄色，余呈暗棕色，跗节暗棕色。第1腹节背板黑色，端部边缘有1窄黄色横带，腹板黑色。第2腹节背、腹板黑色，端部边缘两侧各具1窄黄色横带。第3~6节背、腹板均呈黑色。

头部：横宽、刻点粗糙、毛稀，与胸部翅基片处近等宽。两触角窝之间隆起，额沟明显。头顶在后单眼处呈棱状隆起，具粗大刻点和短毛。额稍隆起，具粗糙刻点和短毛。后颊下部极窄，具稀浅刻点和短毛。单眼呈三角形排列，OOD是IOD的1.1倍，OCD是OOD的1.4倍。触角丝状，向端部逐渐加粗，顶鞭节末端稍钝，第1鞭节是第2鞭节长的1.1倍。唇基稍隆起，中部稍平。宽大于长，端缘略凹陷，两侧呈角状突出，具粗纵皱刻点和短毛。上颚长，楔状，内缘具3个钝齿，端部齿尖。

胸部：前胸背板前缘截状，两肩角明显，密布粗刻点和短毛。中胸背板稍隆起，密布粗刻点和短毛。小盾片矩形，密布刻点和短毛。后小盾片五边形，后缘端部中央呈弧形突出，密布粗大刻点和短毛。并胸腹节端部向后缘截形，中央有1凹沟，沟内具横皱褶，两侧布粗刻点，覆短毛。中胸侧板隆起，密布粗刻点和短毛。后胸侧板窄，光滑，具浅刻点和短毛。翅基片光滑，具稀浅刻点和短毛。翅透明，前翅痣近方形，长是宽的2.7倍，径脉自翅痣下中部稍后方发出，第3肘室近方形，稍倾斜，第1肘室较第2、3肘室之和稍长。足细长，后足第1跗节是第2跗节长的4倍，各足爪均有齿，爪垫明显。

腹部：第1节背板基部细，向端部突然扩展，呈杯状，长是宽的0.7倍，密布粗糙刻点和短毛，腹板短，呈半圆形，具粗刻点和短毛。第2节背板中部宽，长、宽近相等，密布粗刻点和短毛。腹板稍平直，具稀浅刻点和短毛。第3~6节背、腹板向端部强收缩，多隐于第2节背板内，均具稀浅刻点和短毛。

体长：7mm。

雄蜂：近似于雌蜂，唇基完全呈黄色，端部中央凹陷较深。触角末端节呈细钩状，翅基片中央黑色部分较宽。腹部7节，体长6mm。

分布：云南（文山、砚山、江城、建水、石屏、通海、江川、漾濞、云龙、保山、腾冲、泸水）、四川；日本。

（141）中华直盾蜾蠃 *Stenodynerus chinensis*（Saussure）1863（**彩图版XXIX.141**）

Saussure：Mem. Soc. Phys. Hist. Nat，Geneve. 17：230.

雌蜂：体小型，黑色，斑纹黄色。头部黑色，两触角窝之间隆起处上部1个斑，两复眼内缘凹陷至唇基基部各1弯形斑黄色。颊黑色，两复眼后缘上部各有1黄色斑。单眼淡褐色。触角黑色，柄节前缘、有时几乎整个柄节黄色。唇基黄色，近端部中央有1黑色小斑。上颚中部棕红色，两侧稍暗，端齿黑色。前胸背板黑色，前缘两侧各具1黄色斑。中胸背板全呈黑色。小盾片黑色，中央有1黄色横带。后小盾片黑色，中央有1隐约可见的黄色横带。并胸腹节黑色，两侧各具1延长的黄色斑。中胸侧板黑色，上部有1黄色斑。后胸侧板完全黑色。翅基片黄色，中部有1褐色斑。翅呈棕色，前翅前缘色略深。所有足的基节、转节黑色。前、中足股节基部黑色，端部黄色，胫节黄色，跗节棕色。后足股节除端部有少量黄色外，其余完全呈黑色，胫节黄色，跗节棕色。第1腹节背板黑色，沿背板端缘有1宽黄色横带，腹板全呈黑色。第2腹节背、腹板均呈黑色，端部边缘各具1黄色横带。第3~6节背、腹板完全呈黑色。

头部：横宽、刻点粗糙、毛稀，约与胸部翅基片处等宽。两触角窝之间隆起，额沟明显可见。额、头顶、后颊具粗刻点和短毛。单眼呈三角形排列，OOD是IOD的0.9倍，OCD是OOD的1.5倍。触角丝状，向端部逐渐加粗，顶鞭节末端稍钝，第1鞭节是第2鞭节长的1.1倍。唇基稍隆起，长与宽近相等，端半部平直，端缘中央明显凹陷，两侧呈齿状突出，具纵皱刻点和短毛。上颚楔状，内缘具3个钝齿，末端齿稍尖。

胸部：前胸背板前缘截状，两肩角明显，具粗大刻点和短毛。中胸背板平直，中央具细纵脊，密布粗刻点和短毛。小盾片矩形，两侧凹陷，密布刻点和短毛。后小盾片五边形，中部两侧各具1尖齿状突，端部后缘呈弧形，布刻点和短毛。并胸腹节端部呈垂直截面，中央有1浅纵沟，布粗刻点和短毛。中胸侧板隆起，具粗刻点和短毛。后胸侧板窄，光滑，覆稀短毛。翅基片光滑，覆稀短毛。翅透明，前翅痣近三角形，长是宽的3.3倍，径脉自翅痣下中部稍后方发出，第3肘室近方形，稍倾斜，第1肘室与第2、3肘室之和等长。足强健，后足第1跗节是第2跗节长的3.3倍，各足爪均有齿，爪垫明显。

腹部：第1节背板宽大于长，长是宽的0.6倍，密布粗糙刻点和短毛，腹板新月形，中间有1突起，具粗刻点和短毛。第2节背板较宽，长与宽近相等，密布粗刻点和短毛。腹板稍平，具稀浅刻点和短毛。第3~6节背、腹板向端部强收缩，均具稀浅刻点和短毛。

体长：9mm。

雄蜂：近似于雌蜂，体型略小，唇基淡黄色。触角末端节呈钩状，腹部7节，体长8mm。

分布：云南（华坪、德钦）、河北、四川、台湾。

30. 盾蜾蠃属 *Odynerus* Latreille 1802

Latreille：Hist. Nat. Crust. Ins. 3：362.

模式种：*Vespa spinipes* Linne. 1758。

（142）条腹盾蜾蠃 *Odynerus melanocephalus melanocephalus*（Gmelin）1790（**彩图版XXIX. 142**）

Gmelin：1790，Linne，Syst.，Nat.，13th ed. 1（5）：2760.

雌蜂：体小型，黑色，斑纹黄色。头部除两触角窝之间1横形斑，两复眼后缘上部各1点状斑黄色外，其余均呈黑色。单眼棕色。触角支角突、柄节、梗节、鞭节黑色，柄节端部下面1斑，梗节下面褐黄色。唇基全呈黑色。上颚暗棕色，基部有1三角形黄斑。前胸背板黑色，前缘中央两侧各有1黄色横带。中胸背板、小盾片、后小盾片、并胸腹节、中胸侧板、后胸侧板均呈黑色。翅基片棕色，中央有1个褐色斑。翅呈棕色，前翅前缘色略深。前、中、后足基节、转节、股节黑色，股节顶端与胫节、跗节棕红色。第1腹节背板黑色，端部边缘有1宽黄色横带，腹板黑色。第2腹节背板黑色，端部边缘有1黄色横带，腹板黑色，端部两侧各有1黄色斑。第3~5节背板黑色，端部边缘各有1黄色横带，腹板黑色。第6腹节背板黑色、腹板均呈黑色。

头部：横宽、刻点细、毛稀，约与胸部翅基片处等宽。两触角窝之间呈脊状隆起，额沟明显可见。额稍隆起，额与头顶具细密刻点和棕色长毛，刻点在单眼周围呈脊状。后头稍隆起，中央浅凹陷，后头与后颊具细密刻点和短毛。单眼区稍平。单眼呈三角形排列，OOD是IOD的0.6倍，OCD是OOD的2.2倍。触角丝状，向端部逐渐加粗，顶鞭节末端尖，第1鞭节是第2鞭节长的2.1倍。唇基隆起，宽大于长，端缘中央具浅凹缘，两侧呈齿状突出，具粗纵皱刻点和短毛。上颚楔状，内缘具3个钝齿，末端齿稍尖。

胸部：前胸背板前缘截状，两肩角明显，密布细刻点和棕色长毛。中胸背板稍隆起，中央具细纵脊，密布细刻点和棕色长毛。小盾片矩形，密布细刻点和棕色长毛。后小盾片横带状，基部隆起，端部向下垂直，密布细刻点和棕色长毛。并胸腹节向后下方垂直，中央有1纵沟，沟两侧有倾斜条纹，其余均具细密刻点和棕色长毛。中胸侧板隆起，密布细刻点和棕色长毛。后胸侧板窄，具细横皱褶和稀短毛。翅基片光滑，具稀浅刻点和短毛。翅透明，前翅痣近三角形，长是宽的3倍，径脉自翅痣下中部稍后方发出，第3肘室宽，近方形，第1肘室稍长于第2、3肘室之和。足短粗，后足第1跗节是第2跗节长的3.8倍，各足爪均有齿，爪垫明显。

腹部：第1节基部细，呈短柄状，前缘近垂直，向端部突然膨胀。长是宽的0.8倍，具细密刻点和棕色短毛，腹板短宽，具稀浅刻点和短毛。第2节背板宽，长是宽的0.7倍，密布细刻点和短毛。腹板稍平，具细浅刻点和短毛。第3~6节背、腹板向端部逐渐收缩，均具稀浅刻点和短毛。

体长：11mm。

雄蜂：近似于雌蜂，但体型稍小，唇基完全呈黄色。触角末端节呈钩状，腹部7节，体长8mm。

分布：云南（云龙、兰坪）、吉林；欧洲，伊朗，以色列，土耳其。

31. 异喙蜾蠃属 *Allorhynchium* Van der Vecht 1963

Van der Vecht：1963, Zool. Verh.，Leiden 60：57，58.

模式种：*Vespa argentata* Fabricius。

（143）中华异喙蜾蠃 *Allorhynchium chinensis*（Saussure）1862（**彩图版XXIX. 143**）

Saussure：1862, Stett. Ent. Ztg. 23：186.

雌蜂：体小至中等大型，黑色，斑纹黄色，有白色毛。头部黑色，两复眼内缘中部各有1黄色短纵带。触角黑色，仅柄节前缘深棕色。单眼深褐色。唇基、上唇、上颚均呈黑色。前、中胸背板，小盾片、后小盾片、并胸腹节、中胸与后胸侧板均呈黑色。翅呈深棕色，带紫色光泽，前缘色稍深。所有的足黑色，爪棕色。腹部各节背、腹板完全呈黑色。

头部：横宽、刻点粗糙、毛稀，约与胸部翅基片处等宽。两触角窝之间隆起，下部两侧深凹陷，中央呈脊状。额、头顶、颊具粗糙刻点和短毛。单眼呈三角形排列，OOD是IOD的0.9倍，OCD是OOD的2.2倍。触角丝状，向端部逐渐加粗，顶鞭节末端钝，第1鞭节是第2鞭节长的0.9倍。唇基隆起，宽稍大于长，端缘倾斜，中央略凹陷，两侧齿不甚明显，密布粗糙刻点和短毛。上颚楔状，内缘具钝的端齿，端部齿尖锐。

胸部：前胸背板前缘截状，两肩角明显，密布粗糙点和短毛。中胸背板不隆起，中央隐约可见1纵隆线，密布粗糙刻点和短毛。小盾片矩形，不隆起，密布粗糙刻点和短毛。后小盾片五边形，端部中央呈钝三角形突出，具粗糙刻点和短毛。并胸腹节向后下方倾斜，背面有1窄的平面，中央具1纵沟，两侧各具1齿状突，背面较光滑，具横皱褶，两侧具浅刻点，均覆短毛。中胸侧板隆起，前缘两侧光滑，中部具粗糙刻点和短毛。后胸侧板窄，凹陷，上侧片光滑，下侧片具稀浅刻点和短毛。翅基片光滑，具稀浅刻点和短毛。翅透明，前翅痣近方形，长是宽的3.1倍，径脉自翅痣下近端部处发出，第3肘室近方形，第1肘室约等于第2、3肘室之和。足细长，后足第1跗节是第2跗节长的4倍，各足爪均有齿，爪垫明显。

腹部：第 1 节背板较第 2 节窄，长是宽的 0.5 倍，密布浅刻点和短毛。腹板窄，新月状，具稀浅刻点和短毛。第 2 节背板中部较宽，长与宽近相等，密布细刻点和短毛，腹板稍平坦，具细浅刻点和短毛。第 3~6 节背、腹板向端部逐渐收缩，均具稀浅刻点和短毛。

体长：14~16mm。

雄蜂：近似于雌蜂，但体型略小，唇基端部凹陷略深。触角末端节呈钩状，腹部 7 节，体长 11~15mm。

分布：云南（文山、金平、勐腊、景洪、澜沧、临沧、绿春）、四川、广东、广西。

32. 喙蜾蠃属 *Rhynchium* Spinola 1806

Spinola：1806，Insect. Ligur. 1：84.

模式种：*Rygchium europaeum* Spinola。

种检索表

1. 胸部黑色；第 2 腹节以后背、腹板全呈棕色 …………… 棕腹喙蜾蠃 *Rhynchium mellyi* Saussure
   胸部棕色；腹部黑色和棕色 ……………………………………………………………… 2
2. 小盾片棕红色；触角第 1 鞭节是第 2 鞭节长的 1.6 倍；后足第 1 跗节是第 2 跗节长的 4.1 倍 ……………………………………………… 墙喙蜾蠃 *Rhynchium quinquecinctum murotai* Tano
   小盾片黑色；触角第 1 鞭节是第 2 鞭节长的 1.8 倍；后足第 1 跗节是第 2 跗节长的 4.3 倍… ………………………………………………… 福喙蜾蠃 *Rhynchium quinquecinctum fukaii* Cameron

(144) 棕腹喙蜾蠃 *Rhynchium mellyi* Saussure 1852（彩图版 XXX. 144）

Saussure：1852，Mon. Guep. Sol. P. 116.

雌蜂：体中等至大型，黑色，斑棕色。头部黑色，两触角窝之间隆起处上方两侧各 1 方形斑、后颊上部两侧各 1 窄条状线黄色。单眼棕色。触角支角突黑色，鞭节前缘黄色，后缘黄色，鞭节背面黑色，腹面锈色。唇基黑色。上唇深棕色。上颚基部黑色，向端部逐渐呈深棕色。前胸背板、中胸背板、小盾片、后小盾片、并胸腹节，中胸与后胸侧板均呈黑色。翅基片黑色，外侧棕色。翅呈黑褐色。所有足除第 5 跗节棕色外，其余均呈黑色。第 1 腹节黑色，第 2 腹节以后背、腹板均呈棕色。

头部：横宽、刻点粗、毛稀，约与胸部翅基片处等宽。两触角窝之间呈脊状隆起，额沟明显。额区稍隆起，额与头顶密布粗浅刻点和短毛。两复眼内缘上半部两侧各具 1 浅凹陷，具稀浅刻点和短毛。后头中央有 1 弧形凹陷，后头与后颊具细密刻点和短毛。单眼区中部稍隆起，单眼呈三角形排列，前单眼稍大于后单眼，OOD 是 IOD 的 0.6 倍，OCD 是 OOD 的 2.3 倍。触角丝状，向端部逐渐加粗，顶鞭节末端稍钝，第 1 鞭节是第 2 鞭节长的 1.6 倍。唇基稍隆起，长略小于宽，端部窄，端缘略凹陷，两侧呈齿状突出，具粗皱刻点和短毛。上颚楔状，内缘具 3 个钝的端齿，端部齿稍尖。

胸部：前胸背板前缘截状，两肩角明显，密布粗皱刻点和短毛。中胸背板隆起，中央具 1 细纵脊，密布粗糙刻点和短毛。小盾片矩形，中央有 1 纵脊，具粗糙刻点和短毛。后小盾片五边形，背面稍平坦，两侧各形成 1 瘤状突，具细密刻点和短毛。并胸腹节强度向下垂直，中央宽凹陷，两侧具不规则齿状突，凹陷中央具1浅纵沟，沟两侧具倾斜条纹，基部和两外侧具粗皱刻点和横皱褶，均覆短毛。中胸侧板隆起，胸腹侧脊细，具粗糙刻点和短毛。后胸侧板窄，光滑，具稀刻点及短毛。翅基片光滑，具稀浅刻点和短毛。翅透明，前翅痣近方形，长是宽的5倍，径脉自翅痣下近端部处发出，第3肘室宽，近方形，基部稍收缩，第1肘室较第2、3肘室之和长。足粗壮，后足第1跗节是第2跗节长的4.6倍，各足爪均有齿。

腹部：第1节基部细，呈短柄状，向端部突然膨胀，第1节背板隆起，无横脊，长是宽的0.6倍，密布细浅刻点和短毛。腹板近三角形，具细密刻点和短毛。第2节背板宽，长是宽的0.9倍，密布细浅刻点和短毛，腹板基部凹陷，端部稍平，具细密刻点和短毛。第3~6节背、腹板向端部逐渐收缩，均覆细浅刻点和短毛。

体长：18mm。

雄蜂：近似于雌蜂，体型稍小，唇基中央黄色。触角末端节呈钩状。腹部7节，体长约15mm。

分布：云南（昆明、马关、砚山、丘北、元阳、屏边、南涧、临沧、保山、维西、宁蒗、华坪、师宗）、湖南、广东；印度，缅甸。

（145）墙喙蜾蠃 *Rhynchium quinquecinctum murotai* Tano 1983（**彩图版**XXX.145）

Tano：1983，Mem. Kagoshima Univ. Res. Centers. Pac. 4：124.

雌蜂：体中等至大型，棕色，斑纹黑色。头部棕色，两触角窝之间至两复眼内缘凹陷旁1凹陷状斑、自后头中央至两后单眼经中单眼抵达额下部处1矛形大斑黑色。单眼色暗。触角支角突、柄节、梗节、鞭节均呈棕色。唇基与上唇棕色。上颚棕色，端齿暗棕色。前胸背板棕色。中胸背板完全呈黑色。小盾片棕红色，边缘黑色。后小盾片、并胸腹节全呈黑色。中胸侧板黑色，上部有1棕红色斑。后胸侧板黑色。翅基片棕色，中央有褐色斑。翅呈棕色，近基半部黑色。所有足的基节、转节黑色。前足股节基部黑色，端部与胫节、跗节棕色，中足股节、胫节黑色，股节顶端棕色，第1跗节背面暗棕色，腹面与第2~5跗节棕色，后足股节、胫节黑色，股节顶端与第1跗节暗棕色。第2~5跗节棕色。第1腹节背板黑色，端部边缘有1棕色横带，腹板全呈黑色。第2腹节背板基部黑色，端部呈棕色，腹板黑色，端部边缘与两侧角有窄的棕色。第3~6节背、腹板基部黑色，端部呈棕色。

头部：横宽、刻点细密、毛稀，较胸部翅基片处窄。两触角窝之间呈脊状隆起，额沟明显。额区稍隆起，额与头顶密布细密刻点和短毛。后头中央凹陷，后头与后颊具细密刻点和短毛。单眼区稍隆起，后单眼外侧与前单眼前缘凹陷，单眼呈三角形排列，前单眼稍大于后单眼，OOD与IOD近相等，OCD是OOD的1.8倍。触角丝状，向端部逐渐加粗，顶鞭节末端稍尖，第1鞭节是第2鞭节长的1.6倍。唇基稍隆起，长与宽近相等，端部窄，端缘近截形，具粗浅刻点和短毛。上颚长，楔状，内缘具3个钝齿，端部齿尖。

胸部：前胸背板前缘截状，两肩角明显，密布细刻点和短毛。中胸背板不隆起，中央有1细纵脊，密布细刻点和短毛。小盾片矩形，背面稍平，中央有1纵脊，密布细刻点和短毛。后小盾片五边形，端部向下垂直，基部中央凹陷，两侧稍形成1瘤状突，具细密刻点和短毛。并胸腹节强度向下垂直，中央具宽凹陷，凹陷中央有 1 纵沟，沟两侧具倾斜条纹，两侧具不规则齿状突，基半部和两下侧具粗糙刻点和横皱褶，凹陷部具稀浅刻点，均覆短毛。中胸侧板稍隆起，密布细刻点和短毛。后胸侧板窄，上部具稀刻点，中央具横皱褶，后缘光滑，覆稀短毛。翅基片光滑，具稀浅刻点和短毛。翅透明，前翅痣近方形，长是宽的 2.4 倍，径脉自翅痣下近端部处发出，第 3 肘室宽，近方形，基部稍收缩，第 1 肘室较第 2、3 肘室之和长。足强健，后足第 1 跗节是第 2 跗节长的 4.1 倍，各足爪均有齿。

腹部：第 1 节基部细，呈柄状，端部突然膨胀，背板隆起，无横脊，长是宽的 0.8 倍，密布细密刻点和短毛。腹板近三角形，具细浅刻点和短毛。第 2 节背板宽，长是宽的 0.7 倍，具细密刻点和短毛；腹板基部凹陷，端部稍平，具细密刻点和短毛。第 3~6 节背、腹板向端部逐渐收缩，均具稀浅刻点和短毛。

体长：14~16mm。

雄蜂：近似于雌蜂，但体型稍瘦小，唇基全呈柠檬黄色。触角末端节呈钩状。小盾片、后小盾片棕红色。并胸腹节两侧各具 1 大的棕红色斑。腹部 7 节，体长 17mm。

分布：云南（昆明、文山、广南、砚山、丘北、富宁、麻栗坡、马关、石屏、师宗、红河、景洪、勐腊、勐海、临沧、保山、福贡、泸水、兰坪、宁蒗、华坪）；日本。

(146) 福喙蜾蠃 *Rhynchium quinquecinctum fukaii* Cameron 1911（彩图版 XXX. 146）

Cameron：1911，Entomologist 44：287.

雌蜂：体中等至大型，黑色，斑纹棕色或橘黄色。头部黑色，两触角窝之间隆起处上方 1 横斑，两复眼内缘，下至唇基，上于后头与后颊上部相连 1 半环状带与单眼间 1 “八”字形斑棕色。单眼棕色。触角、唇基、上唇棕色。上颚棕色，端齿黑色。前胸背板全呈棕色。中胸背板、小盾片、后小盾片、并胸腹节均呈黑色。中胸侧板黑色，上侧片后缘有 1 棕色斑。后胸侧板黑色。翅基片棕色，中央有 1 褐色斑。翅呈棕色，前翅前缘色略深。所有足的基节、转节黑色。前足股节基部黑色，端部与胫节、跗节棕色，中足股节、胫节黑色，股节顶端与跗节背面暗棕色，跗节腹面棕色。后足股节、胫节黑色，胫节顶端与第 1~3 跗节背面暗棕色，第 1~3 胫节腹面与第 4、5 跗节呈棕色。第 1 腹节背板黑色，端部边缘有 1 棕色横带，腹板黑色。第 2 腹节背板基部黑色部分延伸至中部，端部和两侧角棕色，腹板黑色，端部边缘与两侧角棕色。第 3~5 节背、腹板或多或少黑色，端部棕色。第 6 节背、腹板均呈棕色。

头部：横宽、刻点细密、毛稀，较胸部翅基片处窄。两触角窝之间呈脊状隆起，额沟明显。额区稍隆起，额与头顶密布细刻点和短毛。后头中央有 1 弧形凹陷，后头与后颊具细密刻点和短毛。单眼区中部稍隆起，单眼呈三角形排列，前单眼稍大于后单眼，OOD 是 IOD 的 0.8 倍，OCD 是 OOD 的 2.1 倍。触角丝状，向端部逐渐加粗，顶鞭节末端稍钝，第 1 鞭节是第 2 鞭节长的 1.8 倍。唇基稍隆起，长大于宽，端部窄，端缘微弱凹陷，具细密刻点和短毛。上颚楔状，内缘具 3 个钝的端齿，端部齿稍尖。

胸部：前胸背板前缘截状，两肩角明显，密布细刻点和短毛。中胸背板隆起，中央具 1 细纵脊，密布细刻点和短毛。小盾片矩形，中央有 1 纵脊，具细密刻点和短毛。

后小盾片五边形，背面稍凹陷，两侧各形成 1 瘤状突，具细密刻点和短毛。并胸腹节强度向下垂直，中央宽凹陷，两侧具不规则齿状突，凹陷中央具 1 浅纵沟，沟两侧具倾斜条纹，基部和两外侧具粗皱刻点和横皱褶，均覆短毛。中胸侧板隆起，胸腹侧脊细，具细密刻点和短毛。后胸侧板窄，具细横皱褶和稀刻点及短毛。翅基片光滑，具稀浅刻点和短毛。翅透明，前翅痣近方形，长是宽的 4 倍，径脉自翅痣下近端部处发出，第 3 肘室宽，近方形，基部稍收缩，第 1 肘室较第 2、3 肘室之和长。足粗壮，后足第 1 跗节是第 2 跗节长的 4.3 倍，各足爪均有齿。

腹部：第 1 节基部细，呈短柄状，向端部突然膨胀，第 1 节背板隆起，无横脊，长是宽的 0.6 倍，密布细浅刻点和短毛。腹板近三角形，具细密刻点和短毛。第 2 节背板较宽，长是宽的 0.9 倍，密布细浅刻点和短毛，腹板基部凹陷，端部稍平，具细密刻点和短毛。第 3~6 节背、腹板向端部逐渐收缩，均覆细浅刻点和短毛。

体长：22mm。

雄蜂：近似于雌蜂，体瘦，细长。唇基全呈柠檬黄色。触角末端节呈钩状。腹部 7 节，体长约 18mm。

分布：云南（昆明、马关、砚山、丘北、元阳、屏边、南涧、临沧、保山、维西、宁蒗、华坪、师宗）、中国其他省份；日本。为云南新记录。

33. 腹瘤蜾蠃属 *Halysituberosus* Dong et Wang，gen. nov. 新属

体中等大型。头较翅基片处稍窄或等宽。两触角窝之间隆起，脊叉状。后头中央无凹陷。触角 13 节，末端节呈钩状，唇基长与宽近相等，端部中央凹陷。上颚内缘具齿刻，几乎无齿，末端尖，弯曲。下颚须 5 节，第 1 节长几乎等于第 2 节，第 2+第 3 节长等于第 3+第 4 节。下唇须 4 节，第 2 节长于第 1 节，约与第 3+第 4 节等长。前胸背板前缘截形，两肩角明显。翅基片内侧后缘凹陷。翅透明，第 2 肘室接收 2 条回脉，第 3 肘横脉直。足粗壮，跗节侧扁，跗节爪具齿，下端齿较上端齿稍短。腹部矛形，7 节，第 1 节呈杯状，第 2 节中部加宽，腹板中部具 1 瘤状突起，第 7 腹节腹板基部两侧各具 1 小瘤状突起。

本新属与代喙蜾蠃属 *Dirhynchium* Van der Vecht，1963 相似，其主要区别是：本属体长 16~17mm；唇基端缘具宽凹陷；后头中央无凹陷；第 2 与第 7 腹节腹板具瘤状突。

模式种：孟连腹瘤蜾蠃 *Halysituberosus menglianensis* Dong et Wang 新种。

腹瘤蜾蠃属 *Halysituberosus* gen. nov. 新属分种检索表

唇基黑色，中央有 1 长方形黄色纵斑，端缘凹陷深，宽；前胸背板全呈黑色；后足第 1 跗节是第 2 跗节长的 3.8 倍；第 2 腹节腹板腹瘤突横宽，顶端钝、圆 ……………………………………………………………………… 孟连腹瘤蜾蠃 *Halysituberosus menglianensis* Dong et Wang sp. nov.

唇基黄色，两侧边缘黑色，端缘凹陷浅，窄；前胸背板两侧各具 1 黄色横带；后足第 1 跗节是第 2 跗节长的 3.6 倍；第 2 腹节腹板腹瘤突锥形，顶端尖 ……………………………………………………………………… 盈江腹瘤蜾蠃 *Halysituberosus yingjiangensis* Dong et Wang sp. nov.

（147）孟连腹瘤蜾蠃 *Halysituberosus menglianensis* Dong et Wang，sp. nov. **新种**（彩图版XXX.147）

雄蜂：体中等大型，黑色，斑纹黄色。头部除唇基 1 长方形橘黄色纵斑外，其余完全呈黑色。单眼淡褐色。上颚与触角黑色。前胸背板、中胸背板、小盾片、后小盾片、并胸腹节、中胸与后胸侧板全呈黑色。翅暗棕色，前翅前缘色略深，翅脉褐色。前、中、后足全呈黑色。腹部除第 1 和第 2 节背板近端部两侧各具 1 黄色横斑外，其余腹节均呈黑色。

头部：横宽、刻点粗、毛密，较胸部翅基片处稍窄。两触角窝之间稍隆起，脊呈叉状。额、头顶、后颊具网状刻点和稀短毛。单眼呈三角形排列，OOD 与 IOD 相等，OCD 是 OOD 的 2 倍。触角丝状，13 节，向端部逐渐加粗，末端两节强收缩呈钩状，第 1 鞭节是第 2 鞭节长的 1.4 倍。唇基隆起，端缘具宽凹陷，两侧呈叉状突出，具粗浅刻点和短毛。上颚狭长，内缘具齿刻，几乎无齿，末端齿弯曲呈钩状。

胸部：前胸背板前缘截形，两肩角明显，具粗网状刻点和短毛。中胸背板稍隆起，中央具 1 细纵脊，具粗网状刻点和短毛。小盾片矩形，背面稍平，具粗网状刻点和短毛。后小盾片横带状，具粗网状刻点和短毛。并胸腹节强度向后下方倾斜，端部截形，中央具 1 明显纵沟，具粗网状刻点和短毛。中胸侧板隆起，具粗网状刻点和短毛。后胸侧板凹陷，具横皱褶和短毛。翅基片光滑，具极细浅刻点和短毛。翅透明，前翅痣近三角形，长是宽的 2.6 倍，径脉自翅痣下近中部处发出，第 3 肘室宽，方形，第 1 肘室长于第 2、3 肘室之和。足粗壮，后足第 1 跗节是第 2 跗节长的 3.8 倍，爪具齿，下端齿较上端齿稍短，爪垫明显。

腹部：矛形，第 1 节背板基部斜截形，细，端部突然加宽，杯状，长是宽的 0.8 倍，具粗刻点和短毛。腹板新月状，具稀浅刻点和短毛。基部刻点粗，端部光滑，覆稀短毛。第 2 节背板中部宽，长是宽的 0.6 倍，具粗浅刻点和短毛；腹板近中部具 1 强隆起瘤突，瘤突横形，呈峰状，端部钝圆，基部刻点稍粗，均覆短毛。第 3~7 节背、腹板向端部逐渐收缩，第 7 节腹板平，基部中央两侧各具 1 小乳突状瘤突，均覆细浅刻点和密短毛。

体长：17mm。

雌蜂：不详。

正模♂，云南孟连，1989. Ⅵ. 13，董大志采。

本种与盈江腹瘤蜾蠃 *Halysituberosus yingjiangensis* sp. nov. 新种相似，但主要区别是：本种体长 17mm；唇基黑色，中央有 1 长方形黄色纵斑，端缘凹陷深、宽；前胸背板全呈黑色；后足第 1 跗节是第 2 跗节长的 3.8 倍；第 2 腹节腹板腹瘤横宽，顶端钝、圆。

（148）盈江腹瘤蜾蠃 *Halysituberosus yingjiangensis* Dong et Wang，sp. nov. **新种**（**彩图版**XXX. 148）

雄蜂：体中等大小，黑色，斑纹黄色。头部除唇基外，其余完全呈黑色。唇基黄色，两侧边缘黑色。单眼暗褐色。上颚与触角黑色。前胸背板黑色，前缘两侧各具 1 小黄色横带。中胸背板、小盾片、后小盾片、并胸腹节、中胸与后胸侧板全呈黑色。翅暗橘红色。前翅浅棕色。翅透明，前翅前缘色略深，翅脉褐色。所有的足黑色，跗节色稍淡。腹部黑色，第 1 与第 2 节背板近端缘两侧各具 1 中部中断的橘黄色横带。

头部：横宽、刻点稍细、毛密，约与胸部翅基片处等宽。两触角窝之间呈脊状隆起，额、头顶、后颊具细网状刻点和密白色短毛。单眼呈三角形排列，OOD 是 IOD 的 0.9 倍，OCD 是 OOD 的 2 倍。触角丝状，13 节，向端部逐渐加粗，末端两节呈钩状，第 1 鞭节是第 2 鞭节长的 1.5 倍。唇基隆起，端部具窄浅凹陷，两侧角呈齿状，具浅刻点和密白色短毛。上颚狭长，内缘具齿刻，几乎无齿，末端齿弯曲呈钩状。

胸部：前胸背板前缘截形，两肩角明显，具粗网状刻点和稀白色短毛。中胸背板稍隆起，中央具 1 细纵脊，具粗网状刻点和短毛。小盾片矩形，背面稍平，具粗网状刻点和短毛。后小盾横带状，具粗网状刻点和短毛。并胸腹节强度向后下方倾斜，中央具 1 明显纵沟，具粗网状刻点和短毛。中胸侧板隆起，具粗网状刻点和短毛。后胸侧板凹陷，具横皱褶和短毛。翅基片光滑，具极细浅刻点和短毛。翅透明，前翅痣近方形，长是宽的 2.3 倍，径脉自翅痣下近端部处发出，第 3 肘室宽，倾斜，第 1 肘室长于第 2、3 肘室之和。足短粗，后足第 1 跗节是第 2 跗节长的 3.6 倍，爪具齿，下端齿较上端齿稍短，爪垫明显。

腹部：第 1 节背板基部斜截形，细，向端部强烈变宽，长是宽的 0.7 倍，具粗浅刻点和短毛。腹板新月状，具粗刻点和短毛。第 2 节背板中部加宽，长是宽的 0.6 倍，具粗浅刻点和短毛，腹板近中部强烈隆起呈 1 个峰状瘤突，瘤突顶端尖，具细浅刻点和短毛。第 3~7 节背、腹板向端部逐渐收缩，第 7 节腹板平，基部中央两侧各具 1 小瘤状突起，背、腹板均具细浅刻点和密短毛。

体长：16mm。

雌蜂：不详。

正模♂，云南盈江，1991. X. 7，董大志采。

本种与模式种孟连腹瘤蜾蠃 *Halysituberosus menglianensis* sp. nov. 新种相似，但主要区别是：本种体长 16mm；唇基黄色，两侧边缘黑色，端缘凹陷浅、窄；前胸背板两侧各具 1 黄色横带；后足第 1 跗节是第 2 跗节长的 3.3 倍；第 2 腹节腹板腹瘤突锥形，顶端尖。

34. 佳盾蜾蠃属 *Euodynerus* Dalla Torre 1904

Dalla Torre: 1904, Genera Insect. 19: 38.

种检索表

1. 唇基黄色 …… 2
   唇基黑色，或多或少黄色 …… 3
2. 触角第 1 鞭节是第 2 鞭节长的 1.2 倍；后足第 1 跗节是第 2 跗节长的 4.3 倍 …… 后佳盾蜾蠃 *Euodynerus posticus posticus* (Herrich-Schaeffer)
   触角第 1 鞭节是第 2 鞭节长的 1.6 倍；后足第 1 跗节是第 2 跗节长的 4.2 倍 …… 单佳盾蜾蠃 *Euodynerus* (*Euodynerus*) *dantici dantici* (Rossi)
3. 唇基黑色，有不同程度的黄色 …… 4
   唇基基半部黄色，端半部黑色 …… 5
4. 唇基黑色，基部边缘黄色；触角第 1 鞭节是第 2 鞭节长的 2.1 倍；后足第 1 跗节是第 2 跗节长的 4 倍 ……………………………………………………………………………………………………

………… 四带佳盾蜾蠃 *Euodynerus* (*Pareuodynerus*) *quadrifasciatus quadrifasciatus* (Fabricius)

唇基黑色，基部约 2/5 黄色；触角第 1 鞭节是第 2 鞭节长的 2 倍；后足第 1 跗节是第 2 跗节长的 4.3 倍 …………………… 显佳盾蜾蠃 *Euodynerus* (*Pareuodynerus*) *notatus notatus* (Jurine)

5. 触角第 1 鞭节是第 2 鞭节长的 1.7 倍；后足第 1 跗节是第 2 跗节长的 3.2 倍 ………………

………………………………… 日本佳盾蜾蠃 *Euodynerus* (*Pareuodynerus*) *nipanicus* (Schulthess)

触角第 1 鞭节是第 2 鞭节长的 1.7 倍；后足第 1 跗节是第 2 跗节长的 4.5 倍 ………………

…………………………… 英佳盾蜾蠃 *Euodynerus* (*Euodynerus*) *variegatus kruegeri* (Schulthess)

(149) 后佳盾蜾蠃 *Euodynerus posticus posticus* (Herrich-Schaeffer) 1841 **(彩图版 XXX. 149)**

Herrich-Schaeffer: 1841, Fauna Insect. Germ. Pt. 176, pl. 9.

雄蜂：体小至中等大型，黑色，斑纹黄色。头部黑色，两触角窝之间隆起部分至稍前方 1 个斑、两复眼后缘上部左右各 1 个斑，黄色。单眼褐色。触角支角突、柄节后缘、梗节、鞭节黑色。唇基完全呈黄色。上唇深棕色。上颚基半部黑色，有 1 近三角形黄斑，端半部暗棕色。前胸背板黑色，前缘两侧各具 1 相邻的黄色大斑。中胸背板黑色。小盾片黑色，近端部两侧各具 1 点状黄斑。后小盾片黑色，基部有 1 黄色横带。并胸腹节黑色，两侧各具 1 黄色纵斑。中胸侧板黑色，于上部有 1 椭圆形黄斑。后胸侧板黑色。翅基片黄色，中央有 1 棕色圆斑。翅呈棕色，前翅前缘色略深。各足的基节、转节、股节除端部外黑色。股节端部、胫节、跗节、爪褐黄色。第 1 腹节背板黑色，两侧和端部形成 1 凹陷黄斑，腹板黑色。第 1~5 节背板黑色，端部边缘各具 1 黄色横带，腹板黑色，两侧各具 1 黄色斑。第 6 节背板黑色，端部边缘棕色，腹板黑色。第 7 节背、腹板黑色。

头部：横宽、刻点粗糙、毛稀，较胸部翅基片处稍窄。两触角窝之间呈脊状隆起，额沟不明显。额与头顶密布粗刻点和短毛。后头隆起，后头与后颊具粗皱刻点和短毛。单眼区隆起，单眼呈三角形排列，前单眼稍大于后单眼，OOD 是 IOD 的 0.7 倍，OCD 是 OOD 的 2 倍。触角丝状，13 节，向端部逐渐变细，顶鞭节末端呈钩状，第 1 鞭节是第 2 鞭节长的 1.2 倍。唇基隆起，长与宽近相等，端部中央凹陷，两侧呈齿状突出，具浅刻点和短毛。上颚长，楔状，内缘具 3 个钝齿，末端齿钝。

胸部：前胸背板前缘截状，两肩角明显，密布粗刻点和短毛。中胸背板稍隆起，中央有 1 细浅纵沟，密布粗刻点和短毛。小盾片矩形，背面稍平，中央有 1 纵脊，密布粗刻点和短毛。后小盾片五边形，端部向下倾斜，基部刻点粗，端部刻点浅，覆短毛。并胸腹节中部平，向下垂直，背面具浅刻点，两侧具粗大刻点，覆短毛。中胸侧板下部稍隆起，具粗皱刻点和短毛。后胸侧板窄，密布粗皱刻点和短毛。翅基片光滑，具稀浅刻点和短毛。翅透明，前翅痣近方形，长是宽的 3.2 倍，径脉自翅痣下近端部处发出，第 3 肘室宽，近方形，基部稍收缩，第 1 肘室较第 2、3 肘室之和长。足细长，后足第 1 跗节是第 2 跗节长的 4.3 倍，各足爪均有齿。

腹部：第 1 节基部细，向端部突然膨胀，呈柄状。第 1 节背板隆起，无横脊，长是宽的 0.7 倍，密布粗浅刻点和短毛，腹板新月状，具稀粗浅刻点和短毛。第 2 节背板稍宽，长是宽的 0.8 倍，具密刻点和短毛，腹板基部凹陷，端部稍平，具粗浅刻点和短毛。第3~7节背、腹板向端部逐渐收缩，背板刻点细密，腹板刻点稀，覆短毛。

体长：8mm。

雌蜂：近似于雄蜂，唇基1/5的基部黄色。触角末端节呈钩状。小盾片两侧无黄斑。腹部6节，体长12mm。

分布：云南（新平、福贡）、黑龙江；德国，意大利。为云南新纪录。

（150）单佳盾蜾蠃 *Euodynerus*（*Euodynerus*）*dantici dantici*（Rossi）1790（**彩图版** XXXI. 150）

Rossi：1790, Fauna Etrusca 2：89.

雄蜂：体中等大型，黑色，斑纹黄色。头部黑色，两触角窝之间有1上部呈叉状的黄色斑、两复眼内缘凹陷处下部各有1窄条状黄斑。两复眼后缘上部各有1窄条状黄斑。单眼暗棕色。触角支角突黑色。柄节黑色，前缘黄色。梗节、鞭节黑色。唇基全呈黄色。上颚暗棕色。前胸、中胸背板、小盾片黑色。后小盾片黑色，中央有1黄色横斑。并胸腹节黑色，近基部两侧各具1黄色纵斑。中胸侧板黑色，于上部有1椭圆形黄斑。后胸侧板黑色。翅基片暗棕色。翅呈棕色，前翅前缘色略深。所有足的基节、转节黑色。前足股节、胫节黑色，仅胫节背面黄色，跗节棕色。中足股节端部内侧、胫节内侧黄色，其余呈黑色，跗节暗棕色。后足股节顶端内侧、胫节内侧黄色，余均黑色，跗节棕色。第1腹节背板黑色，端部有1两侧宽、中间窄的黄色弯横带，腹板暗棕色。第2腹节背板黑色，端部和两侧形成1凹形黄色横带，腹板均呈黑色。第3~5节背、腹板均呈黑色，各节端部均有1凹形窄黄色横带。第6节背板黑色，端部有1窄黄色横带，腹板黑色，端缘暗棕色。第7节背、腹板均呈黑色。

头部：横宽、刻点稍粗糙、毛稀，较胸部翅基片处稍窄。两触角窝之间隆起，额沟不明显。额稍平，额与头顶具稍粗纵皱刻点和短毛。后头隆起，后头与后颊密布稍粗刻点和短毛。单眼区稍隆起，单眼呈三角形排列，前单眼稍大于后单眼，后单眼后部、两侧和前单眼前缘凹陷，OOD是IOD的1.8倍，OCD是OOD的1.5倍。触角丝状，13节，向端部逐渐加粗，第12、13节强收缩，稍弯曲，不呈钩状，第1鞭节是第2鞭节长的1.6倍。唇基隆起，长大于宽，端部中央深凹缘，两侧呈齿状突出，具粗浅刻点和短毛。上颚长，楔状，内缘具3个钝齿，末端齿尖。

胸部：前胸背板前缘截状，两肩角明显，密布粗糙刻点和短毛。中胸背板稍隆起，中央有1细浅纵脊，密布细刻点和短毛。小盾片矩形，密布细刻点和短毛。后小盾片横带状，基部呈脊状隆起，刻点粗皱，端部近垂直，后缘中央呈钝角形突出，刻点细密，覆短毛。并胸腹节向后下方垂直，背面中部凹陷，近中部两侧各具1齿状突，凹陷中央有1纵沟，沟两侧具倾斜条纹，上半部和两外侧具粗皱刻点和横皱褶，覆短毛。中胸侧板隆起，胸腹侧脊明显，密布细刻点和短毛。后胸侧板窄，具稀浅刻点和短毛。翅基片光滑，具稀浅刻点和短毛。翅透明，前翅痣近三角形，长是宽的2.5倍，径脉自翅痣下近中部稍后方发出，第3肘室宽，近方形，第1肘室长于第2、3肘室之和。足细长，后足第1跗节是第2跗节长的4.2倍，各足爪均有齿，爪垫明显。

腹部：第1节呈短柄状，向端部突然膨胀，呈柄状。第1节背板前缘倾斜，横脊无，长是宽的0.7倍，密布细浅刻点和短毛，腹板新月状，具稀浅刻点和短毛。第2节背板宽，长是宽的 0.8 倍，基部刻点细密，向端部逐渐变粗，覆短毛，腹板稍平，具浅刻点和短毛。第 3~4 节背、腹板向端部逐渐收缩，均覆有与第 2 节相同的刻点和短毛。第 5 节背板刻点粗，刻点在中部形成数个大的深窝，腹板刻点浅，覆短毛。第 6、7 节背、腹板光滑，仅第 6 节背板端部有少量刻点，覆稀短毛。

体长：12mm。

雌蜂：近似于雄蜂，但体型稍大。触角 12 节。腹部 6 节，体长 14mm。

分布：云南（西双版纳）、河北、江苏、浙江、甘肃；日本。

（151）四带佳盾蜾蠃 *Euodynerus*（*Pareuodynerus*）*quadrifasciatus quadrifasciatus*（Fabricius）1793（**彩图版 XXXI. 151**）

Fabricius：1793，Entom. Syst. 2：266.

雌蜂：体小至中等大型。黑色，斑纹黄色。头部黑色，两触角窝之间隆起处上方 1 黄色斑、两复眼后缘上部左右各 1 黄色斑。单眼深褐色。触角支角突、柄节后缘、梗节、鞭节黑色，柄节前缘棕色。唇基黑色，有时基部边缘黄色。上唇深棕色。上颚基半部黑色，端半部深棕色，近基部处有 1 三角形黄色斑。前胸背板黑色，前缘两侧各具 1 相邻的黄色横带。中胸背板、小盾片全呈黑色。后小盾片黑色，基部有 1 黄色横带。并胸腹节全呈黑色。中胸侧板黑色，于上部有 1 黄色小斑。后胸侧板黑色。翅基片黄色。翅呈棕色，前翅前缘色略深。前、中、后足基节、转节、股节基部黑色，股节端部棕色，前足胫节和第 1 跗节深棕色，其余跗节棕色，中、后足胫节与跗节均呈棕色。第 1 腹节背板黑色，端部有 1 中央稍凹陷的黄色横带，带两侧的中部各具 1 褐色横斑，腹板黑色。第 2 腹节背板黑色，端部边缘有 1 黄色横带，腹板黑色，端部两侧各具 1 黄色斑。第 3、4 节背板黑色，端部边缘各具 1 黄色横带，腹板黑色，仅于节端部有窄的黄色横带。第 5、6 节背、腹板均呈黑色。

头部：横宽、刻点稍粗糙、毛稀，较胸部翅基片处稍窄。两触角窝之间呈脊状隆起，额沟明显。额与头顶密布粗大刻点和短毛。后头隆起，后头与后颊具稀浅刻点和短毛。单眼区稍隆起，单眼呈三角形排列，前单眼稍大于后单眼，后单眼后部、两侧和前单眼前缘凹陷，OOD 与 IOD 近相等，OCD 是 OOD 的 2.2 倍。触角丝状，12 节，向端部逐渐加粗，顶鞭节末端稍尖，第 1 鞭节是第 2 鞭节长的 2.1 倍。唇基隆起，宽大于长，端部中央深陷，两侧呈齿状突出，具粗纵皱刻点和短毛。上颚长，楔状，内缘具 3 个钝齿，末端齿钝。

胸部：前胸背板前缘截状，两肩角明显，密布粗刻点和短毛。中胸背板稍隆起，中央有 1 细纵脊，密布稍粗刻点和短毛。小盾片矩形，背面稍平，密布刻点和短毛。后小盾片五边形，具粗皱刻点和短毛。并胸腹节向后下方垂直，端部截形，中部宽凹陷，两侧近中部各有 1 齿状突，凹陷中央有 1 纵沟，沟两侧具倾斜条纹，上半部具粗皱刻点，两边具横皱褶，均覆短毛。中胸侧板隆起，密布细刻点和短毛。后胸侧板窄，具稀浅刻点和短毛。翅基片光滑，具稀浅刻点和短毛。翅透明，前翅痣近方形，长是宽的 3 倍，径脉自翅痣下端部处发出，第 3 肘室宽，近方形，第 1 肘室长于第 2、3 肘室之和。足细长，后足第 1 跗节是第 2 跗节长的 4 倍，各足爪均有齿，爪垫明显。

腹部：第 1 节基部细，向端部突然膨胀，呈杯状。第 1 节背板隆起，无横脊，长是宽的0.7倍，密布粗浅刻点和短毛，腹板新月状，具稀浅刻点和短毛。第2节背板宽，长是宽的0.8倍，具细密刻点和短毛，腹板基部凹陷，端部稍平，具细密刻点和短毛。第3~6节背、腹板向端部逐渐收缩，具细浅刻点和短毛。

体长：12mm。

雄蜂：近似于雌蜂，但体型稍小。唇基黄色。触角末端节呈钩状。腹部7节，第1~5腹节背板各具1黄色横带，第5节横带窄。体长10mm。

分布：云南（马关、维西）、黑龙江、河北；俄罗斯，土耳其，欧洲中部和北部。

（152）显佳盾蜾蠃 *Euodynerus*（*Pareuodynerus*）*notatus notatus*（Jurine）1807（**彩图版**XXXI. 152）

Jurine：1807，Nouvelles Method. Class. Hym.：170.

雌蜂：体小型。黑色，斑黄色。头部黑色，两触角窝之间隆起处上方1个斑、两复眼后缘上部两侧各1短黄色纵带。单眼棕色。触角支角突、柄节、梗节、鞭节黑色，柄节前缘褐黄色。唇基黑色，基部约2/5黄色。上颚褐色，基部处有1小三角形黄色斑。前胸背板黑色，前缘两侧各具1黄色横带。中胸背板、小盾片全呈黑色。后小盾片黑色，基部有1黄色横带。并胸腹节黑色。中胸侧板黑色，仅于上部有1圆形黄色斑。后胸侧板呈黑色。翅基片黄色。翅呈浅棕色，前翅前缘色略深。前足基节、转节和股节基部大部为黑色，股节端部与胫节褐黄色，跗节与爪暗棕色。中、后足基节、转节，股节除端部外，黑色，股节端部与胫节褐黄色，跗节与爪暗棕色。第1腹节背板黑色，端部边缘有1中部凹陷的宽黄色横带，横带两侧中部各具1黑色短横线，腹板全呈黑色。第2腹节背板黑色，端部边缘有1窄黄色横带。第3、4节背板黑色，端部边缘各具1窄黄色横带，腹板均呈黑色。第4~6节背、腹板均呈黑色。

头部：横宽、刻点粗皱、毛稀，约与胸部翅基片处近等宽。两触角窝之间隆起，额沟明显。额与头顶具粗皱刻点和短毛。后头中部具1极浅凹痕，后头与后颊具稀浅刻点和短毛。单眼区稍隆起，单眼呈三角形排列，前单眼稍大于后单眼，OOD是IOD的0.8倍，OCD是OOD的2.1倍。触角丝状，12节，向端部逐渐加粗，顶鞭节末端稍钝，第1鞭节是第2鞭节长的2倍。唇基隆起，宽大于长，端部窄，端缘凹陷，两侧呈齿状突出，具粗纵皱刻点和短毛。上颚长，楔状，内缘具3个钝齿，端部齿尖。

胸部：前胸背板前缘截状，两肩角明显，密布粗皱刻点和短毛。中胸背板稍隆起，基部中央有1短纵沟，具粗浅刻点和短毛。小盾片矩形，背面稍平，具粗皱刻点和短毛。后小盾片横带状，基部隆起，刻点粗皱呈齿状，端部向下垂直，端缘中央呈角状突出，具粗刻点，均覆短毛。并胸腹节端部截形，向下呈粗皱状，两侧各具1齿状突，中央具1浅纵沟，沟两侧具倾斜条纹，基部两侧刻点粗皱，两外侧具横皱褶，均覆短毛。中胸侧板稍隆起，胸腹侧脊明显，密布细刻点和短毛。后胸侧板窄，具稀浅刻点和短毛。端部截形，中部宽凹陷，两侧近中部各有1齿状突，凹陷中央有1纵沟，沟两侧具倾斜条纹，上半部具粗皱刻点，两边具横皱褶，均覆短毛。翅基片光滑，内侧中部有1弧形凹陷，具稀浅刻点和短毛。翅透明，前翅痣近方形，长是宽的3.2倍，径脉自翅痣下近端部处发出，第3肘室宽，近方形，中部稍收缩，第1肘室稍长于第2、3肘室之和。足粗壮，后足第1跗节是第2跗节长的4.3倍，各足爪均有齿，爪垫明显。

腹部：第1节基部细，向端部突然膨胀，呈钟形。第1节背板长是宽的0.8倍，具中等细密刻点和短毛，腹板新月状，中央有1纵凹陷，光滑，具稀浅刻点和短毛。第2节背板宽，长是宽的0.7倍，具细密刻点和短毛，腹板基部凹陷，端部稍平，具粗浅刻点和短毛。第3~6节背、腹板向端部逐渐收缩，均具稀浅刻点和短毛。

体长：14mm。

雄蜂：近似于雌蜂，但体型稍小。唇基全呈黄色。触角末端节呈钩状。小盾片两侧各具1黄斑。腹部7节。体长10mm。

分布：云南（新平）、江苏；日本，土耳其，欧洲，为云南新记录。

（153）日本佳盾蜾蠃 *Euodynerus*（*Pareuodynerus*）*nipanicus*（Schulthess）1908（**彩图版XXXI.153**）

Schulthess：1908，Eos. Madr. 4：77.

雌蜂：体小型。黑色，斑纹黄色。头部除两触角窝之间隆起处上方额沟处1个斑、两复眼后缘上部左右各1斑黄色外，其余均呈黑色。触角支角突、柄节后缘、梗节、鞭节黑色，柄节前缘黄色。单眼褐色。唇基基半部黄色，端半部黑色，左右各有1黄色小斑。上唇棕色。上颚基部黑色，向端部逐渐呈棕色，近基部有1黄色小斑。前胸背板黑色，前缘两侧各具1黄色横带。中胸背板、小盾片全呈黑色。后小盾片黑色，基部有1黄色横带。并胸腹节、中胸侧板、后胸侧板均呈黑色。翅基片黄色，中央有1棕色斑。翅呈棕色，前翅前缘色略深。所有足的基节、转节、股节除端部外，黑色。股节端部、胫节、跗节均呈棕色。第1~4腹节背板黑色，端部边缘各具1黄色横带，腹板全呈黑色。第5、6节背、腹板均呈黑色。

头部：横宽、刻点粗糙、毛稀，较胸部翅基片处稍窄。两触角窝之间呈脊状隆起，额沟明显。额与头顶具粗糙刻点和短毛。后头中央有1浅凹窝，后头与后颊具粗浅刻点和短毛。单眼区稍平，单眼呈三角形排列，前单眼稍大于后单眼，OOD是IOD的0.5倍，OCD是OOD的1.8倍。触角丝状，12节，向端部逐渐加粗，顶鞭节末端稍钝，第1鞭节是第2鞭节长的1.7倍。唇基稍隆起，长与宽近相等，端部窄，边缘凹陷，基部具稀浅刻点，端部具纵皱刻点，覆短毛。上颚长，楔状，内缘具3个钝齿，端部齿尖。

胸部：前胸背板前缘截状，两肩角明显，密布粗刻点和短毛。中胸背板稍平，中央具1浅纵沟，密布粗刻点和短毛。小盾片矩形，背面稍平坦，基部具1短纵脊，具粗皱刻点和短毛。后小盾片五边形，端部向下垂直，基部隆起，具粗皱刻点和短毛。并胸腹节中部宽凹陷，两侧近中部各具1尖齿状突，凹陷中央具1浅纵沟，两侧有倾斜条纹，基部和两下侧具粗刻点和横皱褶。中胸侧板稍隆起，胸腹侧脊细，具粗刻点和短毛。后胸侧板窄，具细密横皱褶和稀短毛。翅基片光滑，具稀浅刻点和短毛。翅透明，前翅痣近三角形，长是宽的3.5倍，径脉自翅痣下近端部处发出，第3肘室宽，近方形，中部稍窄，第1肘室稍长于第2、3肘室之和。足强健，后足第1跗节是第2跗节长的3.2倍，各足爪均有齿，爪垫明显。

腹部：第1节基部细，向端部突然膨胀，呈杯形。第1节背板隆起，横脊无，长是宽的 1.2 倍，具细密刻点和短毛，腹板新月状，具细浅刻点和短毛。第 2 节背板宽，长是宽的 0.8 倍，具细浅刻点和短毛，腹板基部凹陷，端部稍平，具粗刻点和短毛。第 3~6 节背、腹板向端部逐渐收缩，背板具浅刻点和短毛，腹板具稀粗浅刻点和短毛。

体长：11mm。

雄蜂：近似于雌蜂，但体稍小。唇基全呈黄色。触角末端节呈钩状，腹部 7 节，第 1~5 节背板端部边缘各具 1 黄色横带。体长 9mm。

分布：云南（勐海、永平）、黑龙江、吉林、辽宁、河北、山东、江苏、浙江、广东、广西、四川；日本。

（154）英佳盾蜾蠃 *Euodynerus*（*Euodynerus*）*variegatus kruegeri*（Schulthess）1928 **（彩图版 XXXI. 154）**

Schulthess：1928，Eos. Madr. 4：77.

雌蜂：体中等大型。黑色，斑黄色。头部黑色，两触角窝之间隆起脊与上部相连的 1 近“丁”字状斑、两复眼内缘凹陷处下部左右各 1 个斑、两复眼后缘上部各 1 窄条状斑均黄色。单眼褐色。触角支角突、柄节后缘、鞭节黑色，柄节前缘黄色。唇基基半部黄色，端半部黑色。上颚暗棕色，有时基部处有 1 小三角形黄色斑。前胸背板黑色，前缘两侧各具 1 宽黄色横带。中胸背板、小盾片、后小盾片黑色。并胸腹节黑色，两侧各具 1 窄黄色斑。中胸侧板黑色，仅于上部有 1 圆形黄色斑。后胸侧板呈黑色。翅基片黄色。翅呈褐色，前翅前缘色略深。所有足的基节暗棕色，转节、股节基部黑色，股节端部、胫节、跗节均呈棕色。第 1 腹节背板黑色，端部有 1 凹形宽黄斑，斑两侧近端部各有 1 棕色窄横斑，中央纵沟黑色，腹板暗棕色。第 2 腹节背板黑色，两侧和端部形成 1 中央稍向前突出的“U”形黄斑，腹板黑色，两侧各具 1 黄斑。第 3、4 腹节背板基部大部分黑色，于端部各具 1 凹形黄斑，腹板黑色，两侧各具 1 黄色小斑。第 5、6 腹节背、腹板均呈黑色。

头部：横宽、刻点粗、毛稀，较胸部翅基片处窄。两触角窝之间呈脊状隆起，额沟可见。额与头顶密布粗刻点和短毛，刻点在单眼区周围稍平，略凹陷。后头圆，中央有 1 浅凹窝，后头与后颊具浅刻点和短毛。单眼区稍平，单眼呈三角形排列，前单眼稍大于后单眼，OOD 是 IOD 的 0.9 倍，OCD 是 OOD 的 1.8 倍。触角丝状，12 节，向端部逐渐加粗，顶鞭节末端稍尖，第 1 鞭节是第 2 鞭节长的 1.7 倍。唇基隆起，长略大于宽，端部具浅凹缘，两侧呈齿状突出，密布纵列条纹和短毛。上颚长，粗壮，内缘具 3 个钝齿，末端齿钝。

胸部：前胸背板前缘截状，两肩角明显，密布粗刻点和短毛。中胸背板稍隆起，基部中央有 1 短纵脊，密布粗刻点和短毛。小盾片矩形，中央有 1 细纵沟，密布粗刻点和短毛。后小盾片横带状，基部呈脊状隆起，中央稍凹陷，端部向下呈垂直状，后缘近弧形，密布粗皱刻点和短毛。并胸腹节中央宽凹陷，两侧近中部各具 1 尖齿状突，凹陷中央具 1 浅纵沟，两侧密布对称的倾斜条纹，两侧上部具粗刻点和短毛。中胸侧板稍平，具粗刻点和短毛。后胸侧板窄，凹陷，具横皱褶和稀短毛。翅基片光滑，具稀浅刻点和短毛。翅透明，前翅痣近方形，长是宽的 3.8 倍，径脉自翅痣下近端部处发出，第 3 肘室近方形，第 1 肘室与第 2、3 肘室之和等长。足细长，后足第 1 跗节是

第 2 跗节长的 4.5 倍，各足爪均有齿，爪垫明显。

腹部：第 1 节基部细，向端部突然膨胀，呈短柄状。第 1 节背板强烈隆起，前缘近垂直，端部中央有 1 短纵沟，长是宽的 0.8 倍，稀布浅刻点和短毛，腹板近弧形，稀布浅刻点和短毛。第 2 节背板宽，不甚隆起，长是宽的 0.7 倍，密布细刻点和短毛，腹板基部凹陷，中央形成 1 短纵沟，具粗浅刻点和短毛。第 3~6 节背、腹板向端部逐渐变窄，均覆粗浅刻点和短毛。

体长：14mm。

雄蜂：近似于雌蜂，但体略小。唇基全呈黄色，长明显大于宽。触角末端节呈钩状。腹部 7 节，体长 13mm。

分布：云南（昆明、富民、禄劝）、黑龙江、河北、江苏、浙江；意大利。

参考文献

[1] 周尧．中国昆虫学史［M］．陕西：昆虫分类学报社，1980：97-99.

[2] 李参仁，王铁伟，董秀仁．黄唇蜾蠃蜂及其利用的初步研究［J］．昆虫学报，1975. 18（2）：151-155.

[3] 李恒，郭辉军，刀志灵．高黎贡山植物［M］．北京：科学出版社，2000，1~1344.

[4] 李铁生．四川省胡蜂一新种［J］．动物分类学报，1981，6（4）：423-424.

[5] 李铁生．四川省胡蜂总科名录［J］．昆虫天敌，1982，4：55-56.

[6] 李铁生．福建省胡蜂总科记略及一新种记述［J］．武夷科学，1982，1：197-199.

[7] 李铁生．云南省胡蜂总科记略［J］．动物学研究，1982，3（1）：83-87.

[8] 李铁生．西藏昆虫［M］．北京：科学出版社，1982，2：375-377.

[9] 李铁生．中国农区胡蜂［M］．北京：中国农业出版社，1982.

[10] 李铁生．中国经济昆虫志．膜翅目：胡蜂总科［M］．北京：科学出版社，1985.

[11] 李铁生．中国长黄胡蜂属纪要［J］．动物学集刊，1986a，10（4）：195-200.

[12] 李铁生．中国黄胡蜂属记述［J］．动物学集刊，1986b，10（4）：201-206.

[13] 常达．中国地质学［M］．北京：地质出版社，1958，1-344.

[14] 李雅风，李吉均．青藏高原晚新生代隆升与环境变化［M］．广州：广东科技出版社，1959，1-463.

[15] 达尔文．谢蕴贞译．物种起源［M］．北京：科学出版社，1955：1-436.

[16] 董大志，王云珍．云南胡蜂垂直分布及其区系分析研究［J］．动物学研究，1992，13（4）：343-352.

[17] 董大志，大塚公雄．中国狭腹胡蜂的生物学与地理分布［J］．昆虫学报，1994，37（4）：450-457.

[18] 董大志，魏佳宁，况荣平，等．云南昆明地区花卉害虫及天敌［J］．西南农业大学学报，1999，21（4）：350-357.

[19] 董大志，乐应国．胡蜂的识别与防治［J］．蜜蜂杂志，1999，11（163）：21-23.

[20] 董大志，王云珍．中国珍稀昆虫图鉴［M］．北京：中国林业科技出版社，1999：1-313.

[21] 董大志，王云珍，乐应国．胡蜂益害关系的评价［J］．西南农业大学学报，2000，22（5）：411-442.

[22] 董大志．云南胡蜂属（膜翅目：胡蜂科）一新种［J］．西南农业大学学报，

2001，23（1）：82-83.
[23] 董大志，王云珍．大陆漂移与云南胡蜂的扩散分布［J］．西南农业大学学报，2001，23（4）：307-309.
[24] 董大志，王云珍，何远辉，等．云南黄胡蜂属（膜翅目：胡蜂科）一新种［J］．西南农业大学学报，2002，24（5）：396-397.
[25] 董大志．昆明市志·第1分册［M］．昆明：人民出版社，2003，224-233.
[26] 董大志，王云珍．胡蜂属 *Vespa* Linnaeus 的系统发育研究（膜翅目：胡蜂科）［J］．西南农业大学学报，2003，25（5）：405-408.
[27] 董大志，王云珍，何远辉，等．怒江黄胡蜂属（膜翅目：胡蜂科）一新种［J］．西南农业大学学报，2003，25（3）：212-213.
[28] 董大志，王云珍，何远辉，等．怒江黄胡蜂（膜翅目：胡蜂科）一新种．西南农业大学学报，2004，26（2）：146-147.
[29] 董大志，王云珍．膜翅目：胡蜂科．中国烟草害虫及其综合治理［M］．北京：中国农业科技出版社，2003：309-311.
[30] 董大志，王云珍．膜翅目：异腹胡蜂科．中国烟草害虫及其综合治理［M］．北京：中国农业科技出版社，2003：311.
[31] 董大志．20世纪中国学术大典．昆虫学［M］．福州：福建教育出版社，2004：142-146.
[32] 董大志，梁醒财，王云珍，等．云南贡山黄胡蜂（膜翅目：胡蜂科）一新种［J］．昆虫分类学报，2005，27（1）：65-68.
[33] 黄复生．西南武陵山地区昆虫［M］．北京：科学出版社，1993：1-776.
[34] 黄复生．大陆漂移与白蚁的系统发育［M］．动物学研究，1987，8（1）：55-60.
[35] 唐·塔林，莫·塔林．大陆漂移浅说［M］．范毅，高永源，译．北京：科学出版社，1971：55-60.
[36] 谭江丽，李军林，邢连喜，等．角马蜂贮精囊及精子的形态学观察［J］．昆虫学报，2013，56（9）：989-995.
[37] 谭江丽，C. VAN ACHTERBERG，陈学新．致命的胡峰（中国胡蜂亚科）［M］．北京：科学出版社，2015：1-164.
[38] 王书永，谭娟杰．中国横断山区叶甲科区系研究［J］．动物学集刊，1993，175-166.
[39] 中国植被编辑委员会．中国植被［M］．北京：科学出版社，1980：1-1024.
[40] 云南省林业厅，中国科学院昆明动物研究所．云南森林昆虫［M］．昆明：云南科学技术出版社，1986：1-622.
[41] 郑作新，张荣组．中国动物地理区划与昆虫地理区划［M］．北京：科学出版社，1959：1-97.
[42] 中国第四纪委员会．中国第四纪研究［M］．北京：科学出版社，1960：1-128.
[43] 中国科学院青藏高原综合科学考察队．西藏昆虫一、二册［M］．北京：科学出版社，1981-1982，1：1-600，2：1-508.

[44] 中国科学院动物研究所．中国农业昆虫上、下册［M］．北京：中国农业出版社，1986，1-766，1-992.

[45] 中国科学院青藏高原综合科学考察队．横断山区昆虫［M］．北京：科学出版社，1992：1-865.

[46] 胡经甫．Catalogus Insectorum Sinensium［M］. 1941，VI：205-231.

[47] 刘崇乐．A bibliographic and synonymic catalogue of the Vespidae of China，with a cross-refenring index for the genera and species［J］. Peking Nat. Hist. Bull. 1936-1937，2（2）：91-144. 2（3）：205-232. 2（4）：331-350.

[48] 刘崇乐．Revisional studies of the Vespidae of China I：The genes Pareumenes Saussure，with descriptions of six new species（Hymenoptera：Eumeninae）［J］. Mus. Hevde，1941，8（6）：245-289.

[49] AKRE R D，DAVIS H G. Biology and pest status of venomous wasps［J］. Annual Review of Entomology，1978，23：215-238.

[50] AKRE R D，GREENE A，MacDonald J F，*et al.* The yellowjackets of America north of Mexico［J］. USDA，Washington DC：1981，102.

[51] AKRE R D，REED H C. Population cycles of yellowjackets（Hymenoptera：Vespidae）in the Pacific Northwest［J］. Environmental Entomology，1981，10：267-274.

[52] AKRE R D. Social wasps. In H. R. Hermann. Social insects［M］. 1982，Vol. IV，1-105. New York：Academic Press.

[53] AKRE R D，REED HC，LANDOLTPJ. Nesting biology and behavior of the black-jacket，*Vespula consobrina*（Hymenoptera：Vespidae）［J］. J. Kansas Entomol. Soc.，1982，55：373-405.

[54] ANTOLIN-AMÉRIGO D，MORENO AGUILAR C，VEGA A，*et al.* Venom Immunotherapy：an Updated Review，Current Allergy and Asthma Reports，2014，14：449.

[55] ARAÙJO V A，MOREIRA J，LINO-NETO J. Morphology of the male reproductive system of the social wasp，*Polistes versicolor versicolor*，with phylogenetic implications［J］. Journal of Insect Science，2010，10：1-10.

[56] ARCHER M E. Population dynamics. In：Edwards R. Social Wasps［J］. The Rentokil Library，East Grinstead：1980，172-207.

[57] ARCHER M E. A simulation model for the colonial development of *Paravespula vulgaris*（Linnaeus）and *Dolichovespula sylveslris*（Scopoli）（Hymenoptera：Vespidae）［J］. Melanderia，1981，36：1-59.

[58] ARCHER M E. A key to the world species of the Vespinae（Hymenoptera）. Research Mono-graphy of the College of Ripon and York［J］. St. John，1981，2：1-41.

[59] ARCHER M E. Some reaction to the book reviews of ‘A key to the world species of the Vespinae（Hymenoptera）’ with some further information on Lee’s ‘new’ species［J］. Sphecos，1990，20：6.

[60] ARCHER M E. The number of species that can be recognised within the genus *Vespa*

(Hym. , Vespinae)[J]. Entomologist's Monthly Magazine, 1991a, 127: 161-164.

[61] ARCHER M E. Taxonomy and bionomics of the *Vespa* tropica group (Hym. , Vespinae) [J]. Entomologist's Monthly Magazine, 1991b, 127: 225-232.

[62] ARCHER M E. The taxonomy of *Vespa crabro* L. and *V. dybowskii* Ander (Hym. , Vespinae) [J]. Entomologist's Monthly Magazine, 1992, 128: 157-163.

[63] ARCHER M E. Further news on *Dolichovespula* and Lee's nine "new" species of *Vespula* and *Dolichovespa* (Vespinae) [J]. Sphecos, 1993a, 24: 12.

[64] ARCHER M E. The life-history and colonial characteristics of the Hornet, *Vespa crabro* L. (Hym. , Vespinae) [J]. Entomologist's Monthly Magazine, 1993b, 129: 151-163.

[65] ARCHER M E. Taxonomy distribution and nesting biology of the Vespa bicolor group [J]. Entomologist's Monthly Magazine, 1994a, 130: 149-158.

[66] ARCHER M E. Aphylogenetic study of the species of the genus *Vespa* (Hymenoptera: Vespinae) [J]. Entomological Scandinavica, 1994b, 24: 469-478.

[67] ARCHER M E. Indentification of Lee's new species of *Vespula* and *Dolichovespula* (Hym. , Vespinae) [J]. Sphecos, 1994c, 27: 13.

[68] ARCHER M E. Taxonomy, distribution and nesting biology of the *Vespa mandarinia* group (Hym. , Vespinae) [J]. Entomologist's Monthly Magazine, 1995, 131: 47-53.

[69] ARCHER M E. Taxonomy, distribution and nesting biology of *Vespa affinis* (L.) and *Vespa mocsaryana* du buysson (Hym. , Vespinae) [J]. Entomologist's Monthly Magazine, 1997, 133: 27-38.

[70] ARCHER M E. Taxonomy, distribution and nesting biology of the *Vespa orientalis* L. (Hymenoptera: Vespinae) [J]. Entomologis' s Monthly Magazine, 1998a, 134: 45-51.

[71] ARCHER M E. Taxonomy, distribution and nesting biology of the *Vespa analis* F. (L.) (Hymenoptera: Vespinae) [J]. Entomologist's Monthly Magazine, 1998b, 134: 215-222.

[72] ARCHER M E. Taxonomy, distribution and nesting biology of *Vespa binghami*, *V. basalis*, *V. variabilis*, *V. fervid*, *V. luctuosa*, *V. multimaculata* and *V. bellicosa* (Hymenoptera: Vespinae) [J]. Entomologist's Monthly Magazine, 1999, 135: 43-50.

[73] ARCHER M E. Taxonomy, distribution and nesting biology of species of the genera *Provespa* Ashmead and *Vespa* Linnaeus (Hymenoptera: Vespidae) [J]. Entomologist's Monthly Magazine, 2008, 144: 69-101.

[74] ARCHER M E. Vespine wasp of the world, behavior, ecology, taxonomy of the Vespinae: 352. Monograph Series 4, Manchester [M]. Siri Scientific Press, 2012.

[75] ARENS W. Die sozialen Faltenwespen der Peloponnes (Hymenoptera: Vespidae: Vespinae Polistinae), mit Beschreibung einer neuen *Polistes*-Art und einem regionalen *Polistes* - Bestimmungsschüsse [J]. Linzer biologische Beiträge, 2011, 43 (1): 443-481.

[76] ARÉVALO E, ZHU Y, CARPENTER J M, *et al.* The phylogeny of the social wasp subfamily Polistinae: evidence from microsatellite flanking sequences, mitochondrial COI sequence, and morphological characters [J]. Biomed Central Evolutionary Biology, 2004, 4: 1-16.

[77] ASHMEAD W H. Classification of the fossorial, Predaceous and parasitic wasps, or the super family Vespoidea [M]. parts 6-8, Canad. Ent. 1902, 34: 163-166, 203-210, 219-221.

[78] ATKINS D M. Insect in perspective [M]. New York, London: Macmillin publishing CO, 1978, 1-513.

[79] BEQUAERT J. A revision of the Vespidae of the Belgian Congo based on the collection of the American Museum Congo Expedition, with a list of Ethiopian diplopterous wasps [J]. Bulletin of the American Museum of Natural History, 1918, 39: 1-384.

[80] BEQUAERT J. A study of certain types of diplopterous wasps in the collection of the British Museum [J]. Ann. Mag. Nat. Hist, 1928, (10) 2: 138-176.

[81] BEQUAERT J. The common oriental hornets. *Vespa tropica* and *Vespa affinis*, and their color forms [J]. Treubia, 1936, 15: 329-351.

[82] BERLAND L. Hymenoptera Vespiformes. II-Faune de France [M]. 1928, 19: 5-77.

[83] BINGHAM O T. Fauna of Brit. India, incl. Ceylon and Burma. Hymenoptera 1, Wasps and Bees [M]. 1897, 579. pp.

[84] BLOMMERS L H M. Taxonomy and natural history of 18 Ropalidia species (Hymenoptera: Vespidae) of Madagascar [J]. Tijdschrift voor Entomologie, 2012, 155: 133-192.

[85] BORRER D J, DELONG D M. An introduction to the Study of insect. 10 Orange street, London W C 2 [M]. constable & company Ltd. , 1957, 1-1030.

[86] BURNHAM L. Survey of social insects in the fossil record [J]. Psyche, 1978, 85: 85-133.

[87] BUTTS D P, CAMANN M A, ESPELIE K E. Workers and queens of the European hornet *Vespa crabro* L. have colony-specific cuticular hydrocarbon profiles (Hymenoptera: Vespidae) [J]. Isectes Sociaux, 1995, 42: 45-55.

[88] BUTTS D P, ESPELIE K E, HERMANN H R. Cuticular hydrocarbons of four species of social wasps in the subfamily Vespinae: *Vespa crabro* (L.), *Dolichovespula maculata* (L.), *Vespula squamosa* (Drury), and *Vespula maculifrons* (duBuysson) [J]. Comparative biochemistry and Physiology, 1991, 99B: 87-91.

[89] BLÜTHGEN P. Beitrage zur Kenntnis der palaarktischen Eumeniden (Hym. Vespidae) [J]. *Doutsch Ent. Zeit*, 1938, 434-496.

[90] BLÜTHGEN P. Neue paläarktische Eumens-Arten oder-Rassen. (Hym. Vespidae, Eumcnidac) [J]. *Mitt. Münch. Ent. Gese.*, 1943, 33: 297-306.

[91] BLÜTHGEN P. Neue oder bemerkenswerte paläarktische Faltenwespen aüs der Zoologischen

Staatssamulung in München (Hym. , Vespidae, Eumenidae) [J]. *Mitt. Münch. Ent. Gese.* , 1951, 41: 166-201.

[92] BLÜTHGEN P. Die faltenwespen mitteleuropas (Hym. Diploptera) der Deutschen akademie der wissenscharten zu Berlin [M]. 1961, 2: 7-248.

[93] BÖNER C. Stammesgeschichte der Hautfügler [J]. Biol. Zentralbl, 1919, 39: 145-186.

[94] BOHART R M & STANGE L A. A revision of the genus Zethus Fabricius in the Western Hemisphere [M]. Univ. Calif. Publs. Ent. , 1965, 40: 1-208.

[95] BONELLI B. Osservazioni eto-ecologiche sugli Imenotteri aculeate dell' Etiopia. 5. Delta emarginatum (L.) [J]. Boll. lst. Ent. Univ. Bologna, 1973, 32: 27-46.

[96] BRADLEY J C. The taxonomy of the Masarid wasps, including a monograph of the North American species [M]. Univ. Calif. Publ. Tech. Bull. 1922, 1: 369-464.

[97] BRADLEY J C. Phylogeny of the Hymenoptera [M]. Proc. X. Int. Congr Ent. Montreal, 1958, 1: 265-269.

[98] BROTHERS D J. Phylogeny and classification of the Aculeate Hymenoptera, with special Reference to Mutillidae [M]. Kansas Univ. Sci. Bull. , 1975, 50 (11): 483-648.

[99] BRUES C T. & Melander A T. Classification of Insect [M]. Bull. Mus. Comp. Zool. Harv. 1932, 73: 1-672.

[100] CARPENTER J M. The phylogenetic relationships and natural classification of the Vespoidea (Hymenoptera) [J]. Systematic Entomology, 1981, 7: 11-38.

[101] CARPENTER J M, Cumming J M . A character analysis of the North American potter wasps (Hymenoptera: Vespidae; Eumeninae) [J]. Journal of Natural History, 1985, 19: 877-916.

[102] CARPENTER J M. A synonymic generic checklist of the Eumeninae (Hymenoptera: Vespidae) [J]. Psyche, 1986, 93 (1/2): 61-90.

[103] CARPENTER J M. Phylogenetic relationships and classification of the Vespinae (Hymenoptera: Vespidae) [J]. Systematic Entomology, 1987, 12: 413-431.

[104] CARPENTER J M . The phylogenetic system of the Stenogastrinae (Hymenoptera: Vespidae) [J]. Journal of the New York Entomological Society, 1988, 96: 140-175.

[105] CARPENTER J M . Phylogenetic relationships and the origin of social behavior in the Vespidae [J]. In: Ross KG, Matthews RW. The Social Biology of Wasps, 1991, 7-32. Ithaca, NY: Cornell University Press.

[106] CARPENTER J M. Biogeographic patterns in the Vespidae (Hymenoptera): Two views of Africa and South America. In: Goldblatt P. Biological. Relationships Between Africa and South America [J]. New Haven: Yale University Press, 1993, 139-155.

[107] CARPENTER J M. Distributional Checklist of Species of the Genus *Polistes* (Hyme-

noptera: Vespidae; Polistinae, Polistini) [J]. American Museum Novitates, 1996, 3709: 1-10.

[108] CARPENTER J M. Phylogeny and biogeography of *Polistes*. In: Turillazzi S, West-Eberhard M J *Natural* Figures 40-43. Characters of South-East Asian Vespinae. 40-42 Dorsal view of head (40 *Provespa barthelemyi* (du Buysson); 41 *Vespa bicolor* Fabricius; 42 *Vespula orbata* (du Buysson); and 43 lateral view of mesosoma (*Vespula orbata* (du Buysson). Scale lines: 1 mm. Social wasps of South-East Asia Entomological Science (2003) 6, 183-192 191 *History and Evolution of Paper-Wasps* [J]. 18-57. Oxford University Press, Oxford, 1996a.

[109] CARPENTER J M. Distributional checklist of the species of the genus *Polistes* (Hymenoptera: Vespidae; Polistinae, Polistini) [J]. American Museum Novitates, 1996b, 3188, 1-39.

[110] CARPENTER J M, Kojima J. Checklist of the subfamily Stenogastrinae (Hymenoptera: Vespidae) [J]. Journal of the New York Entomological Society, 1996-1997a, 104, 21-36.

[111] CARPENTER J M, KOJIMA J. Checklist of the species in the subfamily Vespinae (Insecta: Hymenoptera: Vespidae) [J]. Natural History Bulletin of Ibaraki University, 1997b, 1: 51-92.

[112] CARPENTER J M, WENZEL J W. The relative abundance of swarm-founding social wasps in the Congo Basin (Insecta: Hymenoptera; Vespidae, Polistinae) [J]. Natural History Bulletin of Ibaraki University, 1999, 3: 9-14.

[113] CARPENTER J M, STARR C K. A new genus of hover wasps from Southeast Asia (Hymenoptera: Vespidae; Stenogastrinae) [J]. American Museum Novitates, 2000, 3291, 1-12.

[114] CARPENTER J M. New generic synonymy in Stenogastrinae (Insecta: Hymenoptera; Vespidae) [J]. Natural History Bulletin of Ibaraki University, 2001, 5, 27-30.

[115] CARPENTER J M. On 'Molecular Phylogeny of Vespidae (Hymenoptera) and the Evolution of Sociality in Wasps'. American Museum Novitates, 2003, 3389, 1-20.

[116] CARPENTER J M, NGUYEN L T P. Keys to the genera of social wasps of South-East Asia (Hymenoptera: Vespidae) [J]. Entomological Science, 2003, 6: 183-192.

[117] CHAPMAN R F. The insect structure and function [M]. Harvard Unversity Press, 1982, 1-919.

[118] DALLA TORRE K W. von. Catalogus Hymenopterorum 9, Vespidae (Diploptera) [M]. 1894, 1-181.

[119] DALLA TORRE K W. von. Hymenoptera, Fam. Vespidae. In: P. Wyts man. Genera Insectorum [M]. 1904, 19: 1904, 1-108.

[120] DAS B P, GUPTA V K. The social wasps of India and the adjacent countries (Hymenoptera: Vespidae) [J]. Oriental Insects Monograph, 1989, 11, 1-292.

[121] DEMICHELIS S, MANINO A, MINUTO G., et al. Social wasp trapping in north west Italy: comparison of different bait-traps and first detection of *Vespa velutina* [J]. Bulletin of Insectology, 2014, 67 (2): 307-317.

[122] DONALD BORROR and RICHARD E White. A field guide to the insects of America north of Mexico [M]. Boston: Houghton Mifflin Company, 1970, 1-404.

[123] EBRAHIMI E, CARPENTER J M. Catalog of the vespid wasps of Iran (Hymenoptera: Vespidae) [J]. Zootaxa, 2008, 1785: 1-42.

[124] EDERY H, ISHAY J, GITTER S, et al. Venom of Vespidae [J]. Handbook of Experimental Pharmacology. 1978, 48: 691-771.

[125] EDERY H, ISHAY J, LASS I, et al. Pharmacological activity of oriental hornet (*Vespa orientalis*) venom [J]. Toxicon, 1972, 10 (1): 13-25. Doi: 10.1016/0041-0101 (72) 90085-2.

[126] EDWARDS R. Social wasps, their biology and control [J]. Rentokill Limited, East Grinstead, 1980: 398.

[127] FÄSTER V K. Best immungstabellen der nord-und Mitteleurop ischen Faltenwespen (Diplopteryga Latr.) Ent [J]. Meddr., 1961, 31: 7-20.

[128] FAUX J A, MOFFATT M F, LALVANI A, et al. Sensitivity to bee and wasp venoms: association with specific IgE responses to the bee and wasp venom and HLADRB1 and DPB1 [J]. Clinical and Experimental Allergy, 1997, 27 (5): 578-583.

[129] FELLINGER M, FELLINGER R, HEITLAND W. Wespen beteiligen sich an der Beute von Gottesanbeterinnen[J]. Natur und Museum, 2003, 133 (10): 295-301.

[130] FERGUSON I D, GAMBOA G J, JONES J K. Discrimination between natal and non-natal nests by the social wasps *Dolichovespula maculata* and *Polistes fuscatus* (Hymenoptera: Vespidae) [J]. Journal of the Kansas Entomological Society, 1987, 60: 65-69.

[131] FLETCHER D J C, ROSS K G. Regulation of reproduction in eusocial Hymenoptera [J]. Annual Review of Entomolgy, 1985, 30: 319-343.

[132] FOSTER K R, SEPPäP, RATNIEKS F L W, et al. Low paternity in the hornet *Vespa crabro* indicates that multipile mating by quees is derived in vespine wasps [J]. Behavioral Ecology and Sociobiology, 1999, 46: 252-257.

[133] GEFTER M L. A new generation of antigens for immunothcmpy. *In*: Lichtenstein L M, Fauci A. Current Therapy in Allergy [J]. Immunology and Rheumatology: 1992: 376-378.

[134] GIORDANI S A. Contributo alla conoscenza degli Eumenidi Egiziani (Hymenoptera-Vespidae). Bull. Soc. ent. Egypto, 1935, 19: 161-199.

[135] GIORDANI S A. Studi sui vespidi Solitari [J]. Boll. Soc. Venezia. Stor. Nat., 1941, 2: 130-278.

[136] GIORDANI S A. Notulae vespidologicae XIX *Symmorphus* paleartici Nuovi o poco noti

[J]. Bull. Soc. ent. Ital. 1963, 93: 124.

[137] GIORDANI S A. Notulae vespidologicae XIX *Eumenes* paleartei Nuovi o poco noti [J]. Bull. Soc. ent. Ital. 1965, 13: 17.

[138] GIORDANI S A. Le specie paleartiche del genere *Cyrtolabus* v. d. Vecht (Hym., Eumenidae) [J]. Bull. Mus. Civ. Venezia, 1968, 18: 109-124.

[139] GIORDANI S A. Contributo alla conoscenza degli Eumenidi del Medio oriente (Hym.) [J]. Bull. Mus. Civ. Venezia, 1970, 20-21: 27-183.

[140] GOLDEN D B. Epidemiology of Allergy to Insect Venoms and Stings [J]. Allergy and Asthma Proceedings, 1989, 10 (2): 103-107.

[141] GOTOH A, BILLEN J, HASHIM R, et al. Comparison on of spermatheca morphology between reproductive and non-reproductive females in social wasps [J]. Arthropod Structure and Development, 2008, 37: 199-209.

[142] GREENE A. *Dolichovespula and Vespula. In*: Ross K G, Matthews R W. The Social Biology of Wasps [M]. Cornell University Press, Ithaca. 1991, 263-305.

[143] GUICHARD K M. *Symmorphus crassicornis* (Panzer) (Hym. Vespoidea) in Britain. with a key to the British species of *Symmorphus* Wesmael [J]. Ent. Gaz., 1972, 23 (3): 169-174.

[144] HAMILTON W. The genetical evolution of social behavior. I [J]. Journal of Theoretical Biology, 1964, 7: 1-6.

[145] IKAN R, GOTTLIEB R, BERGHANN E D, et al. The pheromone of the oriental hornet, *Vespa orientalis* [J]. Journal of Insect Physiology, 1969, 15: 1709-1712.

[146] IMMS A D. A general textbook of entomology (6th ed.) [M]. 1946, 727..

[147] ISHAY J. Acoustical communication in wasp colonies (Vespinae). Proceeding, 15 th International Congress of Entomology [J]. Washington, Dc, USA, 1976, 406-435.

[148] ISHAY J, IKAN R. Food exchanges between adults and larvae in *Vespa orientalis* F [J]. Animal Behaviour, 1968, 16: 298-303.

[149] ISHAY J, IKAN R, BERGMANN E D. The presence of pheromones in the oriental hornet, *Vespa oriental* F [J]. Journal of Insect Physiology, 1965, 11: 1307-1309.

[150] ISHAY J, RUTTNER F. Thermoregulation in the hornet, *Vespa crabro* Hym., Vespidae [J]. Zeitchrift für vergleichende Physiologie, 1971, 72: 423-434.

[151] ISHAY J, NADLER E Z, GITTER S. Pharmacological activity of *Paravespula germanica* wasp venom [J]. Acta Pharmac. Toxicon, 1973, 33: 157.

[152] ITÔ, Y. Social behavior of an Australian paper wasp, *Ropalidia plebeian*, with special reference to the process of acceptance of an alien female [J]. J. Ethol., 1985, 3: 21-25.

[153] IWATA K. Report of the fundamental research on the biological control of insect pests in Thailand II. The report on the bionomics of acueate wasps. Bionomics of subsocial wasps of Stenogastrinae (Hymenoptera: Vespidae) [J]. Nature & Life in S. E. Asia, Toky-

o. 1967, 5: 259-293.

[154] IWATA K. On the indification of *Ropalidia* (*Anthreneida*) *taiwana koshuensis* Sonan in Formosa (Hymenoptera: Vespidae) [J]. Kontyû, 1969, 37: 367-372. (in Japanese).

[155] IWATA K. Evolution of instinct: Comparative ethology of Hymenoptera [M]. Amerinad Publ. Co., New Delhi, 1976, 535.

[156] JACOBSON E. Annteekeningen over Stenogastrinae [J]. Ent. Meded. Ned. Indië, 1935, 1: 15-19.

[157] JARVILEHTO M. Pattern recognition. *In* G. A. Kerukut & L. I. Gilbert, The vision and perception. Comprehensive insect physiology, biochemistry and pharmacology 6 [J]. Nerve system: Sensory, Pergamon, Oxford. 1985: 355-429.

[158] JEANNE R L. Chemical defense of brood by asocial wasp [J]. Science, 1970a, 168: 1465-1466.

[159] JEANNE R L. Descriptions of thenests of *Pseudochartergus fuscatus* and *Stelopolybia testacea*, with a note on a parasite of S. testacea (Hymenoptera: Vespidae)[J]. Psyche, 1970b, 77: 54-69.

[160] JEANNE R L. Note on a bat (*Phylloderma stenops*) preying upon the brood of social wasp [J]. J. Mammal., 1972, 51: 624-625.

[161] JEANNE R L. Aspects of the biology of *Stelopolybia areata* (Say) (Hymenoptera: Vespidae) [J]. Biotropica, 1973, 5: 183-287.

[162] JEANNE R L. The adaptiveness of social wasp nest architecture. Quarterly Review of Biology [J], 1975, 50: 267-287.

[163] JEANNE R L. A latitudinal gradient in rates of ant predation [J]. Ecology, 1979a, 60: 1211-1224.

[164] JEANNE R L. Nest of the wasp Clypearia weyrauchi (Hymenoptera: Vespidae). [J] J. new York Entomol. Soc., 1979b, 82: 78-84.

[165] JEANNE R L. Evolution of social behavior in the Vespidae [J]. Annual Review of Entomology, 1980, 25: 371-396.

[166] JEANNE R L. The swarm-founding Polistinae. In: Ross KG, Matthews RW. The Social Biology of Wasps [J]. Cornell University Press, Ithaca. 1991: 191-231.

[167] KOJIMA J. Relative abundance of swarm-founding *Ropalidia* in the eusocial wasps (Hymenoptera: Vespidae) in tropical Australia [J]. New Entomologist, 1993: 42, 4-7.

[168] KOJIMA J. Taxonomic notes on the social wasps in the Kanto Plain, central Japan (Insecta: Hymenoptera: Vespidae) [J]. Natural History Bulletin of Ibaraki University, 1997a, 1: 17-44.

[169] KOJIMA J. Abandonment of the subgeneric concept in the Old World Polistine genus *Ropalidia* Guérin-Méneville, 1831 (Insecta: Hymenoptera: Vespidae) [J]. Natural

History Bulletin of Ibaraki University, 1997b, 1: 93-106.

[170] KOJIMA J. The type of *Icaria dubia* de Saussure, 1853, and a description of a new Malagasy species of *Ropalidia* Guérin-Méneville, 1831. (Hymenoptera: Vespidae, Polistinae) [J]. Entomolo-gical Science, 1998, 1, 233-239.

[171] KOJIMA J. Taxonomic notes on Australian *Ropalidia* Guérin-Méneville, 1831 (Hymenoptera: Vespidae, Polistinae) [J]. Entomological Science, 1999, 2, 367-377.

[172] KOJIMA J. Taxonomic notes on types of the social wasp tribe Ropalidiini (Insecta: Hymeno-ptera; Vespidae, Polistinae) housed mainly in the Muséum d' Histoire Naturelle, Genève [J]. Natural History Bulletin of Ibaraki University, 2001a, 5, 1-22.

[173] KOJIMA J. *Ropalidia* wasps (Insecta: Hymenoptera; Vespidae, Polistinae) in New Guinea and its adjacent islands (first part) [J]. Natural History Bulletin of Ibaraki University, 2001b, 5, 31-60.

[174] KOJIMA J, CARPENTER J M. Catalog of species in the polistine tribe Ropalidiini (Hymenoptera: Vespidae) [J]. American Museum Novitates, 1997, 3199, 1-96.

[175] KOJIMA J, CARPENTER J M . The type of *Icaria xanthura* de Saussure, 1854a species of the neotropical polistine genus *Charterginus* Fox, with a note on the development of the 'parate-gula' in *Charterginus* (Hymenoptera: Vespidae) [J]. Entomological Science, 1998, 1, 417-421.

[176] KOJIMA J, van ACHTERBERG K. Social wasps collected by Malaise trapping in So—utheast Asia, with a note on relative abundance of swarm-founding species (Insecta: Hymenoptera: Vespi-dae) [J]. Natural History Bulletin of Ibaraki University, 1997, 1, 1-13.

[177] KOJIMA J, WENZEL J W, CARPENTER J M. The types of *Icaria galimatia* de Saussure, 1853, and *I. ignobilis* de Saussure, 1890, with establishment of their synonymy (Hymenoptera: Vespidae, Polistinae) [J]. Entomological Science, 1998, 1, 393-401.

[178] KONNO K, HISADA M, NAOKI H, *et al*. Structure and biological activities of eumenine mastoparan-AF (EMP-AF), a new mast cell degranulating peptid in the venom of the solitary wasp (*Anterhychium flavmarginatum micado*) [J]. Toxicon, 2000, 38: 1505-1515.

[179] LANDOLT P J, SIERRA J M, UNRUH T R, *et al*. A new species of *Vespula*, and first records of *Vespa crabro* L. (Hymenoptera: Vespidae) from Guatemala Central America [J]. Zootaxa, 2010, 269: 61-68.

[180] LEE J X Q. A note on *Vespa soror* (Hymenoptera: Vespidae) in HongKong. HongKong Entomological Bulletin, 2009, 1 (1): 18-22.

[181] MATSUURA M. Comparative Biology of the five Japanese species of the genus Vespa (Hymenoptera: Vespidae) [J]. Bulletin of the Faculty of Agriculture, Mie

University, 1984, 69: 131.

[182] MATSUURA M. *Vespa* and *Prorespa*. In: Ross KG, Matthews RW. The Social Biology of Wasps [M]. Cornell University Press, Ithaca. 1991: 232-262.

[183] NGUYEN LTP, CARPENTER JM Vespidae of Vietnam (Insecta: Hymenoptera) I. Vespinae [J]. Journal of New York Entomological Society, 2002, 110 (2): 199-211.

[184] MEADE W G. New species of Diploptera in the collection of the British Museum [J]. Ann. Mag. Nat. Hist., 1913, (8) 11: 44-54.

[185] MUESEBECK C F W, KROMBEIN K V & Townes H K. Hymenoptera of America North of Mexico. Synoptic Catalog [M]. Agric. Monogr, 1951, 2: 1-1420.

[186] NGUYEN L T P, CARPENTER J M. Vespidae of Vietnam (Insecta: Hymenoptera) 1. Vespinae [J]. Journal of New York Entomological Society, 2002, 110 (2): 199-211.

[187] NGUYEN L T P, SAIT F, KOJIMA J, *et al.* Vsspidae of Vietnam (Insecta: Hymenoptera) 2. Taxonomic notes on Vespinae [J]. Zoological Science, 2006, 23: 95-104.

[188] NGUYEN L T P, KOJIMA J, SAITO F. *Polistes* (*Polistella*) wasps (Hymenoptera: Vespidae: Polistinae) from mountainous areas of northern Vietnam, with description of five new species [J]. Zootaxa, 2011, 3060: 1-30.

[189] NGUYEN L T P, XU Z F. Two new species of the genus *Okinawepipona* Yamane (Hymenoptera: Vespidae: Eumeninae) from Vietnam and Cina [J]. Zootaxa, 2014, 3795 (1): 038-044.

[190] OHGUSHI R, SAKAGAMI S F, YAMANE S. *et al.* Nest architecture and related notes of stenogastrine wasps in the province of Sumatera Barat, Indonesia (Hymenoptera: Vespidae) [J]. Sci. Rep. Kanazawa Univ., 1983, 28: 27-58.

[191] OHGUSHI R & YAMANE S. Supplementary notes on the nest architecture and biology of some *Parischnogaster* species in Sumatera Barat (Hymenoptra, Vespidae) [J]. Sci. Rep. Kanazawa Univ., 1983, 28: 69-78.

[192] OHGUSHI R, YAMANE S & ABBAS N D. Additional descriptions and records of stenogastrine nests collected in Sumatera Barat, Indonesia, with some biologyical notes (Hymenoptera: Vespidae) [J]. Kontyû, 1986, 54: 1-11.

[193] OHGUSHI R. Biology of the Stenogastrine wasp. Hymenoptera [J]. Commun., 1986, 25/26: 1-76.

[194] OHGUSHI R, YAMANE S & SAKAGAMI S F. Ecological distribution and habitat-linked density of colonies of stenogastrine wasps in tropical S. E. Asia [J]. Zool. Sci., 1988, 5: 869-874.

[195] ONO M, SASAKI M & OKADA I. Mating behaviour of the giant hornet *Vespa mandarinia* Smith and its pheromonal regulation [J]. Proceedings XXXth International Api-

cultural Congress Nagoya, Japan, 1985: 255-259.

[196] PAGDEN H T. Some Malayan social wasps [J]. Malay. Nat. J., 1958, 12: 131-148.

[197] PAGDEN H T. More about *Stenogaster*. Malay [J]. Nat. J., 1962, 16: 905-102.

[198] PANZER: Hymrnopteresb [J]. 1981, 3: 394-419.

[199] PARDI L, TURILLAZZI. Biologia delle stenogastrinae (Hymenoptera, Vespidae) [J]. Att. Acad. Naz. Ital. Entomol. Rend., 1962, 30: 1-21.

[200] PARDI L & TURILLAZZI. Biological delle Stenogastrinae (Hymenoptera, Vespoidea) [J]. Att. Acad. Naz. Ital. J., 1982, 12: 131-148.

[201] PARKER F D. A Revision of the North American Species in the Genus Leptochilus (Hymenoptera: Eumenidae) [J]. Miscellaneous Publications of the Entomogical Society of America, 1966, 5: 151-229.

[202] REYES S G. A REVIEW of Philippine Stenogastrinae (Hymenoptera: Vespidae)[J]. Philippine Entomologist, 1988, 7: 387-434.

[203] RICHARDS O W & RICHARDS M J. Observations on the social wasps of South America (Hymenoptera, Vespidae) Trans [J]. Roy. Entomol. Soc. Lond., 1951, 102: 1-170.

[204] RICHARDS O W. A Revisional study of the masarid wasps (Hymenoptera: Vespoidea) [J]. British Museum (Natural History), London, 1962.

[205] RICHARDS O W. The biology of the social wasps (Hymenoptera: Vespidae)[J]. Biological Reviews, 1971, 46, 483-528.

[206] RICHARDS O W. The thoracic spiracles and some associated structures in the Hymenoptera and their significance in classification, especially of the Aculeata [J]. Ent. Essays to commemorate retirement Prof. K. Yasumatsu, 1972: 1-13.

[207] ROSS K G, MATTHEWS R W. The Social Biology of wasps [M]. Ithaca: Cornell university Press, 1991: 678.

[208] SAKAGAMI S F. Zur Wahrnehungspsychologie der optischen Dressierbarkeit gegen konturarme Figue gestellt auf konturreichem Grund [J]. J. Fsc. Sci., Hokkaido Univ. Ser. VI, Zool., 1956, 12: 333-361.

[209] SAKAGAMI S F. Stingless bees [J]. In H. R. Hermann (de.). Social insects. Vol. III, 1982, 361-423.

[210] BSAKAGAMI S F, FUKUSHIMA K. Some biological observations on a hornet *Vespa tropica* var. *pulchra* (du Buysson), with special reference to its dependence on *Polistes* wasps (Hymenoptera) [J]. Treubia, 1957, 24: 73-82.

[211] SAKAGAMI S F, MATSUMURA T, & MAETA Y. Bionomics of the halictine bees in northern Japan III. *Lasioglossum* (*Evylaeus*) *allodalum*, with remarks on the serially arranged cells in halictine nests [J]. Kontyû, 1985, 53: 409-419.

[212] SAKAGAMI S F, YAMANE S A. behavior inventory of the females of two stenogastrine

wasps, *Parischnogaster mellyi* and *Liostenogaster vechti* (Hymenoptera, Vespidae). In S. F. Sakagami R. Ohgushi & D. W. Roubik (des.), Natural history of social wasps and bees in Equatorial Sumatra [M]. Hokkaido Univ. Press, Sapporo, 1990: 73-96.

[213] SAUSSURE H DE. Description du gener Ischnogaster [J]. Bull. Soc. ent. Fr., 1852a, (2) 10: 19-27.

[214] SAUSSURE H DE. Etudes sur la famille des Vespides [J]. Vols, 1852-1858, 1 (1852. 3), 2 (1853. 8), 3 (1854. 6).

[215] SCHMITZ J, MORITZ R F A. Molecular phylogeny of Vespidae (Hymenoptera) and the evolution of sociality in wasps [J]. Molecular Phylogenetics and Evolution, 1998, 9, 183-191.

[216] SCHULTHESS A V. Beitrage zur Kenntniss nor daf rikanischer Hymenoptern [J]. Eos., 1928, 5 (4): 69-92.

[217] SICKMANN F. Beitrage zur Kenntuiss der Hymenopteren Fauna der nordliche n China [J]. Zool. jb. Syst., 1894, 8: 228. 195-236.

[218] SMITH F. Descriptions of some new and apparently undescribed Species of Hymenopterous Insects from north China, collected by Robert Fortune, Esg [J]. Trans. R. ent. Soc. Lond., 1852, 2 (2): 33-48.

[219] SMITH F. Descriptions of new species of Hymenopterous insects collected by Mr. A. R. Wallace at Celebes [J]. Journ. Proc. Linn. Soc. Zool., 1861, 5: 128.

[220] SMITH F. Catalogue of Hymenopterous Insects in the collection of the British Museum [J]. 1857, 5: 1-147.

[221] SONAN J. Some wasps and bees of Hokoto (Pescadores Islands). Trans [J]. Nat. Hist. Soc. Formosa. 1929, 19: 535-537.

[222] SONAN J. Some new species of Hymenoptera in Japanese Empire, with two Konow species [J]. Trans. Nat. Hist. Soc. Formosa, 1930, 20: 355-360.

[223] SONAN J. On the genus Ropalidae from Formosa and Okinawa (Hymenoptera, Vespidae) [J]. *Trans. Nat. Hist. Soc. Formosa*, 1935, 25: 199-202.

[224] SONAN. On the genus *Rygchium* Spinola (= *Rhynchium* Fabricius) in Formosa (Hym., Eumenidae) [J]. Trans. Nat. Hist. Soc. Formosa, 1937, 27: 107-112.

[225] SPRADBERY J P. The biology of *Stenogaster concinna* van der Vecht with comments on the phyloeny of Stenogastrinae (Hymenoptera: Vespidae) [J]. J. Aust. Entomol. Soc., 1975, 14: 309-318.

[226] STARR C K. The social wasps (Hymenoptera: Vespidae) of Taiwan [J]. Bulletin of National Museum of Natural Science, 1992, 3: 93-138.

[227] TURILLAZZI S. The Stenogastrinae. In: Ross KG, Matthews RW (eds) The Social Biology of Wasps [J]. Cornell University Press, Ithaca. 1991, 74-98.

[228] TURILLAZZI S. New species of *Liostenogaster* Van der Vecht 1969, with keys to adults

and nests (Hymenoptera Vespidae Stenogastrinae) [J]. Tropical Zoology, 1999, 12, 335-358.

[229] VAN DER VECHT J. Some further notes on *Provespa* Ashm [J]. Journal of the Federated Malay States Museums, 1936, 13, 159-166.

[230] VAN DER VECHT J. The Indo-Australian species of the genus *Ropalidia* (=*Icaria*) . Part I [J]. Treubia, 1941, 18, 103-190.

[231] VAN DER VECHT J. The Vespinae of the Indo-Malayan and Papuan areas (Hymenoptera, Vespidae) [J]. Zoologische Verhandelingen, 1957, 34, 1-83.

[232] VAN DER VECHT J. On *Eumens agcuatus* (Fabricius) and some allied indo-Australian wasps (Hym. Vespidae) [J]. *Zool. Verh.*, 1959, 41: 1-71.

[233] VAN DER VECHT J. The Indo-Australian species of the genus *Ropalidia* (= *Icaria*) (Hyme-noptera: Vespidae) (Second Part) [J]. Zoologische Verhandelingen , Leiden, 1962, 57, 1-72.

[234] VAN DER VECHT J. Stwdies on Indo - Australian and East - Asiatic Eumenidae (Hym. , Vespoidea) [J]. Zool. Verh. , 1963, 60: 1-113.

[235] VAN DER VECHT J. The geographical distribution of the social wasps (Hymenoptera: Vespidae) [J]. In: Proceedings of the XII International Congress of Entomology, London, 1965: 440-441.

[236] VAN DER VECHT J. The East Asiatic and Indo-Australian species of *Polybioides* du Buysson and *Parapolybia* Saussure (Hymenoptera: Vespidae) [J]. Zoologische Verhandelingen, Leiden, 1966, 82, 1-42.

[237] VAN DER VECHT J. Notes on some European Eumenes-Species (Hym. Eumenidae) [J]. Ent. Ber. Amst. , 1968, 28. 68-80.

[238] VAN DER VECHT J. The geographic variation of *Polistes* (*Megapolistes*) Rothneyi Cameron [J]. Bijdragen tot de Dierkunde. , 1968, 38: 97-109.

[239] VAN DER VECHT J. Notes on Palaearetic Eumenidae (Hym.) (Partz) [J] . Ent. Ber. , Amst. , 1971, 31: 130.

[240] VAN DER VECHT J. Hymenopterorum Catalogus pars [J]. , 1972, 8: 1-199.

[241] VAN DER VECHT J. A review of the genus *Anischnogaster* in the Papuan region (Hymenoptera, Vespidae) [J]. Zoologische Mededelingen, 1972, 47, 240-256.

[242] VAN DER VECHT J. Important steps in the evolution of nest construction in social wasps [J]. In proc. Of the 8 th Internat. Congr. Of the Internat. Union for the study of Social Insects, Wagenige, 1975a, 319.

[243] VAN DER VECHT J. A review of the genus *Stenogaster* Guérin (Hymenoptera: Vespoidea) [J]. Journal of the Australian Entomological Society, 1975b, 14: 283-308.

[244] VAN DER VECHT J. Studies of oriental Stenogastrinae (Hymenoptera: Vespoidea) [J]. Tijdschrift Voor Entomologie, 1977, 120, 55-75.

[245] WILLIAMS F X. Philippine wasp Studies II. Descriptions of new species and life history

studies [J] . Bull. Exp. Stn Hawaii. Sug. Plntrs Ass. (Ent. Ser.), 1919, 14: 19-186.

[246] YAMANE S. A revision of the Japanese Eumenidae (Hymenoptera: Vespoidea) [J]. Insecta Matsumurana, 1990, 43: 1-89.

[247] YAMANE S, YAMANE S, WANG H Y. The identity of *Parapolybia takasagona* Sonan (Hymenoptera: Vespidae) [J]. Proceedings of the Japan Society of Systematic Zoology, 1995, 54, 75-78.

[248] YOSHIKAWA K, OHGUSHI R, SAKAGAMI S F. Preliminary report on entomology of the Osaka City University 5th scientific expedition to Southeast Aia 1966. With descriptions of two new genera of stenogasterinae wasps by J Van der Vecht. Nature & Life in S. E. Asia [J]. 1969, 6: 153-182.

[249] ZHOU X, CHEN B, LI T J. Two new species and a key to species of the genus Eumenes Latreille (Hymenoptera: Vespidae: Eumeninae) from southwestern China [J]. Entomotaxonomia, 2012, 34 (2): 467-474.

[250] ZHOU X, CHEN B, Li T J. Two new species of the genus *Discoelius* Latreille (Hymenoptera: Vespidae: Eumeninae) from China, with a Key to the Chinese species [J]. Journal of Hymenopteran Research, 2013, 32: 45-54.

中文名索引

七画

八画

九画

十画

十一画

十二画

十三画

十四画

十五画

拉丁学名索引

G

H

I

J

K

L

M

N

O

P

Q

R

S

V

W

X

Y

彩图版

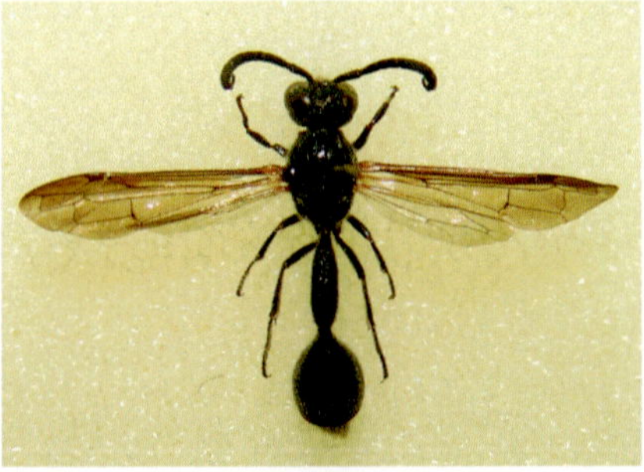

1

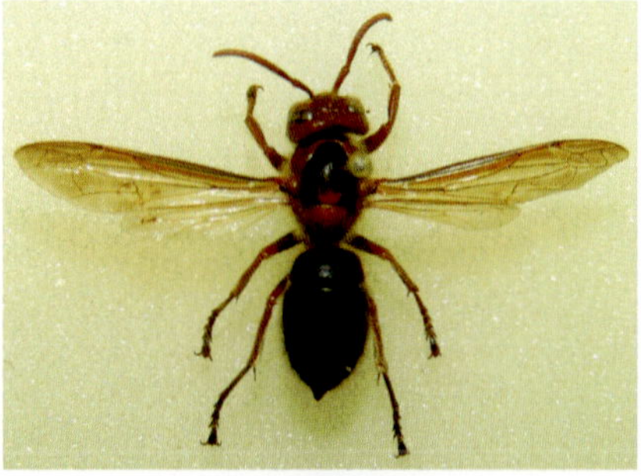

2

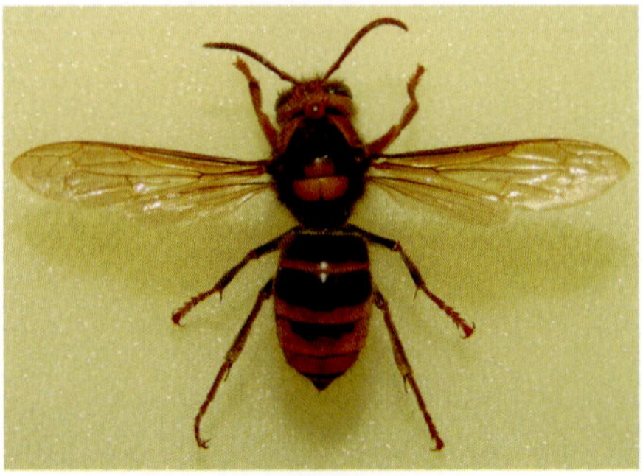

3

4

5

6

彩图版 I

1. 伪长腹胡蜂 *Zethus dolosus* Bingham；2. 基胡蜂 *Vespa*（*Basalis*）*basalis*（Smith）；3. 凹纹胡蜂 *Vespa*（*Velutina*）*auraria* Smith；4. 黄边胡蜂 *Vespa*（*Velutina*）*crabro*（Linnaeus）；5. 墨胸胡蜂 *Vespa*（*Velutina*）*nigrithorax*（Buysson）；6. 寿胡蜂 *Vespa*（*Velutina*）*vivax* Smith

7

8

9

10

11

12

彩图版Ⅱ

7. 三齿胡蜂 *Vespa*（*Analis*）*parallela* Andre；8. 黑三齿胡蜂 *Vespa*（*Analis*）*nigrans* Buysson；9. 马关胡蜂 *Vespa*（*Analis*）*maguanensis* Dong；10. 河口胡蜂 *Vespa*（*Analis*）*hekouensis* Dong；11. 褐胡蜂 *Vespa*（*Binghami*）*binghami*（Buysson）；12. 大胡蜂 *Vespa*（*Magnifica*）*magnifica*（Smith）

13

14

15

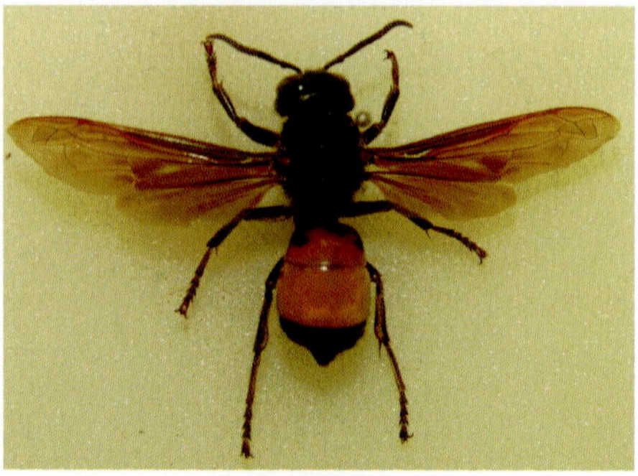

16

17

18

彩图版Ⅲ

13. 金环胡蜂 *Vespa*（*Magnifica*）*mandarinia*（Smith）；14. 变胡蜂 *Vespa*（*Variabilis*）*variabilis* Buysson；15. 黑尾胡蜂 *Vespa*（*Tropica*）*ducalis* Smith ；16. 黄腰胡蜂 *Vespa*（*Tropica*）*affinis*（Linnaeus）；17. 大金箍胡蜂 *Vespa*（*Tropica*）*leefmansi* Van der Vecht；18. 小金箍胡蜂 *Vespa*（*Tropica*）*haematodes* Bequaert

19

20

21

22

23

24

彩图版Ⅳ

19. 黑盾胡蜂 *Vespa* (*Bicolor*) *bicolor* Fabricius；20. 平唇原胡蜂 *Provespa barthelemyi* (Buysson)；21. 细黄胡蜂 *Vespula flaviceps flaviceps* (Smith)；22. 额斑黄胡蜂 *Vespula maculifrons* (Buysson)；23. 澳黄胡蜂 *Vespula austriaca* (Panzer)；24. 施黄胡蜂 *Vespularufa schrenckii* (Radoszkowski)

25

26

27

28

29

30

彩图版Ⅴ

25. 多毛黄胡蜂 *Vespula hirsute* Lee；26. 德国黄胡蜂 *Vespula germanica*（Fabricius）；27. 北方黄胡蜂 *Vespula rufa rufa*（Linnaeus）；28. 常见黄胡蜂 *Vespula vulgaris*（Linnaeus）；29. 台湾黄胡蜂 *Vespula minuta arisana*（Sonan）；30. 云龙黄胡蜂 *Vespula vulgaris yunlongensis*（Dong）

31

32

33

34

35

36

彩图版Ⅵ

31. 玉龙黄胡蜂 *Vespula rufa yulongensis* (Dong)；32. 朝鲜黄胡蜂 *Vespula koreensis koreensis* (Radoszkowski)；33. 怒江黄胡蜂 *Vespula orbata nujiangensis* (Dong)；34. 贡山黄胡蜂 *Vespula structor gongshanensis* (Dong)；35. 川黄胡蜂 *Vespula graham* Archer；36. 环黄胡蜂 *Vespula rufa* Archer

37

38

39

40

41

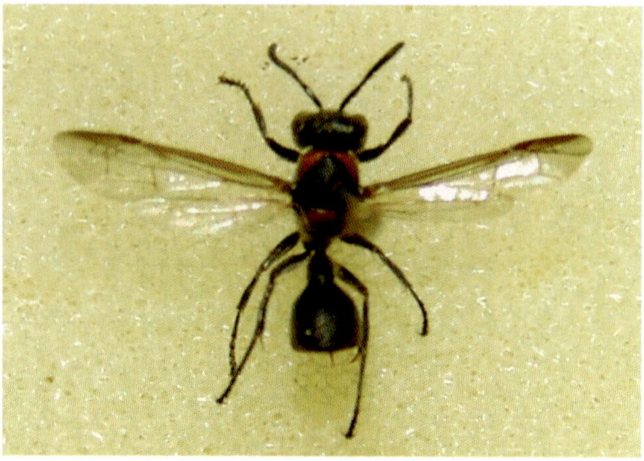

42

彩图版Ⅶ

37. 中长黄胡蜂 *Dolichovespula media* (Retzius)；38. 熊猫长黄胡蜂 *Dolichovespula panda* Archer；39. 巴里长黄胡蜂 *Dolichovespula baileyi* Archer；40. 挪威长黄胡蜂 *Dolichovespula norwegica* (Fabricius)；41. 黄尾长黄胡蜂 *Dolichovespula xanthopygus*Dong et Wang，sp. nov.；42. 双色铃腹胡蜂 *Ropalidia* (*Paraicaria*) *bicolorata bicolorata* Gribodo

43

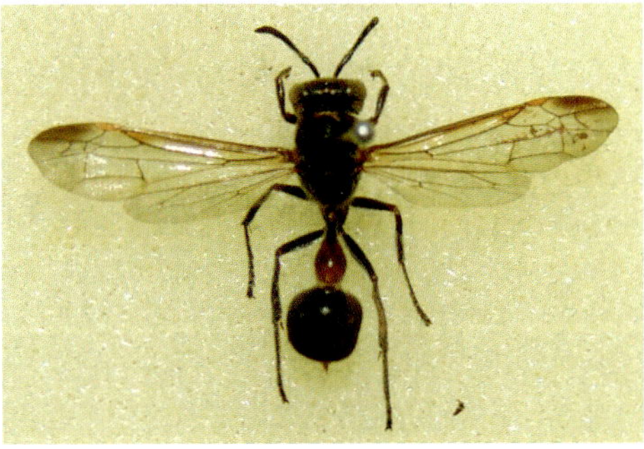

44

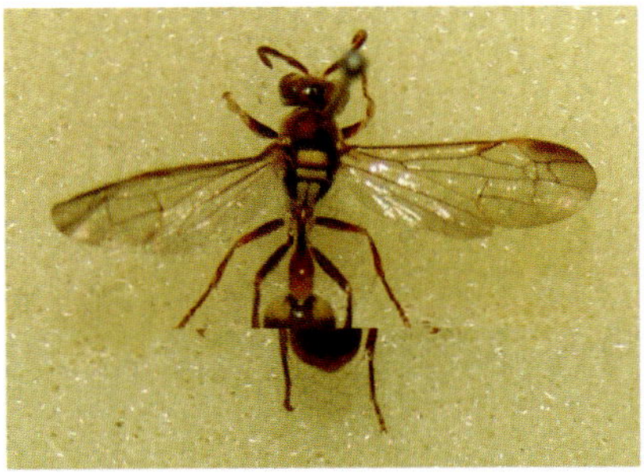

45

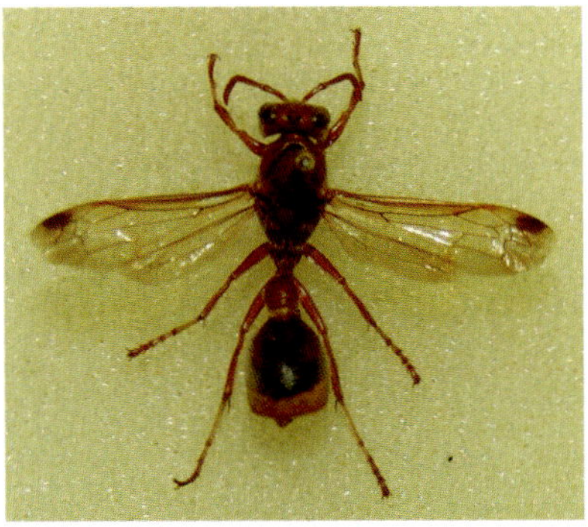

46

47

48

彩图版Ⅷ

43. 淡双色铃腹胡蜂 *Ropalidia*（*Paraicaria*）*bicolorata parvula* Van der Vecht；44. 红腰铃腹胡蜂 *Ropalidia*（*Anthreneida*）*speciosa*（Saussure）；45. 新铃腹胡蜂 *Ropalidia*（*Anthreneida*）*artifex*（Saussure）；46. 锈边铃腹胡蜂 *Ropalidia*（*Anthreneida*）*ferruginea*（Fabricius）；47. 带铃腹胡蜂 *Ropalidia*（*Anthreneida*）*fasciata*（Fabricius）；48. 香港铃腹胡蜂 *Ropalidia*（*Anthreneida*）*hongkongensis hongkongensis*（Saussure）

49

50

51

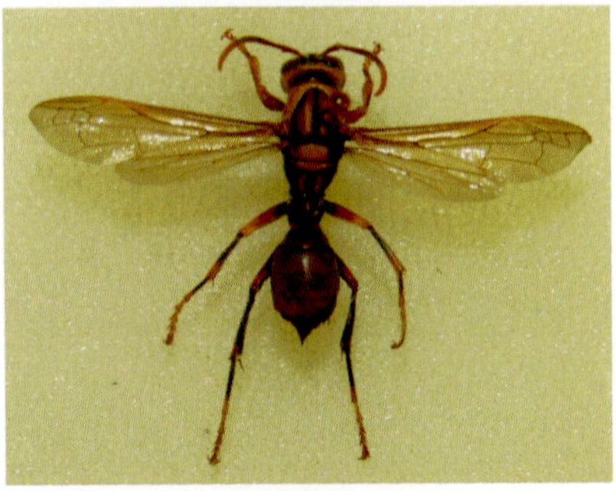

52

53

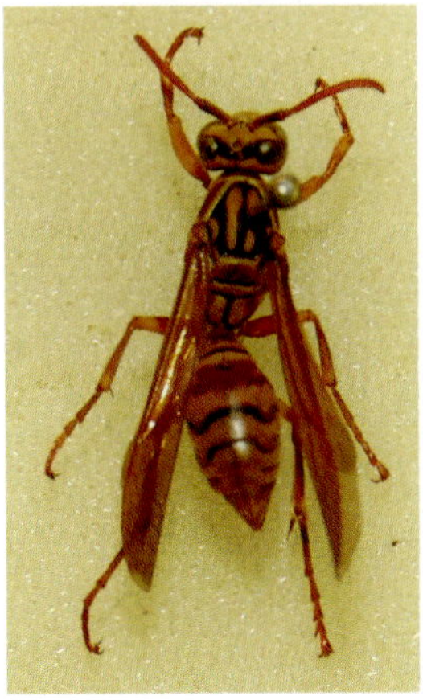

54

彩图版Ⅸ

49. 库侧异腹胡蜂 *Parapolybia indica bioculata* Van der Vecht；50. 变侧异腹胡蜂 *Parapolybia varia varia*（Fabricius）；51. 印度侧异腹胡蜂 *Parapolybia indica indica*（Saussure）；52. 约马蜂 *Polistes jokahamae* Radoszkowski；53. 中华马蜂 *Polistes chinensis* Fabricius；54. 亚非马蜂*Polistes hebraeus* Fabricius

55

56

57

58

59

60

彩图版X

55. 日本马蜂 *Polistes japonicus* Saussure；56. 陆马蜂 *Polistes*（*Megapostes*）*rothneyigrahami* Van der Vecht；57. 果马蜂 *Polistes olivaceus*（De Geer）；58. 和马蜂 *Polistes*（*Megapostes*）*rothneyi iwatai* Van der Vecht；59. 斑羽马蜂 *Polistes maculipennis* Saussure；60. 澳门马蜂 *Polistes macaensis* Fabricius

61

62

63

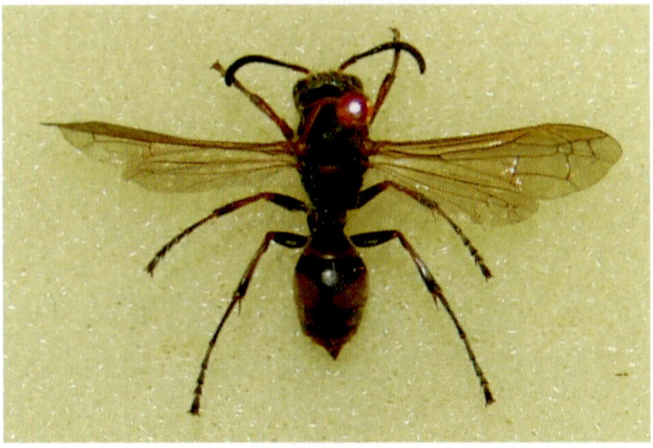

64

65

66

彩图版Ⅺ

61. 棕马蜂 *Polistes gigas*（Kirby）；62. 黄裙马蜂 *Polistes sagittarius* Saussure；63. 台湾马蜂 *Polistes formosanus* Sonan；64. 斯马蜂 *Polistes snelleni* Saussure；65. 焰马蜂 *Polistes adustus* Bingham；66. 柑马蜂 *Polistes mandarinus* Saussure

67

68

69

70

71

72

彩图版Ⅻ

67. 柞蚕马蜂 *Polistes gallicus gallicus*（Linnaeus）；68. 畦马蜂 *Polistes sulcatus* Smith；69. 德钦马蜂 *Polistes deqinensis* sp. nov. 新种；70. 角马蜂 *Polistes antennalis* Perez；71. 点马蜂 *Polistes stigma*（Fabricius）；72. 光真狭腹胡蜂 *Eustenogaster micans*（Saussure）

73

74

75

76（♀）

76（♂）

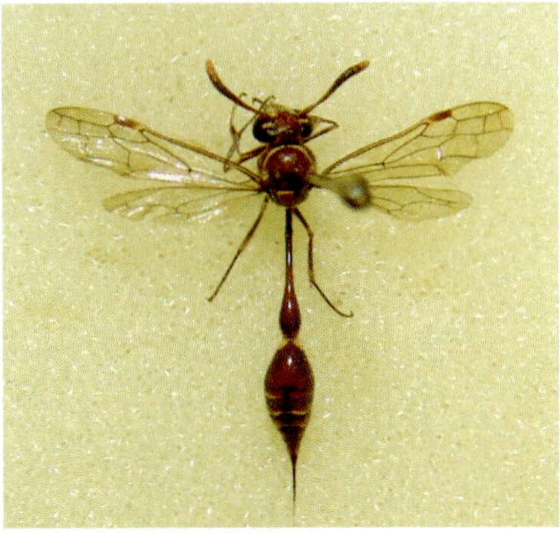

77

彩图版XⅢ

73. 丽真狭腹胡蜂 *Eustenogaster seitula*（Bingham）；74. 异真狭腹胡蜂 *Eustenogaster exmia*（Bingham）；75. 洁平狭腹胡蜂 *Liostenogaster nitidipennis*（Saussure）；76. 大渡岗匙角狭腹胡蜂 *Cochlischnogaster dadugangensis* Dong et Otsuka（♀）；76. 大渡岗匙角狭腹胡蜂 *Cochlischnogaster dadugangensis* Dong et Otsuka（♂）；77. 勐仑匙角狭腹胡蜂 *Cochlischnogaster menglunensis* Dong

78

79

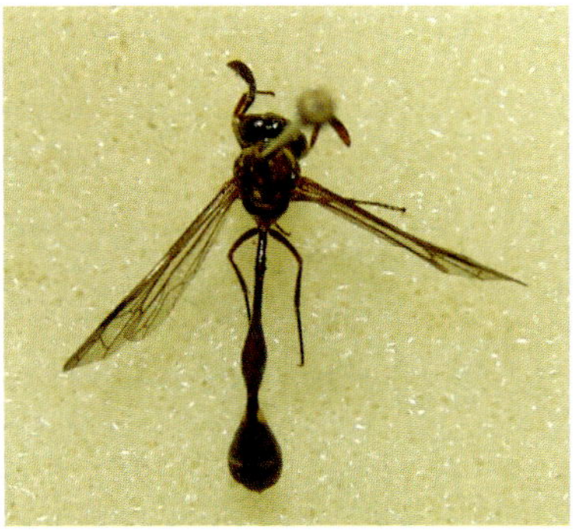

80

81

82

83

彩图版XIV

78. 密侧狭腹胡蜂 *Parischnogaster mellyi*（Saussure）；79. 杰柯狭腹胡蜂 *Parischnogaster jacobsoni*（Buysson）；80. 齿侧狭腹胡蜂 *Parischnogaster serrei* Buysson；81. 黑侧狭腹胡蜂 *Parischnogaster nigricans*（Cameron）；82. 日本元蜾蠃 *Discoelius japonicus* Perez；83. 黑元蜾蠃 *Discoelius nigricans* Dong et Wang，sp. nov. 新种

84

85

86

87

88

89

彩图版XV

84. 黑秀蜾蠃 *Pareumenes* (*Pareumenes*) *curvatus* Saussure；85. 四秀蜾蠃 *Pareumenes* (*Pareumenes*) *quadrispinosus quadrispinosus* (Saussure)；86. 黑胸秀蜾蠃 *Pareumenes* (*Pareumenes*) *nigripectus* Dong et Wang sp. nov.；87. 倾秀蜾蠃 *Pareumenes* (*Pareumenes*) *quadrispinosus* transitorus Liu；88. 棘秀蜾蠃 *Pareumenes* (*Pareumenes*) *quadrispinosus acutus* Liu；89. 弓费蜾蠃 *Phi flavopunctatum continentale* (Zimmermann)

90

91

92

93

94

95

彩图版XVI

90. 筒细蜾蠃 *Cyrtolabulus exiguus*（Saussure）；91. 云南细蜾蠃 *Cyrtolabulus yunnanensis* Lee；92. 黑腹装饰蜾蠃 *Eumenes*（*Oreumenes*）*decoratus nigriventris* Dong ssp. nov. 新亚种；93. 装饰蜾蠃 *Eumenes*（*Oreumenes*）*decoratus* Smith；94. 红角蜾蠃 *Eumenes*（*Eumenes*）*fulvantenna* Dong et Wang，sp. nov. 新种；95. 米蜾蠃 *Eumenes*（*Eumenes*）*micado* Cameron

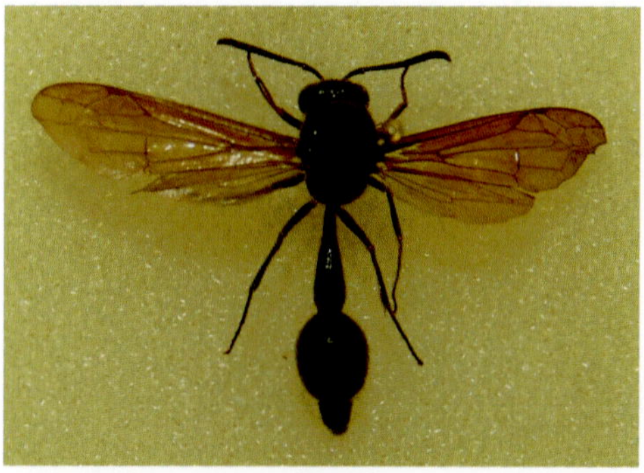

96

97

98

99

100

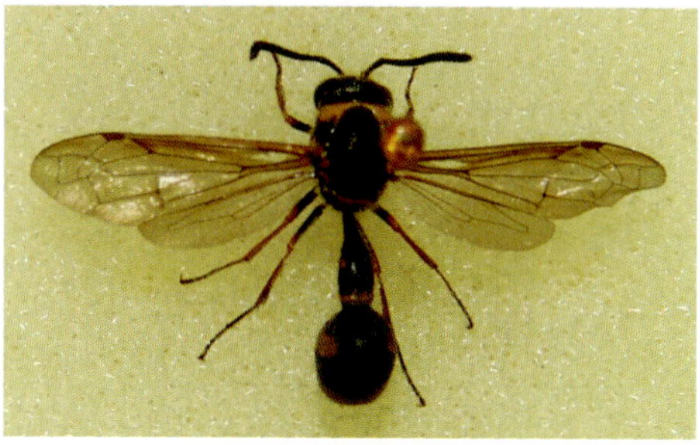

101

彩图版XVII

96. 种蜾蠃 *Eumenes* (*Eumenes*) *species* Cameron; 97. 布蜾蠃 *Eumenes* (*Eumenes*) *buddha* Cameron; 98. 显蜾蠃 *Eumenes* (*Eumenes*) *rubronotatus* Perez; 99. 陆蜾蠃 *Eumenes* (*Eumenes*) *mediterraneus mediterraneus* Kriechbaumer; 100. 点蜾蠃 *Eumenes* (*Eumenes*) *pomiformis pomiformis* (Fabricius); 101. 孪蜾蠃 *Eumenes* (*Eumenes*) *fraterculus* Dalla Torre

102

103

104

105

106

107

彩图版ⅩⅧ

102. 孔蜾蠃 *Eumenes*（*Eumenes*）*punctatus* Saussure；103. 基蜾蠃 *Eumenes*（*Eumenes*）*pedunculatus pedunculatus*（Panzer）；104. 冠蜾蠃 *Eumenes*（*Eumenes*）*coronatus coronatus*（Panzer）；105. 锈色华丽蜾蠃 *Delta conoideum*（Gmelin）；106. 大华丽蜾蠃 *Delta petiolata*（Fabricius）；107. 半羽华丽蜾蠃 *Delta dimidiatipennis*（Saussure）

108

109

110

111

112

113

彩图版XXIV

108. 德钦华丽蜾蠃 *Delta deqinensis* Dong et Wang, sp. nov. 新种；109. 原野华丽蜾蠃 *Delta campaniforme esuriens* (Fabricius)；110. 黄盾华丽蜾蠃 *Delta campaniforme gracile* (Saussure)；111. 四刺饰蜾蠃 *Pseumenes depressus* (Saussure)；112. 黑柄蜾蠃 *Coeleumenes burmanicus* (Bingham)；113. 二带同蜾蠃 *Symmorphus* (*Symmorphus*) *bifasciatus* (Linnaeus)

114

115

116

117

118

119

彩图版XXV

114. 丽江同蜾蠃 *Symmorphus*（*Symmorphus*）*lijiangensis* Dong et Wang，sp. nov.；115. 坑同蜾蠃 *Symmorphus*（*Symmorphus*）*foveolatus* Gussakovskij；116. 德钦同蜾蠃 *Symmorphus*（*Symmorphus*）*deqinensis* Dong et Wang，sp. nov. 新种；117. 四川同蜾蠃 *Symmorphus*（*Symmorphus*）*sichuanensis* Lee；118. 怒江同蜾蠃 *Symmorphus*（*Symmorphus*）*nujiangensis* Dong ct Wang，sp. nov.；*119. 黑角沟蜾蠃 *Ancistrocerus melanocerus*（Dalla Torre）

120

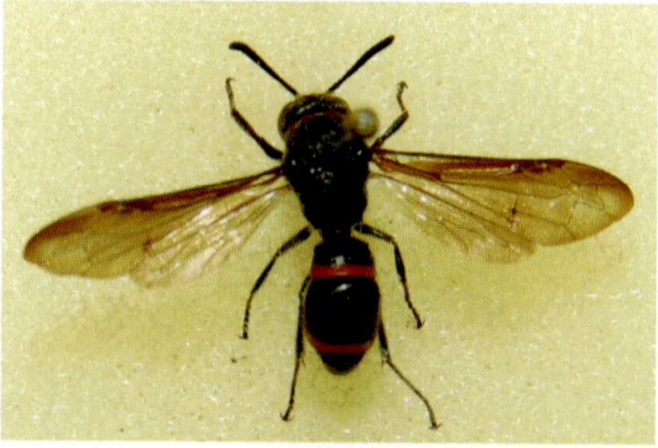
121

122

123

124

125

彩图版XXVI

120. 德钦沟蜾蠃 *Ancistrocerus deqinensis* sp. nov.；121. 高原沟蜾蠃 *Ancistrocerus waltoni*（Meade-waldo）；＊122. 日本沟蜾蠃 *Ancistrocerus japonicus*（Schulthess）；123. 川沟蜾蠃 *Ancistrocerus parietum*（Linnaeus）；124. 墨体胸蜾蠃 *Orancistrocerus aterrimus aterrimus*（Saussure）；125. 黄额胸蜾蠃 *Orancistrocerus aterrimus erythropus*（Bingham）

126

127

128

129

130

131

彩图版XXⅦ

126. ＊黄足胸蜾蠃 *Orancistrocerus aterrimus rufipes* Dong ssp. nov.；127. 斯旁喙蜾蠃 *Pararrhynchium smithii*（Saussure）；128. 华旁喙蜾蠃 *Pararrhynchium sinense*（Schulthess）；129. 平啄蜾蠃 *Antepipona deflenda lepeletieri*（Blüthgen）；130. 脆啄蜾蠃 *Antepipona fragilis*（Smith）；131. 椭圆啄蜾蠃 *Antepipona biguttata*（Fabricius）

132

133

134

135

136

137

彩图版ⅩⅩⅧ

132. 巧啄蜾蠃 *Antepipona deflenda deflenda*（S. S. Saunders）；133. 毕啄蜾蠃 *Antepipona bipustulatus*（Saussure）；134. 勐腊啄蜾蠃 *Antepipona menglaensis* Dong et Wang，sp. nov. 135. 常代喙蜾蠃 *Dirhynchium flavomarginatum curvilineatum*（Cameron）；136. 宁蒗代喙蜾蠃 *Dirhynchium ninglangensis* Dong et Wang，sp. nov.；137. 福贡代喙蜾蠃 *Dirhynchium flavomarginatum fugongensis* Dong et Wang，ssp. nov. 新亚种

138

139

140

141

142

143

彩图版ⅩⅩⅨ

138. 黄缘蜾蠃 *Anterhynchium*（*Dirhynchium*）*flavomarginatum flavomarginatum*（Smith）；139. 缘代盾蜾蠃 *Antodynerus limbatum*（Saussure）；140. 福直盾蜾蠃 *Stenodynerus frauenfeldi*（Saussure）；141. 中华直盾蜾蠃 *Stenodynerus chinensis*（Saussure）；142. 条腹盾蜾蠃 *Odynerus melanocephalus melanocephalus*（Gmelin）；143. 中华异喙蜾蠃 *Allorhynchium chinensis*（Saussure）

144

145

146

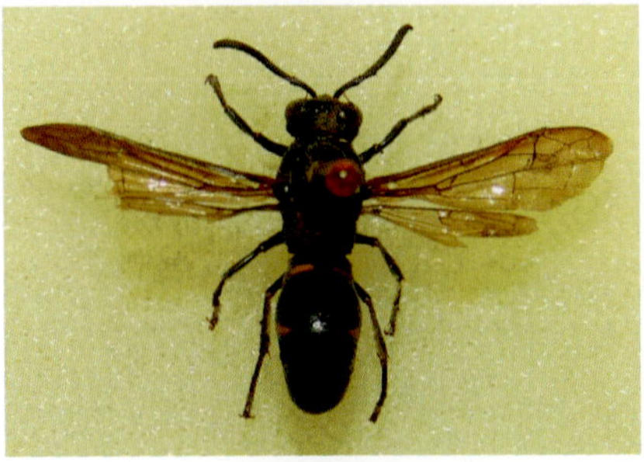

147

148

149

彩图版XXX

144. 棕腹喙蜾蠃 *Rhynchium mellyi* Saussure；145. 墙喙蜾蠃 *Rhynchium quinquecinctum murotai* Tano；146. 福喙蜾蠃 *Rhynchium quinquecinctum fukaii* Cameron；147. 孟连腹瘤蜾蠃 *Halysituberosus mengli-anensis* Dong et Wang，新种；148. 盈江腹瘤蜾蠃 *Halysituberosus yingjiangensis* Dong et Wang, sp. nov.；149. 后佳盾蜾蠃 *Euodynerus posticus posticus*（Herrich-Schaeffer）

150

151

152

153

154

彩图版XXXI

150. 单佳盾蜾蠃 *Euodynerus*（*Euodynerus*）*dantici dantici*（Rossi）；151. 四带佳盾蜾蠃 *Euodynerus*（*Pareuodynerus*）*quadrifasciatus quadrifasciatus*（Fabricius）；152. 显佳盾蜾蠃 *Euodynerus*（*Pareuodynerus*）*notatus notatus*（Jurine）；153. 日本佳盾蜾蠃 *Euodynerus*（*Pareuodynerus*）*nipanicus*（Schulthess）；154. 英佳盾蜾蠃 *Euodynerus*（*Euodynerus*）*variegatus kruegeri*（Schulthess）

新课标·新高考

根据国家2014–2020新高考改革精神创新设计

建 主编

高中生物

必修1

配RJ版

多维渗透核心素养

◎ 教材深挖，解读必备知识
◎ 解题指导，构建关键能力
◎ 真题探源，聚焦核心素养

教材帮™

同步到高考，名师一帮到底